水利行业勘测设计单位 环境/职业健康安全管理应用

巩瑞连　朱松昌　王孝军　周学顺　朱庆利 等　编著

· 北京 ·

内 容 提 要

本书根据 GB/T 24001—2016/ISO 14001：2015《环境管理体系 要求及使用指南》和 ISO 45001：2018《职业健康安全管理体系 要求及使用指南》编写，结合了水利行业勘测设计单位的特点和实际，收集了大量的水利行业勘测设计单位组织贯彻标准的经验和做法，力求系统、实用，通俗易懂。

本书适用于有以下需求的读者：最高管理者，内审员，参考此书自行编制、建立、实施、改善环境/职业健康安全管理体系及申请环境/职业健康安全管理体系认证或对原体系升级、换版的体系推进人员，在单位开展环境/职业健康安全管理培训的内训师，致力于全面提升环境/职业健康安全管理实践应用能力的部门负责人和项目经理等骨干人员。

图书在版编目（CIP）数据

水利行业勘测设计单位环境/职业健康安全管理应用 / 巩瑞连等编著. -- 北京 : 中国水利水电出版社, 2018.8
ISBN 978-7-5170-6856-3

Ⅰ. ①水… Ⅱ. ①巩… Ⅲ. ①水利工程－劳动保护－中国 Ⅳ. ①TV513

中国版本图书馆CIP数据核字(2018)第207962号

书　　名	**水利行业勘测设计单位环境/职业健康安全管理应用** SHUILI HANGYE KANCE SHEJI DANWEI HUANJING/ ZHIYE JIANKANG ANQUAN GUANLI YINGYONG
作　　者	巩瑞连　朱松昌　王孝军　周学顺　朱庆利　等 编著
出版发行	中国水利水电出版社 （北京市海淀区玉渊潭南路 1 号 D 座　100038） 网址：www.waterpub.com.cn E-mail：sales@waterpub.com.cn 电话：(010) 68367658（营销中心）
经　　售	北京科水图书销售中心（零售） 电话：(010) 88383994、63202643、68545874 全国各地新华书店和相关出版物销售网点
排　　版	中国水利水电出版社微机排版中心
印　　刷	北京瑞斯通印务发展有限公司
规　　格	184mm×260mm　16 开本　25.25 印张　599 千字
版　　次	2018 年 8 月第 1 版　2018 年 8 月第 1 次印刷
定　　价	**128.00** 元

凡购买我社图书，如有缺页、倒页、脱页的，本社营销中心负责调换

本书编委会

主　　　编：巩瑞连　朱松昌　王孝军　周学顺　朱庆利

副　主　编：贾　海　张　鹏　吴敬峰　贾明磊　赖东波
陈明文

主要编写人员：张　锋　李雅萍　竺宝莹　左文静　宫建华
安婷婷　戴遵西　孙昌乐　韩姗姗　洪　峰
于玲玲　常玉双　郑　伟　巩克强　程　军
张小宇　谭　帅　张汶洲

前　言

《水利行业勘测设计单位HSE管理应用》于2013年12月在中国水利水电出版社出版后，被许多单位选作内部培训教材及作为单位环境/职业健康安全管理体系建立、实施的参考工具，读者普遍认为：该书内容系统完整，具有好的实用性和可操作性。对此我们深感欣慰并深表谢意。

鉴于GB/T 24001—2016/ISO 14001：2015《环境管理体系　要求及使用指南》已于2017年5月1日正式实施，ISO 45001：2018《职业健康安全管理体系　要求及使用指南》已于2018年3月12日正式发布，GB/T 24001—2016/ISO 14001：2015及ISO 45001：2018在管理思想、标准结构、术语定义和体系要求等方面都做了大幅度的修改，兹决定对第一版进行修订。编委会调研了大量标准使用者的意见建议，结合了北京中水源禹国环认证中心在环境/职业健康安全管理体系培训、审核方面积累的经验，完成了第二版的修订工作；为更符合行业的实际情况，第二版更名为《水利行业勘测设计单位环境/职业健康安全管理应用》。

第二版主要读者对象仍然面向勘测设计单位的最高管理者，体系管理人员，内审人员及认证、咨询机构的审核人员，培训人员和咨询人员。

第二版有以下特点：

（1）适时性：是在标准修订后最早面世的环境/职业健康安全管理应用类的书籍，对管理体系要素按修订后标准的新要求进行了阐述，对外部环境中适用的法律、法规、规章等合规性义务进行了更新；强调了内外部环境分析、基于风险的思维、对生命周期的思考；增加了应对风险和机遇的控制措施、变更管理的控制要求等；更加注重对分包方等外部供方风险的考虑和约束等。

（2）实用性：针对勘测设计单位环境/职业健康安全管理风险较大的场所、活动、相关方等，增加了专业区域、特殊天气等情况下进行勘测作业的环境/职业健康安全管理控制要求；增加了勘测设计单位典型活动及场所的环境/职业健康安全管理［涉及私车公用、危险化学品管理关键点，固体废弃物污染预防和控制，以及特种设备管理（电梯）关键点、变配电房管理关键点、食堂管理关键点、印刷室管理关键点、单位消防管理关键点、IT机房管理关键点、境外项目的环境/职业健康安全管理等]；增加了典型的外部相关方的管理（涉及外来务工人员/临时用工、大学实习生、勘察劳务分包单位、上门检修、保养、调试设备及单位建设工程分包方、外来参观学习路过的相关方等），着重介绍管理依据、行业管理经验及方法；增加了水利工程环保、节能、劳动安全与工业卫生规划设计等方面的运行控制等。

对修订后标准的新要求在附录中给出了大量的模板，包括勘察设计单位职业健康安全管理与环境管理法律法规及要求清单和勘测设计产品主要遵循的法律法规及要求清单，并识别出了适用的条款；识别了常见场所、活动、过程的危险源，评价了风险并明确了控制措施；识别了勘测、规划、环境、移民、水工等项目有关的环境因素，与勘测活动和服务有关的环境因素，及与办公区、食堂、配电室、试验室、钻探劳务分包有关的环境因素；形成了风险、机遇及应对措施清单；提供了临时用工管理相关的模板，包括临时用工劳务协议、技术质量安全环保交底记录表；提供了钻探劳务分包安全生产管理协议模板等。

（3）系统性：全面覆盖了GB/T 24001—2016/ISO 14001：2015《环境管理体系　要求及使用指南》、ISO 45001：2018《职业健康安全管理体系　要求及使用指南》的所有内容。

本书由巩瑞连、朱松昌、王孝军、周学顺、朱庆利主编，由巩瑞连统稿，贾海、张鹏、吴敬峰、贾明磊、赖东波、陈明文、张锋、李雅萍、竺宝莹、左文静、宫建华、安婷婷、戴遵西、孙昌乐、韩姗姗、洪峰、于玲玲、常玉双、郑伟、巩克强、程军、张小宇、谭帅、张汶洲参加编写。北京中水源禹国环认证中心董武义、苏玉明、贾一英、陈广城、尤婧、成子奉、闫善章、李翔等提供了技术支持，赵利军、常振华、陈冬莲、刘红、郭宝秀、刘春华、靳淑丽、张哲、陈世宏、高鸣安、肖会荣等在体例设计和资料提供等方面给予了很多帮助，同时得到了中国水利水电出版社的悉心指导，在此一并表示感谢。

本书在编写过程中，参考了大量的文献书籍，汲取了北京中水源禹国环认证中心诸多专家的研究成果。在此，谨向有关作者、编者、指导者表示深深的谢意。限于编者水平，书中错误和不妥之处在所难免，恳请读者批评指正，以便今后修订完善。

巩瑞连

2018年3月

第一版

前　言

勘测设计是一项复杂的系统工程，它与人、机、料、法、环、测等有着密切的联系。近年来，随着我国经济的快速发展，各行各业的建设达到了高潮，与此同时，由于勘测工作具有点多、面广、从业环境恶劣、人员及装备投入量大等特点，使得其管理难度大，从业风险高，各种安全事故频发，不仅危害着地勘野外作业者的生命安全和身体健康，而且妨碍着地勘野外生产任务的顺利完成，对职工的生命安全、职业健康、国家财产安全、环境和单位效益产生了重大影响。

本书根据GB/T 28001—2011《职业健康安全管理体系　要求》和GB/T 24001—2004《环境管理体系　要求及使用指南》编写，结合了水利行业勘测设计单位的特点和实际，收集了大量的水利行业勘测设计单位组织贯彻标准的经验和做法。全书共七篇，包括职业健康、安全、环境管理体系文化及整合，依据的法律法规及行业部门HSE规章等要求，危险源和环境因素的识别、评价及控制措施的确定，安全教育、勘测作业重要环节等运行控制、西部、南部艰险地区概况及作业注意事项、相关方的管理等HSE技术，应急预案体系及管理、员工应急技能、安全设施及防护用品的使用和维护、安全标志，合规性评审、管理体系审核等HSE管理检查及改进，违法违纪的责任追究、案例警示等内容，并在HSE法律法规和其他要求、勘测设计活动的危险源识别、评价及控制措施、勘测设计产品、活动和服务中典型环境因素、火灾、触电、食物中毒、野外钻探施工机组人身伤害、交通事故、勘测外业人员溺水等应急预案、安全管理合同或协议、勘测安全检查表、合规性评价等方面给出了示例。作者力求做到内容广而不专、通俗易懂，可为水利行业勘测设计单位建立、实施、保持及改进职业健康安全、环境管理体系的推进人员及水利行业勘测设计单位的管理者、内部培训实施者提供帮助。

本书由巩瑞连主编、统稿，巩瑞连、李新建、巩卫国、黄曰祥、彭飞、刘健、常鲁、吴庆林、王小冬、李青雪、陈彬、洪峰编著，贾一英进行技术把关，杨春林、段彦超、董武义、苏玉明、朱松昌、成子奉、陈广城、巩向伟、洪峰、韩忠芳、郭长城、周淑娟等同志在体例设计和资料提供等方面给予了很多帮助，谢军、魏茂杰进行了最后的统审，同时得到了中国水利水电出版社的悉心指导，在此一并表示感谢。

本书在编写过程中，参考了大量的文献书籍，汲取了诸多专家的研究成果。在此，谨向有关作者、编者表示深深的谢意。限于编者水平，书中错误和不妥之处在所难免，恳请读者批评指正，以便今后修订完善。

巩瑞连

2013 年 9 月

第一版

序

随着我国经济社会的发展，水利水电事业也步入了快速发展期。近年来，国家高度重视水利水电事业，把水利水电建设重点转移到事关民生和生态环境的基础工程，加大了对水利的投入力度，更激发了广大水利职工自觉践行“献身、负责、求实”的水利行业精神的积极性，与此同时，关注职工健康（H），为职工提供安全（S）保障、创造良好执业环境（E）也越来越受到水利行业的普遍重视，以人为本、关爱职工、确保安全日益成为各企事业单位的普遍共识。

早在20世纪90年代中期，为降低事故的发生，提高人们的健康素质，我国兴起了安全文化的研究热潮。安全文化建设的重要方面是如何建立和培养符合时代要求，塑造企业精神，突出企业特点的企业安全文化，提高企业员工的健康素质，增强安全意识。在提倡“以人为本、珍惜生命、关心人、爱护人”的基础上，把“安全第一”作为企事业单位生产经营的首要价值取向，形成强大的企业安全氛围。

2001年7月国家标准化管理委员会借鉴ISO 9000和ISO 14000国际标准等同转化成为我国国家标准的经验，充分考虑了在国际上得到广泛认可的OHSAS 18001和OHSAS 18002标准的技术内容，吸纳了国际劳工组织（ILO）的《有关职业健康与安全的公约和建议书》的建议，组织起草制定了《职业健康安全管理体系　规范》（GB/T 28001—2001）和《职业健康安全管理体系　指南》（GB/T 28002—2002），分别于2002年1月1日和2003年6月1日开始实施。2011年我国又等同采用OHSAS 18001—2007标准并发布了《职业健康安全管理体系　要求》（GB/T 28001—2011）取代2001版标准，作为目前现行有效的职业健康安全管理体系标准。

实施HSE管理体系是运用现代管理理念，是对企事业单位以人为本、关爱职工、确保安全进行系统化管理的具体体现，其实质就是为了确保系统安全而建立起来的一种规范的、科学的管理体系，它以人的健康为关注焦点、以实现系统安全为核心，提出了组织所必须达到或实现的包括人、机、环境各方面的相关要求。HSE管理体系并不是取代现有的行之有效的安全管理制度，而是使其得到补充和完善，实现管理的系统化、科学化、规范化、制度化。

人的健康安全问题是经济发展中的一个重要民生问题，是一个国家经济、科技、教育和管理水平的综合反映，也是企事业单位实行人性化、科学化、系统化管理的具体体现。事实表明，水利行业历来高度重视职工健康安全管理工作，各企事业单位通过健全HSE管理体系、完善制度建设、规范管理，能有效地促进以人为本、关注健康、关爱生命、确保安全的目标实现，遏制安全事故的发生。这也是当前和今后水利行业各企事业单位HSE管理工作的总体趋势。

为适应新形势下水利行业勘测设计单位建立健全HSE管理体系的需要，山东黄河勘测设计研究院巩瑞连、李新建等同志结合HSE管理应用实践撰写了《水利行业勘测设计单位HSE管理应用》一书。本书针对水利行业企勘测设计单位如何理解和转化HSE要求，以及如何应用HSE管理方法建立并实施管理体系，通过深入浅出的分析并结合水利行业的特点和勘测设计单位实际进行了重点阐述，资料详尽，内容丰富，非常具有指导性、实用性。本书的出版，对水利行业勘测设计单位应用HSE管理方法，深入贯彻《职业健康安全管理体系　要求》(GB/T 28001—2011) 要求，推动水利行业勘测设计单位建立健全HSE管理体系，促进提高水利行业勘测设计单位HSE管理理念，具有很现实的指导作用。

2013年12月

目　　录

第三篇 环境/职业健康安全管理策划与环境/职业健康安全管理技术

第四篇　应急准备与响应

第五篇　环境/职业健康安全管理检查与改进

第六篇　环境/职业健康安全管理违法违纪的责任追究

第七篇　环境/职业健康安全管理案例警示

附　　录

绪　　论

一、什么是环境/职业健康安全管理

“健康”（Health）是指人身体上没有疾病，在心理上（精神上）保持一种完好的状态。“安全”（Safety）是指劳动生产过程中，努力改善劳动条件、克服不安全因素，使劳动生产在保证劳动者健康、单位财产不受损失、人民生命安全的前提下顺利进行。安全生产是单位一切经营活动顺利进行的根本保证。“环境”（Environment）是指与人类密切相关的、影响人类生活和生产活动的各种自然力量或作用的总和，它不仅包括各种自然因素的组合，还包括人类与自然因素间相互形成的生态关系的组合。

勘测设计单位在生产、管理或提供预期产品的同时，对外部会造成环境污染、资源消耗、生态环境影响等问题，比如：钻探现场废水、噪声的排放，试验现场废弃土样等固体垃圾的排放，电源纸张等资源的消耗，勘测设计项目对生态环境的影响等。这些非预期的产品，是属于环境管理体系控制的范围，其对象是社会和相关方。

伴随着勘测设计产品和服务提供过程，对勘测设计单位内部带来职业健康安全问题：劳动者在勘测设计项目实施及相关的经营管理、外包管理等活动中，从事职业活动或者与职业活动有关的活动时，可能会遭受突发性的意外伤害或职业伤害。针对勘测设计单位控制下的、实施工作相关活动的、职业健康安全的管理，属于职业健康安全管理体系控制的范围，其对象是员工。

在我国，职业卫生、环境卫生属卫生部门管理，外来务工人员、工伤保险、劳动关系等属于人力资源和社会保障部门管理，环境保护属生态环境部管理，职业健康属国家卫生健康委员会管理，职工安全生产等属于应急管理部管理，以上职能分属若干不同的系统。但是环境管理、职业健康安全管理都不是独立存在的体系，都是单位在生存和发展的过程中而衍生出来的活动。故勘测设计单位将健康、安全、环境纳入到一个管理体系中，简称环境/职业健康安全管理。

环境/职业健康安全管理将健康、安全、环境融为一体，预防为主、危害识别在先，全员参与和全程监控，彻底杜绝各类事故发生，将勘测设计单位追求利润最大化的经营目标转化为以人为本、保全生命质量、减少生产中的物料消耗、降低污染物的排放、保护环境免遭破坏，实现社会、经济、勘测设计单位、环境保护协调发展。

二、环境/职业健康安全管理在水利行业勘测设计单位的引入和发展

20 世纪 90 年代至 21 世纪初，绝大部分的勘测设计单位均建立了较为完善的质量管理体系，实施了质量管理认证，实现了与国际惯例的接轨。2007 年年底，水利行业中的广东省水利电力勘测设计研究院、长江勘测设计研究院、中水珠江规划勘测设计有限公司等率先依据《环境管理体系　要求及使用指南》《职业健康安全管理体系　规范》建立了较为规范的职业健康安全管理体系、环境管理体系，由于依据的标准框架类似、要素基本

一致，两体系合并为环境/职业健康安全管理体系，并通过了认证。截至2013年年初，长江水利委员会、黄河水利委员会、珠江水利委员会、淮河水利委员会等所有下属的流域委勘测设计单位及山东省院、黑龙江省院、湖南省院、天津市院、上海市院、吉林省院等二十多个省级勘测设计单位通过了质量管理体系、职业健康安全管理体系、环境管理体系认证，并进行了整合，这是现代勘测设计行业单位管理方式的必然选择。

三、环境/职业健康安全管理体系依据的标准

目前勘测设计单位建立健康、安全与环境管理体系依据两个标准：GB/T 28001—2011《职业健康安全管理体系　要求》和GB/T 24001—2016/ISO 14001：2015《环境管理体系　要求及使用指南》。

1.《环境管理体系　要求及使用指南》

GB/T 24001—2016/ISO 14001：2015《环境管理体系　要求及使用指南》是ISO系列标准中的主体标准，于1996年发布第一版，2004年发布第二版，2015年发布第三版。2015年版于2015年9月15日正式发布（中文版于2016年10月13日发布），以替代第二版。2015年版标准发布后，2004年版标准有3年的过渡使用期。

2.《职业健康安全管理体系　要求》

1999年英国标准协会、挪威船级社等13个组织制定了职业安全健康评价系列标准（OHSAS）：《职业安全健康管理体系　规范》及OHSAS 18002《职业安全卫生管理体系　实施指南》。该系列标准对推动全世界的职业健康安全管理活动起了重要作用。我国GB/T 28001—2001《职业健康安全管理体系　规范》依据该标准制定。2007年OHSAS 18001—1999发布第二版，我国于2011年12月30日发布GB/T 28001—2011《职业健康安全管理体系　要求》。

2018年3月12日，国际标准化组织（ISO）正式发布ISO 45001：2018《职业健康安全管理体系　要求及使用指南》，取代了OHSAS标准。ISO 45001：2018转版期三年，国际标准化组织要求在2021年3月11日前完成转版工作。

第一篇

环境/职业健康安全管理文化与环境/职业健康安全整合管理体系

勘测设计单位的环境/职业健康安全管理体系的各项制度是环境/职业健康安全管理文化的沉淀，环境/职业健康安全管理文化是环境/职业健康安全管理体系各项制度的精华。本篇介绍了环境/职业健康安全管理文化内涵、管理文化建设、管理体系整合的可能性、现状及趋势、整合管理体系的建立等内容，以帮助勘测设计单位管理者、环境/职业健康安全管理人员把握环境/职业健康安全管理文化的基本内涵，打造特色的环境/职业健康安全管理文化，建立环境/职业健康安全管理体系并使其与勘测设计单位的所有管理体系有机融合。

第一章　环境/职业健康安全管理文化

一、环境/职业健康安全管理文化内涵

勘测设计单位只要涉及职业健康、职工安全生产、环境保护等工作，就会有相应的环境/职业健康安全管理文化的存在。环境/职业健康安全管理文化是勘测设计单位在对职业健康、职工安全生产、环保标准化及规范化管理的过程中逐步形成的，居于主导地位，并为全体员工认可和恪守，是关于职业健康、职工安全生产及环保的共同价值观、行为准则和良好行为习惯，是勘测设计单位文化的组成部分和重要内容。正确理解勘测设计单位的环境/职业健康安全管理文化内涵，是充分发挥环境/职业健康安全管理文化功能的前提。

环境/职业健康安全管理文化具有以下方面的基本特征：

（1）人本性。环境/职业健康安全管理文化是以人类的自我保护为基本出发点而建立的一种现代勘测设计单位文化，具有高度的自我约束、自我完善、自我激励的机能，环境/职业健康安全管理文化的核心是以人为本。

（2）预见性。环境/职业健康安全管理文化要求对勘测设计单位活动进行事前风险分析，预见并确定其自身活动可能发生的危害和后果。

（3）防范性。环境/职业健康安全管理文化是在对勘测设计单位活动进行事前风险分析的基础上，采取有效的防范手段和控制措施防止风险发生，以便减少可能引起的人员伤亡、财产损失和环境污染等不良后果。

（4）持续改进性。环境/职业健康安全管理文化作为一种文化形态，不是一蹴而就的，也不是一劳永逸的，必须随着经济的发展和科技的进步持续不断进行改进。

二、环境/职业健康安全管理文化建设

勘测设计单位的环境/职业健康安全管理文化是其勘测设计单位文化的一部分，环境/职业健康安全管理文化建设中常见的问题主要有：仅停留在对环境/职业健康安全管理文化理念的空洞宣教上；要建立的环境/职业健康安全管理文化没有很好地从勘测设计单位实际中提炼；仅着眼于局部的、个别的文化形式等。

要想真正建设好勘测设计单位的环境/职业健康安全管理文化，并不断将其推动和发展，就需要把勘测设计单位环境/职业健康安全管理文化建设问题当成一个系统工程的问

题：管理者可通过其自身的规律和运行机制，营造和谐的环境/职业健康安全管理文化氛围，采用系统的教育、引导、培养等活动模式，塑造人的环境/职业健康安全管理价值观，树立科学的环境/职业健康安全管理态度，制定环境/职业健康安全管理行为准则，建立及完善正确、规范的健康、安全、环境管理制度，使勘测设计单位环境/职业健康安全管理文化向更高的环境/职业健康安全管理目标发展。

勘测设计单位环境/职业健康安全管理文化涉及勘测设计单位的“人、机、料、法、环境、测”的各个方面，与勘测设计单位的理念、价值观、氛围、行为模式等深层次的人文内容密切相关，在勘测设计单位环境/职业健康安全管理文化建设中建议做好以下方面的工作。

1. 环境/职业健康安全管理承诺

（1）勘测设计单位应建立包括环境/职业健康安全管理价值观、愿景、使命和目标等在内的管理承诺。环境/职业健康安全管理承诺应切合勘测设计行业勘测设计单位的特点和实际，反映勘测设计单位的环境/职业健康安全管理志向；明确安全问题在组织内部具有最高优先权；声明所有与勘测设计单位职业健康、职工安全生产、环保管理有关的重要活动都要追求卓越；管理者的承诺清晰明了，并被全体员工和相关方所知晓和理解。

（2）勘测设计单位的高层管理者宜对管理承诺做出有形的表率，并让各级管理者和员工切身感受到领导者对安全承诺的实践。作为高层管理者应提供环境/职业健康安全管理相关工作的领导力，坚持科学决策，以有形的方式表达对环境/职业健康安全管理的关注；在职业健康、职工安全生产、环境保护方面真正投入时间和资源；制定环境/职业健康安全管理战略规划以推动环境/职业健康安全管理承诺的实施；依据法规要求接受相应的培训，在与勘测设计单位相关的环境/职业健康安全管理事务上具有必要的能力；授权本勘测设计单位的各级管理者和员工参与环境/职业健康安全管理工作，积极质疑环境/职业健康安全管理问题；安排对环境/职业健康安全管理各项工作的定期审查；与相关方进行沟通和合作。

（3）勘测设计单位的中层管理者应对环境/职业健康安全管理承诺的实施起到示范和推进作用，形成严谨的制度化工作方法，帮助高层管理者营造有益于环境/职业健康安全管理的工作氛围，培育重视职业健康、职工安全生产、环保的工作态度。各级管理者应做到：清晰界定全体员工在环境/职业健康安全管理中的责任；确保所有与安全相关的活动均采用了安全的工作方法；确保全体员工充分理解并胜任所承担的工作；鼓励和肯定在环境/职业健康安全管理方面的良好态度，注重从试错中学习和获得经验；追求卓越的环境/职业健康安全管理绩效，在质疑环境/职业健康安全管理问题方面以身作则；接受培训，在推进和辅导员工改进环境/职业健康安全管理绩效上具有必要的能力；保持与相关方的交流合作，促进组织部门之间的沟通与协作。

（4）勘测设计单位的员工应充分理解和接受勘测设计单位的环境/职业健康安全管理承诺，并结合岗位工作任务实践这种安全承诺。每个员工应做到：在本职工作上始终采取安全、环保的方法，对自身职业健康负责；对任何与安全相关的工作保持质疑的态度；对任何环境/职业健康安全管理异常和事件保持警觉并主动报告；接受培训，在岗位工作中具有改进环境/职业健康安全管理绩效的能力；与管理者和其他员工进行必要的沟通。

（5）勘测设计单位应将自己的环境/职业健康安全管理承诺传达到相关方。必要时应要求供应商、承包商等相关方提供相应的环境/职业健康安全管理承诺。

2. 环境/职业健康安全管理行为规范与程序

（1）勘测设计单位内部的行为规范是勘测设计单位环境/职业健康安全管理承诺的具体体现和环境/职业健康安全管理文化建设的基础要求。勘测设计单位应确保拥有能够达到和维持环境/职业健康安全管理绩效的管理系统，建立界定清晰的组织结构和环境/职业健康安全管理职责体系，有效控制全体员工的行为。行为规范的建立和执行应做到：体现勘测设计单位的环境/职业健康安全管理承诺；明确各级各岗位人员在环境/职业健康安全管理工作中的职责与权限；细化有关环境/职业健康安全管理的各项规章制度和操作程序；行为规范的执行者参与行为规范系统的建立，熟知自己在组织中的环境/职业健康安全管理角色和责任；由正式文件予以发布；引导员工理解和接受建立行为规范的必要性，使员工知晓由于不遵守规范所引发的潜在不利后果；通过各级管理者或被授权者观测员工行为，实施有效监控和缺陷纠正；广泛听取员工意见，建立持续改进机制。

（2）程序是行为规范的重要组成部分。勘测设计单位应建立必要的程序，以实现对与环境/职业健康安全管理相关的所有活动进行有效控制的目的。程序的建立和执行应做到：识别并说明主要的风险，简单易懂，便于实际操作；程序的使用者（必要时包括承包商）参与程序的制定和改进过程，并应清楚了解不遵守程序可导致的潜在不利后果；由正式文件予以发布；通过强化培训，向员工阐明在程序中给出特殊要求的原因；对程序的有效执行保持警觉，即使在生产经营压力很大时，也不能容忍走捷径和违反程序；鼓励员工对程序的执行保持质疑的态度，必要时采取更加保守的行动并寻求帮助。

3. 环境/职业健康安全管理行为激励

（1）勘测设计单位在审查和评估自身环境/职业健康安全管理绩效时，除使用事故发生率等消极指标外，还应使用旨在对环境/职业健康安全管理绩效给予直接认可的积极指标。

（2）员工应该受到鼓励，在任何时间和地点，挑战所遇到的潜在不安全实践，并识别所存在的安全缺陷。对员工所识别的安全缺陷，勘测设计单位应给予及时处理和反馈。

（3）勘测设计单位宜建立员工环境/职业健康安全管理绩效评估系统，应建立将环境/职业健康安全管理绩效与工作业绩相结合的奖励制度。审慎对待员工的差错，应避免过多关注错误本身，而应以吸取经验教训为目的。应仔细权衡惩罚措施，避免因处罚而导致员工隐瞒错误。

（4）勘测设计单位宜在组织内部树立环境/职业健康安全管理榜样或典范，发挥环境/职业健康安全管理行为和环境/职业健康安全管理态度的示范作用。

4. 环境/职业健康安全管理信息传播与沟通

（1）勘测设计单位应建立环境/职业健康安全管理信息传播系统，综合利用各种传播途径和方式，提高传播效果。

（2）勘测设计单位应优化环境/职业健康安全管理信息的传播内容，将组织内部有关环境/职业健康安全管理的经验、实践和概念作为传播内容的组成部分。

（3）勘测设计单位应就环境/职业健康安全管理事项建立良好的沟通程序，确保勘测设计单位与政府监管机构和相关方、各级管理者与员工、员工相互之间的沟通。

沟通应达到：确认有关环境/职业健康安全管理的信息已经发送，并被接收方所接收和理解；涉及环境/职业健康安全管理事件的沟通信息应真实、开放；每个员工都应认识到沟通对环境/职业健康安全管理的重要性，从他人处获取信息和向他人传递信息。

5. 自主学习与改进

（1）勘测设计单位应建立有效的环境/职业健康安全管理学习模式，实现动态发展的环境/职业健康安全管理学习过程，保证环境/职业健康安全管理绩效的持续改进。

（2）勘测设计单位应建立正式的岗位资格评估和培训系统，确保全体员工充分胜任所承担的工作。应制定人员聘任和选拔程序，保证员工具有岗位适任要求的初始条件；安排必要的培训及定期复训，评估培训效果；培训内容除有关环境/职业健康安全管理的知识和技能外，还应包括对严格遵守安全规范的理解，以及个人环境/职业健康安全管理职责的重要意义和因理解偏差或缺乏严谨而产生失误的后果；除借助外部培训机构外，应选拔、训练和聘任内部培训教师，使其成为勘测设计单位环境/职业健康安全管理文化建设过程中知识和信息的传播者。

（3）勘测设计单位应将与环境/职业健康安全管理相关的任何事件，尤其是人员失误或组织错误事件，当作能够从中汲取经验教训的宝贵机会与信息资源，从而改进行为规范和程序，获得新的知识和能力。

（4）应鼓励员工对环境/职业健康安全管理问题予以关注，进行团队协作，利用既有知识和能力，辨识和分析可供改进的机会，对改进措施提出建议，并在可控条件下授权员工自主改进。

（5）经验教训、改进机会和改进过程的信息宜编写到勘测设计单位内部培训课程或宣传教育活动的内容中，使员工广泛知晓。

6. 职业健康、安全事务参与

（1）全体员工都应认识到自己负有对自身和同事的职业健康、安全做出贡献的重要责任。员工对职业健康、安全事务的参与是落实这种责任的最佳途径。

（2）员工参与的方式可包括但不局限于以下类型：建立在信任和免责基础上的微小差错员工报告机制；成立员工环境/职业健康安全管理改进小组，给予必要的授权、辅导和交流；定期召开有员工代表参加的环境/职业健康安全管理会议，讨论环境/职业健康安全管理绩效和改进行动；开展岗位风险预见性分析和不安全行为或不安全状态的自查自评活动。

勘测设计单位组织应根据自身的特点和需要确定员工参与的形式。

（3）所有外包、采购、承包商等外部供方对勘测设计单位的环境/职业健康安全管理绩效改进均可做出贡献。勘测设计单位应建立让外部供方参与环境/职业健康安全管理事务和改进过程的机制，包括：将与外部供方有关的政策纳入环境/职业健康安全管理文化建设的范畴；加强与外部供方的沟通和交流，必要时以适合的方式给予培训，使外部供方清楚勘测设计单位的要求和标准；让外部供方参与工作准备、风险分析和经验反馈等活动；倾听外部供方对勘测设计单位生产经营过程中所存在的环境/职业健康安全管理改进的意见等。

第二章　环境/职业健康安全整合管理体系

第一节　环境/职业健康安全管理体系的整合

一、职业健康、安全、环境管理体系整合的可能性

环境/职业健康安全管理体系建立时依据两个标准：ISO 45001：2018《职业健康安全管理体系　要求及使用指南》和 GB/T 24001—2016/ISO 14001：2015《环境管理体系　要求及使用指南》，但由于以下原因的存在，使职业健康、安全、环境的整合管理成为可能：

一是两个标准的框架、要素一致，管理职业健康、安全、环境的危害及效应的所有原则彼此相似。

二是在一个勘测设计单位中，若发生事故，则会同时引起职业健康、职工安全生产、环保问题，共同预防和处理，可以提高效率，更具有科学性。

三是根据系统管理的观点，为达到勘测设计单位的管理效果总体最佳，其所有管理活动都必须纳入一个整体予以考虑，同时管理职业健康、职工安全生产、环保，避免了独立的职业健康、职工安全生产、环保管理系统和管理结果的重复性。

四是审核和认证的需要，环境管理和职业健康安全管理对应的体系认证工作如果分开来做，将给勘测设计单位造成许多重复甚至混乱状况，也造成职责和权限的交叉和混淆，不易于文件的控制，职业健康、安全、环境"三位一体"综合管理，简化了体系的审核认证工作，节约了勘测设计单位费用。

故在勘测设计单位实际的运作中，将职业健康（H）、职工安全生产（S）、环保（E）管理体系三者整合，实行统一管理。

二、整合管理体系发展现状和趋势

整合管理体系定义为组织按照两个或多个管理体系标准要求建立的统一的管理体系（DL/T 1004—2006《质量、职业健康安全和环境整合管理体系规范及使用指南》）。

自 20 世纪 90 年代起，我国陆续采用国际标准化组织发布的 ISO 9000 族、ISO 14000 族以及按欧洲 OHSAS 18001 标准编制的《职业健康安全管理体系　要求》，特别是为适应加入世界贸易组织（WTO）的需要，我国各行业勘测设计单位普遍掀起了"贯标"认证的热潮，勘测设计单位管理的发展开始进入以建立质量、环境和职业健康安全管理体系为主要内容的新阶段。

近年来，随着社会主义市场经济的发展和现代勘测设计单位制度的建立，对勘测设计单位的社会责任要求越加严格，环境和职业健康安全管理已列入勘测设计单位的基础管理内容，建立和保持质量、环境和职业健康安全管理体系并实施整合，成为勘测设计单位管理发展的必然趋势。勘测设计单位将多个管理体系进行整合，便于统一策划、整合资源、

目标互补、避免重复、易于管理、提高效率和效益。而且按过程/活动进行整合，更便于判断、评价出一项过程/活动中最优先考虑控制的事项，综合选用最佳方案，达到风险控制最好的效果。

水利行业各勘测设计单位自20世纪90年代开始进行质量管理体系认证，2007年年底引入职业健康安全管理体系、环境管理体系认证，管理体系整合起步较晚，但起点高，一开始就建立“多标”整合的管理体系。

在建立“三标”管理体系的活动中，随着管理体系的整合，大部分勘测设计单位取得了明显的效果，但也有部分单位出现“两张皮”现象，效果不佳，难以坚持。究其原因除了观念意识没有彻底转变外，主要是文件化的管理体系与管理实际脱节，过于讲求形式，偏离了方向。所以如何正确设计一个整合管理体系的框架，是正确运行整合管理体系的关键，迫切需要有一个规范的整合管理体系标准。

截至目前，水利行业没有制定、发布整合管理体系标准。

第二节　环境/职业健康安全整合管理体系的建立

管理体系建立时依据两个标准：ISO 45001：2018《职业健康安全管理体系　要求及使用指南》和GB/T 24001—2016/ISO 14001：2015《环境管理体系　要求及使用指南》，两个标准具有通用性，适合于各行各业、生产任何产品及提供任何服务的组织；两个标准均给出了建立管理体系的框架，列出了管理体系的要素。由于勘测设计单位的环境/职业健康安全管理人员极少是健康、安全、环境管理方面的专业人才，加上勘测设计单位“重专业、轻管理”现象的存在，这使得环境/职业健康安全管理体系的建立更加困难。

建议建立环境/职业健康安全管理体系时应注意以下方面。

一、做好环境/职业健康安全管理体系文件编写前的准备工作

1. 资料的收集

文件编写前，需收集组织现有的与职业健康、安全、环境管理相关的下列文件或资料：

（1）勘测设计单位组织机构现状；

（2）各部门职责和权限现状，并经各部门确认；

（3）各部门需要解决的工作接口问题和其他问题；

（4）现有各种环境/职业健康安全管理相关的管理制度、规定等及各部门对以上制度规定的执行情况的说明；

（5）现有组织适用的各种环境/职业健康安全管理相关的法律法规、技术标准等文件及各部门执行情况的说明。

2. 资料的分析

对以上收集到的文件或资料进行分析：

（1）分析评价现有环境/职业健康安全管理组织机构和职能是否完善，并明确到各个部门，列出需完善的职能清单；

（2）评价工作接口现状，列出需研究、了解、解决的工作接口问题清单；

（3）评价现有管理文件的有效性，提出需增加、调整或作废的文件方案。

3. 职能完善和职责、权限的确定

对现有的部门职责和权限进行调查，列出需要调整、补充、作废的职责和权限的清单，并提出初步方案，召集有关部门讨论、提出修改意见，经高层管理者研究决定，批准、发布确定后的职责和权限的文件。

依据批准后的职责和权限，在编写文件、运行实施文件过程中发现需要进一步明确或补充的问题，及时修订相应的文件。

4. 文件编写组（编写人员）的确定

由高层管理者指定编写人员，在指定编写人员时应考虑以下问题：

（1）有效授权可利于解决重大问题及跨部门的问题；

（2）各相关部门责任人参与到文件编写活动中，以便了解对本职工作的要求及文件与实际情形结合的情况；

（3）配备一个熟悉标准，熟悉勘测设计单位实际，责任心强，文笔好的统稿人；

（4）文件编写组可设在体系主管部门。

5. 接口的处理原则

（1）文件中对职能、活动等方面接口的规定是较难处理的部分，处理接口应考虑以下内容：

1）完成同一环境/职业健康安全管理活动中各部门、各类人员的分工，工作顺序、工作内容，检查验收方法等；

2）完成不同环境/职业健康安全管理活动需衔接、协调的工作；

3）完成各项环境/职业健康安全管理活动必须形成闭环，各个环节的工作和责任必须落实；

4）文件的传递路线等。

（2）要确定接口的方式，在确定时考虑以下内容：

1）要选择最适用、最有效的方式；

2）要选择相关部门和人员都能接受的方式；

3）接口方式要得到相关部门的认可并得到实际验证；

4）确定接口方式一定要摒除本位主义，避免扯皮和思路不清。

（3）表达接口主要有以下方式：

1）用程序图可清楚地表达工作接口方式；

2）用准确的文字描述。

6. 职业健康安全状况的初始评审

在对勘测设计单位的职业健康安全状况的初始评审中，首先应充分识别和评价出目前所有的职业健康安全风险，把它看作是勘测设计单位的基本风险，是勘测设计单位职业健康安全管理体系控制的对象。

一般情况下，初始状况评审主要考虑以下方面内容（不限于此）：

（1）勘测设计单位应识别和获得的适用法律法规等文件。

（2）对勘测设计单位面临所有职业健康安全风险（特别是不可接受风险）的识别及对

其的控制评价。

（3）对现行职业健康安全管理制度、规章、方法、程序的梳理、审查和完善。

（4）对以往发生的事件、事故、紧急情况和对其调查、处置资料的评价。

（5）对勘测设计单位现行职业健康安全管理水平总体评价及应改进的问题和措施以及职业健康安全方面的建议等。

初始状况评审可采用列表检查、座谈分析、现场检查和检测、管理体系评审、安全性评价等方法进行。

初始状况评审的结果，除相关的分析评价报告外，还应提供以下文件（不限于此）：

（1）使用的法律法规和标准等文件清单及适用条款的汇总。

（2）危险源辨识、风险评价及控制措施策划文件（分类、分级辨识，评价，控制措施）等。

（3）不可接受职业健康安全风险清单及控制措施策划文件等。

因此，在职业健康安全管理系运行和改进过程中，针对每项具体的过程/活动而言，其危险源辨识和风险评价均应建立在组织的基本风险基础上，防止对残余风险认识的偏差而造成遗漏，这一点尤其对“人的不安全行为最难以控制”的管理现状至关重要。

7. 环境管理状况的初始评审

GB/T 24001—2016/ISO 14001：2005《环境管理体系　要求及使用指南》中明确指出，一个尚未建立环境管理体系的组织，首先应当通过评审的方式来确定自己当前的环境状况，以便对其所有的环境因素予以考虑，作为建立环境管理体系的基础。所以，在建立环境管理体系之前，应先对环境管理的现状进行评审。

初始评审的内容包括：

（1）界定体系覆盖范围，注意满足其可信度和社会责任要求。

（2）针对勘测设计单位经营、生产管理及相关辅助活动/产品/服务，调查和分析整个生命周期对环境造成影响的环境因素，特别是对环境造成重大影响的重要环境因素，考虑三种时态和状态。

（3）识别和确定必须履行的合规性要求。

（4）收集与环境管理体系有关的相关方对勘测设计单位经营/生产/辅助活动造成有害环境影响的抱怨和投诉，以及环境监管部门对勘测设计单位发生不合规行为的处分。

（5）收集使用资源的情况，调查废水、噪声、固体废弃物等产生的地点、排放量及处置。

（6）评审现行的管理方式、方法和规章制度，找出问题，提出改进措施。

（7）评价以前发生事故和应急情况的处置措施和效果。

（8）关于环境方针、目标和指标的建议。

（9）提出急需解决的环境优先问题等。

初始状况评审的方法可采取：调查表、面谈、直接检查和测量等方式以及参考过去的内部或外部评审、监测结果等。

初始状况评审报告应包括以下内容：

（1）评审目的、范围、组织概况。

（2）评审程序和方法。

（3）环境管理相关信息（如“三废”排放、危险品使用和贮存、守法情况、现有管理状况等）。

（4）有关信息评价（如合理性、重大潜在问题影响等）。

（5）环境因素识别及重要环境因素评价，急需解决的优先项及控制和改进措施。

（6）环境管理体系覆盖范围阐述。

（7）环境方针和建立环境管理体系的建议。

（8）评审结论说明。

对适用法律法规和标准，应列出清单并获得有效版本，作为附件，进行动态管理。

二、明确环境/职业健康安全管理体系文件的编写原则

（1）环境/职业健康安全管理体系文件应与组织的实际相结合，其数量和详略程序取决于：组织的规模，产品和活动的类型，过程和其间作用的复杂程度，风险因素的情况，人员的素质和能力。文件的编制应满足符合、层次、协调和统一的原则，同时要便于操作，注重有效性和效率。

（2）在编制环境/职业健康安全管理体系文件时，应充分利用已有的单位管理制度或文件，并将质量手册、程序文件、管理办法、规章制度等与环境/职业健康安全管理体系有机整合。

（3）环境/职业健康安全管理体系文件层次，可分为方针目标—管理手册—程序文件—指导作业活动的文件（包括作业性文件等）—相关记录。管理手册是一个组织的大纲性文件，明确了共性管理的方式、组织层面与各部门之间的传递方式、基本的控制要求、“程序文件”与“管理标准、管理制度、管理办法”等属同一层次和文件；“作业性文件”与“工作标准”相接近，但其中还可能有“技术标准”的内容。

（4）方针和目标宜单独形成文件，便于对方针和目标评价和管理，也可置于管理手册中。

三、勘测设计单位环境/职业健康安全管理体系文件系统

环境/职业健康安全管理体系是以职业健康、安全和环境为一体，以危险源、环境因素识别和风险分析为主线，以事先预防为引领，遵循PDCA（计划、实施、检查、改进）管理原则，以持续改进促进管理的一个系统的、有机的、可持续的，具有高度自我约束、自我完善、自我激励体系的现代管理模式。

环境/职业健康安全管理与传统管理方法的区别在于：变“事后管理”为“事前预防”，变“单一管理”为“系统管理”，变“被动型指标管理”为“主动型持续改进”，是一种科学化、规范化、系统化、程序化的管理方法。

环境/职业健康安全管理文件包括：管理手册、程序文件和支持性文件（包括作业文件、管理制度、管理办法等）。在实际的工作中，环境/职业健康安全管理文件常与质量管理体系“三标一体”整合。

四、建立实施环境/职业健康安全管理体系的过程及步骤

建立实施职业健康、安全与环境管理体系的过程及步骤可见图1-1。

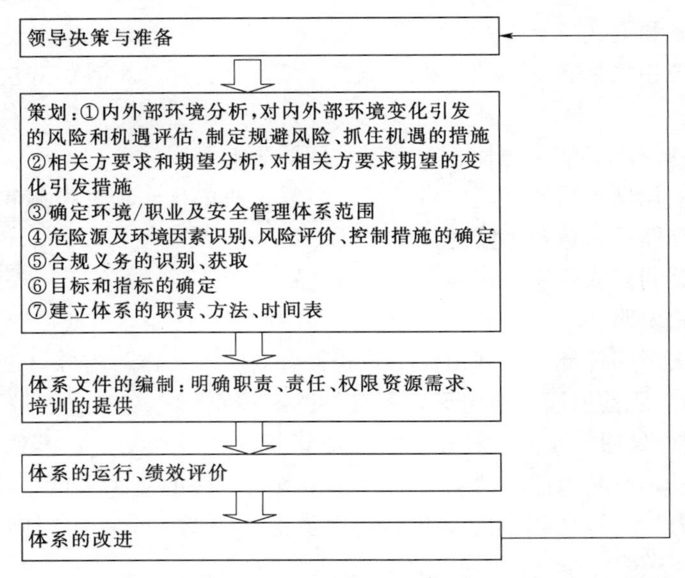

图 1-1 建立实施职业健康、安全与环境管理体系的过程及步骤

五、勘测设计单位环境/职业健康安全管理体系要素

水利行业通过环境管理体系和职业健康安全管理体系认证的勘测设计单位环境/职业健康安全管理体系都依据了 GB/T 24001—2016/ISO 45001：2018 标准的要求，在标准框架上是一致的。不同的是，都具有自身的特点和独特的运行模式，不同单位根据自己的勘测设计单位危害因素、环境因素和管理特点确认的要素略有不同，表述不一，但其核心内涵是一致的。管理要素通常包括以下方面。

1. 理解组织及所处环境

要求勘测设计单位在建立环境/职业健康安全管理体系之前对所处的内外部环境进行充分的调查分析，建立个性化的体系，以尽可能达到环境/职业健康安全管理“预期结果”的目的。环境/职业健康安全管理体系的预期结果是：提升组织环境/职业健康安全绩效，遵守适用的合规性义务，实现勘测设计单位的环境/职业健康目标，即为环境、相关方、勘测设计单位提供价值。

实施重点：

(1) 根据勘测设计单位的具体情况及活动、产品和服务来确定。

(2) 遵守合规性义务是对勘测设计单位的基本要求。

(3) 勘测设计单位在进行内外部环境分析时，可以使用一些工具，如 SWOT 分析法、PEST 分析模型等。

(4) 考虑我国目前的环境、职业健康安全生产问题及国家对环境保护、职业健康、安全的要求。

近些年，我国经济的高速增长在很大程度上是建立在资源过度消耗甚至浪费的基础上，而且往往以牺牲环境为代价。我国人口众多，能源、水、土地、矿产等资源不足的矛盾越来越尖锐，环境承载能力弱，生态环境形势十分严峻，已出现了严重的环境污染及生态破坏问题。

我国在能源、水资源、土地资源以及资源综合利用和循环经济方面与先进国家有较大差距。能源利用效率比国际先进水平低10个百分点。单位GDP能耗、物耗均大大高于世界平均水平。大部分重要资源人均占有量只有世界平均水平的1/3～1/4。

我国目前大气污染问题十分突出，水环境状况严峻，固体废弃物和土壤污染、噪声污染、生态环境退化问题严重。环境问题已经成为我国经济发展的瓶颈问题。

我国的职业健康安全问题：群死群伤等重大恶性工伤事故频频发生，每年因工伤事故直接损失数十亿元；职业病人数居高不下，职业病的累计数量、死亡数量和新增病人数量，都居世界前列。

党的十八大报告指出，建设生态文明是关系人民福祉、关乎民族未来的长远大计。2015年1月1日新的《中华人民共和国环境保护法》正式实施，新法建立了严厉的行政问责机制。党的十九大报告中，生态文明建设被推到一个很高的高度。

2016年12月18日，《中共中央 国务院关于推进安全生产领域改革发展的意见》印发，明确提出发展决不能以牺牲安全为代价，对推动我国安全生产工作具有里程碑式的意义。

2. 理解相关方的需求和期望

勘测设计单位在环境管理、职业健康管理与职业安全管理时，对那些与其有关的内外部相关方所明示的需求和期望有一个总体（即高层次非细节性的）的理解。勘测设计单位要考虑利益相关方的需求和期望。

实施重点：

（1）识别并确定勘测设计单位的环境/职业健康安全管理相关方，必要时建立环境/职业健康安全管理相关方一览表。

（2）针对确定的环境/职业健康安全管理相关方，识别其需求和期望。

（3）勘测设计单位应识别和确定哪些环境/职业健康安全管理相关方的要求是单位必须履行的合规性义务。

（4）这些理解的结果是环境/职业健康安全管理体系策划的重要输入。

3. 确定环境/职业健康安全管理体系的范围

要求勘测设计单位确定环境/职业健康安全管理体系的边界和适用性。

实施重点：

界定环境/职业健康安全管理体系范围时一般需考虑：

（1）勘测设计单位的内外部环境。

（2）勘测设计单位的合规性义务。

（3）勘测设计单位的办公区域（含各层次）。

（4）勘测设计单位的勘察现场、测量现场、设代服务现场、质量检测现场等生产区域及生活区域等；钻探设备检修场所、设备库房、配电室等辅助生产区域；食堂等生活区域等。

（5）组织单位（职能管理部门）、活动现场。

（6）勘测设计单位可控制和可施加影响的环境因素，以及职业健康安全危险源。

（7）考虑过程产品和服务活动的全生命周期等。

4. 环境/职业健康安全管理体系

勘测设计单位要确定建立环境/职业健康安全管理体系的基本原则和指导思想。

实施重点：

（1）勘测设计单位应根据单位的实际情况（考虑内外部环境、相关方的要求和期望），建立、实施、保持、改进环境/职业健康安全管理体系。

（2）勘测设计单位在建立环境/职业健康安全管理体系时应将 ISO 14001：2015、ISO 45001：2018 的要求融入各项业务活动，充分考虑如规划设计、勘察、测绘、试验、专业/劳务分包、物资及设备采购、人力资源、经营等勘测设计单位的所有活动、产品和服务中的重要环境因素、不可接受危险源、合规性义务所带来的风险和机会，配置所需的资源，实施相关的控制及监控措施，确保实现预期结果并持续改进。

5. 领导作用

GB/T 24001—2016/ISO 14001：2015、ISO 45001：2018 更加强调了最高管理者的职责和领导作用，为最高管理者规定了职责要求，有些职责需要亲自参加，有些可委派授权。

实施重点：

（1）健全各级环境/职业健康安全管理组织机构，为各级有关业务管理者分配环境/职业健康安全管理作用、职责/责任、权限及接口方式。

（2）理解需要应对的环境/职业健康安全风险。

（3）理解对环境/职业健康安全管理绩效有利的机会。

（4）指导战略决策时考虑环境/职业健康安全事项。

（5）把握环境/职业健康安全方针导向与战略方向一致。

（6）推动环境/职业健康安全标准要求融入业务过程和运行活动。

（7）授权提供资源（人、财、物、技术等）。

（8）推动建立和运行有效的沟通机制和激励机制。

（9）推动建立和运行环境/职业健康安全管理改进的机制。

（10）指导勘测设计单位的绩效管理中考虑环境绩效、职业健康安全绩效。

6. 协商与参与

要求应对工作人员参与和协商职业健康安全相关事务做出规定，在整个体系内建立有效的信息传递方式和沟通渠道，确保职业健康安全管理体系运行中有关信息得到及时沟通，相关人员进行参与、协商和反馈。

实施重点：

（1）职业健康安全风险较大的地质钻探、司机等新员工在与勘测设计单位签订劳动合同前，由人力资源部门告知其应聘岗位存在的职业健康安全危害、防治措施、相关待遇。

（2）任命职业健康安全事务代表，明确其职责。

（3）参与危险源识别、风险评价，制定控制措施。

（4）参与事件和不符合调查并确定纠正措施。

（5）参与职业健康安全管理方针与目标的制定与评审。

（6）协商影响员工职业健康安全的任何变更。

(7) 与全员签订安全责任书。

(8) 确定外包、采购和分包商的适用的控制方法。

(9) 勘测设计单位无偿向员工提供个人防护用品。

(10) 确定如何应用法律法规要求和其他要求。

(11) 适用时分配单位的岗位、职责、责任和权限，识别其能力、培训和培训评价的需求等。

7. 环境/职业健康安全方针

环境/职业健康安全方针由最高管理者制定，是勘测设计单位在环境管理、职业健康安全管理方面的宗旨和方向。

实施重点：

(1) 环境/职业健康安全方针要适合勘测设计单位的特点，要能反映出对重要环境因素、不可接受危险源的控制。

(2) 方针应体现以下方面的承诺：履行合规性义务，保护环境，防止人身伤害和健康损害，持续改进。

(3) 方针应为建立目标、指标提供框架。

(4) 方针应形成文件。

8. 组织的作用、职责和权限

最高管理者应确保勘测设计单位内环境/职业健康安全管理体系的有关职责和权限得到分配规定，并沟通职责之间的相互关系，尤其是对环境有重要影响的岗位。

实施要点：

(1) 应以成文信息的形式，确定组织架构，规定各部门职责范围，明确各级管理者和各类人员的职责和权限。

(2) 标准没有特定的对管理者代表的要求，可以指定管理者代表或委派给某一高层管理者或几个人共同承担。职责有两个：一是确保环境/职业健康安全管理体系符合标准要求；二是向最高管理者报告环境管理体系的绩效。

(3) 各级各类人员在环境/职业健康安全管理体系中的岗位职责和权限，应通过培训、宣讲或其他适当的方式进行沟通。

9. 应对风险和机遇的措施

要求勘测设计单位在实施环境/职业健康安全管理时，应建立主动保护环境，避免人身伤害和健康损害的意识，预防负面的环境/职业健康安全事件的出现。

为达到策划的预期结果，确保环境/职业健康安全管理体系适宜、充分和有效。勘测设计单位在策划应对环境/职业健康安全风险所带来的威胁和机会的措施时，应针对确定的重要环境因素、危险源、合规性义务等考虑诸多的因素。

实施重点：

(1) 勘测设计单位在进行环境/职业健康安全管理体系策划时，使用基于风险和机会的理念，通过考虑勘测设计单位内外部因素的要求，识别相关方对单位环境/职业健康安全管理的需求和期望，以识别风险和机遇。

(2) 勘测设计单位应结合单位的实际情况、实际存在的内外部环境、相关方的要求和期望，以及单位自身加强环境/职业健康安全管理、提升环境/职业健康安全管理绩效的需要，针对风险和机会策划相应的管理或技术措施等。

（3）所确定的每项应对措施，均应当规定相应的实施途径：属管理措施中需持续实行的，应当纳入相应的管理体系文件或建立专项文件，如应急预案；单项的管理措施应当纳入诸如管理方案、管理措施计划或管理改进计划中；属技术措施的，应当纳入技术改造计划、技术改进计划中等。

（4）勘测设计单位宜就风险分析和措施策划过程形成文件信息并予以保持，可以表现为程序文件、管理办法、预案、管理方案、风险机遇及措施表、环境因素识别风险评估及措施清单、危险源识别风险评价及措施清单、合规性义务清单等。

（5）不要求勘测设计单位进行正式的风险管理或文件化的风险管理过程，勘测设计单位可根据内外部环境需要选择用于确定风险和机会的方法。方法可涉及简单的定性过程或完整的定量过程。

10. 环境因素、危险源

勘测设计单位应识别勘测、设计、试验等生产管理、经营管理及相关辅助活动、产品和服务中的环境因素（应考虑生命周期）、危险源，并对它们进行科学的评价分析，确定所有的重要因素、不可接受危险源，作为环境/职业健康安全管理体系的优先管理事项，制定出适宜的控制措施，并应用到日常的各项管理中，将勘测设计单位的生产、经营及辅助活动、产品和服务对职业健康、安全、环境的不利影响降到最低。

实施重点：

（1）对危险源、环境因素开展全员动态识别，包括勘测、设计、试验等生产部门，经营、人力资源、办公室等经营及辅助职能部门，应识别办公区、勘测现场、试验现场、设代现场等工作场所/活动/产品和服务中的环境因素和危险源，以及食堂、配电室、机房、交通、印刷等各个场所/活动/过程中的危险源和环境因素。对每个勘测设计项目尤其是勘测项目的野外作业，策划阶段须按活动/过程的特点识别潜在的危险源与环境因素等。危险源、环境因素是环境/职业健康安全管理的核心。

（2）对识别的危险源、环境因素进行评价，确定适宜的控制措施；对潜在的风险、易引发的事故分级治理。

（3）“新改扩”装置/设施/基本建设项目（工程）、技术改建项目（工程）和引进的建设项目的管理：新建、改建、扩建装置/设施和安全卫生与环境保护设施要与主体工程同时设计、同时施工、同时投产使用；新建、改建、扩建的基本建设项目（工程）、技术改建项目（工程）和引进的建设项目，其职业安全卫生设施必须符合国家规定的标准，必须与主体工程同时设计、同时施工、同时投入生产和使用。

装置/设施/项目（工程）在其运行寿命期间能够保持良好的安全、环保和健康状态，可以实现装置“安、稳、长、满、优”生产的目的：

——所有管理活动应事先做规划，依据策划方案实施管理控制；

——装置/设施、基本建设项目（工程）、技术改建项目（工程）和引进的建设项目在“新改扩”时执行环境影响评价、安全评价、职业健康评价“三同时”制度，环境/职业健康安全管理设施与主体工程同时设计、同时施工、同时投入生产和使用。

11. 合规性义务

应不断组织各部门对适用的法律法规、规章和条例、法令和指令、许可、规定、相关方的要求等进行识别、获取，确保其处于最新状态，建立管理体系时考虑其要求，并将这些要求传达到所有的员工和相关方。

实施重点：

（1）合规性义务包括勘测设计单位必须遵守的法律法规要求及单位选择遵守的其他要求。

（2）勘测设计单位应确定合规性义务活动的管理流程。

（3）勘测设计单位应确保适用各部门、项目的法律法规的要求传达到各相关人员。

（4）勘测设计单位应确保将法律法规要求融入到日常的环境/职业健康安全管理活动中。

12. 环境/职业健康安全目标

勘测设计单位应依据单位的方针、战略、应遵循的合规性义务及提升单位环境/职业健康安全绩效的需要制定目标。

实施重点：

（1）勘测设计单位应依据战略，在环境/职业健康安全方针的框架下制定环境/职业健康安全目标。

（2）目标应当是可测量的，能量化的定量，不能量化的定性。

（3）勘测设计单位在制定环境目标时可考虑以下方面：

1）食堂管理、印刷室等过程、活动、场所中，废水、废弃纸张等污染物排放应符合合规性义务的要求；

2）削减勘测设计项目对生态环境的影响（水利设施对人类生产生活的影响，水利设施与人和自然和谐相处，保护生物多样性等）；

3）降低能耗（如电能、水等）；

4）提升全体人员环境意识。

（4）勘测设计单位在制定职业健康安全目标时可考虑以下方面：

1）防止发生死亡、工伤和职业健康问题；

2）可考虑健康体检、安全防护用品配备、教育培训等积极的职业健康安全目标；

3）员工及其代表和其他外部相关方的意见和建议等。

（5）环境/职业健康安全目标制定时还应考虑以下内外部因素：

1）勘测设计单位适用的职业健康安全法律、法规、规章和国家标准、行业标准及其他规定；

2）勘测设计单位自身整体的经营方针和目标，与职业健康安全目标之间的关系；

3）勘测设计单位企业规模和其所具备资质活动及其所带来风险的特点、风险评估以及预防措施；

4）勘测设计单位过去和现在的职业健康安全绩效，尤其是绩效中存在的薄弱环节，或为了改善环境/职业健康安全绩效方面而确立的管理事项；

5）区分轻重缓急，持续改进环境/职业健康安全绩效。

(6) 环境/职业健康安全目标逐级展开至各职能部门。标准并没有规定要展开到哪个层次，这应按照实现勘测设计单位的环境/职业健康安全目标的需要和环境/职业健康安全管理体系界定的范围而确定。

(7) 应确定环境/职业健康安全目标的重要程度，列出优先顺序，做到系统管理，重点控制，定期统计，及时沟通，适时更新，以求全面实现环境/职业健康安全目标。

(8) 勘测设计单位确定环境/职业健康安全目标后，应制定一个或多个旨在实现环境/职业健康安全的目标计划，落实环境/职业健康安全管理职能，制定具体行动措施及时间进度，包括实现目标采取的措施、实现措施的责任部门或岗位、所需资源、要求完成日期，以及如何评价结果等。这些措施，在可行时应与业务过程相整合，长期实施的措施应当在业务过程的文件信息中予以规定。

(9) 制订实现环境目标的计划时，应遵循污染预防的基本原则和生命周期的理念。识别勘测设计项目中的环境因素，采取适宜的管理性措施、技术性措施，以确保减小勘测设计项目对生态环境的影响。

(10) 在可行时，措施计划中应全面考虑勘测设计项目的勘测设计、施工期、运行期、报废处置等各个阶段。对于食堂等活动的实施，可从计划、设计、施工、运行等环节考虑与环境/职业健康安全目标相关的措施方案。

(11) 勘测设计单位实现环境/职业健康安全目标的计划一般按年度制订并实施，有些措施需跨年度才能完成时，应明确当年完成该措施的阶段性要求。

13. 资源

勘测设计单位的最高管理者应确保在环境/职业健康安全管理体系建立、实施、保持和持续改进的各过程中提供所需的资源。

实施重点：

(1) 资源包括人力资源、自然资源、基础设施、技术和财务资源等，人力资源包括特种技能和知识。

(2) 基础设施是指环境/职业健康安全管理体系运行所必需的资源，诸如：办公楼、档案库房、食堂、健身场所等建筑物，钻探设备、试验设备、测量设备等设备，车辆、网络等交通通信设施，计算机、打印机、复印机、印刷机等办公设施。

(3) 应考虑消防设施、环保设施、应急物资、劳动防护物资等。

14. 能力

勘测设计单位应确定影响其环境/职业健康安全绩效的人员的能力，通过为其提供培训等适当的措施，提升其履行合规性义务的能力。

实施重点：

(1) 影响勘测设计单位的环境/职业健康安全绩效的人员，包括为单位工作的人员（如正式在编人员、临时工作人员、兼职人员、实习人员等），以及代表单位工作的人员（如钻探劳务分包方等）。

(2) 勘测设计单位的管理者应确定各类岗位人员，特别是行使环境/职业健康安全管理职能的人员及从事可能对环境/职业健康安全产生重大影响的作业人员。他们所需的教育、培训或所需要的能力及经验应予以规定，并采取教育、培训或其他措施，以确保他们在环境/职业健康安全管理体系运行中，能够胜任所承担的工作。

(3) 勘测设计单位应建立、实施和保持相关的过程，对识别和分析培训需求、培训过程设计和策划、培训准备和实施、培训有效性的监视和评价、培训过程的改进，以及应保持的相关记录做出具体的规定。

(4) 勘测设计单位应采取适当的培训措施，及其他措施使所有人员了解单位环境/职业健康安全方针、环境/职业健康安全管理体系，以及与他们工作有关的活动、产品和服务的环境因素、危险源，以确保为单位工作的人员和代表单位工作的人员都能牢固树立强烈的环境/职业健康安全意识，掌握必要的环境/职业健康安全知识和管理技能。

(5) 凡从事对环境可能产生重大影响、具有职业健康安全风险岗位的人员都应经过培训，包括新任职的入职培训、在职人员或更换岗位再培训。对这些人员还应从适当的教育、培训、工作经验或技能等方面，考查其适任该岗位工作的能力。

(6) 为了更有效地对代表单位工作的承包方和供方施加环境/职业健康安全影响，单位应通过适当的途径要求承包方和供方能够证实相关的人员具有必要的能力。

15. 意识

勘测设计单位应确保通过各种途径，采取适当的措施使相关人员能正确理解环境/职业健康安全方针的含义、实施环境/职业健康安全管理体系有效性的贡献，使其知晓履行规定的环境/职业健康安全职责带来的环境/职业健康安全效益，以及不符合环境/职业健康安全管理体系要求、未履行合规性义务的影响。

实施重点：

勘测设计单位应通过培训及其他措施，使所有人员了解单位的环境/职业健康安全方针、环境/职业健康安全管理体系，以及与他们工作有关的活动、产品和服务的环境因素、危险源，以增强其环境/职业健康安全意识并使其掌握必要的知识和技能。

16. 沟通

建立完善、实施、保持内外部沟通交流的机制，并确保环境/职业健康安全管理信息在内外部均得到有效沟通。

实施重点：

(1) 勘测设计单位应策划建立和实施内部和外部环境/职业健康安全管理信息的沟通过程，对环境/职业健康安全管理信息接收、发送、分析、处置、记录和反馈做出具体规定，并确保可操作和可检查。

(2) 策划沟通过程应将履行合规性义务及重要环境因素、不可接受危险源作为优先考虑的序列。

(3) 勘测设计单位应保存规定沟通过程的文件信息，以及保存有沟通证据的文件信息。

(4) 勘测设计单位的内部沟通：

1) 勘测设计单位应对内部信息沟通的对象、主题和内容以及采用的沟通方式进行策划，建立、实施并保持相关的过程；

2) 勘测设计单位内部各部门之间的信息沟通对确保环境/职业健康安全管理体系正常运行至关重要，勘测设计单位应选择和确定沟通方式，以确保信息沟通渠道畅通，例如：

互联网、会议、通信简报或内部刊物、告示栏等方式；

3）勘测设计单位内部各层次和职能之间沟通的信息，一般可包括但不限于：环境/职业健康安全方针和环境/职业健康安全目标；重要环境因素、危险源；合规性义务；各部门和各类人员的环境/职业健康安全职责和权限，以及环境/职业健康安全风险、机会及应对措施；监视和测量环境/职业健康安全绩效的结果；合规性评价结果；内部审核结果；应急预案试验或演习结果；不符合事项及其控制的信息，纠正措施的计划、实施及其有效性；管理评审结果；改进需求及其结果；外部相关方的要求、抱怨等信息；其他信息；

4）勘测设计单位应采取相应措施，鼓励所有工作人员通过内部信息沟通持续改进环境/职业健康安全管理体系和提升环境/职业健康安全绩效。

（5）勘测设计单位的外部沟通：

1）勘测设计单位应对外部信息沟通的对象、谁负责沟通、沟通的主题和内容，以及采用的沟通方式进行策划，建立、实施并保持相关的过程，以确保环境/职业健康安全管理体系的有效实施；

2）外部信息沟通过程应包括：信息接收、登记、受理、分析和处置并反馈；

3）勘测设计单位向外部沟通的环境/职业健康安全信息应确保信息真实、准确和可靠；

4）鼓励员工参与职业健康安全管理及有关事件的协商。

17. 成文信息

“成文信息”适用于所有的文件要求。

实施重点：

（1）标准并未要求单独编写环境管理手册、职业健康安全管理手册，也不主张采用复杂烦琐的文件系统。故若组织已建立了质量管理体系手册，把环境管理手册、职业健康安全管理手册要求写入该手册中，是目前常用的方式。

（2）文件与记录是不同的，故控制措施也应具针对性。

（3）需要系统地编写文件，明确文件的主管部门和职业健康、安全、环境职能主管部门在编写文件中的职责及分工。

（4）各层次文件应接口明确、结构合理、协调有序，符合法律法规要求、符合勘测设计单位实际。

（5）文件一旦被批准实施，就必须认真对待，必要时完善文件的配套制度，如考核及奖惩相关的制度，以利于执行。

（6）新版标准用“保持成文信息”代替了前一版标准的文件，用“保留成文信息”代替了记录勘测设计单位有责任确定需要“保持”和“保留”的成文信息及其存储载体等。

18. 运行控制

运行控制和管理涵盖了水利工程项目的整个生命周期，包括策划、规划设计、施工、运行、报废等各个阶段，同时也包括伴随于规划设计项目各阶段的人的作业和操作行为。运行管理中不仅要考虑设施、设备及人身安全，还应考虑对环境的保护和人员健康的保障，对废弃物、废水、噪声、粉尘等进行有效的控制，采取措施将影响降低到最低限度。

实施重点：

（1）环境/职业健康安全管理体系运行控制涉及的范围很广，控制的方法和要求也会因不同的环境因素、危险源而不同。为有利于环境/职业健康安全管理体系运行控制，对某些相对独立的重要环境因素、危险源的运行控制要求，可单独建立过程文件，并在环境/职业健康安全管理体系运行控制过程中引用这些单独建立的过程。

（2）勘测设计单位在使用供应商和承包方提供的产品和服务中，如果识别并确定有重要环境因素、不可接受危险源时，也应要求建立相关过程，并与供应商和承包方等外部供方及时沟通，对其施加影响，以期这些重要环境因素、不可接受危险源也能得到控制。

（3）与勘测设计单位环境/职业健康安全相关的运行控制有以下情况：

1）对野外作业人员要求；

2）实施野外作业准备与装备、重要环节、专业区域作业的职业健康预防控制管理、安全生产控制、环境保护；

3）实施节日和异常气候作业特控管理；

4）实施交通安全风险控制管理；

5）办公区环境/职业健康安全管理；

6）勘测设计项目环境保护、节能、劳动安全与工业卫生设计管理；

7）对外部供方、访问者等进入到工作现场相关方的管理；

8）废气、废水、危险化学品、固体废弃物的处理以及节能降耗等。

（4）变更管理是指对人员、工作过程、工作程序、技术、设备等永久性或暂时性的变化进行有计划控制，以避免或减轻对安全、环境与健康管理体系的影响，主要包括变更申请、变更审批、变更实施、变更验收、变更资料管理五个环节，实施时主要关注对所有的暂时或永久性变更进行管理和控制。

19. 应急管理

应急管理是对勘测设计单位的经营管理、生产管理及相关的辅助活动进行全面、系统、细致地分析和调查研究，识别可能发生的突发事件和紧急情况，制定可靠的防范措施和应急预案。

实施重点：

（1）勘测设计单位应根据经营管理、生产管理及相关的辅助活动的类型和特点，全面分析和预测有可能发生的各种紧急情况和环境/职业健康安全事故、规模大小和一旦发生可能对环境/职业健康安全造成有害影响的程度；制定相应的应急预案，也就是针对可能发生的事故，为迅速有序地开展应急行动而预先制定的行动方案；研究确定一旦发生紧急情况或环境/职业健康安全事故时最恰当的处理方法，包括针对不同类型紧急情况或环境/职业健康安全事故的响应措施或补救措施，以使环境/职业健康安全损害程度降到最低的措施。

勘测设计单位还应考虑周边设施（临近的工厂、道路、铁路等）可能发生紧急情况和环境事故时所需采取的相应措施。

预案中应规定人员疏散路线和集中地点，以确保人员安全。

（2）勘测设计单位应配备应急资源，对所有实施应急预案的相关人员就应急响应过程和各种应急预案的内容进行专门的培训。

（3）在可能的情况下，勘测设计单位应定期对应急响应过程和各种应急预案进行试验或演习，以证实制定的过程和应急预案的适宜性和有效性。必要时，应修订过程和预案的相关内容。

（4）勘测设计单位应建立紧急情况下内部信息上报及下达的传输网络，以便一旦发生紧急情况和环境/职业健康安全事故时能确保信息传输畅通，并保证关键人员（如高层管理者，消防、安全、环保、技术部门等相关人员等）在第一时间获得相关信息，以利迅速采取应对措施。

（5）勘测设计单位应建立外部救援机构（如消防部门、医务部门等），建立详细联络信息清单。一旦出现紧急情况，确保单位能与外部救援机构迅速沟通，以便及时采取应急措施；还应事先考虑与临近单位相互支援的可能性。

（6）紧急情况和环境/职业健康安全事故处理后，勘测设计单位应分析事故发生的原因，制定和实施必要的纠正措施。

20. 监视、测量、分析和评价

勘测设计单位应建立和保持环境/职业健康安全绩效评价的管理过程，涉及监视、测量、分析和评价等诸多环节。

实施重点：

（1）应对监视、测量、分析和评价进行策划，建立、实施并保持监视、测量过程，形成规定、程序或方案等，规定特性要求的准则和适当的指标以及监测的方法、频次、执行监测的部门及监测记录与报告的方法，确保依据环境/职业健康安全管理标准实施监视、测量、分析和评价。

（2）依法按规定实施各类监测控制。检查活动按“一级查一级、层层抓落实；全面覆盖、各负其责；谁用工、谁主管、谁负责”落实责任；隐患问题按“四不放过”落实责任。

（3）勘测设计单位应按规定的时间间隔，或在使用前对用于监视和测量环境特性的所有测量设备和仪器进行校准或验证。校准或验证依据应能溯源到国家标准或国际测量标准，如无上述标准，应保存校准依据的记录。

（4）勘测设计单位应按规定的时间间隔，对合规性义务予以评价。

除了定期评价之外，勘测设计单位还必须关注新颁布和修订的适用的法律法规和其他环境/职业健康安全要求，并将其与单位的环境/职业健康安全绩效进行比对和评价。凡有任何不符合法律法规及其他要求的事项，单位均应及时纠正或采取相应的纠正措施，确保持续符合合规性义务的要求，保留合规性评价的记录。

勘测设计单位对合规性义务的符合性评价结果应作为管理评审的输入。

21. 内部审核、管理评审

内部审核可做到正确地了解、掌握基层状况，特别是有助于发现隐患、评定优劣、改进管理。管理评审从高层角度，通过评审可了解体系整体运行情况及其不足，及时采取措施改进，从而确保体系的持续适应性。

实施重点：

（1）勘测设计单位应建立定期内部审核和管理评审的常态机制。

（2）勘测设计单位应对内部审核实施策划，规定内部审核的要求和方法，对审核中发现的问题采取适宜的措施予以关闭。对于建立一体化管理体系的单位，其一体化管理体系的内部审核过程应能覆盖对环境/职业健康安全管理体系的审核。

(3) 勘测设计单位应规定管理评审的周期、评审的输入、评审过程的控制、评审输出及后续改进活动等方法和要求。

管理评审的周期应根据勘测设计单位内外部环境、管理体系的成熟程度、环境/职业健康安全绩效、单位的活动产品和服务产生环境/职业健康安全风险的大小，以及履行合规性义务等因素综合后予以确定。

采用会议的方式开展管理评审，对评审周期内的问题在会议上决策、落实责任部门、责任人、解决问题的时间、措施方法，提供相关的资源和配合。

22. 改进

勘测设计单位应确定改进的程序，应明确有关领导、部门、岗位人员的相关职责，实施一系列的检查手段，识别和确定环境/职业健康安全事故（事件），保证及时地调查、确认事故（事件）发生的根本原因，制定相应的纠正和预防措施，持续改进防止类似事故再次发生。

实施重点：

(1) 勘测设计单位应营造一个自上而下的强化环境/职业健康安全意识的氛围，包括增强风险意识、管理意识和改进意识；应倡导改进的激励机制，建立和实施改进环境/职业健康安全管理体系绩效的过程。

(2) 如何改进环境/职业健康安全管理体系的有效性，这是勘测设计单位在建立、实施、保持和持续改进环境/职业健康安全管理体系过程中面临的问题。通常有以下因素：

1) 领导作用方面存在不足，如参与和重视不够；

2) 环境/职业健康安全方针和目标不适宜；

3) 资源配置不充分；

4) 对过程方法的理解和应用存在诸多问题；

5) 体系建立和运行中，环境/职业健康职责未能有效落实到勘测设计单位的各职能和层次，存在相互推诿和扯皮现象等，造成文件规定和实际情况不一致，规定的和实施的不一致"两张皮"现象。

(3) 勘测设计单位应建立、实施和保持纠正措施的过程，应考虑以下因素：

1) 识别和建立不符合事项，立即纠正，以最大限度地减少其对环境、职业健康安全造成的不良影响；

2) 对属于系统性的因素造成的不符合事项，应通过调查研究，分析和确定造成的原因，采取相应的纠正措施，以防止其再次发生或在其他领域发生；

3) 实施纠正措施的结果及验证其有效性的结果，都应予以记录；

4) 如因采取纠正措施需对环境/职业健康安全管理体系做修改时，应按文件规定，对相关文件实施同步更改，以确保文件间的统一和准确；

5) 纠正措施的执行情况及结果应作为管理评审的输入。

(4) 勘测设计单位在实施纠正措施时，应注意与事故（事件）等不符合的性质相适应，可制订措施计划文件来确保实施，并确保措施计划文件的规定与措施的规模大小、复杂程度相适应。

（5）持续改进是勘测设计单位的永恒目标，勘测设计单位应建立持续改进机制，并可采取以下的活动实施改进：

1）分析和评价现状，识别改进领域和改进项目；

2）设定改进目标；

3）分析确定可能解决的办法；

4）评价和选择解决的方案；

5）实施解决办法；

6）评价实施结果；

7）验证改进结果的有效性。

23. 分包方、供应方等相关方管理

分包方、供应方、社区相关方等对单位的环境/职业健康安全管理绩效十分重要，应评估他们的环境/职业健康安全管理表现，对供应方的产品和售后服务应进行验证，确保其符合勘测设计单位的环境/职业健康安全管理要求。

实施重点：

（1）对外包方按选择、资质评价、签订安全管理合同或协议、开工前培训、安全环保告知、过程监督、表现评价与考核等实施控制。

分包项目的项目负责人对项目进行风险识别与评价、对相关分包方进行安全交底或告知，完善预警和应急系统，加强监督检查等措施。

（2）对供应方按选择、资质评价、采购、送货至现场的安全环保告知或培训、质量检验、表现评价与考核等实施控制。

（3）应关注和强调社区环境/职业健康安全风险识别、公共安全、宣传告知、沟通交流、安全促进和危机处理。

（4）应考虑分包方、供应方等外部供方的风险大小及其管理的成熟度情况。

六、环境/职业健康安全管理体系与单位管理体系的关系

结合当前的情况，首先把环境/职业健康安全管理体系纳入到已有的单位管理体系中，是结合单位管理实际，保证体系可操性和有效性的现实做法。环境/职业健康安全管理体系文件对单位标准体系的建立、运行、改进和完善起着积极的促进作用。可以说，环境/职业健康安全管理体系与勘测设计单位管理体系的建立是相辅相成的，环境/职业健康安全管理体系文件是单位管理标准体系的组成部分；而单位标准体系为环境/职业健康安全管理体系的实施提供了支持，单位的管理标准通过环境/职业健康安全管理、质量管理等体系的建立和运行得以实施。

总之，不论采取何种形式探索单位管理模式，都未能脱离单独的管理体系，如质量管理体系等；职业健康安全管理体系、环境管理体系的发展变化也无法脱离单位管理体系。因此，如要对单位管理变革，与其搞创新，还不如从完善单位管理体系的基础入手，在这个稳固的基础上建立一个完善、健全、符合实际和不断改进的管理体系，持续强化其适宜性、充分性和有效性，这应是当前和今后一段时期内单位强化单位管理的基本做法。

第二篇

环境/职业健康安全管理依据的法律法规及其他要求

在ISO 45001：2018《职业健康安全管理体系　要求及使用指南》和GB/T 24001—2016/ISO 14001：2015《环境管理体系　要求及使用指南》标准中，遵守环境/职业健康安全管理法律法规及其他要求贯穿于整个环境/职业健康安全管理体系。组织识别适用的环境/职业健康安全管理法律法规及其他要求是依法治企的需要，对环境/职业健康安全管理法律法规及其他要求的有效识别，从相应的渠道获取，传达到适用的部门及人员，密切跟踪其变化，对于建立、实施和保持、持续改进环境/职业健康安全管理体系的有效性具有重要意义。在目前认证单位的环境/职业健康安全管理中，在法律法规及其他要求的识别确定、获取、传达、更新等方面，普遍存在以下的问题：法律法规及其他要求的识别确定模糊，只列法律法规及其他要求的清单不等于识别；对已识别的法律法规及其他要求的传达不到位、更新不及时等。

本篇主要介绍了环境/职业健康安全管理法律法规体系及体系中各层面法律法规涉及环境/职业健康安全管理的相关条款，旨在帮助各级人员了解相关法律的立法目的、适用范围以及对生产经营单位和从业人员的法律责任要求，以确保各级人员做到：

(1) 了解我国目前的环境/职业健康安全管理法律法规体系。

(2) 通过适宜性评价，识别出适用于组织的活动、产品和服务健康、安全、环境管理的现行有效的法律法规和其他要求。

(3) 明确环境/职业健康安全管理法律法规的主管部门，明确其职责、建立和获取法律法规的渠道与方法。

(4) 针对组织环境/职业健康安全管理适用的法律法规及其他要求的具体条款、内容和（或）指标，确定这些要求如何应用于组织的环境/职业健康安全管理体系，传达到产品、服务、活动、过程、部门/岗位/人员，将这些法律法规和其他要求的具体内容和（或）指标与组织现行的活动、产品和服务中的环境因素现有控制状况进行比较，找出差距，以便有针对性地按照这些要求对每一个危险源及环境因素实施有效的控制。

(5) 主管部门要密切跟踪环境/职业健康安全管理法律法规，识别法律法规的变化等。

第一章　环境/职业健康安全管理法律法规体系

环境/职业健康安全管理法律法规体系是一个涉及健康、安全、环境等多种法律形式和法律层次的综合性系统，其体系由五个层面构成。

一、宪法

《中华人民共和国宪法》是我国法律法规体系的根本大法，是环境/职业健康安全管理法律法规体系的最高层级，由全国人民代表大会制定。在宪法中，关于公民基本权利和义务的规定中，许多条文直接涉及安全生产、节能环保、劳动保护问题。这些规定，既是环境/职业健康安全管理法律法规制定的最高法律依据，又是环境/职业健康安全管理法律法规的表现形式。

二、环境/职业健康安全管理法律

（1）基础法。环境/职业健康安全管理基础法包括《中华人民共和国安全生产法》《中华人民共和国职业病防治法》《中华人民共和国环境保护法》等，是我国环境/职业健康安全管理法律体系的核心。

（2）专门法律。环境/职业健康安全管理专门法律是规范某一专业领域环境/职业健康安全管理的法律。我国在专业领域的环境/职业健康安全管理专门法律有《中华人民共和国消防法》《中华人民共和国道路交通安全法》《中华人民共和国清洁生产促进法》等。

（3）相关法律。环境/职业健康安全管理相关法律是指基础法、专门法律以外的其他法律中涵盖的有关环境/职业健康安全管理内容的法律，如《中华人民共和国劳动法》《中华人民共和国建筑法》《中华人民共和国工会法》等。

还有一些与环境/职业健康安全管理监督执法工作相关的法律，如《中华人民共和国刑法》《中华人民共和国刑事诉讼法》等。

环境/职业健康安全管理法律由全国人民代表大会及其常务委员会制定。

三、环境/职业健康安全管理法规

（1）国家环境/职业健康安全管理行政法规。国家环境/职业健康安全管理行政法规是由国务院组织制定的有关各类条例、办法、规定、实施细则、决定等，如《国务院关于特大安全事故行政责任追究的规定》《中华人民共和国尘肺病防治条例》《工伤保险条例》等。

（2）地方环境/职业健康安全管理行政法规。地方环境/职业健康安全管理行政法规是指由有立法权的地方权力机关——各省、自治区、直辖市人民代表大会及常务委员会制定的环境/职业健康安全管理规范性文件，是由法律授权制定的，是对国家环境/职业健康安全管理法律法规的补充和完善，如《山东省环境保护条例》《山东省安全生产条例》等。

（3）行业部门环境/职业健康安全规章。行业部门环境/职业健康安全规章是指由国务院所属部委以及设区的市的地方政府在法律规定范围内，依职权制定、颁布的有关环境/职业健康安全管理的规范性文件，如《建设工程项目职业安全卫生监察规定》等。

四、环境/职业健康安全管理标准

环境/职业健康安全管理标准是环境/职业健康安全管理法律法规体系中的一个重要组成部分，也是环境/职业健康安全管理的基础和监督执法工作的重要技术依据。围绕消除、限制或预防劳动过程中的危险、有害因素、环境因素，从而保护职工安全、健康与节能环保而制定的统一规定，分强制性标准和推荐性标准，如GB 16297—1996《大气污染物综合排放标准》、GB 50585—2010《岩土工程勘察安全规范》、CH 1016—2008《测绘作业人员安全规范》等。

五、国际公约等其他要求

我国政府已签订了多个国际公约，根据我国法律规定，当我国环境/职业健康安全管理法律法规与国际公约不同时，应优先采用国际公约的规定（除保留条件的条款外）。如《预防重大工业事故公约》《作业场所安全使用化学品公约》等。

"其他要求"是指组织可以根据其具体情况与自身需要，自愿遵守一些法律法规要求之外的，适合其活动、产品和服务的环境因素的要求。这些要求可包括：与政府机构的协议、与顾客的协议、非法规性指南、自愿性原则或业务规范、环境标准、自愿性环境标志、行业协会的要求、与社区团体或非政府组织的协议、组织或其上级组织对公众的承诺、本组织的要求等。

本书对勘测设计单位的职业健康安全管理、环境管理中涉及的法律法规、规章及要求进行了汇总，勘测设计单位职业健康安全管理、环境管理中涉及的法律法规及要求，见附录 1 中“范例 1：勘察设计单位职业健康安全管理与环境管理法律法规及要求清单”；涉及的勘测设计产品主要遵循的法律法规及要求的条款，见附录 1 中“范例 2：勘测设计产品主要遵循的法律法规及要求清单”。

第二章　法律法规相关条款

法律法规一般是指与组织的危险源和风险有关的、由政府部门（包括国家和地方）发布或授予的，具有法律效力的各种要求或授权。例如：法律、法规、条例和规章、法令和指令、许可、执照或其他形式的授权、执法部门发布的规定、司法或行政裁决等。

“其他要求”一般是指其他能够控制或影响组织职业健康安全行为的所有规定和要求。例如：与政府机构的协议、行业协作的条例和规章、组织或其上级组织对公众的承诺、本组织的要求、相关方的合理要求等。

获取适用的法律法规和其他要求的渠道和方法有很多，比如：互联网、政府部门、信息服务公司、报纸杂志、行业信息简报等。

第一节　《中华人民共和国宪法》相关条款

《中华人民共和国宪法》是国家的根本大法，具有最高的法律效力。全国各族人民、一切国家机关和武装力量、各政党和各社会团体、各勘测设计单位事业组织，都必须以宪法为根本的活动准则。本法1982年12月4日由第五届全国人民代表大会第五次会议上正式通过并公布实施。后经过了1988年、1993年、1999年、2004年、2018年的五次修订，本法共四章一百四十三条。

本法涉及环境/职业健康安全管理的相关条款如下。

第二十六条　国家保护和改善生活环境和生态环境，防治污染和其他公害。

第四十二条　中华人民共和国公民有劳动的权利和义务。

国家通过各种途径，创造劳动就业条件，加强劳动保护，改善劳动条件，并在发展生产的基础上，提高劳动报酬和福利待遇。

劳动是一切有劳动能力的公民的光荣职责。国有企业和城乡集体经济组织的劳动者都应当以国家主人翁的态度对待自己的劳动。国家提倡社会主义劳动竞赛，奖励劳动模范和先进工作者。国家提倡公民从事义务劳动。

国家对就业前的公民进行必要的劳动就业训练。

第四十三条　中华人民共和国劳动者有休息的权利。

国家发展劳动者休息和休养的设施，规定职工的工作时间和休假制度。

第二节　《中华人民共和国建筑法》相关条款

《中华人民共和国建筑法》经1997年11月1日第八届全国人民代表大会常务委员会第二十八次会议通过；根据2011年4月22日第十一届全国人民代表大会常务委员会第二

十次会议《关于修改〈中华人民共和国建筑法〉的决定》修正。《中华人民共和国建筑法》分总则、建筑许可、建筑工程发包与承包、建筑工程监理、建筑安全生产管理、建筑工程质量管理、法律责任、附则共八章八十五条。

本法涉及环境/职业健康安全管理的相关条款如下。

一、鼓励节约能源和保护环境

第四条 国家扶持建筑业的发展，支持建筑科学技术研究，提高房屋建筑设计水平，鼓励节约能源和保护环境，提倡采用先进技术、先进设备、先进工艺、新型建筑材料和现代管理方式。

二、确保工程的安全性能

第三十七条 建筑工程设计应当符合按照国家规定制定的建筑安全规程和技术规范，保证工程的安全性能。

第四十九条 涉及建筑主体和承重结构变动的装修工程，建设单位应当在施工前委托原设计单位或者具有相应资质条件的设计单位提出设计方案；没有设计方案的，不得施工。

第五十二条 建筑工程勘察、设计、施工的质量必须符合国家有关建筑工程安全标准的要求，具体管理办法由国务院规定。

有关建筑工程安全的国家标准不能适应确保建筑安全的要求时，应当及时修订。

第五十四条 建设单位不得以任何理由，要求建筑设计单位或者建筑施工企业在工程设计或者施工作业中，违反法律、行政法规和建筑工程质量、安全标准，降低工程质量。

建筑设计单位和建筑施工企业对建设单位违反前款规定提出的降低工程质量的要求，应当予以拒绝。

第五十六条 建筑工程的勘察设计单位必须对其勘察、设计的质量负责。勘察、设计文件应当符合有关法律、行政法规的规定和建筑工程质量、安全标准、建筑工程勘察、设计技术规范以及合同的约定。设计文件选用的建筑材料、建筑构配件和设备，应当注明其规格、型号、性能等技术指标，其质量要求必须符合国家规定的标准。

三、建筑设计单位不得指定生产厂、供应商

第五十七条 建筑设计单位对设计文件选用的建筑材料、建筑构配件和设备不得指定生产厂、供应商。

四、罚则与责任

第七十三条 建筑设计单位不按照建筑工程质量、安全标准进行设计的，责令改正，处以罚款；造成工程质量事故的，责令停业整顿，降低资质等级或者吊销资质证书，没收违法所得，并处罚款；造成损失的，承担赔偿责任；构成犯罪的，依法追究刑事责任。

第三节 《中华人民共和国安全生产法》相关条款

《中华人民共和国安全生产法》是为了加强安全生产监督管理，防止和减少生产安全事故，保障人民群众生命和财产安全，促进经济发展而制定。由中华人民共和国第九届全国人民代表大会常务委员会第二十八次会议于 2002 年 6 月 29 日通过并公布，自 2002 年

11月1日起施行。2014年8月31日第十二届全国人民代表大会常务委员会第十次会议通过全国人民代表大会常务委员会关于修改《中华人民共和国安全生产法》的决定，自2014年12月1日起施行。

本法共七章一百一十四条，包括总则、生产经营单位的安全生产保障、从业人员的安全生产权利义务、安全生产的监督管理、生产安全事故的应急救援与调查处理、法律责任、附则。

本法涉及环境/职业健康安全管理的相关条款如下。

一、安全生产方针

第三条 安全生产工作应当以人为本，坚持安全发展，坚持安全第一、预防为主、综合治理的方针，强化和落实生产经营单位的主体责任，建立生产经营单位负责、职工参与、政府监管、行业自律和社会监督的机制。

二、生产经营单位确保安全生产的基本义务

（一）生产经营单位必须遵守安全生产法和其他有关安全生产的法律、法规

第四条 生产经营单位必须遵守本法和其他有关安全生产的法律、法规，加强安全生产管理，建立、健全安全生产责任制和安全生产规章制度，改善安全生产条件，推进安全生产标准化建设，提高安全生产水平，确保安全生产。

（二）生产经营单位必须建立、健全安全产生责任制度

第十九条 生产经营单位的安全生产责任制应当明确各岗位的责任人员、责任范围和考核标准等内容。

生产经营单位应当建立相应的机制，加强对安全生产责任制落实情况的监督考核，保证安全生产责任制的落实。

三、生产经营单位必须完善安全生产条件

第十七条 生产经营单位应当具备本法和有关法律、行政法规和国家标准或者行业标准规定的安全生产条件；不具备安全生产条件的，不得从事生产经营活动。

四、生产经营单位主要负责人对本单位安全生产的责任

第五条 生产经营单位的主要负责人对本单位的安全生产工作全面负责。

五、生产经营单位的安全生产管理保障

（一）生产经营单位的主要负责人

第十八条 生产经营单位的主要负责人对本单位安全生产工作负有下列职责：

（一）建立、健全本单位安全生产责任制；

（二）组织制定本单位安全生产规章制度和操作规程；

（三）组织制定并实施本单位安全生产教育和培训计划；

（四）保证本单位安全生产投入的有效实施；

（五）督促、检查本单位的安全生产工作，及时消除生产安全事故隐患；

（六）组织制定并实施本单位的生产安全事故应急救援预案；

（七）及时、如实报告生产安全事故。

（二）安全生产管理机构及安全生产管理人员

第二十二条 生产经营单位的安全生产管理机构以及安全生产管理人员履行下列

职责：

（一）组织或者参与拟订本单位安全生产规章制度、操作规程和生产安全事故应急救援预案；

（二）组织或者参与本单位安全生产教育和培训，如实记录安全生产教育和培训情况；

（三）督促落实本单位重大危险源的安全管理措施；

（四）组织或者参与本单位应急救援演练；

（五）检查本单位的安全生产状况，及时排查生产安全事故隐患，提出改进安全生产管理的建议；

（六）制止和纠正违章指挥、强令冒险作业、违反操作规程的行为；

（七）督促落实本单位安全生产整改措施。

六、生产经营单位的从业人员在安全生产方面的权利和义务

第六条 生产经营单位的从业人员有依法获得安全生产保障的权利，并应当依法履行安全生产方面的义务。

（一）生产经营单位的从业人员有依法获得安全生产保障的权利

1. 有关安全生产的知情权

(1) 对员工进行安全培训，取证上岗。

第二十五条 生产经营单位应当对从业人员进行安全生产教育和培训，保证从业人员具备必要的安全生产知识，熟悉有关的安全生产规章制度和安全操作规程，掌握本岗位的安全操作技能，了解事故应急处理措施，知悉自身在安全生产方面的权利和义务。未经安全生产教育和培训合格的从业人员，不得上岗作业。

生产经营单位使用被派遣劳动者的，应当将被派遣劳动者纳入本单位从业人员统一管理，对被派遣劳动者进行岗位安全操作规程和安全操作技能的教育和培训。劳务派遣单位应当对被派遣劳动者进行必要的安全生产教育和培训。

生产经营单位接收中等职业学校、高等学校学生实习的，应当对实习学生进行相应的安全生产教育和培训，提供必要的劳动防护用品。学校应当协助生产经营单位对实习学生进行安全生产教育和培训。

生产经营单位应当建立安全生产教育和培训档案，如实记录安全生产教育和培训的时间、内容、参加人员以及考核结果等情况。

第二十六条 生产经营单位采用新工艺、新技术、新材料或者使用新设备，必须了解、掌握其安全技术特性，采取有效的安全防护措施，并对从业人员进行专门的安全生产教育和培训。

第二十七条 生产经营单位的特种作业人员必须按照国家有关规定经专门的安全作业培训，取得相应资格，方可上岗作业。

第五十五条 从业人员应当接受安全生产教育和培训，掌握本职工作所需的安全生产知识，提高安全生产技能，增强事故预防和应急处理能力。

(2) 危险场所设置安全警示标志。

第三十二条 生产经营单位应当在有较大危险因素的生产经营场所和有关设施、设备上，设置明显的安全警示标志。

2. 有获得符合国家标准的劳动防护用品的权利

第四十四条 生产经营单位应当安排用于配备劳动防护用品、进行安全生产培训的经费。

3. 有对安全生产问题提出批评、建议的权利。有对违章指挥的拒绝权

第五十一条 从业人员有权对本单位安全生产工作中存在的问题提出批评、检举、控告；有权拒绝违章指挥和强令冒险作业。

生产经营单位不得因从业人员对本单位安全生产工作提出批评、检举、控告或者拒绝违章指挥、强令冒险作业而降低其工资、福利等待遇或者解除与其订立的劳动合同。

4. 有采取紧急避险措施的权利

第五十二条 从业人员发现直接危及人身安全的紧急情况时，有权停止作业或者在采取可能的应急措施后撤离作业场所。

生产经营单位不得因从业人员在前款紧急情况下停止作业或者采取紧急撤离措施而降低其工资、福利等待遇或者解除与其订立的劳动合同。

5. 在发生生产安全事故后，有获得及时抢救和医疗救治并获得工伤保险赔付的权利等

第五十三条 因生产安全事故受到损害的从业人员，除依法享有工伤保险外，依照有关民事法律尚有获得赔偿的权利的，有权向本单位提出赔偿要求。

6. 有对事故隐患或者安全生产违法行为的报告或举报权

第七十一条 任何单位或者个人对事故隐患或者安全生产违法行为，均有权向负有安全生产监督管理职责的部门报告或者举报。

（二）生产经营单位从业人员的三项义务

1. 遵章守纪的义务

第五十四条 从业人员在作业过程中，应当严格遵守本单位的安全生产规章制度和操作规程，服从管理，正确佩戴和使用劳动防护用品。

2. 接受安全生产教育培训的义务

第五十五条 从业人员应当接受安全生产教育和培训，掌握本职工作所需的安全生产知识，提高安全生产技能，增强事故预防和应急处理能力。

3. 发现事故及时报告的义务

第五十六条 从业人员发现事故隐患或者其他不安全因素，应当立即向现场安全生产管理人员或者本单位负责人报告；接到报告的人员应当及时予以处理。

七、工会在安全生产方面的基本职责

（一）依法组织职工参加本单位安全生产工作的民主管理和民主监督

第七条 工会依法对安全生产工作进行监督。

生产经营单位的工会依法组织职工参加本单位安全生产工作的民主管理和民主监督，维护职工在安全生产方面的合法权益。生产经营单位制定或者修改有关安全生产的规章制度，应当听取工会的意见。

（二）维护从业人员在安全生产方面的合法权益

第五十七条 工会有权对建设项目的安全设施与主体工程同时设计、同时施工、同时投入生产和使用进行监督，提出意见。

工会对生产经营单位违反安全生产法律、法规，侵犯从业人员合法权益的行为，有权要求纠正；发现生产经营单位违章指挥、强令冒险作业或者发现事故隐患时，有权提出解决的建议，生产经营单位应当及时研究答复；发现危及从业人员生命安全的情况时，有权向生产经营单位建议组织从业人员撤离危险场所，生产经营单位必须立即作出处理。

工会有权依法参加事故调查，向有关部门提出处理意见，并要求追究有关人员的责任。

八、对分包的管理

第四十六条 生产经营单位不得将生产经营项目、场所、设备发包或者出租给不具备安全生产条件或者相应资质的单位或者个人。

生产经营项目、场所发包或者出租给其他单位的，生产经营单位应当与承包单位、承租单位签订专门的安全生产管理协议，或者在承包合同、租赁合同中约定各自的安全生产管理职责；生产经营单位对承包单位、承租单位的安全生产工作统一协调、管理，定期进行安全检查，发现安全问题的，应当及时督促整改。

第四十五条 两个以上生产经营单位在同一作业区域内进行生产经营活动，可能危及对方生产安全的，应当签订安全生产管理协议，明确各自的安全生产管理职责和应当采取的安全措施，并指定专职安全生产管理人员进行安全检查与协调。

九、生产安全事故责任追究制度

第十四条 国家实行生产安全事故责任追究制度，依照本法和有关法律、法规的规定，追究生产安全事故责任人员的法律责任。

第四节 《中华人民共和国职业病防治法》相关条款

《中华人民共和国职业病防治法》立法目的是为了预防、控制和消除职业病危害，保护劳动者健康及其相关权益，促进经济发展。它适用于中华人民共和国领域内的职业病防治活动。本法于2001年10月27日第九届全国人民代表大会常务委员会第二十四次会议通过；根据2011年12月31日第十一届全国人民代表大会常务委员会第二十四次会议《关于修改〈中华人民共和国职业病防治法〉的决定》第一次修正；根据2016年7月2日第十二届全国人民代表大会常务委员会第二十一次会议《关于修改〈中华人民共和国节约能源法〉等六部法律的决定》第二次修正；根据2017年11月4日第十二届全国人民代表大会常务委员会第三十次会议《关于修改〈中华人民共和国会计法〉等十一部法律的决定》第三次修正。《中华人民共和国职业病防治法》分总则、前期预防、劳动过程中的防护与管理、职业病诊断与职业病病人保障、监督检查、法律责任、附则共七章八十八条，自2002年5月1日起施行。

本法所称职业病，是指勘测设计单位、事业单位和个体经济组织（以下统称用人单位）的劳动者在职业活动中，因接触粉尘、放射性物质和其他有毒、有害物质等因素而引起的疾病。职业病的分类和目录由国务院卫生行政部门会同国务院安全生产监督管理部门、劳动保障行政部门制定、调整并公布。

本法涉及环境/职业健康安全管理的相关条款如下。

一、职业病防治方针

第三条 职业病防治工作坚持预防为主、防治结合的方针，建立用人单位负责、行政机关监管、行业自律、职工参与和社会监督的机制，实行分类管理、综合治理。

二、劳动者的权利

第四条 劳动者依法享有职业卫生保护的权利。

用人单位应当为劳动者创造符合国家职业卫生标准和卫生要求的工作环境和条件，并采取措施保障劳动者获得职业卫生保护。

工会组织依法对职业病防治工作进行监督，维护劳动者的合法权益。用人单位制定或者修改有关职业病防治的规章制度，应当听取工会组织的意见。

三、职业病防治责任制度

第五条 用人单位应当建立、健全职业病防治责任制，加强对职业病防治的管理，提高职业病防治水平，对本单位产生的职业病危害承担责任。

四、用人单位主要负责人责任

第六条 用人单位的主要负责人对本单位的职业病防治工作全面负责。

五、用人单位的义务

第七条 用人单位必须依法参加工伤保险。

六、用人单位管理防护措施

（一）前期预防

第十五条 产生职业病危害的用人单位的设立除应当符合法律、行政法规规定的设立条件外，其工作场所还应当符合下列职业卫生要求：

（一）职业病危害因素的强度或者浓度符合国家职业卫生标准；

（二）有与职业病危害防护相适应的设施；

（三）生产布局合理，符合有害与无害作业分开的原则；

（四）有配套的更衣间、洗浴间、孕妇休息间等卫生设施；

（五）设备、工具、用具等设施符合保护劳动者生理、心理健康的要求；

（六）法律、行政法规和国务院卫生行政部门、安全生产监督管理部门关于保护劳动者健康的其他要求。

第十七条（部分） 新建、扩建、改建建设项目和技术改造、技术引进项目（以下统称建设项目）可能产生职业病危害的，建设单位在可行性论证阶段应当进行职业病危害预评价。医疗机构建设项目可能产生放射性职业病危害的，建设单位应当向卫生行政部门提交放射性职业病危害预评价报告。

职业病危害预评价报告应当对建设项目可能产生的职业病危害因素及其对工作场所和劳动者健康的影响做出评价，确定危害类别和职业病防护措施。

（二）劳动过程中的管理措施

第二十条 用人单位应当采取下列职业病防治管理措施：

（一）设置或者指定职业卫生管理机构或者组织，配备专职或者兼职的职业卫生管理人员，负责本单位的职业病防治工作；

（二）制定职业病防治计划和实施方案；

（三）建立、健全职业卫生管理制度和操作规程；

（四）建立、健全职业卫生档案和劳动者健康监护档案；

（五）建立、健全工作场所职业病危害因素监测及评价制度；

（六）建立、健全职业病危害事故应急救援预案。

第二十一条 用人单位应当保障职业病防治所需的资金投入，不得挤占、挪用，并对因资金投入不足导致的后果承担责任。

第二十三条 用人单位应当优先采用有利于防治职业病和保护劳动者健康的新技术、新工艺、新设备、新材料，逐步替代职业病危害严重的技术、工艺、设备、材料。

第二十四条 产生职业病危害的用人单位，应当在醒目位置设置公告栏，公布有关职业病防治的规章制度、操作规程、职业病危害事故应急救援措施和工作场所职业病危害因素检测结果。

对产生严重职业病危害的作业岗位，应当在其醒目位置，设置警示标志和中文警示说明。警示说明应当载明产生职业病危害的种类、后果、预防以及应急救治措施等内容。

第二十六条（部分） 用人单位应当实施由专人负责的职业病危害因素日常监测，并确保监测系统处于正常运行状态。

用人单位应当按照国务院安全生产监督管理部门的规定，定期对工作场所进行职业病危害因素检测、评价。检测、评价结果存入用人单位职业卫生档案，定期向所在地安全生产监督管理部门报告并向劳动者公布。

发现工作场所职业病危害因素不符合国家职业卫生标准和卫生要求时，用人单位应当立即采取相应治理措施，仍然达不到国家职业卫生标准和卫生要求的，必须停止存在职业病危害因素的作业；职业病危害因素经治理后，符合国家职业卫生标准和卫生要求的，方可重新作业。

第三十二条 用人单位对采用的技术、工艺、设备、材料，应当知悉其产生的职业病危害，对有职业病危害的技术、工艺、设备、材料隐瞒其危害而采用的，对所造成的职业病危害后果承担责任。

第三十三条 用人单位与劳动者订立劳动合同（含聘用合同，下同）时，应当将工作过程中可能产生的职业病危害及其后果、职业病防护措施和待遇等如实告知劳动者，并在劳动合同中写明，不得隐瞒或者欺骗。

劳动者在已订立劳动合同期间因工作岗位或者工作内容变更，从事与所订立劳动合同中未告知的存在职业病危害的作业时，用人单位应当依照前款规定，向劳动者履行如实告知的义务，并协商变更原劳动合同相关条款。

用人单位违反前两款规定的，劳动者有权拒绝从事存在职业病危害的作业，用人单位不得因此解除与劳动者所订立的劳动合同。

第三十四条 用人单位的主要负责人和职业卫生管理人员应当接受职业卫生培训，遵守职业病防治法律、法规，依法组织本单位的职业病防治工作。

用人单位应当对劳动者进行上岗前的职业卫生培训和在岗期间的定期职业卫生培训，普及职业卫生知识，督促劳动者遵守职业病防治法律、法规、规章和操作规程，指导劳动者正确使用职业病防护设备和个人使用的职业病防护用品。

劳动者应当学习和掌握相关的职业卫生知识，增强职业病防范意识，遵守职业病防治法律、法规、规章和操作规程，正确使用、维护职业病防护设备和个人使用的职业病防护用品，发现职业病危害事故隐患应当及时报告。

劳动者不履行前款规定义务的，用人单位应当对其进行教育。

第三十五条 对从事接触职业病危害的作业的劳动者，用人单位应当按照国务院安全生产监督管理部门、卫生行政部门的规定组织上岗前、在岗期间和离岗时的职业健康检查，并将检查结果书面告知劳动者。职业健康检查费用由用人单位承担。

用人单位不得安排未经上岗前职业健康检查的劳动者从事接触职业病危害的作业；不得安排有职业禁忌的劳动者从事其所禁忌的作业；对在职业健康检查中发现有与所从事的职业相关的健康损害的劳动者，应当调离原工作岗位，并妥善安置；对未进行离岗前职业健康检查的劳动者不得解除或者终止与其订立的劳动合同。

职业健康检查应当由取得《医疗机构执业许可证》的医疗卫生机构承担。卫生行政部门应当加强对职业健康检查工作的规范管理，具体管理办法由国务院卫生行政部门制定。

第三十六条 用人单位应当为劳动者建立职业健康监护档案，并按照规定的期限妥善保存。

职业健康监护档案应当包括劳动者的职业史、职业病危害接触史、职业健康检查结果和职业病诊疗等有关个人健康资料。

劳动者离开用人单位时，有权索取本人职业健康监护档案复印件，用人单位应当如实、无偿提供，并在所提供的复印件上签章。

（三）劳动过程中的防护

第二十二条 用人单位必须采用有效的职业病防护设施，并为劳动者提供个人使用的职业病防护用品。

用人单位为劳动者个人提供的职业病防护用品必须符合防治职业病的要求；不符合要求的，不得使用。

七、职业病诊断及职业病人保障

第四十七条 用人单位应当如实提供职业病诊断、鉴定所需的劳动者职业史和职业病危害接触史、工作场所职业病危害因素检测结果等资料；安全生产监督管理部门应当监督检查和督促用人单位提供上述资料；劳动者和有关机构也应当提供与职业病诊断、鉴定有关的资料。

职业病诊断、鉴定机构需要了解工作场所职业病危害因素情况时，可以对工作场所进行现场调查，也可以向安全生产监督管理部门提出，安全生产监督管理部门应当在十日内组织现场调查。用人单位不得拒绝、阻挠。

第四十八条 职业病诊断、鉴定过程中，用人单位不提供工作场所职业病危害因素检测结果等资料的，诊断、鉴定机构应当结合劳动者的临床表现、辅助检查结果和劳动者的职业史、职业病危害接触史，并参考劳动者的自述、安全生产监督管理部门提供的日常监督检查信息等，作出职业病诊断、鉴定结论。

劳动者对用人单位提供的工作场所职业病危害因素检测结果等资料有异议，或者因劳动者的用人单位解散、破产，无用人单位提供上述资料的，诊断、鉴定机构应当提请安全生产监督管理部门进行调查，安全生产监督管理部门应当自接到申请之日起三十日内对存在异议的资料或者工作场所职业病危害因素情况作出判定；有关部门应当配合。

第五十条 用人单位和医疗卫生机构发现职业病病人或者疑似职业病病人时，应当及时向所在地卫生行政部门和安全生产监督管理部门报告。确诊为职业病的，用人单位还应当向所在地劳动保障行政部门报告。接到报告的部门应当依法作出处理。

第五十五条 医疗卫生机构发现疑似职业病病人时，应当告知劳动者本人并及时通知用人单位。

用人单位应当及时安排对疑似职业病病人进行诊断；在疑似职业病病人诊断或者医学观察期间，不得解除或者终止与其订立的劳动合同。

疑似职业病病人在诊断、医学观察期间的费用，由用人单位承担。

第五十六条 用人单位应当保障职业病病人依法享受国家规定的职业病待遇。

用人单位应当按照国家有关规定，安排职业病病人进行治疗、康复和定期检查。

用人单位对不适宜继续从事原工作的职业病病人，应当调离原岗位，并妥善安置。

用人单位对从事接触职业病危害的作业的劳动者，应当给予适当岗位津贴。

八、用人单位的法律责任

第七十一条 用人单位违反本法规定，有下列行为之一的，由安全生产监督管理部门责令限期改正，给予警告，可以并处五万元以上十万元以下的罚款：

（一）未按照规定及时、如实向安全生产监督管理部门申报产生职业病危害的项目的；

（二）未实施由专人负责的职业病危害因素日常监测，或者监测系统不能正常监测的；

（三）订立或者变更劳动合同时，未告知劳动者职业病危害真实情况的；

（四）未按照规定组织职业健康检查、建立职业健康监护档案或者未将检查结果书面告知劳动者的；

（五）未依照本法规定在劳动者离开用人单位时提供职业健康监护档案复印件的。

第七十二条 用人单位违反本法规定，有下列行为之一的，由安全生产监督管理部门给予警告，责令限期改正，逾期不改正的，处五万元以上二十万元以下的罚款；情节严重的，责令停止产生职业病危害的作业，或者提请有关人民政府按照国务院规定的权限责令关闭：

（一）工作场所职业病危害因素的强度或者浓度超过国家职业卫生标准的；

（二）未提供职业病防护设施和个人使用的职业病防护用品，或者提供的职业病防护设施和个人使用的职业病防护用品不符合国家职业卫生标准和卫生要求的；

（三）对职业病防护设备、应急救援设施和个人使用的职业病防护用品未按照规定进行维护、检修、检测，或者不能保持正常运行、使用状态的；

（四）未按照规定对工作场所职业病危害因素进行检测、评价的；

（五）工作场所职业病危害因素经治理仍然达不到国家职业卫生标准和卫生要求时，未停止存在职业病危害因素的作业的；

（六）未按照规定安排职业病病人、疑似职业病病人进行诊治的；

（七）发生或者可能发生急性职业病危害事故时，未立即采取应急救援和控制措施或者未按照规定及时报告的；

（八）未按照规定在产生严重职业病危害的作业岗位醒目位置设置警示标识和中文警示说明的；

（九）拒绝职业卫生监督管理部门监督检查的；

（十）隐瞒、伪造、篡改、毁损职业健康监护档案、工作场所职业病危害因素检测评价结果等相关资料，或者拒不提供职业病诊断、鉴定所需资料的；

（十一）未按照规定承担职业病诊断、鉴定费用和职业病病人的医疗、生活保障费用的。

第七十四条 用人单位和医疗卫生机构未按照规定报告职业病、疑似职业病的，由有关主管部门依据职责分工责令限期改正，给予警告，可以并处一万元以下的罚款；弄虚作假的，并处二万元以上五万元以下的罚款；对直接负责的主管人员和其他直接责任人员，可以依法给予降级或者撤职的处分。

第七十七条 用人单位违反本法规定，已经对劳动者生命健康造成严重损害的，由安全生产监督管理部门责令停止产生职业病危害的作业，或者提请有关人民政府按照国务院规定的权限责令关闭，并处十万元以上五十万元以下的罚款。

第七十八条 用人单位违反本法规定，造成重大职业病危害事故或者其他严重后果，构成犯罪的，对直接负责的主管人员和其他直接责任人员，依法追究刑事责任。

附：《职业病分类和目录》

2013 年，国家卫生计生委、人力资源社会保障部、安全监管总局、全国总工会四部门联合印发《职业病分类和目录》，将职业病分为 10 类 132 种。

第五节 《中华人民共和国环境保护法》及其他相关条款

《中华人民共和国环境保护法》是为保护和改善生活环境与生态环境，防治污染和其他公害，保障人体健康，促进社会主义现代化建设的发展而制定的法律。本法于 1989 年 12 月 26 日由第七届全国人民代表大会常务委员会第十一次会议通过。多年来，环保法修法呼声不断，从 1995 年到 2011 年，全国人大代表共有 2400 多人次提出修改环保法的议案，共 78 件。2013 年 10 月 21 日，环境保护法修正案草案第三次提交全国人民代表大会常务委员会会议审议；三审稿再次调整了诉讼主体范围，拟扩大至从事环保公益活动连续五年以上且信誉良好的全国性社会组织。2014 年 4 月 24 日，第十二届全国人民代表大会常务委员会第八次会议审议通过了环保法修订案，定于 2015 年 1 月 1 日起施行。这部法律增加了政府对勘测设计单位环保违规方面的责任和处罚力度，被专家称为“史上最严的环保法”。

一、基本国策

第四条 保护环境是国家的基本国策。

二、单位和个人的权利、义务

第六条（部分） 一切单位和个人都有保护环境的义务。

企业事业单位和其他生产经营者应当防止、减少环境污染和生态破坏，对所造成的损害依法承担责任。

公民应当增强环境保护意识，采取低碳、节俭的生活方式，自觉履行环境保护义务。

三、防污设施的设计、施工与投产

第四十一条 建设项目中防治污染的设施，应当与主体工程同时设计、同时施工、同时投产使用。防治污染的设施应当符合经批准的环境影响评价文件的要求，不得擅自拆除或者闲置。

四、工艺、设备和产品实行淘汰制度

第四十六条 国家对严重污染环境的工艺、设备和产品实行淘汰制度。任何单位和个人不得生产、销售或者转移、使用严重污染环境的工艺、设备和产品。

禁止引进不符合我国环境保护规定的技术、设备、材料和产品。

五、突发环境事件要立即处理

第四十七条（部分） 企业事业单位应当按照国家有关规定制定突发环境事件应急预案，报环境保护主管部门和有关部门备案。在发生或者可能发生突发环境事件时，企业事业单位应当立即采取措施处理，及时通报可能受到危害的单位和居民，并向环境保护主管部门和有关部门报告。

六、环境保护相关的法律法规

（一）《中华人民共和国清洁生产促进法》

《中华人民共和国清洁生产促进法》的立法目的是为了促进清洁生产、提高资源利用效率，减少和避免污染物的产生，保护和改善环境，保障人体健康，促进经济与社会可持续发展。它适用于中华人民共和国领域内从事生产服务活动的单位以及从事相关管理活动的部门。本法于2002年6月29日第九届全国人民代表大会常务委员会第二十八次会议通过，2012年2月29日第十一届全国人民代表大会常务委员会第二十五次会议通过《关于修改〈中华人民共和国清洁生产促进法〉的决定》。《中华人民共和国清洁生产促进法》分总则、清洁生产的推行、清洁生产的实施、鼓励措施、法律责任、附则共六章四十条，自2012年7月1日起施行。

本法所称清洁生产，是指不断采取改进设计、使用清洁的能源和原料、采用先进的工艺技术与设备、改善管理、综合利用等措施，从源头削减污染，提高资源利用效率，减少或者避免生产、服务和产品使用过程中污染物的产生和排放，以减轻或者消除对人类健康和环境的危害。

（二）《中华人民共和国节约能源法》

《中华人民共和国节约能源法》是为了推动全社会节约能源，提高能源利用效率，保护和改善环境，促进经济社会全面协调可持续发展而制定的。1997年11月1日第八届全国人民代表大会常务委员会第二十八次会议通过，2007年10月28日第十届全国人民代表大会常务委员会第三十次会议修订通过，自2008年4月1日起施行。2016年7月2日第十二届全国人民代表大会常务委员会第二十一次会议通过《全国人民代表大会常务委员会关于修改〈中华人民共和国节约能源法〉等六部法律的决定》修改。

（三）《中华人民共和国水污染防治法》

《中华人民共和国水污染防治法》立法目的是为防治水污染，保护和改善环境，以保障人体健康，保证水资源的有效利用，促进社会主义现代化建设的发展。它适用于中华人民共和国领域内的江河、湖泊、运河、渠道、水库等地表水体以及地下水体的污染防治。

1984年5月11日第六届全国人民代表大会常务委员会第五次会议通过本法；根据1996年5月15日第八届全国人民代表大会常务委员会第十九次会议《关于修改〈中华人民共和国水污染防治法〉的决定》修正；2008年2月28日第十届全国人民代表大会常务委员会第三十二次会议第二次修订通过。本法自2018年1月1日起施行。

本法包括总则、水污染防治的标准和规划、水污染防治的监督管理、水污染防治措施、饮用水水源和其他特殊水体保护、水污染事故处置、法律责任及附则。

（四）《中华人民共和国固体废物污染环境防治法》

为了防治固体废物污染环境，保障人体健康，维护生态安全，促进经济社会可持续发展，制定本法。该法于1995年第八届全国人民代表大会常务委员会第十六次会议通过；由中华人民共和国第十届全国人民代表大会常务委员会第十三次会议于2004年12月29日修订通过；2016年11月7日第十二届全国人民代表大会常务委员会第二十四次会议第四次修订通过。

本法包括总则、固体废物污染环境防治的监督管理、固体废物污染环境的防治、危险废物污染环境防治的特别规定、法律责任及附则。

（五）《中华人民共和国环境影响评价法》

《中华人民共和国环境影响评价法》，是为了从根本上、全局上和发展的源头上注重环境影响、控制污染、保护生态环境，及时采取措施，减少后患而出台的法律。规划环境影响评价最重要的意义，就是找到了一种比较合理的环境管理机制，充分调动了社会各方面的力量，可以形成政府审批、环境保护行政主管部门统一监督管理、有关部门对规划产生的环境影响负责、公众参与、共同保护环境的新机制。《中华人民共和国环境影响评价法》由中华人民共和国第九届全国人民代表大会常务委员会第三十次会议于2002年10月28日通过，根据2016年7月2日第十二届全国人民代表大会常务委员会第二十一次会议《关于修改〈中华人民共和国节约能源法〉等六部法律的决定》修正。

本法所称环境影响评价，是指对规划和建设项目实施后可能造成的环境影响进行分析、预测和评估，提出预防或者减轻不良环境影响的对策和措施，进行跟踪监测的方法与制度。

本法主要包括规划的环境影响评价和建设项目的环境影响评价。

第六节 《中华人民共和国劳动法》相关条款

《中华人民共和国劳动法》立法目的是为了保护劳动者的合法权益，调整劳动关系，建立和维护适应社会主义市场经济的劳动制度，促进经济发展和社会进步。它适用于中华人民共和国境内的企业、个体经济组织（以下统称用人单位）和与之形成劳动关系的劳动者。本法于1994年7月5日由第八届全国人民代表大会常务委员会第八次会议审议通过，自1995年1月1日起施行。本法共十三章一百零七条，包括总则、促进就业、劳动合同和集体合同、工作时间和休息休假、工资、劳动安全卫生、女职工和未成年工特殊保护、职业培训、社会保险和福利、劳动争议、监督检查、法律责任、附则。《中华人民共和国劳动法》是我国第一部全面调整劳动关系的法律。

本法涉及环境/职业健康安全管理的相关条款如下。

一、工作时间和休假时间

第三十六条 国家实行劳动者每日工作时间不超过八小时、平均每周工作时间不超过四十四小时的工时制度。

第三十八条 用人单位应当保证劳动者每周至少休息一日。

第三十九条 企业因生产特点不能实行本法第三十六条、第三十八条规定的，经劳动行政部门批准，可以实行其他工作和休息办法。

第四十一条 用人单位由于生产经营需要，经与工会和劳动者协商后可以延长工作时间，一般每日不得超过一小时；因特殊原因需要延长工作时间的，在保障劳动者身体健康的条件下延长工作时间每日不得超过三小时，但是每月不得超过三十六小时。

第四十四条 有下列情形之一的，用人单位应当按照下列标准支付高于劳动者正常工作时间工资的工资报酬：

（一）安排劳动者延长工作时间的，支付不低于工资的百分之一百五十的工资报酬；

（二）休息日安排劳动者工作又不能安排补休的，支付不低于工资的百分之二百的工资报酬；

（三）法定休假日安排劳动者工作的，支付不低于工资的百分之三百的工资报酬。

二、劳动安全卫生

第五十二条 用人单位必须建立、健全劳动安全卫生制度，严格执行国家劳动安全卫生规程和标准，对劳动者进行劳动安全卫生教育，防止劳动过程中的事故，减少职业危害。

第五十三条 劳动安全卫生设施必须符合国家规定的标准。

新建、改建、扩建工程的劳动安全卫生设施必须与主体工程同时设计、同时施工、同时投入生产和使用。

第五十四条 用人单位必须为劳动者提供符合国家规定的劳动安全卫生条件和必要的劳动防护用品，对从事有职业危害作业的劳动者应当定期进行健康检查。

三、女职工和未成年工特殊保护

第五十八条 国家对女职工和未成年工实行特殊劳动保护。

未成年工是指年满十六周岁未满十八周岁的劳动者。

第五十九条 禁止安排女职工从事矿山井下、国家规定的第四级体力劳动强度的劳动和其他禁忌从事的劳动。

第六十条 不得安排女职工在经期从事高处、低温、冷水作业和国家规定的第三级体力劳动强度的劳动。

第六十一条 不得安排女职工在怀孕期间从事国家规定的第三级体力劳动强度的劳动和孕期禁忌从事的活动。对怀孕七个月以上的女职工，不得安排其延长工作时间和夜班劳动。

第六十二条 女职工生育享受不少于九十天的产假。

第六十三条 不得安排女职工在哺乳未满一周岁的婴儿期间从事国家规定的第三级体力劳动强度的劳动和哺乳期禁忌从事的其他劳动，不得安排其延长工作时间和夜班劳动。

第六十四条 不得安排未成年工从事矿山井下、有毒有害、国家规定的第四级体力劳动强度的劳动和其他禁忌从事的劳动。

第六十五条 用人单位应当对未成年工定期进行健康检查。

四、职业培训

第六十八条 用人单位应当建立职业培训制度，按照国家规定提取和使用职业培训经费，根据本单位实际，有计划地对劳动者进行职业培训。

从事技术工种的劳动者，上岗前必须经过培训。

五、监督检查

第八十八条 各级工会依法维护劳动者的合法权益，对用人单位遵守劳动法律、法规的情况进行监督。

任何组织和个人对于违反劳动法律、法规的行为有权检举和控告。

附:《体力劳动强度分级》

《体力劳动强度分级》是中国制定的劳动保护工作科学管理的一项基础标准，是确定体力劳动强度大小的根据。应用这一标准，可以明确工人体力劳动强度的重点工种或工序，以便有重点、有计划地减轻工人的体力劳动强度，提高劳动生产率。

《体力劳动强度分级》为GB 3869—83的修订版，现行标准号为：GB 3869—1997。本标准适用于以体力活动为主的劳动作业，劳动强度的分级是劳动保护科学管理的依据。

第七节 《中华人民共和国劳动合同法》相关条款

《中华人民共和国劳动合同法》立法目的是为了完善劳动合同制度，明确劳动合同双方当事人的权利和义务，保护劳动者的合法权益，构建和发展和谐稳定的劳动关系。它适用于中华人民共和国境内的企业、个体经济组织、民办非企业单位等组织（以下称用人单位）与劳动者建立劳动关系，订立、履行、变更、解除或者终止劳动合同。本法由2007年6月29日第十届全国人民代表大会常务委员会第二十八次会议通过。自2008年1月1日起施行。修改方案于2012年12月28日由第十一届全国人民代表大会常务委员会第三十次会议《关于修改〈中华人民共和国劳动合同法〉的决定》修正通过。本法分八章共九十八条，包括：总则、劳动合同的订立、劳动合同的履行和变更、劳动合同的解除和终止、特别规定、监督检查、法律责任和附则。劳动合同法是规范劳动关系的一部重要法律，在中国特色社会主义法律体系中属于社会法。

本法涉及环境/职业健康安全管理的相关条款如下。

一、用人单位规章制度

第四条 用人单位应当依法建立和完善劳动规章制度，保障劳动者享有劳动权利、履行劳动义务。

用人单位在制定、修改或者决定有关劳动报酬、工作时间、休息休假、劳动安全卫生、保险福利、职工培训、劳动纪律以及劳动定额管理等直接涉及劳动者切身利益的规章制度或者重大事项时，应当经职工代表大会或者全体职工讨论，提出方案和意见，与工会或者职工代表平等协商确定。

在规章制度和重大事项决定实施过程中，工会或者职工认为不适当的，有权向用人单位提出，通过协商予以修改完善。

用人单位应当将直接涉及劳动者切身利益的规章制度和重大事项决定公示，或者告知劳动者。

二、劳动合同

（一）劳动合同的订立

第十条 建立劳动关系，应当订立书面劳动合同。

已建立劳动关系，未同时订立书面劳动合同的，应当自用工之日起一个月内订立书面劳动合同。

用人单位与劳动者在用工前订立劳动合同的，劳动关系自用工之日起建立。

第十一条 用人单位未在用工的同时订立书面劳动合同，与劳动者约定的劳动报酬不明确的，新招用的劳动者的劳动报酬按照集体合同规定的标准执行；没有集体合同或者集体合同未规定的，实行同工同酬。

（二）固定期限劳动合同与无固定期限劳动合同

第十二条 劳动合同分为固定期限劳动合同、无固定期限劳动合同和以完成一定工作任务为期限的劳动合同。

第十三条 固定期限劳动合同，是指用人单位与劳动者约定合同终止时间的劳动合同。

用人单位与劳动者协商一致，可以订立固定期限劳动合同。

第十四条 无固定期限劳动合同，是指用人单位与劳动者约定无确定终止时间的劳动合同。

用人单位与劳动者协商一致，可以订立无固定期限劳动合同。有下列情形之一，劳动者提出或者同意续订、订立劳动合同的，除劳动者提出订立固定期限劳动合同外，应当订立无固定期限劳动合同：

（一）劳动者在该用人单位连续工作满十年的；

（二）用人单位初次实行劳动合同制度或者国有企业改制重新订立劳动合同时，劳动者在该用人单位连续工作满十年且距法定退休年龄不足十年的；

（三）连续订立二次固定期限劳动合同，且劳动者没有本法第三十九条和第四十条第一项、第二项规定的情形，续订劳动合同的。

用人单位自用工之日起满一年不与劳动者订立书面劳动合同的，视为用人单位与劳动者已订立无固定期限劳动合同。

第十五条 以完成一定工作任务为期限的劳动合同，是指用人单位与劳动者约定以某项工作的完成为合同期限的劳动合同。

用人单位与劳动者协商一致，可以订立以完成一定工作任务为期限的劳动合同。

（三）劳动合同的基本内容

第十七条 劳动合同应当具备以下条款：

（一）用人单位的名称、住所和法定代表人或者主要负责人；

（二）劳动者的姓名、住址和居民身份证或者其他有效身份证件号码；

（三）劳动合同期限；

（四）工作内容和工作地点；

（五）工作时间和休息休假；

（六）劳动报酬；

（七）社会保险；

（八）劳动保护、劳动条件和职业危害防护；

（九）法律、法规规定应当纳入劳动合同的其他事项。

劳动合同除前款规定的必备条款外，用人单位与劳动者可以约定试用期、培训、保守秘密、补充保险和福利待遇等其他事项。

三、试用期

（一）试用期时间与劳动合同期限的关系

第十九条 劳动合同期限三个月以上不满一年的，试用期不得超过一个月；劳动合同期限一年以上不满三年的，试用期不得超过二个月；三年以上固定期限和无固定期限的劳动合同，试用期不得超过六个月。

同一用人单位与同一劳动者只能约定一次试用期。

以完成一定工作任务为期限的劳动合同或者劳动合同期限不满三个月的，不得约定试用期。

试用期包含在劳动合同期限内。劳动合同仅约定试用期的，试用期不成立，该期限为劳动合同期限。

（二）试用期的工资待遇

第二十条 劳动者在试用期的工资不得低于本单位相同岗位最低档工资或者劳动合同约定工资的百分之八十，并不得低于用人单位所在地的最低工资标准。

（三）试用期解雇的程序

第二十一条 在试用期中，除劳动者有本法第三十九条和第四十条第一项、第二项规定的情形外，用人单位不得解除劳动合同。用人单位在试用期解除劳动合同的，应当向劳动者说明理由。

（四）违法解雇的法律责任

第八十三条 用人单位违反本法规定与劳动者约定试用期的，由劳动行政部门责令改正；违法约定的试用期已经履行的，由用人单位以劳动者试用期满月工资为标准，按已经履行的超过法定试用期的期间向劳动者支付赔偿金。

四、劳动合同的解除

（一）用人单位解除劳动合同的条件

第三十六条 用人单位与劳动者协商一致，可以解除劳动合同。

（二）解除方式

第三十七条 劳动者提前三十日以书面形式通知用人单位，可以解除劳动合同。劳动者在试用期内提前三日通知用人单位，可以解除劳动合同。

第四十三条 用人单位单方解除劳动合同，应当事先将理由通知工会。用人单位违反法律、行政法规规定或者劳动合同约定的，工会有权要求用人单位纠正。用人单位应当研究工会的意见，并将处理结果书面通知工会。

（三）用人单位可以解除劳动合同的情形

第三十九条 劳动者有下列情形之一的，用人单位可以解除劳动合同：

（一）在试用期间被证明不符合录用条件的；

（二）严重违反用人单位的规章制度的；

（三）严重失职，营私舞弊，给用人单位造成重大损害的；

（四）劳动者同时与其他用人单位建立劳动关系，对完成本单位的工作任务造成严重影响，或者经用人单位提出，拒不改正的；

（五）因本法第二十六条第一款第一项规定的情形致使劳动合同无效的；

（六）被依法追究刑事责任的。

第四十条 有下列情形之一的，用人单位提前三十日以书面形式通知劳动者本人或者额外支付劳动者一个月工资后，可以解除劳动合同：

（一）劳动者患病或者非因工负伤，在规定的医疗期满后不能从事原工作，也不能从事由用人单位另行安排的工作的；

（二）劳动者不能胜任工作，经过培训或者调整工作岗位，仍不能胜任工作的；

（三）劳动合同订立时所依据的客观情况发生重大变化，致使劳动合同无法履行，经用人单位与劳动者协商，未能就变更劳动合同内容达成协议的。

第五十条 用人单位应当在解除或者终止劳动合同时出具解除或者终止劳动合同的证明，并在十五日内为劳动者办理档案和社会保险关系转移手续。

劳动者应当按照双方约定，办理工作交接。用人单位依照本法有关规定应当向劳动者支付经济补偿的，在办结工作交接时支付。

用人单位对已经解除或者终止的劳动合同的文本，至少保存二年备查。

（四）劳动者解除劳动合同的情形

第三十八条 用人单位有下列情形之一的，劳动者可以解除劳动合同：

（一）未按照劳动合同约定提供劳动保护或者劳动条件的；

（二）未及时足额支付劳动报酬的；

（三）未依法为劳动者缴纳社会保险费的；

（四）用人单位的规章制度违反法律、法规的规定，损害劳动者权益的；

（五）因本法第二十六条第一款规定的情形致使劳动合同无效的；

（六）法律、行政法规规定劳动者可以解除劳动合同的其他情形。

用人单位以暴力、威胁或者非法限制人身自由的手段强迫劳动者劳动的，或者用人单位违章指挥、强令冒险作业危及劳动者人身安全的，劳动者可以立即解除劳动合同，不需事先告知用人单位。

五、经济补偿

（一）竞业限制的经济补偿

第二十三条 用人单位与劳动者可以在劳动合同中约定保守用人单位的商业秘密和与知识产权相关的保密事项。

对负有保密义务的劳动者，用人单位可以在劳动合同或者保密协议中与劳动者约定竞业限制条款，并约定在解除或者终止劳动合同后，在竞业限制期限内按月给予劳动者经济补偿。劳动者违反竞业限制约定的，应当按照约定向用人单位支付违约金。

（二）支付经济补偿金的情况

第四十六条 有下列情形之一的，用人单位应当向劳动者支付经济补偿：

（一）劳动者依照本法第三十八条规定解除劳动合同的；

（二）用人单位依照本法第三十六条规定向劳动者提出解除劳动合同并与劳动者协商一致解除劳动合同的；

（三）用人单位依照本法第四十条规定解除劳动合同的；

（四）用人单位依照本法第四十一条第一款规定解除劳动合同的；

（五）除用人单位维持或者提高劳动合同约定条件续订劳动合同，劳动者不同意续订的情形外，依照本法第四十四条第一项规定终止固定期限劳动合同的；

（六）依照本法第四十四条第四项、第五项规定终止劳动合同的；

（七）法律、行政法规规定的其他情形。

第四十七条 经济补偿按劳动者在本单位工作的年限，每满一年支付一个月工资的标准向劳动者支付。六个月以上不满一年的，按一年计算；不满六个月的，向劳动者支付半个月工资的经济补偿。

劳动者月工资高于用人单位所在直辖市、设区的市级人民政府公布的本地区上年度职工月平均工资三倍的，向其支付经济补偿的标准按职工月平均工资三倍的数额支付，向其支付经济补偿的年限最高不超过十二年。

本条所称月工资是指劳动者在劳动合同解除或者终止前十二个月的平均工资。

第四十八条 用人单位违反本法规定解除或者终止劳动合同，劳动者要求继续履行劳动合同的，用人单位应当继续履行；劳动者不要求继续履行劳动合同或者劳动合同已经不能继续履行的，用人单位应当依照本法第八十七条规定支付赔偿金。

第七十一条 非全日制用工双方当事人任何一方都可以随时通知对方终止用工。终止用工，用人单位不向劳动者支付经济补偿。

（三）支付经济补偿金的标准

第八十五条 用人单位有下列情形之一的，由劳动行政部门责令限期支付劳动报酬、加班费或者经济补偿；劳动报酬低于当地最低工资标准的，应当支付其差额部分；逾期不支付的，责令用人单位按应付金额百分之五十以上百分之一百以下的标准向劳动者加付赔偿金：

（一）未按照劳动合同的约定或者国家规定及时足额支付劳动者劳动报酬的；

（二）低于当地最低工资标准支付劳动者工资的；

（三）安排加班不支付加班费的；

（四）解除或者终止劳动合同，未依照本法规定向劳动者支付经济补偿的。

第九十三条 对不具备合法经营资格的用人单位的违法犯罪行为，依法追究法律责任；劳动者已经付出劳动的，该单位或者其出资人应当依照本法有关规定向劳动者支付劳动报酬、经济补偿、赔偿金；给劳动者造成损害的，应当承担赔偿责任。

（四）关于经济补偿的使用性

第九十七条 本法施行前已依法订立且在本法施行之日存续的劳动合同，继续履行；

本法第十四条第二款第三项规定连续订立固定期限劳动合同的次数，自本法施行后续订固定期限劳动合同时开始计算。

本法施行前已建立劳动关系，尚未订立书面劳动合同的，应当自本法施行之日起一个月内订立。

本法施行之日存续的劳动合同在本法施行后解除或者终止，依照本法第四十六条规定应当支付经济补偿的，经济补偿年限自本法施行之日起计算；本法施行前按照当时有关规定，用人单位应当向劳动者支付经济补偿的，按照当时有关规定执行。

六、工会

（一）工会的权力

第四条（部分） 用人单位在制定、修改或者决定有关劳动报酬、工作时间、休息休假、劳动安全卫生、保险福利、职工培训、劳动纪律以及劳动定额管理等直接涉及劳动者切身利益的规章制度或者重大事项时，应当经职工代表大会或者全体职工讨论，提出方案和意见，与工会或者职工代表平等协商确定。

在规章制度和重大事项决定实施过程中，工会或者职工认为不适当的，有权向用人单位提出，通过协商予以修改完善。

第五十六条 用人单位违反集体合同，侵犯职工劳动权益的，工会可以依法要求用人单位承担责任；因履行集体合同发生争议，经协商解决不成的，工会可以依法申请仲裁、提起诉讼。

（二）工会的职责

第五条 县级以上人民政府劳动行政部门会同工会和企业方面代表，建立健全协调劳动关系三方机制，共同研究解决有关劳动关系的重大问题。

第六条 工会应当帮助、指导劳动者与用人单位依法订立和履行劳动合同，并与用人单位建立集体协商机制，维护劳动者的合法权益。

第四十一条（部分） 有下列情形之一，需要裁减人员二十人以上或者裁减不足二十人但占企业职工总数百分之十以上的，用人单位提前三十日向工会或者全体职工说明情况，听取工会或者职工的意见后，裁减人员方案经向劳动行政部门报告，可以裁减人员：

1. 依照企业破产法规定进行重整的；

2. 生产经营发生严重困难的；

3. 企业转产、重大技术革新或者经营方式调整，经变更劳动合同后，仍需裁减人员的；

4. 其他因劳动合同订立时所依据的客观经济情况发生重大变化，致使劳动合同无法履行的。

第四十三条 用人单位单方解除劳动合同，应当事先将理由通知工会。用人单位违反法律、行政法规规定或者劳动合同约定的，工会有权要求用人单位纠正。用人单位应当研究工会的意见，并将处理结果书面通知工会。

第五十一条 企业职工一方与用人单位通过平等协商，可以就劳动报酬、工作时间、休息休假、劳动安全卫生、保险福利等事项订立集体合同。集体合同草案应当提交职工代表大会或者全体职工讨论通过。

集体合同由工会代表企业职工一方与用人单位订立；尚未建立工会的用人单位，由上级工会指导劳动者推举的代表与用人单位订立。

第六十四条 被派遣劳动者有权在劳务派遣单位或者用工单位依法参加或者组织工会，维护自身的合法权益。

（三）工会的使命

第七十八条 工会依法维护劳动者的合法权益，对用人单位履行劳动合同、集体合同的情况进行监督。用人单位违反劳动法律、法规和劳动合同、集体合同的，工会有权提出意见或者要求纠正；劳动者申请仲裁、提起诉讼的，工会依法给予支持和帮助。

第八节 《中华人民共和国消防法》相关条款

《中华人民共和国消防法》立法目的是为了预防火灾和减少火灾危害，加强应急救援工作，保护公民人身、公共财产和公民财产的安全，维护公共安全。本法由1998年4月29日第九届全国人民代表大会常务委员会第二次会议通过，2008年10月28日第十一届全国人民代表大会常务委员会第五次会议修订。修订后的《中华人民共和国消防法》自2009年5月1日起施行。

本法共七章七十四条，包括总则、火灾预防、消防组织、灭火救援、监督检查、法律责任及附则。

本法涉及环境/职业健康安全管理的相关条款如下。

一、消防工作方针

第二条 消防工作贯彻预防为主、防消结合的方针，按照政府统一领导、部门依法监管、单位全面负责、公民积极参与的原则，实行消防安全责任制，建立健全社会化的消防工作网络。

二、单位消防职责

（一）消防义务

第五条 任何单位和个人都有维护消防安全、保护消防设施、预防火灾、报告火警的义务。任何单位和成年人都有参加有组织的灭火工作的义务。

第四十四条 任何人发现火灾都应当立即报警。任何单位、个人都应当无偿为报警提供便利，不得阻拦报警。严禁谎报火警。

人员密集场所发生火灾，该场所的现场工作人员应当立即组织、引导在场人员疏散。

任何单位发生火灾，必须立即组织力量扑救。邻近单位应当给予支援。

消防队接到火警，必须立即赶赴火灾现场，救助遇险人员，排除险情，扑灭火灾。

第五十一条（部分） 火灾扑灭后，发生火灾的单位和相关人员应当按照公安机关消防机构的要求保护现场，接受事故调查，如实提供与火灾有关的情况。

（二）消防安全职责

第十六条 机关、团体、企业、事业等单位应当履行下列消防安全职责：

1. 落实消防安全责任制，制定本单位的消防安全制度、消防安全操作规程，制定灭火和应急疏散预案；

2. 按照国家标准、行业标准配置消防设施、器材，设置消防安全标志，并定期组织检验、维修，确保完好有效；

3. 对建筑消防设施每年至少进行一次全面检测，确保完好有效，检测记录应当完整准确，存档备查；

4. 保障疏散通道、安全出口、消防车通道畅通，保证防火防烟分区、防火间距符合消防技术标准；

5. 组织防火检查，及时消除火灾隐患；

6. 组织进行有针对性的消防演练；

7. 法律、法规规定的其他消防安全职责。

单位的主要负责人是本单位的消防安全责任人。

三、单位火灾预防与管理

第九条 建设工程的消防设计、施工必须符合国家工程建设消防技术标准。建设、设计、施工、工程监理等单位依法对建设工程的消防设计、施工质量负责。

第二十条 举办大型群众性活动，承办人应当依法向公安机关申请安全许可，制定灭火和应急疏散预案并组织演练，明确消防安全责任分工，确定消防安全管理人员，保持消防设施和消防器材配置齐全、完好有效，保证疏散通道、安全出口、疏散指示标志、应急照明和消防车通道符合消防技术标准和管理规定。

第二十一条 禁止在具有火灾、爆炸危险的场所吸烟、使用明火。因施工等特殊情况需要使用明火作业的，应当按照规定事先办理审批手续，采取相应的消防安全措施；作业人员应当遵守消防安全规定。

进行电焊、气焊等具有火灾危险作业的人员和自动消防系统的操作人员，必须持证上岗，并遵守消防安全操作规程。

第二十四条 消防产品必须符合国家标准；没有国家标准的，必须符合行业标准。禁止生产、销售或者使用不合格的消防产品以及国家明令淘汰的消防产品。

依法实行强制性产品认证的消防产品，由具有法定资质的认证机构按照国家标准、行业标准的强制性要求认证合格后，方可生产、销售、使用。实行强制性产品认证的消防产品目录，由国务院产品质量监督部门会同国务院公安部门制定并公布。

新研制的尚未制定国家标准、行业标准的消防产品，应当按照国务院产品质量监督部门会同国务院公安部门规定的办法，经技术鉴定符合消防安全要求的，方可生产、销售、使用。

依照本条规定经强制性产品认证合格或者技术鉴定合格的消防产品，国务院公安部门消防机构应当予以公布。

第二十六条 建筑构件、建筑材料和室内装修、装饰材料的防火性能必须符合国家标准；没有国家标准的，必须符合行业标准。

人员密集场所室内装修、装饰，应当按照消防技术标准的要求，使用不燃、难燃材料。

第二十七条 电器产品、燃气用具的产品标准，应当符合消防安全的要求。

电器产品、燃气用具的安装、使用及其线路、管路的设计、敷设、维护保养、检测，必须符合消防技术标准和管理规定。

第二十八条 任何单位、个人不得损坏、挪用或者擅自拆除、停用消防设施、器材，不得埋压、圈占、遮挡消火栓或者占用防火间距，不得占用、堵塞、封闭疏散通道、安全出口、消防车通道。人员密集场所的门窗不得设置影响逃生和灭火救援的障碍物。

第九节 《中华人民共和国道路交通安全法》相关条款

《中华人民共和国道路交通安全法》立法目的是为了维护道路交通秩序，预防和减少交通事故，保护人身安全，保护公民、法人和其他组织的财产安全及其他合法权益，提高通行效率。它适用于中华人民共和国境内的车辆驾驶人、行人、乘车人及与道路交通活动有关的单位和个人。本法于2003年10月28日由第十届全国人民代表大会常务委员会第五次会议通过。根据2007年12月29日第十届全国人民代表大会常务委员会第三十一次会议《关于修改〈中华人民共和国道路交通安全法〉的决定》第一次修订。根据2011年4月22日第十一届全国人民代表大会常务委员会第二十次会议《关于修改〈中华人民共和国道路交通安全法〉的决定》第二次修订，自2011年5月1日起施行。

本法共八章一百二十四条，包括总则、车辆和驾驶人、道路通行条件、道路通行规定、交通事故处理、执法监督、法律责任、附则。

本法涉及环境/职业健康安全管理的相关条款如下。

一、道路通行的一般规定

第二十八条（部分） 任何单位和个人不得擅自设置、移动、占用、损毁交通信号灯、交通标志、交通标线。

第三十一条 未经许可，任何单位和个人不得占用道路从事非交通活动。

第三十六条 根据道路条件和通行需要，道路划分为机动车道、非机动车道和人行道的，机动车、非机动车、行人实行分道通行。没有划分机动车道、非机动车道和人行道的，机动车在道路中间通行，非机动车和行人在道路两侧通行。

第三十八条 车辆、行人应当按照交通信号通行；遇有交通警察现场指挥时，应当按照交通警察的指挥通行；在没有交通信号的道路上，应当在确保安全、畅通的原则下通行。

二、机动车通行规定

第四十七条 机动车行经人行横道时，应当减速行驶；遇行人正在通过人行横道，应当停车让行。

机动车行经没有交通信号的道路时，遇行人横过道路，应当避让。

第四十八条（部分） 机动车载物应当符合核定的载质量，严禁超载；载物的长、宽、高不得违反装载要求，不得遗洒、飘散载运物。

机动车运载超限的不可解体的物品，影响交通安全的，应当按照公安机关交通管理部门指定的时间、路线、速度行驶，悬挂明显标志。在公路上运载超限的不可解体的物品，并应当依照公路法的规定执行。

第四十九条 机动车载人不得超过核定的人数，客运机动车不得违反规定载货。

第五十条 禁止货运机动车载客。

货运机动车需要附载作业人员的，应当设置保护作业人员的安全措施。

第五十一条 机动车行驶时，驾驶人、乘坐人员应当按规定使用安全带，摩托车驾驶人及乘坐人员应当按规定戴安全头盔。

三、非机动车通行规定

第五十七条 驾驶非机动车在道路上行驶应当遵守有关交通安全的规定。非机动车应当在非机动车道内行驶；在没有非机动车道的道路上，应当靠车行道的右侧行驶。

第五十九条 非机动车应当在规定地点停放。未设停放地点的，非机动车停放不得妨碍其他车辆和行人通行。

四、行人和乘车人通行规定

第六十一条 行人应当在人行道内行走，没有人行道的靠路边行走。

第六十二条 行人通过路口或者横过道路，应当走人行横道或者过街设施；通过有交通信号灯的人行横道，应当按照交通信号灯指示通行；通过没有交通信号灯、人行横道的路口，或者在没有过街设施的路段横过道路，应当在确认安全后通过。

第六十三条 行人不得跨越、倚坐道路隔离设施，不得扒车、强行拦车或者实施妨碍道路交通安全的其他行为。

第六十五条 行人通过铁路道口时，应当按照交通信号或者管理人员的指挥通行；没有交通信号和管理人员的，应当在确认无火车驶临后，迅速通过。

第六十六条 乘车人不得携带易燃易爆等危险物品，不得向车外抛洒物品，不得有影响驾驶人安全驾驶的行为。

五、高速公路的特别规定

第六十七条 行人、非机动车、拖拉机、轮式专用机械车、铰接式客车、全挂拖斗车以及其他设计最高时速低于七十公里的机动车，不得进入高速公路。高速公路限速标志标明的最高时速不得超过一百二十公里。

第六十九条 任何单位、个人不得在高速公路上拦截检查行驶的车辆，公安机关的人民警察依法执行紧急公务除外。

第十节 《中华人民共和国食品安全法》相关条款

《中华人民共和国食品安全法》是适应新形势发展的需要，为了从制度上解决现实生活中存在的食品安全问题，更好地保证食品安全而制定的法律。其中确立了以食品安全风险监测和评估为基础的科学管理制度，明确食品安全风险评估结果作为制定、修订食品安全标准和对食品安全实施监督管理的科学依据。早在1995年10月30日就颁布了《中华人民共和国食品卫生法》。2009年2月28日，第十一届全国人民代表大会常务委员会第七次会议通过了《中华人民共和国食品安全法》。2015年4月24日，新修订的《中华人民共和国食品安全法》经第十二届全国人民代表大会常务委员会第十四次会议审议通过，自2015年10月1日起实施。本法涉及环境安全管理的职业健康相关条款如下。

一、生产经营许可

第三十五条（部分） 国家对食品生产经营实行许可制度。从事食品生产、食品销售、餐饮服务，应当依法取得许可。

二、从业人员健康管理制度

第四十五条（部分） 食品生产经营者应当建立并执行从业人员健康管理制度。患有国务院卫生行政部门规定的有碍食品安全疾病的人员，不得从事接触直接入口食品的工作。

三、食品安全事故应急

第一百零二条（部分） 食品生产经营企业应当制定食品安全事故处置方案，定期检查本企业各项食品安全防范措施的落实情况，及时消除事故隐患。

附：《有碍食品安全的疾病目录》（国卫食品发〔2016〕31号）

根据《中华人民共和国食品安全法》《中华人民共和国传染病防治法》规定，为规范接触直接入口食品工作的从业人员的健康管理，制定本目录。

一、疾病目录

（一）霍乱

（二）细菌性和阿米巴性痢疾

（三）伤寒和副伤寒

（四）病毒性肝炎（甲型、戊型）

（五）活动性肺结核

（六）化脓性或者渗出性皮肤病

第十一节 《中华人民共和国突发事件应对法》相关条款

《中华人民共和国突发事件应对法》立法目的是为了预防和减少突发事件的发生，控制、减轻和消除突发事件引起的严重社会危害，规范突发事件应对活动，保护人民生命财产安全，维护国家安全、公共安全、环境安全和社会秩序。它适用于突发事件的预防与应急准备、监测与预警、应急处置与救援、事后恢复与重建等应对活动。本法于2007年8月30日第十届全国人民代表大会常务委员会第二十九次会议通过，自2007年11月1日起施行。

本法共七章七十条，包括总则、预防与应急准备、监测与预警、应急处置与救援、事后恢复与重建、法律责任、附则。

本法涉及环境/职业健康安全管理的相关条款如下。

一、突发事件含义

第三条 本法所称突发事件，是指突然发生，造成或者可能造成严重社会危害，需要采取应急处置措施予以应对的自然灾害、事故灾难、公共卫生事件和社会安全事件。

按照社会危害程度、影响范围等因素，自然灾害、事故灾难、公共卫生事件分为特别重大、重大、较大和一般四级。法律、行政法规或者国务院另有规定的，从其规定。

突发事件的分级标准由国务院或者国务院确定的部门制定。

二、预防与应急准备

第二十二条 所有单位应当建立健全安全管理制度，定期检查本单位各项安全防范措施的落实情况，及时消除事故隐患；掌握并及时处理本单位存在的可能引发社会安全事件的问题，防止矛盾激化和事态扩大；对本单位可能发生的突发事件和采取安全防范措施的情况，应当按照规定及时向所在地人民政府或者人民政府有关部门报告。

第二十四条 公共交通工具、公共场所和其他人员密集场所的经营单位或者管理单位应当制定具体应急预案，为交通工具和有关场所配备报警装置和必要的应急救援设备、设施，注明其使用方法，并显著标明安全撤离的通道、路线，保证安全通道、出口的畅通。

有关单位应当定期检测、维护其报警装置和应急救援设备、设施，使其处于良好状态，确保正常使用。

三、应急处置与救援

第五十六条 受到自然灾害危害或者发生事故灾难、公共卫生事件的单位，应当立即组织本单位应急救援队伍和工作人员营救受害人员，疏散、撤离、安置受到威胁的人员，控制危险源，标明危险区域，封锁危险场所，并采取其他防止危害扩大的必要措施，同时向所在地县级人民政府报告；对因本单位的问题引发的或者主体是本单位人员的社会安全事件，有关单位应当按照规定上报情况，并迅速派出负责人赶赴现场开展劝解、疏导工作。

突发事件发生地的其他单位应当服从人民政府发布的决定、命令，配合人民政府采取的应急处置措施，做好本单位的应急救援工作，并积极组织人员参加所在地的应急救援和处置工作。

四、法律责任

第六十四条 有关单位有下列情形之一的，由所在地履行统一领导职责的人民政府责令停产停业，暂扣或者吊销许可证或者营业执照，并处五万元以上二十万元以下的罚款；构成违反治安管理行为的，由公安机关依法给予处罚：

（一）未按规定采取预防措施，导致发生严重突发事件的；

（二）未及时消除已发现的可能引发突发事件的隐患，导致发生严重突发事件的；

（三）未做好应急设备、设施日常维护、检测工作，导致发生严重突发事件或者突发事件危害扩大的；

（四）突发事件发生后，不及时组织开展应急救援工作，造成严重后果的。

前款规定的行为，其他法律、行政法规规定由人民政府有关部门依法决定处罚的，从其规定。

第十二节 《中华人民共和国特种设备安全法》相关条款

《中华人民共和国特种设备安全法》是为加强特种设备安全工作，预防特种设备事故，保障人身和财产安全，促进经济社会发展而制定。由全国人民代表大会常务委员会于2013年6月29日发布，自2014年1月1日起施行。

本法所称特种设备，是指对人身和财产安全有较大危险性的锅炉、电梯等设施、设备，以及法律、行政法规规定适用本法的其他特种设备。

一、主要负责人的责任

第十三条（部分） 特种设备生产、经营、使用单位及其主要负责人对其生产、经营、使用的特种设备安全负责。

二、相关人员的配备、资格

第十三条 特种设备生产、经营、使用单位及其主要负责人对其生产、经营、使用的特种设备安全负责。

特种设备生产、经营、使用单位应当按照国家有关规定配备特种设备安全管理人员、检测人员和作业人员，并对其进行必要的安全教育和技能培训。

第十四条 特种设备安全管理人员、检测人员和作业人员应当按照国家有关规定取得相应资格，方可从事相关工作。特种设备安全管理人员、检测人员和作业人员应当严格执行安全技术规范和管理制度，保证特种设备安全。

第三十六条 电梯、客运索道、大型游乐设施等为公众提供服务的特种设备的运营使用单位，应当对特种设备的使用安全负责，设置特种设备安全管理机构或者配备专职的特种设备安全管理人员；其他特种设备使用单位，应当根据情况设置特种设备安全管理机构或者配备专职、兼职的特种设备安全管理人员。

三、特种设备的检测、维护、检验、检查

第十五条 特种设备生产、经营、使用单位对其生产、经营、使用的特种设备应当进行自行检测和维护保养，对国家规定实行检验的特种设备应当及时申报并接受检验。

第三十二条 特种设备使用单位应当使用取得许可生产并经检验合格的特种设备。

禁止使用国家明令淘汰和已经报废的特种设备。

第三十九条 特种设备使用单位应当对其使用的特种设备进行经常性维护保养和定期自行检查，并做出记录。

特种设备使用单位应当对其使用的特种设备的安全附件、安全保护装置进行定期校验、检修，并做出记录。

第四十条 特种设备使用单位应当按照安全技术规范的要求，在检验合格有效期届满前一个月向特种设备检验机构提出定期检验要求。

特种设备检验机构接到定期检验要求后，应当按照安全技术规范的要求及时进行安全性能检验。特种设备使用单位应当将定期检验标志置于该特种设备的显著位置。

未经定期检验或者检验不合格的特种设备，不得继续使用。

第四十一条 特种设备安全管理人员应当对特种设备使用状况进行经常性检查，发现问题应当立即处理；情况紧急时，可以决定停止使用特种设备并及时报告本单位有关负责人。

特种设备作业人员在作业过程中发现事故隐患或者其他不安全因素，应当立即向特种设备安全管理人员和单位有关负责人报告；特种设备运行不正常时，特种设备作业人员应当按照操作规程采取有效措施保证安全。

第四十二条 特种设备出现故障或者发生异常情况，特种设备使用单位应当对其进行全面检查，消除事故隐患，方可继续使用。

第四十五条 电梯的维护保养应当由电梯制造单位或者依照本法取得许可的安装、改造、修理单位进行。

电梯的维护保养单位应当在维护保养中严格执行安全技术规范的要求，保证其维护保养的电梯的安全性能，并负责落实现场安全防护措施，保证施工安全。

电梯的维护保养单位应当对其维护保养的电梯的安全性能负责；接到故障通知后，应当立即赶赴现场，并采取必要的应急救援措施。

第四十六条 电梯投入使用后，电梯制造单位应当对其制造的电梯的安全运行情况进行跟踪调查和了解，对电梯的维护保养单位或者使用单位在维护保养和安全运行方面存在的问题，提出改进建议，并提供必要的技术帮助；发现电梯存在严重事故隐患时，应当及时告知电梯使用单位，并向负责特种设备安全监督管理的部门报告。电梯制造单位对调查和了解的情况，应当做出记录。

四、特种设备的登记

第三十三条 特种设备使用单位应当在特种设备投入使用前或者投入使用后三十日内，向负责特种设备安全监督管理的部门办理使用登记，取得使用登记证书。登记标志应当置于该特种设备的显著位置。

五、相关制度的建立

第三十四条 特种设备使用单位应当建立岗位责任、隐患治理、应急救援等安全管理制度，制定操作规程，保证特种设备安全运行。

六、安全技术档案

第三十五条 特种设备使用单位应当建立特种设备安全技术档案。安全技术档案应当包括以下内容：

（一）特种设备的设计文件、产品质量合格证明、安装及使用维护保养说明、监督检验证明等相关技术资料和文件；

（二）特种设备的定期检验和定期自行检查记录；

（三）特种设备的日常使用状况记录；

（四）特种设备及其附属仪器仪表的维护保养记录；

（五）特种设备的运行故障和事故记录。

七、共有的特种设备的管理

第三十八条 特种设备属于共有的，共有人可以委托物业服务单位或者其他管理人管理特种设备，受托人履行本法规定的特种设备使用单位的义务，承担相应责任。共有人未委托的，由共有人或者实际管理人履行管理义务，承担相应责任。

八、安全使用说明、安全注意事项和警示标志

第四十三条（部分） 电梯、客运索道、大型游乐设施的运营使用单位应当将电梯、客运索道、大型游乐设施的安全使用说明、安全注意事项和警示标志置于易于为乘客注意的显著位置。

公众乘坐或者操作电梯、客运索道、大型游乐设施，应当遵守安全使用说明和安全注意事项的要求，服从有关工作人员的管理和指挥；遇有运行不正常时，应当按照安全指引，有序撤离。

九、建立应急专项预案

第六十九条（部分） 特种设备使用单位应当制定特种设备事故应急专项预案，并定期进行应急演练。

十、事故处理

第七十条（部分） 特种设备发生事故后，事故发生单位应当按照应急预案采取措施，组织抢救，防止事故扩大，减少人员伤亡和财产损失，保护事故现场和有关证据，并及时向事故发生地县级以上人民政府负责特种设备安全监督管理的部门和有关部门报告。

与事故相关的单位和人员不得迟报、谎报或者瞒报事故情况，不得隐匿、毁灭有关证据或者故意破坏事故现场。

十一、责任界定

第八十三条 违反本法规定，特种设备使用单位有下列行为之一的，责令限期改正；逾期未改正的，责令停止使用有关特种设备，处一万元以上十万元以下罚款：

（一）使用特种设备未按照规定办理使用登记的；

（二）未建立特种设备安全技术档案或者安全技术档案不符合规定要求，或者未依法设置使用登记标志、定期检验标志的；

（三）未对其使用的特种设备进行经常性维护保养和定期自行检查，或者未对其使用的特种设备的安全附件、安全保护装置进行定期校验、检修，并作出记录的；

（四）未按照安全技术规范的要求及时申报并接受检验的；

（五）未按照安全技术规范的要求进行锅炉水（介）质处理的；

（六）未制定特种设备事故应急专项预案的。

第八十四条 违反本法规定，特种设备使用单位有下列行为之一的，责令停止使用有关特种设备，处三万元以上三十万元以下罚款：

（一）使用未取得许可生产，未经检验或者检验不合格的特种设备，或者国家明令淘汰、已经报废的特种设备的；

（二）特种设备出现故障或者发生异常情况，未对其进行全面检查、消除事故隐患，继续使用的；

（三）特种设备存在严重事故隐患，无改造、修理价值，或者达到安全技术规范规定的其他报废条件，未依法履行报废义务，并办理使用登记证书注销手续的。

第十三节 《中共中央 国务院关于推进安全生产领域改革发展的意见》

《中共中央 国务院关于推进安全生产领域改革发展的意见》于2016年12月18日印发。这是中华人民共和国成立以来第一个以党中央、国务院名义出台的安全生产工作的纲领性文件。文件提出的一系列改革举措和任务要求，为当前和今后一个时期我国安全生产领域的改革发展指明了方向和路径。

意见提出，坚守“发展决不能以牺牲安全为代价”这条不可逾越的红线，规定了“党政同责、一岗双责、齐抓共管、失职追责”的安全生产责任体系，要求建立企业落实安全生产主体责任的机制，建立事故暴露问题整改督办制度，建立安全生产监管执法人员依法履行法定职责制度，实行重大安全风险“一票否决”。意见提出，将研究修改刑法有关条款，将生产经营过程中极易导致重大生产安全事故的违法行为纳入刑法调整范围；取消企业安全生产风险抵押金制度，建立健全安全生产责任保险制度；改革生产经营单位职业危害预防治理和安全生产国家标准制定发布机制，明确规定由国务院安全生产监督管理部门负责制定有关工作。

第十四节 《生产安全事故报告和调查处理条例》相关条款

《生产安全事故报告和调查处理条例》制定目的是为了规范生产安全事故的报告和调查处理，落实生产安全事故责任追究制度，防止和减少生产安全事故。它适用于生产经营活动中发生的造成人身伤亡或直接经济损失的生产安全事故的报告和调查处理。本条例于2007年3月28日经国务院第172次常务会议通过，自2007年6月1日起施行。

本条例共六章四十六条，包括总则、事故报告、事故调查、事故处理、法律责任、附则。

本条例涉及环境/职业健康安全管理的相关条款有：

一、事故等级划分

第三条 根据生产安全事故（以下简称事故）造成的人员伤亡或者直接经济损失，事故一般分为以下等级：

（一）特别重大事故，是指造成30人以上死亡，或者100人以上重伤（包括急性工业中毒，下同），或者1亿元以上直接经济损失的事故；

（二）重大事故，是指造成10人以上30人以下死亡，或者50人以上100人以下重伤，或者5000万元以上1亿元以下直接经济损失的事故；

（三）较大事故，是指造成3人以上10人以下死亡，或者10人以上50人以下重伤，或者1000万元以上5000万元以下直接经济损失的事故；

（四）一般事故，是指造成3人以下死亡，或者10人以下重伤，或者1000万元以下直接经济损失的事故。

国务院安全生产监督管理部门可以会同国务院有关部门，制定事故等级划分的补充性规定。

本条第一款所称的“以上”包括本数，所称的“以下”不包括本数。

二、事故报告

（一）报告程序

第九条 事故发生后，事故现场有关人员应当立即向本单位负责人报告；单位负责人接到报告后，应当于1小时内向事故发生地县级以上人民政府安全生产监督管理部门和负有安全生产监督管理职责的有关部门报告。

情况紧急时，事故现场有关人员可以直接向事故发生地县级以上人民政府安全生产监督管理部门和负有安全生产监督管理职责的有关部门报告。

（二）报告内容

第十二条 报告事故应当包括下列内容：

（一）事故发生单位概况；

（二）事故发生的时间、地点以及事故现场情况；

（三）事故的简要经过；

（四）事故已经造成或者可能造成的伤亡人数（包括下落不明的人数）和初步估计的直接经济损失；

（五）已经采取的措施；

（六）其他应当报告的情况。

第十三条 事故报告后出现新情况的，应当及时补报。

自事故发生之日起 30 日内，事故造成的伤亡人数发生变化的，应当及时补报。道路交通事故、火灾事故自发生之日起 7 日内，事故造成的伤亡人数发生变化的，应当及时补报。

三、事故的应急处理

第十四条 事故发生单位负责人接到事故报告后，应当立即启动事故相应应急预案，或者采取有效措施，组织抢救，防止事故扩大，减少人员伤亡和财产损失。

第十五节 《工伤保险条例》相关条款

《工伤保险条例》制定目的是为了保障因工作遭受事故伤害或者患职业病的职工获得医疗救治和经济补偿，促进工伤预防和职业康复，分散用人单位的工伤风险。它适用于中华人民共和国境内的各类勘测设计单位、有雇工的个体工商户等。本条例于 2003 年 4 月 16 日经国务院第五次常务会议讨论通过，2010 年 12 月 20 日修订后重新公布，自 2011 年 1 月 1 日起生效。

本条例共八章六十七条，包括总则、工伤保险基金、工伤认定、劳动能力鉴定、工伤保险待遇、监督管理、法律责任、附则。

本条例涉及环境/职业健康安全管理的相关条款如下。

一、工伤认定上报程序

第十七条 职工发生事故伤害或者按照职业病防治法规定被诊断、鉴定为职业病，所在单位应当自事故伤害发生之日或者被诊断、鉴定为职业病之日起 30 日内，向统筹地区社会保险行政部门提出工伤认定申请。遇有特殊情况，经报社会保险行政部门同意，申请时限可以适当延长。

用人单位未按前款规定提出工伤认定申请的，工伤职工或者其近亲属、工会组织在事故伤害发生之日或者被诊断、鉴定为职业病之日起 1 年内，可以直接向用人单位所在地统筹地区社会保险行政部门提出工伤认定申请。

按照本条第一款规定应当由省级社会保险行政部门进行工伤认定的事项，根据属地原则由用人单位所在地的设区的市级社会保险行政部门办理。

用人单位未在本条第一款规定的时限内提交工伤认定申请，在此期间发生符合本条例规定的工伤待遇等有关费用由该用人单位负担。

二、工伤的认定

第十四条 职工有下列情形之一的，应当认定为工伤：

（一）在工作时间和工作场所内，因工作原因受到事故伤害的；

（二）工作时间前后在工作场所内，从事与工作有关的预备性或者收尾性工作受到事故伤害的；

（三）在工作时间和工作场所内，因履行工作职责受到暴力等意外伤害的；

（四）患职业病的；

（五）因工外出期间，由于工作原因受到伤害或者发生事故下落不明的；

（六）在上下班途中，受到非本人主要责任的交通事故或者城市轨道交通、客运轮渡、火车事故伤害的；

（七）法律、行政法规规定应当认定为工伤的其他情形。

第十五条 职工有下列情形之一的，视同工伤：

（一）在工作时间和工作岗位，突发疾病死亡或者在48小时之内经抢救无效死亡的；

（二）在抢险救灾等维护国家利益、公共利益活动中受到伤害的；

（三）职工原在军队服役，因战、因公负伤致残，已取得革命伤残军人证，到用人单位后旧伤复发的。

职工有前款第（一）项、第（二）项情形的，按照本条例的有关规定享受工伤保险待遇；职工有前款第（三）项情形的，按照本条例的有关规定享受除一次性伤残补助金以外的工伤保险待遇。

第十六条 职工符合本条例第十四条、第十五条的规定，但是有下列情形之一的，不得认定为工伤或者视同工伤：

（一）故意犯罪的；

（二）醉酒或者吸毒的；

（三）自残或者自杀的。

第十六节 《建设工程勘察设计管理条例》相关条款

《建设工程勘察设计管理条例》是为了加强对建设工程勘察、设计活动的管理，保证建设工程勘察、设计质量，保护人民生命和财产安全而制定的。2000年9月25日国务院令第293号公布，根据2015年6月12日《国务院关于修改〈建设工程勘察设计管理条例〉的决定》修订，自公布之日起实施。本条例涉及环境/职业健康安全管理的相关条款如下。

一、新技术新材料的论证

第二十九条 建设工程勘察、设计文件中规定采用的新技术、新材料，可能影响建设工程质量和安全，又没有国家技术标准的，应当由国家认可的检测机构进行试验、论证，出具检测报告，并经国务院有关部门或者省、自治区、直辖市人民政府有关部门组织的建设工程技术专家委员会审定后，方可使用。

二、施工图设计文件的审查

第三十三条 县级以上人民政府建设行政主管部门或者交通、水利等有关部门应当对施工图设计文件中涉及公共利益、公众安全、工程建设强制性标准的内容进行审查。

施工图设计文件未经审查批准的，不得使用。

三、经济效益、社会效益和环境效益相统一

第三条 建设工程勘察、设计应当与社会、经济发展水平相适应，做到经济效益、社会效益和环境效益相统一。

四、罚则与责任

第四十条 违反本条例规定，勘察、设计单位未依据项目批准文件，城乡规划及专业规划，国家规定的建设工程勘察、设计深度要求编制建设工程勘察、设计文件的，责令限期改正；逾期不改正的，处10万元以上30万元以下的罚款；造成工程质量事故或者环境污染和生态破坏的，责令停业整顿，降低资质等级；情节严重的，吊销资质证书；造成损失的，依法承担赔偿责任。

第十七节 《建设工程安全生产管理条例》相关条款

《建设工程安全生产管理条例》的制定目的是为了加强建设工程安全生产监督管理，保障人民群众生命和财产安全。它适用于在中华人民共和国境内从事建设工程的新建、扩建、改建和拆除等有关活动及实施对建设工程安全生产的监督管理。本条例经2003年11月12日国务院第28次常务会议通过，2003年11月24日国务院令第393号公布，自2004年2月1日起施行。

一、安全生产管理方针

第三条 建设工程安全生产管理，坚持安全第一、预防为主的方针。

二、勘测设计在建筑工程安全生产管理中的责任界定

（一）勘察单位的安全责任

第十二条 勘察单位应当按照法律、法规和工程建设强制性标准进行勘察，提供的勘察文件应当真实、准确，满足建设工程安全生产的需要。

勘察单位在勘察作业时，应当严格执行操作规程，采取措施保证各类管线、设施和周边建筑物、构筑物的安全。

（二）设计单位的安全责任

1. 按照法律、法规和工程建设强制性标准进行设计

第十三条（部分） 设计单位应当按照法律、法规和工程建设强制性标准进行设计，防止因设计不合理导致生产安全事故的发生。

2. 提出防范生产安全事故的指导意见和措施建议

第十三条（部分） 设计单位应当考虑施工安全操作和防护的需要，对涉及施工安全的重点部位和环节在设计文件中注明，并对防范生产安全事故提出指导意见。

采用新结构、新材料、新工艺的建设工程和特殊结构的建设工程，设计单位应当在设计中提出保障施工作业人员安全和预防生产安全事故的措施建议。

3. 对设计成果承担责任

第十三条（部分） 设计单位和注册建筑师等注册执业人员应当对其设计负责。

（三）勘察、设计单位违法行为应承担的法律责任

第五十六条 违反本条例的规定，勘察单位、设计单位有下列行为之一的，责令限期改正，处10万元以上30万元以下的罚款；情节严重的，责令停业整顿，降低资质等级，直至吊销资质证书；造成重大安全事故，构成犯罪的，对直接责任人员，依照刑法有关规定追究刑事责任；造成损失的，依法承担赔偿责任：

（一）未按照法律、法规和工程建设强制性标准进行勘察、设计的；

（二）采用新结构、新材料、新工艺的建设工程和特殊结构的建设工程，设计单位未在设计中提出保障施工作业人员安全和预防生产安全事故的措施建议的。

（四）注册执业人员的法律责任

第五十八条 注册执业人员未执行法律、法规和工程建设强制性标准的，责令停止执业3个月以上1年以下；情节严重的，吊销执业资格证书，5年内不予注册；造成重大安全事故的，终身不予注册；构成犯罪的，依照刑法有关规定追究刑事责任。

第十八节 《建设项目环境保护管理条例》相关条款

《建设项目环境保护管理条例》是由国务院颁布的关于建设项目环境保护方面的法律条例。《建设项目环境保护管理条例》于1998年11月18日国务院第10次常务会议通过，1998年11月29日发布施行。目的是为了防止建设项目产生新的污染，破坏生态环境。2017年8月1日，《国务院关于修改〈建设项目环境保护管理条例〉的决定》经国务院第177次常务会议通过，自2017年10月1日起施行。

一、目的

第一条 为了防止建设项目产生新的污染、破坏生态环境，制定本条例。

二、环境保护设施的设计

第十五条 建设项目需要配套建设的环境保护设施，必须与主体工程同时设计、同时施工、同时投产使用。

第十六条（部分） 建设项目的初步设计，应当按照环境保护设计规范的要求，编制环境保护篇章，落实防治环境污染和生态破坏的措施以及环境保护设施投资概算。

第十九节 《水库大坝安全管理条例》相关条款

1991年3月22日国务院令第78号发布。2011年1月8日根据《国务院关于废止和修改部分行政法规的决定》修订。相关的条款如下。

一、大坝的工程设计

第八条 兴建大坝必须进行工程设计。大坝的工程设计必须由具有相应资格证书的单位承担。

大坝的工程设计应当包括工程观测、通信、动力、照明、交通、消防等管理设施的

设计。

二、对设计代表服务的要求

第九条（部分） 建设单位和设计单位应当派驻代表，对施工质量进行监督检查。质量不符合设计要求的，必须返工或者采取补救措施。

三、除险加固设计

第二十七条（部分） 险坝加固必须由具有相应设计资格证书的单位作出加固设计，经审批后组织实施。险坝加固竣工后，由大坝主管部门组织验收。

第三章　行业部门环境/职业健康安全管理相关规章

第一节　《生产经营单位安全培训规定》相关条款

《生产经营单位安全培训规定》的制定目的是为了加强和规范生产经营单位安全培训工作，提高从业人员安全素质，防范伤亡事故，减轻职业危害。它适用于工矿商贸生产经营单位（以下简称生产经营单位）从业人员的安全培训。本规定于2005年12月28日国家安全生产监督管理总局局长办公会议审议通过，自2006年3月1日起施行。根据2013年8月29日国家安全监管总局令第63号第一次修正，根据2015年5月29日国家安全生产监管总局令第80号第二次修正。

一、培训规定

（一）培训组织

第三条　生产经营单位负责本单位从业人员安全培训工作。

生产经营单位应当按照安全生产法和有关法律、行政法规和本规定，建立健全安全培训工作制度。

（二）培训人员要求

1. 从业人员培训基本要求

第四条（部分）　生产经营单位应当进行安全培训的从业人员包括主要负责人、安全生产管理人员、特种作业人员和其他从业人员。

生产经营单位从业人员应当接受安全培训，熟悉有关安全生产规章制度和安全操作规程，具备必要的安全生产知识，掌握本岗位的安全操作技能，了解事故应急处理措施，知悉自身在安全生产方面的权利和义务。

未经安全生产培训合格的从业人员，不得上岗作业。

2. 主要负责人和安全生产管理人员的安全培训

第六条（部分）　生产经营单位主要负责人和安全生产管理人员应当接受安全培训，具备与所从事的生产经营活动相适应的安全生产知识和管理能力。

第七条　生产经营单位主要负责人安全培训应当包括下列内容：

（一）国家安全生产方针、政策和有关安全生产的法律、法规、规章及标准；

（二）安全生产管理基本知识、安全生产技术、安全生产专业知识；

（三）重大危险源管理、重大事故防范、应急管理和救援组织以及事故调查处理的有关规定；

（四）职业危害及其预防措施；

（五）国内外先进的安全生产管理经验；

（六）典型事故和应急救援案例分析；

（七）其他需要培训的内容。

第八条 生产经营单位安全生产管理人员安全培训应当包括下列内容：

（一）国家安全生产方针、政策和有关安全生产的法律、法规、规章及标准；

（二）安全生产管理、安全生产技术、职业卫生等知识；

（三）伤亡事故统计、报告及职业危害的调查处理方法；

（四）应急管理、应急预案编制以及应急处置的内容和要求；

（五）国内外先进的安全生产管理经验；

（六）典型事故和应急救援案例分析；

（七）其他需要培训的内容。

第九条（部分） 生产经营单位主要负责人和安全生产管理人员初次安全培训时间不得少于32学时。每年再培训时间不得少于12学时。

3. 其他从业人员的安全培训

特种作业人员的范围和培训考核管理办法，另行规定。

第十二条（部分） 生产经营单位可以根据工作性质对其他从业人员进行安全培训，保证其具备本岗位安全操作、应急处置等知识和技能。

第十三条（部分） 生产经营单位新上岗的从业人员，岗前安全培训时间不得少于24学时。

第十八条 生产经营单位的特种作业人员，必须按照国家有关法律、法规的规定接受专门的安全培训，经考核合格，取得特种作业操作资格证书后，方可上岗作业。

二、组织实施的相关规定

第二十条 具备安全培训条件的生产经营单位，应当以自主培训为主；可以委托具备安全培训条件的机构，对从业人员进行安全培训。

不具备安全培训条件的生产经营单位，应当委托具备安全培训条件的机构，对从业人员进行安全培训。

第二十一条（部分） 生产经营单位应当将安全培训工作纳入本单位年度工作计划。保证本单位安全培训工作所需资金。

第二十二条 生产经营单位应当建立健全从业人员安全生产教育和培训档案，由生产经营单位的安全生产管理机构以及安全生产管理人员详细、准确记录培训的时间、内容、参加人员以及考核结果等情况。

第二十三条 生产经营单位安排从业人员进行安全培训期间，应当支付工资和必要的费用。

三、法律责任

第二十九条 生产经营单位有下列行为之一的，由安全生产监管监察部门责令其限期改正，可以处1万元以上3万元以下的罚款：

（一）未将安全培训工作纳入本单位工作计划并保证安全培训工作所需资金的；

（二）从业人员进行安全培训期间未支付工资并承担安全培训费用的。

第三十条（部分） 生产经营单位有下列行为之一的，由安全生产监管监察部门责令其限期改正，可以处5万元以下的罚款；逾期未改正的，责令停产停业整顿，并处5万元以上10万元以下的罚款，对其直接负责的主管人员和其他直接责任人员处1万元以上2万元以下的罚款：

（四）特种作业人员未按照规定经专门的安全技术培训并取得特种作业人员操作资格证书，上岗作业的。

第二节 《特种作业人员安全技术培训考核管理规定》相关条款

《特种作业人员安全技术培训考核管理规定》制定目的是为了规范特种作业人员的安全技术培训考核工作，提高特种作业人员的安全技术水平，防止和减少伤亡事故。它适用于生产经营单位特种作业人员的安全技术培训、考核、发证、复审及其监督管理工作。

《特种作业人员安全技术培训考核管理规定》于2010年国家安全监管总局令第30号公布，于2013年国家安全监管总局令第63号第一次修订，于2015年国家安全监管总局令第80号第二次修订。

一、特种作业及特种作业人员的定义

第三条 本规定所称特种作业，是指容易发生事故，对操作者本人、他人的安全健康及设备、设施的安全可能造成重大危害的作业。特种作业的范围由特种作业目录规定。

本规定所称特种作业人员，是指直接从事特种作业的从业人员。

二、特种作业人员的条件要求

第四条 特种作业人员应当符合下列条件：

（一）年满18周岁，且不超过国家法定退休年龄；

（二）经社区或者县级以上医疗机构体检健康合格，并无妨碍从事相应特种作业的器质性心脏病、癫痫病、美尼尔氏症、眩晕症、癔症、震颤麻痹症、精神病、痴呆症以及其他疾病和生理缺陷；

（三）具有初中及以上文化程度；

（四）具备必要的安全技术知识与技能；

（五）相应特种作业规定的其他条件。

危险化学品特种作业人员除符合前款第（一）项、第（二）项、第（四）项和第（五）项规定的条件外，应当具备高中或者相当于高中及以上文化程度。

三、持证作业的规定

第五条 特种作业人员必须经专门的安全技术培训并考核合格，取得《中华人民共和国特种作业操作证》（以下简称《特种作业操作证》）后，方可上岗作业。

四、证件的发放、考核及复审

（一）培训、考核、发证、复审工作的原则

第六条 特种作业人员的安全技术培训、考核、发证、复审工作实行统一监管、分级实施、教考分离的原则。

（二）培训、考核、发证、复审工作的职能部门

第七条（部分） 国家安全生产监督管理总局（以下简称安全监管总局）指导、监督

全国特种作业人员的安全技术培训、考核、发证、复审工作；省、自治区、直辖市人民政府安全生产监督管理部门指导、监督本行政区域特种作业人员的安全技术培训工作；负责本行政区域特种作业人员的考核、发证、复审工作。

（三）培训

1. 培训，免于培训，跨省、自治区、直辖市从业的培训要求

第九条 特种作业人员应当接受与其所从事的特种作业相应的安全技术理论培训和实际操作培训。

已经取得职业高中、技工学校及中专以上学历的毕业生从事与其所学专业相应的特种作业，持学历证明经考核发证机关同意，可以免予相关专业的培训。

跨省、自治区、直辖市从业的特种作业人员，可以在户籍所在地或者从业所在地参加培训。

第十条（部分） 对特种作业人员的安全技术培训，具备安全培训条件的生产经营单位应当以自主培训为主，也可以委托具备安全培训条件的机构进行培训。

不具备安全培训条件的生产经营单位，应当委托具备安全培训条件的机构进行培训。

2. 培训机构的要求

第十一条 从事特种作业人员安全技术培训的机构（以下统称培训机构），应当制订相应的培训计划、教学安排，并按照安全监管总局、煤矿安监局制定的特种作业人员培训大纲和煤矿特种作业人员培训大纲进行特种作业人员的安全技术培训。

（四）考核、发证程序的规定

1. 考核的要求

第十二条 特种作业人员的考核包括考试和审核两部分。考试由考核发证机关或其委托的单位负责；审核由考核发证机关负责。

安全监管总局、煤矿安监局分别制定特种作业人员、煤矿特种作业人员的考核标准，并建立相应的考试题库。

考核发证机关或其委托的单位应当按照安全监管总局、煤矿安监局统一制定的考核标准进行考核。

2. 考试申请、考试内容

第十三条 参加特种作业操作资格考试的人员，应当填写考试申请表，由申请人或者申请人的用人单位持学历证明或者培训机构出具的培训证明向申请人户籍所在地或者从业所在地的考核发证机关或其委托的单位提出申请。

考核发证机关或其委托的单位收到申请后，应当在60日内组织考试。

特种作业操作资格考试包括安全技术理论考试和实际操作考试两部分。考试不及格的，允许补考1次。经补考仍不及格的，重新参加相应的安全技术培训。

3. 成绩公布

第十五条 考核发证机关或其委托承担特种作业操作资格考试的单位，应当在考试结束后10个工作日内公布考试成绩。

4. 证件办理需提交的资料

第十六条 符合本规定第四条规定并经考试合格的特种作业人员，应当向其户籍所在

地或者从业所在地的考核发证机关申请办理特种作业操作证，并提交身份证复印件、学历证书复印件、体检证明、考试合格证明等材料。

5. 证件办理提交资料的受理

第十七条　收到申请的考核发证机关应当在5个工作日内完成对特种作业人员所提交申请材料的审查，作出受理或者不予受理的决定。能够当场作出受理决定的，应当当场作出受理决定；申请材料不齐全或者不符合要求的，应当当场或者在5个工作日内一次告知申请人需要补正的全部内容，逾期不告知的，视为自收到申请材料之日起即已被受理。

第十八条　对已经受理的申请，考核发证机关应当在20个工作日内完成审核工作。符合条件的，颁发特种作业操作证；不符合条件的，应当说明理由。

6. 证件有效期

第十九条　特种作业操作证有效期为6年，在全国范围内有效。

特种作业操作证由安全监管总局统一式样、标准及编号。

7. 证件遗失的规定

第二十条　特种作业操作证遗失的，应当向原考核发证机关提出书面申请，经原考核发证机关审查同意后，予以补发。

特种作业操作证所记载的信息发生变化或者损毁的，应当向原考核发证机关提出书面申请，经原考核发证机关审查确认后，予以更换或者更新。

（五）证件复审的要求

第二十一条　特种作业操作证每3年复审1次。

特种作业人员在特种作业操作证有效期内，连续从事本工种10年以上，严格遵守有关安全生产法律法规的，经原考核发证机关或者从业所在地考核发证机关同意，特种作业操作证的复审时间可以延长至每6年1次。

第二十二条　特种作业操作证需要复审的，应当在期满前60日内，由申请人或者申请人的用人单位向原考核发证机关或者从业所在地考核发证机关提出申请，并提交下列材料：

（一）社区或者县级以上医疗机构出具的健康证明；

（二）从事特种作业的情况；

（三）安全培训考试合格记录。

特种作业操作证有效期届满需要延期换证的，应当按照前款的规定申请延期复审。

第二十三条　特种作业操作证申请复审或者延期复审前，特种作业人员应当参加必要的安全培训并考试合格。

安全培训时间不少于8个学时，主要培训法律、法规、标准、事故案例和有关新工艺、新技术、新装备等知识。

第二十四条　申请复审的，考核发证机关应当在收到申请之日起20个工作日内完成复审工作。复审合格的，由考核发证机关签章、登记，予以确认；不合格的，说明理由。

申请延期复审的，经复审合格后，由考核发证机关重新颁发特种作业操作证。

第二十五条　特种作业人员有下列情形之一的，复审或者延期复审不予通过：

（一）健康体检不合格的；

（二）违章操作造成严重后果或者有2次以上违章行为，并经查证确实的；

（三）有安全生产违法行为，并给予行政处罚的；

（四）拒绝、阻碍安全生产监管监察部门监督检查的；

（五）未按规定参加安全培训，或者考试不合格的；

（六）具有本规定第三十条、第三十一条规定情形的。

第二十六条 特种作业操作证复审或者延期复审符合本规定第二十五条第（二）项、第（三）项、第（四）项、第（五）项情形的，按照本规定经重新安全培训考试合格后，再办理复审或者延期复审手续。

再复审、延期复审仍不合格，或者未按期复审的，特种作业操作证失效。

第二十七条 申请人对复审或者延期复审有异议的，可以依法申请行政复议或者提起行政诉讼。

五、勘测设计单位常见的特种作业类型

1. 电工作业

电工作业指对电气设备进行运行、维护、安装、检修、改造、施工、调试等作业（不含电力系统进网作业）。

（1）高压电工作业。

高压电工作业指对1千伏及以上的高压电气设备进行运行、维护、安装、检修、改造、施工、调试、试验的作业及绝缘工、器具进行试验的作业。

（2）低压电工作业。

低压电工作业指对1千伏以下的低压电气设备进行安装、调试、运行操作、维护、检修、改造施工和试验的作业。

2. 高处作业

高处作业指专门或经常在坠落高度基准面2米及以上有可能坠落的高处进行的作业。

第三节 《特种设备作业人员监督管理办法》相关条款

《特种设备作业人员监督管理办法》制定目的是为了加强特种设备作业人员监督管理工作，规范作业人员考核发证程序，保障特种设备安全运行。本办法根据《中华人民共和国行政许可法》《特种设备安全监察条例》和《国务院对确需保留的行政审批项目设定行政许可的决定》制定。

本办法不适用于从事房屋建筑工地和市政工程工地起重机械、场（厂）内专用机动车辆作业及其相关管理的人员。

一、特种设备作业人员的定义

第二条 锅炉、压力容器（含气瓶）、压力管道、电梯、起重机械、客运索道、大型游乐设施、场（厂）内专用机动车辆等特种设备的作业人员及其相关管理人员统称特种设备作业人员。特种设备作业人员作业种类与项目目录由国家质量监督检验检疫总局统一发布。

从事特种设备作业的人员应当按照本办法的规定，经考核合格取得《特种设备作业人员证》，方可从事相应的作业或者管理工作。

二、特种设备作业人员的基本要求

第四条 申请《特种设备作业人员证》的人员，应当首先向发证部门指定的特种设备作业人员考试机构（以下简称考试机构）报名参加考试；经考试合格，凭考试结果和相关材料向发证部门申请审核、发证。

第五条 特种设备生产、使用单位（以下统称用人单位）应当聘（雇）用取得《特种设备作业人员证》的人员从事相关管理和作业工作，并对作业人员进行严格管理。

特种设备作业人员应当持证上岗，按章操作，发现隐患及时处置或者报告。

三、考试和审核发证程序

第八条 特种设备作业人员考试和审核发证程序包括：考试报名、考试、领证申请、受理、审核、发证。

（一）特种设备作业人员的条件

第十条 申请《特种设备作业人员证》的人员应当符合下列条件：

（一）年龄在18周岁以上；

（二）身体健康并满足申请从事的作业种类对身体的特殊要求；

（三）有与申请作业种类相适应的文化程度；

（四）具有相应的安全技术知识与技能；

（五）符合安全技术规范规定的其他要求。

作业人员的具体条件应当按照相关安全技术规范的规定执行。

（二）培训

第十一条 用人单位应当加强作业人员安全教育和培训，保证特种设备作业人员具备必要的特种设备安全作业知识和作业技能。没有培训能力的，可委托发证部门组织进行培训。

作业人员培训的内容按照国家质检总局制定的相关作业人员培训考核大纲等安全技术规范执行。

（三）考试报名

第十二条 符合条件的申请人员应当向考试机构提交有关证明材料，报名参加考试。

（四）证件办理申请

第十五条 考试合格的人员，凭考试结果通知单和其他相关证明材料，向发证部门申请办理《特种设备作业人员证》。

四、证书使用及监督管理

第十九条 持有《特种设备作业人员证》的人员，必须经用人单位的法定代表人（负责人）或者其授权人雇（聘）用后，方可在许可的项目范围内作业。

（一）用人单位的义务

第二十条 用人单位应当加强对特种设备作业现场和作业人员的管理，履行下列义务：

（一）制定特种设备操作规程和有关安全管理制度；

（二）聘用持证作业人员，并建立特种设备作业人员管理档案；

（三）对作业人员进行安全教育和培训；

（四）确保持证上岗和按章操作；

（五）提供必要的安全作业条件；

（六）其他规定的义务。

（二）特种设备作业人员应遵守的规定

第二十一条 特种设备作业人员应当遵守以下规定：

（一）作业时随身携带证件，并自觉接受用人单位的安全管理和质量技术监督部门的监督检查；

（二）积极参加特种设备安全教育和安全技术培训；

（三）严格执行特种设备操作规程和有关安全规章制度；

（四）拒绝违章指挥；

（五）发现事故隐患或者不安全因素应当立即向现场管理人员和单位有关负责人报告；

（六）其他有关规定。

（三）证件的复审

第二十二条（部分） 《特种设备作业人员证》每4年复审一次。持证人员应当在复审期满3个月前，向发证部门提出复审申请。复审合格的，由发证部门在证书正本上签章。对在2年内无违规、违法等不良记录，并按时参加安全培训的，应当按照有关安全技术规范的规定延长复审期限。

复审不合格的应当重新参加考试。逾期未申请复审或考试不合格的，其《特种设备作业人员证》予以注销。

（四）证件撤销的情形

第三十条 有下列情形之一的，应当吊销《特种设备作业人员证》：

（一）持证作业人员以考试作弊或者以其他欺骗方式取得《特种设备作业人员证》的；

（二）持证作业人员违章操作或者管理造成特种设备事故的；

（三）持证作业人员发现事故隐患或者其他不安全因素未立即报告造成特种设备事故的；

（四）持证作业人员逾期不申请复审或者复审不合格且不参加考试的；

（五）考试机构或者发证部门工作人员滥用职权、玩忽职守、违反法定程序或者超越发证范围考核发证的。

违反前款第（一）、（二）、（三）、（四）项规定的，持证人3年内不得再次申请《特种设备作业人员证》；违反前款第（二）、第（三）项规定，造成特大事故的，终身不得申请《特种设备作业人员证》。

（五）证件的补办

第二十三条 《特种设备作业人员证》遗失或者损毁的，持证人应当及时报告发证部门，并在当地媒体予以公告。查证属实的，由发证部门补办证书。

五、罚则

第二十九条 申请人隐瞒有关情况或者提供虚假材料申请《特种设备作业人员证》的，不予受理或者不予批准发证，并在1年内不得再次申请《特种设备作业人员证》。

第三十一条 有下列情形之一的，责令用人单位改正，并处1000元以上3万元以下罚款：

（一）违章指挥特种设备作业的；

（二）作业人员违反特种设备的操作规程和有关的安全规章制度操作，或者在作业过程中发现事故隐患或者其他不安全因素未立即向现场管理人员和单位有关负责人报告，用人单位未给予批评教育或者处分的。

第三十二条 非法印制、伪造、涂改、倒卖、出租、出借《特种设备作业人员证》，或者使用非法印制、伪造、涂改、倒卖、出租、出借《特种设备作业人员证》的，处1000元以下罚款；构成犯罪的，依法追究刑事责任。

第三十六条 作业人员未取得《特种设备作业人员证》上岗作业，或者用人单位未对特种设备作业人员进行安全教育和培训的，按照《特种设备安全监察条例》第七十七条的规定对用人单位予以处罚。

六、勘测设计单位常见的特种设备作业人员目录

勘测设计单位常见的特种设备作业人员目录见表2-1。

表2-1　勘测设计单位常见的特种设备作业人员目录

序号	作业种类	项　目	备　注
04	电梯作业	电气维修	注明设备类别及作业级别
		电梯司机	
11	特种设备管理	电梯安全管理	注明作业级别

第四节 《安全生产事故隐患排查治理暂行规定》相关条款

《安全生产事故隐患排查治理暂行规定》制定目的是为了建立安全生产事故隐患排查治理长效机制，强化安全生产主体责任，加强事故隐患监督管理，防止和减少事故，保障人民群众生命财产安全。它适用于生产经营单位安全生产事故隐患排查治理和安全生产监督管理部门、煤矿安全监察机构（以下统称安全监管监察部门）实施监管监察。本规定于2007年12月22日国家安全生产监督管理总局局长办公室会议审议通过，自2008年2月1日起施行。

第三条 本规定所称安全生产事故隐患（以下简称事故隐患），是指生产经营单位违反安全生产法律、法规、规章、标准、规程和安全生产管理制度的规定，或者因其他因素在生产经营活动中存在可能导致事故发生的物的危险状态、人的不安全行为和管理上的缺陷。

事故隐患分为一般事故隐患和重大事故隐患。一般事故隐患，是指危害和整改难度较小，发现后能够立即整改排除的隐患。重大事故隐患，是指危害和整改难度较大，应当全部或者局部停产停业，并经过一定时间整改治理方能排除的隐患，或者因外部因素影响致使生产经营单位自身难以排除的隐患。

第四条 生产经营单位应当建立健全事故隐患排查治理制度。

生产经营单位主要负责人对本单位事故隐患排查治理工作全面负责。

第六条 任何单位和个人发现事故隐患，均有权向安全监管监察部门和有关部门报告。

安全监管监察部门接到事故隐患报告后，应当按照职责分工立即组织核实并予以查处；发现所报告事故隐患应当由其他有关部门处理的，应当立即移送有关部门并记录备查。

第十二条 生产经营单位将生产经营项目、场所、设备发包、出租的，应当与承包、承租单位签订安全生产管理协议，并在协议中明确各方对事故隐患排查、治理和防控的管理职责。生产经营单位对承包、承租单位的事故隐患排查治理负有统一协调和监督管理的职责。

第十四条 生产经营单位应当每季、每年对本单位事故隐患排查治理情况进行统计分析，并分别于下一季度15日前和下一年1月31日前向安全监管监察部门和有关部门报送书面统计分析表。统计分析表应当由生产经营单位主要负责人签字。

对于重大事故隐患，生产经营单位除依照前款规定报送外，应当及时向安全监管监察部门和有关部门报告。重大事故隐患报告内容应当包括：

（一）隐患的现状及其产生原因；

（二）隐患的危害程度和整改难易程度分析；

（三）隐患的治理方案。

第十五条 对于一般事故隐患，由生产经营单位（车间、分厂、区队等）负责人或者有关人员立即组织整改。

对于重大事故隐患，由生产经营单位主要负责人组织制定并实施事故隐患治理方案。重大事故隐患治理方案应当包括以下内容：

（一）治理的目标和任务；

（二）采取的方法和措施；

（三）经费和物资的落实；

（四）负责治理的机构和人员；

（五）治理的时限和要求；

（六）安全措施和应急预案。

第五节 《工作场所职业卫生监督管理规定》相关条款

为加强职业卫生监督管理工作，强化用人单位职业病防治的主体责任，预防、控制职业病危害，保障劳动者健康和相关权益，根据《中华人民共和国职业病防治法》等法律、行政法规，制定《工作场所职业卫生监督管理规定》。经2012年3月6日国家安全生产监督管理总局局长办公会议审议通过，2012年4月27日国家安全生产监督管理总局令第47号公布。本规定分总则、用人单位的职责、监督管理、法律责任、附则共五章六十一条，自2012年6月1日起施行。

一、责任主体

第四条 用人单位是职业病防治的责任主体，并对本单位产生的职业病危害承担责任。

用人单位的主要负责人对本单位的职业病防治工作全面负责。

二、单位和个人的举报权

第七条 任何单位和个人均有权向安全生产监督管理部门举报用人单位违反本规定的行为和职业病危害事故。

三、用人单位的职责

（一）组织管理机构和人员配备

第八条 职业病危害严重的用人单位，应当设置或者指定职业卫生管理机构或者组织，配备专职职业卫生管理人员。

其他存在职业病危害的用人单位，劳动者超过100人的，应当设置或指定职业卫生管理机构或者组织，配备专职职业卫生管理人员；劳动者在100人以下的，应当配备专职或者兼职的职业卫生管理人员，负责本单位的职业病防治工作。

（二）职业卫生培训

1. 对主要负责人和职业卫生管理人员的培训

第九条 用人单位的主要负责人和职业卫生管理人员应当具备与本单位所从事的生产经营活动相适应的职业卫生知识和管理能力，并接受职业卫生培训。

用人单位主要负责人、职业卫生管理人员的职业卫生培训，应当包括下列主要内容：

（一）职业卫生相关法律、法规、规章和国家职业卫生标准；

（二）职业病危害预防和控制的基本知识；

（三）职业卫生管理相关知识；

（四）国家安全生产监督管理总局规定的其他内容。

2. 对劳动者的培训

第十条 用人单位应当对劳动者进行上岗前的职业卫生培训和在岗期间的定期职业卫生培训，普及职业卫生知识，督促劳动者遵守职业病防治的法律、法规、规章、国家职业卫生标准和操作规程。

用人单位应当对职业病危害严重的岗位的劳动者，进行专门的职业卫生培训，经培训合格后方可上岗作业。

因变更工艺、技术、设备、材料，或者岗位调整导致劳动者接触的职业病危害因素发生变化的，用人单位应当重新对劳动者进行上岗前的职业卫生培训。

（三）职业卫生管理制度的建立

第十一条 存在职业病危害的用人单位应当制定职业病危害防治计划和实施方案，建立、健全下列职业卫生管理制度和操作规程：

（一）职业病危害防治责任制度；

（二）职业病危害警示与告知制度；

（三）职业病危害项目申报制度；

（四）职业病防治宣传教育培训制度；

（五）职业病防护设施维护检修制度；

（六）职业病防护用品管理制度；

（七）职业病危害监测及评价管理制度；

（八）建设项目职业卫生“三同时”管理制度；

（九）劳动者职业健康监护及其档案管理制度；

（十）职业病危害事故处置与报告制度；

（十一）职业病危害应急救援与管理制度；

（十二）岗位职业卫生操作规程；

（十三）法律、法规、规章规定的其他职业病防治制度。

（四）产生职业病危害的工作场所的要求

第十二条 产生职业病危害的用人单位的工作场所应当符合下列基本要求：

（一）生产布局合理，有害作业与无害作业分开；

（二）工作场所与生活场所分开，工作场所不得住人；

（三）有与职业病防治工作相适应的有效防护设施；

（四）职业病危害因素的强度或者浓度符合国家职业卫生标准；

（五）有配套的更衣间、洗浴间、孕妇休息间等卫生设施；

（六）设备、工具、用具等设施符合保护劳动者生理、心理健康的要求；

（七）法律、法规、规章和国家职业卫生标准的其他规定。

（五）职业病危害项目申报

第十三条 用人单位工作场所存在职业病目录所列职业病的危害因素的，应当按照《职业病危害项目申报办法》的规定，及时、如实向所在地安全生产监督管理部门申报职业病危害项目，并接受安全生产监督管理部门的监督检查。

（六）职业卫生“三同时”

第十四条 新建、改建、扩建的工程建设项目和技术改造、技术引进项目（以下统称建设项目）可能产生职业病危害的，建设单位应当按照《建设项目职业卫生“三同时”监督管理暂行办法》的规定，向安全生产监督管理部门申请备案、审核、审查和竣工验收。

（七）职业病危害公告、警示标识、警示说明

第十五条（部分） 产生职业病危害的用人单位，应当在醒目位置设置公告栏，公布有关职业病防治的规章制度、操作规程、职业病危害事故应急救援措施和工作场所职业病危害因素检测结果。

存在或者产生职业病危害的工作场所、作业岗位、设备、设施，应当按照《工作场所职业病危害警示标识》（GBZ 158）的规定，在醒目位置设置图形、警示线、警示语句等警示标识和中文警示说明。警示说明应当载明产生职业病危害的种类、后果、预防和应急处置措施等内容。

（八）防护用品、报警及应急设施

1. 职业病防护用品的提供及维护

第十六条 用人单位应当为劳动者提供符合国家职业卫生标准的职业病防护用品，并督促、指导劳动者按照使用规则正确佩戴、使用，不得发放钱物替代发放职业病防护用品。

用人单位应当对职业病防护用品进行经常性的维护、保养，确保防护用品有效，不得使用不符合国家职业卫生标准或者已经失效的职业病防护用品。

2. 报警装置及应急

第十七条（部分） 在可能发生急性职业损伤的有毒、有害工作场所，用人单位应当设置报警装置，配置现场急救用品、冲洗设备、应急撤离通道和必要的泄险区。

现场急救用品、冲洗设备等应当设在可能发生急性职业损伤的工作场所或者临近地点，并在醒目位置设置清晰的标识。

3. 防护设备及应急设施的维护、检修和保养

第十八条 用人单位应当对职业病防护设备、应急救援设施进行经常性的维护、检修和保养，定期检测其性能和效果，确保其处于正常状态，不得擅自拆除或者停止使用。

（九）职业危害监测

第十九条 存在职业病危害的用人单位，应当实施由专人负责的工作场所职业病危害因素日常监测，确保监测系统处于正常工作状态。

第二十条 存在职业病危害的用人单位，应当委托具有相应资质的职业卫生技术服务机构，每年至少进行一次职业病危害因素检测。

职业病危害严重的用人单位，除遵守前款规定外，应当委托具有相应资质的职业卫生技术服务机构，每三年至少进行一次职业病危害现状评价。

检测、评价结果应当存入本单位职业卫生档案，并向安全生产监督管理部门报告和劳动者公布。

第二十一条 存在职业病危害的用人单位，有下述情形之一的，应当及时委托具有相应资质的职业卫生技术服务机构进行职业病危害现状评价：

（一）初次申请职业卫生安全许可证，或者职业卫生安全许可证有效期届满申请换证的；

（二）发生职业病危害事故的；

（三）国家安全生产监督管理总局规定的其他情形。

用人单位应当落实职业病危害现状评价报告中提出的建议和措施，并将职业病危害现状评价结果及整改情况存入本单位职业卫生档案。

第二十二条 用人单位在日常的职业病危害监测或者定期检测、现状评价过程中，发现工作场所职业病危害因素不符合国家职业卫生标准和卫生要求时，应当立即采取相应治理措施，确保其符合职业卫生环境和条件的要求；仍然达不到国家职业卫生标准和卫生要求的，必须停止存在职业病危害因素的作业；职业病危害因素经治理后，符合国家职业卫生标准和卫生要求的，方可重新作业。

（十）职业病危害告知及劳动者的权利

第二十九条 用人单位与劳动者订立劳动合同（含聘用合同，下同）时，应当将工作过程中可能产生的职业病危害及其后果、职业病防护措施和待遇等如实告知劳动者，并在劳动合同中写明，不得隐瞒或者欺骗。

劳动者在履行劳动合同期间因工作岗位或者工作内容变更，从事与所订立劳动合同中未告知的存在职业病危害的作业时，用人单位应当依照前款规定，向劳动者履行如实告知的义务，并协商变更原劳动合同相关条款。

用人单位违反本条规定的，劳动者有权拒绝从事存在职业病危害的作业，用人单位不得因此解除与劳动者所订立的劳动合同。

（十一）职业健康检查

第三十条 对从事接触职业病危害因素作业的劳动者，用人单位应当按照《用人单位职业健康监护监督管理办法》《放射工作人员职业健康管理办法》《职业健康监护技术规范》（GBZ 188）、《放射工作人员职业健康监护技术规范》（GBZ 235）等有关规定组织上岗前、在岗期间、离岗时的职业健康检查，并将检查结果书面如实告知劳动者。

职业健康检查费用由用人单位承担。

（十二）职业健康监护档案

第三十一条 用人单位应当按照《用人单位职业健康监护监督管理办法》的规定，为劳动者建立职业健康监护档案，并按照规定的期限妥善保存。

职业健康监护档案应当包括劳动者的职业史、职业病危害接触史、职业健康检查结果、处理结果和职业病诊疗等有关个人健康资料。

劳动者离开用人单位时，有权索取本人职业健康监护档案复印件，用人单位应当如实、无偿提供，并在所提供的复印件上签章。

（十三）未成年工及女职工保护

第三十三条 用人单位不得安排未成年工从事接触职业病危害的作业，不得安排有职业禁忌的劳动者从事其所禁忌的作业，不得安排孕期、哺乳期女职工从事对本人和胎儿、婴儿有危害的作业。

（十四）职业病危害事故报告

第三十五条 用人单位发生职业病危害事故，应当及时向所在地安全生产监督管理部门和有关部门报告，并采取有效措施，减少或者消除职业病危害因素，防止事故扩大。对遭受或者可能遭受急性职业病危害的劳动者，用人单位应当及时组织救治、进行健康检查和医学观察，并承担所需费用。

用人单位不得故意破坏事故现场、毁灭有关证据，不得迟报、漏报、谎报或者瞒报职业病危害事故。

第三十六条 用人单位发现职业病病人或者疑似职业病病人时，应当按照国家规定及时向所在地安全生产监督管理部门和有关部门报告。

（十五）使用有毒物品的职业卫生安全许可

第三十七条 工作场所使用有毒物品的用人单位，应当按照有关规定向安全生产监督管理部门申请办理职业卫生安全许可证。

第六节 《生产安全事故应急预案管理办法》相关条款

《生产安全事故应急预案管理办法》经2009年3月20日国家安全生产监督管理总局局长办公会议审议通过，2009年4月1日公布，自2009年5月1日起施行。为了规范生产安全事故应急预案的管理，完善应急预案体系，增强应急预案的科学性、针对性、时效性，依据《中华人民共和国突发事件应对法》《中华人民共和国安全生产法》等法律和国务院有关规定，制定本办法。生产安全事故应急预案（以下简称应急预案）的编制、评审、发布、备案、宣传、教育、培训、演练、评估、修订及监督管理工作，适用本办法。本办法共七章四十八条。

2016年6月3日，国家安全生产监督管理总局修订《生产安全事故应急预案管理办法》并发布，于2016年7月1日起施行。相关的条例如下。

一、应急预案管理的原则

第三条 应急预案的管理实行属地为主、分级负责、分类指导、综合协调、动态管理的原则。

二、应急预案的编制

第五条 生产经营单位主要负责人负责组织编制和实施本单位的应急预案，并对应急预案的真实性和实用性负责；各分管负责人应当按照职责分工落实应急预案规定的职责。

第六条 生产经营单位应急预案分为综合应急预案、专项应急预案和现场处置方案。

综合应急预案，是指生产经营单位为应对各种生产安全事故而制定的综合性工作方案，是本单位应对生产安全事故的总体工作程序、措施和应急预案体系的总纲。

专项应急预案，是指生产经营单位为应对某一种或者多种类型生产安全事故，或者针对重要生产设施、重大危险源、重大活动防止生产安全事故而制定的专项性工作方案。

现场处置方案，是指生产经营单位根据不同生产安全事故类型，针对具体场所、装置或者设施所制定的应急处置措施。

第七条 应急预案的编制应当遵循以人为本、依法依规、符合实际、注重实效的原则，以应急处置为核心，明确应急职责、规范应急程序、细化保障措施。

第八条 应急预案的编制应当符合下列基本要求：

（一）有关法律、法规、规章和标准的规定；

（二）本地区、本部门、本单位的安全生产实际情况；

（三）本地区、本部门、本单位的危险性分析情况；

（四）应急组织和人员的职责分工明确，并有具体的落实措施；

（五）有明确、具体的应急程序和处置措施，并与其应急能力相适应；

（六）有明确的应急保障措施，满足本地区、本部门、本单位的应急工作需要；

（七）应急预案基本要素齐全、完整，应急预案附件提供的信息准确；

（八）应急预案内容与相关应急预案相互衔接。

第九条 编制应急预案应当成立编制工作小组，由本单位有关负责人任组长，吸收与应急预案有关的职能部门和单位的人员，以及有现场处置经验的人员参加。

第十条 编制应急预案前，编制单位应当进行事故风险评估和应急资源调查。

事故风险评估，是指针对不同事故种类及特点，识别存在的危险危害因素，分析事故可能产生的直接后果以及次生、衍生后果，评估各种后果的危害程度和影响范围，提出防范和控制事故风险措施的过程。

应急资源调查，是指全面调查本地区、本单位第一时间可以调用的应急资源状况和合作区域内可以请求援助的应急资源状况，并结合事故风险评估结论制定应急措施的过程。

第十二条 生产经营单位应当根据有关法律、法规、规章和相关标准，结合本单位组织管理体系、生产规模和可能发生的事故特点，确立本单位的应急预案体系，编制相应的应急预案，并体现自救互救和先期处置等特点。

第十三条 生产经营单位风险种类多、可能发生多种类型事故的，应当组织编制综合应急预案。

综合应急预案应当规定应急组织机构及其职责、应急预案体系、事故风险描述、预警及信息报告、应急响应、保障措施、应急预案管理等内容。

第十四条 对于某一种或者多种类型的事故风险，生产经营单位可以编制相应的专项应急预案，或将专项应急预案并入综合应急预案。

专项应急预案应当规定应急指挥机构与职责、处置程序和措施等内容。

第十五条 对于危险性较大的场所、装置或者设施，生产经营单位应当编制现场处置方案。

现场处置方案应当规定应急工作职责、应急处置措施和注意事项等内容。

事故风险单一、危险性小的生产经营单位，可以只编制现场处置方案。

第十七条 生产经营单位组织应急预案编制过程中，应当根据法律、法规、规章的规定或者实际需要，征求相关应急救援队伍、公民、法人或其他组织的意见。

第十八条 生产经营单位编制的各类应急预案之间应当相互衔接，并与相关人民政府及其部门、应急救援队伍和涉及的其他单位的应急预案相衔接。

第十九条 生产经营单位应当在编制应急预案的基础上，针对工作场所、岗位的特点，编制简明、实用、有效的应急处置卡。

应急处置卡应当规定重点岗位、人员的应急处置程序和措施，以及相关联络人员和联系方式，便于从业人员携带。

三、应急预案的上报

第十六条 生产经营单位应急预案应当包括向上级应急管理机构报告的内容、应急组织机构和人员的联系方式、应急物资储备清单等附件信息。附件信息发生变化时，应当及时更新，确保准确有效。

四、应急预案的论证及发布

第二十三条 应急预案的评审或者论证应当注重基本要素的完整性、组织体系的合理性、应急处置程序和措施的针对性、应急保障措施的可行性、应急预案的衔接性等内容。

第二十四条 生产经营单位的应急预案经评审或者论证后，由本单位主要负责人签署公布，并及时发放到本单位有关部门、岗位和相关应急救援队伍。

事故风险可能影响周边其他单位、人员的，生产经营单位应当将有关事故风险的性质、影响范围和应急防范措施告知周边的其他单位和人员。

五、应急预案的备案

第二十六条（部分） 生产经营单位应当在应急预案公布之日起20个工作日内，按照分级属地原则，向安全生产监督管理部门和有关部门进行告知性备案。

中央企业总部（上市公司）的应急预案，报国务院主管的负有安全生产监督管理职责的部门备案，并抄送国家安全生产监督管理总局；其所属单位的应急预案报所在地的省、自治区、直辖市或者设区的市级人民政府主管的负有安全生产监督管理职责的部门备案，并抄送同级安全生产监督管理部门。

第二十七条 生产经营单位申报应急预案备案，应当提交下列材料：

（一）应急预案备案申报表；

（二）应急预案评审或者论证意见；

（三）应急预案文本及电子文档。

六、应急预案的宣传教育及培训

第三十条 各级安全生产监督管理部门、各类生产经营单位应当采取多种形式开展应急预案的宣传教育，普及生产安全事故避险、自救和互救知识，提高从业人员和社会公众的安全意识与应急处置技能。

第三十一条 各级安全生产监督管理部门应当将本部门应急预案的培训纳入安全生产培训工作计划，并组织实施本行政区域内重点生产经营单位的应急预案培训工作。

生产经营单位应当组织开展本单位的应急预案、应急知识、自救互救和避险逃生技能的培训活动，使有关人员了解应急预案内容，熟悉应急职责、应急处置程序和措施。

应急培训的时间、地点、内容、师资、参加人员和考核结果等情况应当如实记入本单位的安全生产教育和培训档案。

七、应急预案的演练及评估、修订

第三十三条 生产经营单位应当制订本单位的应急预案演练计划，根据本单位的事故风险特点，每年至少组织一次综合应急预案演练或者专项应急预案演练，每半年至少组织一次现场处置方案演练。

第三十四条 应急预案演练结束后，应急预案演练组织单位应当对应急预案演练效果进行评估，撰写应急预案演练评估报告，分析存在的问题，并对应急预案提出修订意见。

第三十五条（部分） 应急预案编制单位应当建立应急预案定期评估制度，对预案内容的针对性和实用性进行分析，并对应急预案是否需要修订作出结论。

应急预案评估可以邀请相关专业机构或者有关专家、有实际应急救援工作经验的人员参加，必要时可以委托安全生产技术服务机构实施。

第三十六条 有下列情形之一的，应急预案应当及时修订并归档：

（一）依据的法律、法规、规章、标准及上位预案中的有关规定发生重大变化的；

（二）应急指挥机构及其职责发生调整的；

（三）面临的事故风险发生重大变化的；

（四）重要应急资源发生重大变化的；

（五）预案中的其他重要信息发生变化的；

（六）在应急演练和事故应急救援中发现问题需要修订的；

（七）编制单位认为应当修订的其他情况。

第三十七条 应急预案修订涉及组织指挥体系与职责、应急处置程序、主要处置措施、应急响应分级等内容变更的，修订工作应当参照本办法规定的应急预案编制程序进行，并按照有关应急预案报备程序重新备案。

八、应急物资及装备

第三十八条 生产经营单位应当按照应急预案的规定，落实应急指挥体系、应急救援队伍、应急物资及装备，建立应急物资、装备配备及其使用档案，并对应急物资、装备进行定期检测和维护，使其处于适用状态。

九、应急预案的响应启动及总结评估

第三十九条 生产经营单位发生事故时，应当第一时间启动应急响应，组织有关力量进行救援，并按照规定将事故信息及应急响应启动情况报告安全生产监督管理部门和其他负有安全生产监督管理职责的部门。

第四十条 生产安全事故应急处置和应急救援结束后，事故发生单位应当对应急预案实施情况进行总结评估。

十、相关法律责任

第四十四条 生产经营单位有下列情形之一的，由县级以上安全生产监督管理部门依照《中华人民共和国安全生产法》第九十四条的规定，责令限期改正，可以处5万元以下罚款；逾期未改正的，责令停产停业整顿，并处5万元以上10万元以下罚款，对直接负责的主管人员和其他直接责任人员处1万元以上2万元以下的罚款：

（一）未按照规定编制应急预案的；

（二）未按照规定定期组织应急预案演练的。

第四十五条 生产经营单位有下列情形之一的，由县级以上安全生产监督管理部门责令限期改正，可以处1万元以上3万元以下罚款：

（一）在应急预案编制前未按照规定开展风险评估和应急资源调查的；

（二）未按照规定开展应急预案评审或者论证的；

（三）未按照规定进行应急预案备案的；

（四）事故风险可能影响周边单位、人员的，未将事故风险的性质、影响范围和应急防范措施告知周边单位和人员的；

（五）未按照规定开展应急预案评估的；

（六）未按照规定进行应急预案修订并重新备案的；

（七）未落实应急预案规定的应急物资及装备的。

第七节 《国务院关于进一步加强企业安全生产工作的通知》

为进一步加强安全生产工作，全面提高企业安全生产水平，国务院于2010年7月19日发布《关于进一步加强企业安全生产工作的通知》（国发〔2010〕23号）。

通知就总体要求、严格企业安全管理、建设坚实的技术保障体系、实施更加有力的监督管理、建设更加高效的应急救援体系、严格行业安全准入、加强政策引导、更加注重经济发展方式转变、实行更加严格的考核和责任追究等方面提出要求。

第八节 《水利工程建设安全生产管理规定》相关条款

为了加强水利工程建设安全生产监督管理，明确安全生产责任，防止和减少安全生产事故，保障人民群众生命和财产安全，根据《中华人民共和国安全生产法》《建设工程安全生产管理条例》等法律、法规，结合水利工程的特点，制定本规定。本规定经2005年6月22日水利部部务会议审议通过，根据2014年8月19日《水利部关于废止和修改部分规章的决定》修订，根据2017年12月22日《水利部关于废止和修改部分规章的决定》第二次修订。本规定适用于水利工程的新建、扩建、改建、加固和拆除等活动及水利工程建设安全生产的监督管理。

本规定所称水利工程，是指防洪、除涝、灌溉、水力发电、供水、围垦等（包括配套与附属工程）各类水利工程。

一、水利工程建设安全生产管理方针

第三条 水利工程建设安全生产管理，坚持安全第一，预防为主的方针。

二、勘察（测）、设计及其他有关单位的安全责任

第五条 项目法人（或者建设单位，下同）、勘察（测）单位、设计单位、施工单位、建设监理单位及其他与水利工程建设安全生产有关的单位，必须遵守安全生产法律、法规和本规定，保证水利工程建设安全生产，依法承担水利工程建设安全生产责任。

第十二条 勘察（测）单位应当按照法律、法规和工程建设强制性标准进行勘察（测），提供的勘察（测）文件必须真实、准确，满足水利工程建设安全生产的需要。

勘察（测）单位在勘察（测）作业时，应当严格执行操作规程，采取措施保证各类管线、设施和周边建筑物、构筑物的安全。

勘察（测）单位和有关勘察（测）人员应当对其勘察（测）成果负责。

第十三条 设计单位应当按照法律、法规和工程建设强制性标准进行设计，并考虑项目周边环境对施工安全的影响，防止因设计不合理导致生产安全事故的发生。

设计单位应当考虑施工安全操作和防护的需要，对涉及施工安全的重点部位和环节在设计文件中注明，并对防范生产安全事故提出指导意见。

采用新结构、新材料、新工艺以及特殊结构的水利工程，设计单位应当在设计中提出保障施工作业人员安全和预防生产安全事故的措施建议。

设计单位和有关设计人员应当对其设计成果负责。

设计单位应当参与与设计有关的生产安全事故分析，并承担相应的责任。

三、事故现场的保护及资料的保存

第三十八条 发生生产安全事故后，有关单位应当采取措施防止事故扩大，保护事故现场。需要移动现场物品时，应当做出标记和书面记录，妥善保管有关证物。

第九节 《关于完善水利行业生产安全事故统计快报和月报制度的通知》相关要求

为加强水利安全生产体制机制建设，做好水利生产安全事故统计分析和预防应对工作，根据《生产安全事故报告和调查处理条例》（国务院令第493号），结合水利实际，决定进一步完善水利生产安全事故统计快报和月报制度。2009年4月2日水利部办公厅发布《关于完善水利行业生产安全事故统计快报和月报制度的通知》（办安监〔2009〕112号）。

一、事故统计报告范围

（一）事故快报范围

各级水行政主管部门、水利企事业单位在生产经营活动中以及其负责安全生产监管的水利水电在建、已建工程等生产经营活动中发生的特别重大、重大、较大和造成人员死亡的一般事故以及非超标准洪水溃坝等严重危及公共安全、社会影响重大的涉险事故。

（二）事故月报范围

各级水行政主管部门、水利企事业单位在生产经营活动中以及其负责安全生产监管的水利水电在建、已建工程等生产经营活动中发生的造成人员死亡、重伤（包括急性工业中毒）或者直接经济损失在100万元以上的生产安全事故。

二、事故统计报告内容

（一）事故快报内容

1. 事故发生的时间（年、月、日、时、分），地点［省（自治区、直辖市）、市（地）、县（市）、乡（镇）］；

2. 发生事故单位的名称、主管部门和参建单位资质等级情况；

3. 事故的简要经过及原因初步分析；

4. 事故已经造成和可能造成的伤亡人数（死亡、失踪、被困、轻伤、重伤、急性工业中毒等），初步估计事故造成的直接经济损失；

5. 事故抢救进展情况和采取的措施；

6. 其他应报告的有关情况。

（二）事故月报内容

按照《水利行业生产安全事故月报表》的内容填写水利生产安全事故基本情况，包括事故发生的时间和单位名称、单位类型、事故死亡和重伤人数（包括急性工业中毒）、事故类别、事故原因、直接经济损失和事故简要情况等。

三、事故统计报告时限

发生快报范围内的事故后，事故现场有关人员应立即报告本单位负责人。事故单位负责人接到事故报告后，应在1小时之内向上级主管单位以及事故发生地县级以上水行政主管部门报告。有关水行政主管部门接到报告后，立即报告上级水行政主管部门，每级上报的时间不得超过2小时。情况紧急时，事故现场有关人员可以直接向事故发生地县级以上水行政主管部门报告。有关单位和水行政主管部门也可以越级上报。

第十节 《水利工程建设重大质量与安全事故应急预案》相关条款

为做好水利工程建设重大质量与安全事故应急处置工作，有效预防、及时控制和消除水利工程建设重大质量与安全事故的危害，最大限度减少人员伤亡和财产损失，保证水利工程建设顺利进行，根据国家有关规定结合水利工程建设实际，制定《水利工程建设重大质量与安全事故应急预案》（水建管〔2006〕202号）。

本应急预案适用于水利工程建设过程中突然发生且已经造成或者可能造成重大人员伤亡、重大财产损失，有重大社会影响或涉及公共安全的重大质量与安全事故的应急处置工作。规定了水利工程建设重大质量与安全事故的类型、工作原则，水利工程建设质量与安全事故等级界定、事故报告程序、事故报告内容、应急救援人员的安全防护，事故现场的安全警戒、事故现场的保护及资料保存、新闻报道、善后处置等。国家法律、行政法规另有规定的，从其规定。

第十一节 《水利部安全生产领导小组工作规则》相关条款

为进一步加强水利安全生产工作，落实安全生产监管责任，健全安全生产工作机制，促进水利安全生产形势持续向好，根据水利部《关于成立水利部安全生产领导小组的通知》，依照《国务院安全生产委员会工作规则》的有关要求，制定《水利部安全生产领导小组工作规则》(水安〔2010〕1号)。

一、指导思想和工作目标

以科学发展观为指导，深入贯彻以人为本、安全发展理念，坚持“安全第一、预防为主、综合治理”的方针，按照综合监管与专业监管相结合、多管齐下、标本兼治的原则，采取有效措施，落实安全生产责任，健全安全规章制度，加大安全生产投入，创新管理体制机制，强化行业安全监管，构建安全生产长效机制，坚决杜绝重特大安全事故，进一步减少较大和一般安全事故，降低伤亡人数，保证水利安全生产形势持续向好，为水利事业又好又快发展提供坚实保障。

二、部安全生产领导小组工作职责

(一) 贯彻落实和宣传国家关于安全生产的方针政策、法律法规，负责研究部署、指导协调、监督检查水利行业安全生产工作；

(二) 分析水利行业安全生产形势，研究提出水利安全生产工作目标和规章制度；

(三) 研究解决水利安全生产工作中的重大问题；

(四) 指导和组织协调水利重特大生产安全事故调查处理和应急救援工作；

(五) 完成国务院安全生产委员会交办的有关工作。

三、部安全生产领导小组办公室工作职责

(一) 研究提出水利安全生产工作计划和措施建议；

(二) 监督检查、指导水利行业安全生产工作，督促检查和组织协调水利部有关司局和直属单位涉及安全生产的相关工作；

(三) 组织水利部安全生产大检查和开展水利安全生产宣传教育培训工作；

(四) 承办安全生产领导小组召开的会议和重要活动，检查督促安全生产领导小组决定事项的贯彻落实情况；

(五) 向成员单位通报安全生产形势和国务院安委会、部领导有关安全生产工作指示；

(六) 承办部安全生产领导小组交办的其他事项。

四、部安全生产领导小组各成员单位职责分工

部安全生产领导小组成员单位安全生产工作的主要职责分工如下。

办公厅：指导协调水利行业安全生产的宣传工作；负责向国务院报告水利重特大生产安全事故信息。

规划计划司：监督检查国家重点水利工程项目、部直属基建项目安全生产投资计划执行情况。

财务司：负责部机关和部属单位安全生产工作经费保障工作，监督检查经费使用情况。

人事司：组织指导部直属单位职工劳动保护；指导督促部直属单位落实因工（公）伤残抚恤有关政策；负责安全生产教育培训工作的归口管理。

国际合作与科技司：归口管理水利安全生产技术标准并监督实施；负责水利安全生产科技项目组织和科技成果管理工作，指导水利安全生产技术推广工作；指导水利科研单位安全生产工作。

建设与管理司：负责水库、堤防、水闸等水利工程建设和水利工程运行的安全管理工作；负责病险水库、病险水闸除险加固工作；指导全国河道采砂管理工作；组织指导水利工程蓄水安全鉴定和验收。

水土保持司：指导水土保持工程建设安全生产；指导和监督淤地坝工程建设安全生产管理。

农村水利司：指导农田水利基本建设、农田灌溉排水、节水改造、泵站建设与改造、牧区水利工程建设、村镇供水排水以及农村饮水安全工程建设安全生产工作。

安全监督司：指导水利行业安全生产；负责水利安全生产综合监督管理；组织拟订水利安全生产的法规、政策和技术标准并监督实施；组织开展水利工程建设安全生产、水库、水电站大坝等水工程安全和水利生产经营单位安全生产工作的监督管理和检查；组织或参与重大生产安全事故的调查处理；组织落实水利工程项目安全设施“三同时”制度；组织开展水利安全生产宣传教育培训工作。

国家防汛抗旱总指挥办公室：负责组织、协调、指导、监督全国防汛抗旱工作。

驻部监察局：配合有关部门做好水利重特大生产安全事故调查处理工作，对部直属单位生产安全事故相关责任人员提出处理意见，并监督检查有关部门落实事故责任追究情况。

农村水电及电气化发展局：指导全国农村水能资源开发的安全生产工作，指导农村水电行业安全生产管理工作，组织、指导农村水电站及其配套电网的安全监督工作，参与重大生产安全事故的督查。

综合事业局：指导水利机电产品安全管理工作。

水文局：指导和监督检查水文测验测报和水质监测安全生产工作。

水利水电规划设计总院：负责拟订水利工程安全生产设施技术规定；承担由部组织审查项目的安全评价报告审查和安全生产措施的技术审查。

机关服务局：负责部机关消防、交通安全工作，指导和监督检查在京直属单位消防、交通安全工作。

第十二节 《水利工程建设安全生产监督检查导则》相关条款

对勘察（测）、设计单位安全生产监督检查内容主要包括如下。

(1) 工程建设强制性标准执行情况；

(2) 对工程重点部位和环节防范生产安全事故的指导意见或建议；

(3) 新结构、新材料、新工艺及特殊结构防范生产安全事故措施建议；

(4) 勘察（测）设计单位资质、人员资格管理和设计文件管理等。

勘察（测）、设计单位安全生产检查表见表2-2。

表2-2　　勘察（测）、设计单位安全生产检查表

序号	检查项目	检查内容要求与记录	检查意见
1	工程建设强制性标准	(1) 相关强制性标准要求识别完整	
		(2) 标准适用正确	
2	工程重点部位和环节防范生产安全事故指导意见	(1) 工程重点部位明确	
		(2) 工程建设关键环节明确	
		(3) 指导意见明确	
		(4) 指导及时、有效	
3	“三新”（新结构、新材料、新工艺）及特殊结构防范生产安全事故措施建议	(1) 工程“三新”明确	
		(2) 特殊结构明确	
		(3) 措施建议及时有效	
4	事故分析	(1) 无设计原因造成的事故	
		(2) 参与事故分析	
5	文件审签及标识	(1) 施工图纸单位证章	
		(2) 责任人签字	
		(3) 执业证章	

被检查单位（签字）：__________　　检查组组长（签字）：__________

第十三节 《水利部生产安全事故应急预案（试行）》

为了规范水利部生产安全事故应急管理，提高防范和应对生产安全事故的能力，水利部组织制定了《水利部生产安全事故应急预案（试行）》（水安监〔2016〕443号）。

第十四节 《水利安全生产信息报告和处置规则》相关条款

为规范水利安全生产信息报告和处置工作，根据《中华人民共和国安全生产法》和《生产安全事故报告和调查处理条例》，水利部制定了《水利安全生产信息报告和处置规则》（水安监〔2016〕220号）。

水利安全生产信息包括水利生产经营单位、水行政主管部门及所管在建、运行工程的基本信息、隐患信息和事故信息等。基本信息、隐患信息和事故信息等通过水利安全生产信息上报系统（以下简称信息系统）报送。

部分相关条款如下。

一、基本信息

（一）基本信息内容

基本信息主要包括水行政主管部门和水利生产经营单位（以下简称单位）基本信息以及水利工程基本信息。

1. 单位基本信息包括单位类型、名称、所在行政区划、单位规格、经费来源、所属水行政主管部门，主要负责人、分管安全负责、安全生产联系人信息，经纬度等。

2. 工程基本信息包括工程名称、工程状态、工程类别、所属行政区划、所属单位、所属水行政主管部门，相关建设、设计、施工、监理、验收等单位信息，工程类别特性参数，政府安全负责人、水行政主管部门安全负责人信息，工程主要责任人、分管安全负责人信息，经纬度等。

（二）地方各级水行政主管部门、水利工程建设项目法人、水利工程管理单位、水文测验单位、勘测设计科研单位、由水利部门投资成立或管理水利工程的勘测设计单位、有独立办公场所的水利事业单位或社团、乡镇水利管理单位等，应向上级水行政主管部门申请注册，并填报单位安全生产信息。

（三）基本信息应在2011年水利普查数据基础上填报。符合报告规定的新成立或组建的单位应及时向上级水行政主管部门申请注册，并按规定报告有关安全信息。

二、隐患信息

（一）隐患信息内容

隐患信息报告主要包括隐患基本信息、整改方案信息、整改进展信息、整改完成情况信息四类信息。

1. 隐患基本信息包括隐患名称、隐患情况、隐患所在工程、隐患级别、隐患类型、排查单位、排查人员、排查日期等。

2. 整改方案信息包括治理目标和任务、安全防范应急预案、整改措施、整改责任单位、责任人、资金落实情况、计划完成日期等。

3. 整改进展信息包括阶段性整改进展情况、填报时间人员等。

4. 整改完成情况包括实际完成日期、治理责任单位验收情况、验收责任人等。

5. 隐患应按水库建设与运行、水电站建设与运行、农村水电站及配套电网建设与运行、水闸建设与运行、泵站建设与运行、堤防建设与运行、引调水建设与运行、灌溉排水工程建设与运行、淤地坝建设与运行、河道采砂、水文测验、水利工程勘测设计、水利科学研究实验与检验、后勤服务、综合经营、其他隐患等类型填报。

（二）各单位负责填报本单位的隐患信息，项目法人、运行管理单位负责填报工程隐患信息。各单位要实时填报隐患信息，发现隐患应及时登入信息系统，制定并录入整改方案信息，随时将隐患整改进展情况录入信息系统，隐患治理完成要及时填报完成情况信息。

（三）重大事故隐患须经单位（项目法人）主要负责人签字并形成电子扫描件后，通过信息系统上报。

（四）由水行政主管部门或有关单位组织的检查、督查、巡查、稽查中发现的隐患，由各单位（项目法人）及时登录信息系统，并按规定报告隐患相关信息。

（五）隐患信息除通过信息系统报告外，还应依据有关法规规定，向有关政府及相关部门报告。

（六）省级水行政主管部门每月 6 日前将上月本辖区隐患排查治理情况进行汇总并通过信息系统报送水利部安全监督司。隐患月报实行“零报告”制度，本月无新增隐患也要上报。

（七）隐患信息报告应当及时、准确和完整。任何单位和个人对隐患信息不得迟报、漏报、谎报和瞒报。

三、事故信息

（一）事故信息内容

1. 水利生产安全事故信息包括生产安全事故和较大涉险事故信息。

2. 水利生产安全事故信息报告包括：事故文字报告、电话快报、事故月报和事故调查处理情况报告。

3. 文字报告包括：事故发生单位概况；事故发生时间、地点以及事故现场情况；事故的简要经过；事故已经造成或者可能造成的伤亡人数（包括下落不明、涉险的人数）和初步估计的直接经济损失；已经采取的措施；其他应当报告的情况。（略）

4. 电话快报包括：事故发生单位的名称、地址、性质；事故发生的时间、地点；事故已经造成或者可能造成的伤亡人数（包括下落不明、涉险的人数）。

5. 事故月报包括：事故发生时间、事故单位名称、单位类型、事故工程、事故类别、事故等级、死亡人数、重伤人数、直接经济损失、事故原因、事故简要情况等。

6. 事故调查处理情况报告包括：负责事故调查的人民政府批复的事故调查报告、事故责任人处理情况等。

7. 水利生产安全事故等级划分按《生产安全事故报告和调查处理条例》第三条执行。

8. 较大涉险事故包括：涉险 10 人及以上的事故；造成 3 人及以上被困或者下落不明的事故；紧急疏散人员 500 人及以上的事故；危及重要场所和设施安全（电站、重要水利设施、危险品库、油气田和车站、码头、港口、机场及其他人员密集场所等）的事故；其他较大涉险事故。

9. 事故信息除通过信息系统报告外，还应依据有关法规规定，向有关政府及相关部门报告。

（二）事故发生单位按以下时限和方式报告事故信息

事故发生后，事故现场有关人员应当立即向本单位负责人电话报告；单位负责人接到报告后，在 1 小时内向主管单位和事故发生地县级以上水行政主管部门电话报告。其中，水利工程建设项目事故发生单位应立即向项目法人（项目部）负责人报告，项目法人（项目部）负责人应于 1 小时内向主管单位和事故发生地县级以上水行政主管部门报告。

部直属单位或者其下属单位（以下统称部直属单位）发生的生产安全事故信息，在报告主管单位同时，应于 1 小时内向事故发生地县级以上水行政主管部门报告。

四、信息处置

（二）隐患信息

各单位应当每月向从业人员通报事故隐患信息排查情况、整改方案、“五落实”情况、治理进展等情况。

第十五节 勘察设计单位两个相关的“七项规定”及处罚规定

为进一步明确和细化勘察、设计单位项目负责人的任职资格和质量安全责任，系统地梳理了现行法律法规中有关勘察设计项目负责人质量安全责任的内容，深入分析目前质量安全事故多发的原因，组织有关单位和专家进行多次座谈讨论，并征求各地住房城乡建设主管部门和有关勘察设计单位意见，经反复修改完善，形成了《建筑工程勘察单位项目负责人质量安全责任七项规定（试行）》和《建筑工程设计单位项目负责人质量安全责任七项规定（试行）》，目的就是为了进一步增强勘察设计项目负责人的责任意识，使他们切实承担起相应的质量安全责任。这两项规定由中华人民共和国住房和城乡建设部于 2015 年 3 月 6 日发布。

一、《建筑工程勘察单位项目负责人质量安全责任七项规定（试行）》及相关处罚规定

（一）《建筑工程勘察单位项目负责人质量安全责任七项规定（试行）》

建筑工程勘察单位项目负责人（以下简称勘察项目负责人）是指经勘察单位法定代表人授权，代表勘察单位负责建筑工程项目全过程勘察质量管理，并对建筑工程勘察质量安全承担总体责任的人员。勘察项目负责人应当由具备勘察质量安全管理能力的专业技术人员担任。甲、乙级岩土工程勘察的项目负责人应由注册土木工程师（岩土）担任。建筑工程勘察工作开始前，勘察单位法定代表人应当签署授权书，明确勘察项目负责人。勘察项目负责人应当严格遵守以下规定并承担相应责任：

1. 勘察项目负责人应当确认承担项目的勘察人员符合相应的注册执业资格要求，具备相应的专业技术能力，观测员、记录员、机长等现场作业人员符合专业培训要求。不得允许他人以本人的名义承担工程勘察项目。

2. 勘察项目负责人应当依据有关法律法规、工程建设强制性标准和勘察合同（包括勘察任务委托书），组织编写勘察纲要，就相关要求向勘察人员交底，组织开展工程勘察工作。

3. 勘察项目负责人应当负责勘察现场作业安全，要求勘察作业人员严格执行操作规程，并根据建设单位提供的资料和场地情况，采取措施保证各类人员，场地内和周边建筑物、构筑物及各类管线设施的安全。

4. 勘察项目负责人应当对原始取样、记录的真实性和准确性负责，组织人员及时整理、核对原始记录，核验有关现场和试验人员在记录上的签字，对原始记录、测试报告、土工试验成果等各项作业资料验收签字。

5. 勘察项目负责人应当对勘察成果的真实性和准确性负责，保证勘察文件符合国家规定的深度要求，在勘察文件上签字盖章。

6. 勘察项目负责人应当对勘察后期服务工作负责，组织相关勘察人员及时解决工程设计和施工中与勘察工作有关的问题；组织参与施工验槽；组织勘察人员参加工程竣工验收，验收合格后在相关验收文件上签字，对城市轨道交通工程，还应参加单位工程、项目工程验收并在验收文件上签字；组织勘察人员参与相关工程质量安全事故分析，并对因勘察原因造成的质量安全事故，提出与勘察工作有关的技术处理措施。

7. 勘察项目负责人应当对勘察资料的归档工作负责，组织相关勘察人员将全部资料分类编目，装订成册，归档保存。

勘察项目负责人对以上行为承担责任，并不免除勘察单位和其他人员的法定责任。

勘察单位应当加强对勘察项目负责人履职情况的检查，发现勘察项目负责人履职不到位的，及时予以纠正，或按照规定程序更换符合条件的勘察项目负责人，由更换后的勘察项目负责人承担项目的全面勘察质量责任。

各级住房城乡建设主管部门应加强对勘察项目负责人履职情况的监管，在检查中发现勘察项目负责人违反上述规定的，记入不良记录，并依照相关法律法规和规章实施行政处罚（勘察项目负责人质量安全违法违规行为行政处罚规定见附件）。

（二）附件：勘察项目负责人质量安全违法违规行为行政处罚规定

1. 违反第一项规定的行政处罚

勘察单位允许其他单位或者个人以本单位名义承揽工程或将承包的工程转包或违法分包，依照《建设工程质量管理条例》第六十一条、第六十二条规定被处罚的，应当依照该条例第七十三条规定对负有直接责任的勘察项目负责人进行处罚。

2. 违反第二项规定的行政处罚

勘察单位违反工程强制性标准，依照《建设工程质量管理条例》第六十三条规定被处罚的，应当依照该条例第七十三条规定对负有直接责任的勘察项目负责人进行处罚。

3. 违反第三项规定的行政处罚

勘察单位未执行《建设工程安全生产管理条例》第十二条规定的，应当依照该条例第五十八条规定，对担任勘察项目负责人的注册执业人员进行处罚。

4. 违反第四项规定的行政处罚

勘察单位不按照规定记录原始记录或记录不完整、作业资料无责任人签字或签字不全，依照《建设工程勘察质量管理办法》第二十五条规定被处罚的，应当依照该办法第二十七条规定对负有直接责任的勘察项目负责人进行处罚。

5. 违反第五项规定的行政处罚

勘察单位弄虚作假、提供虚假成果资料，依照《建设工程勘察质量管理办法》第二十四条规定被处罚的，应当依照该办法第二十七条规定对负有直接责任的勘察项目负责人进行处罚。

勘察文件没有勘察项目负责人签字，依照《建设工程勘察质量管理办法》第二十五条规定被处罚的，应当依照该办法第二十七条规定对负有直接责任的勘察项目负责人进行处罚。

6. 违反第六项规定的行政处罚

勘察单位不组织相关勘察人员参加施工验槽，依照《建设工程勘察质量管理办法》第二十五条规定被处罚的，应当依照该办法第二十七条规定对负有直接责任的勘察项目负责人进行处罚。

7. 违反第七项规定的行政处罚

项目完成后，勘察单位不进行勘察文件归档保存，依照《建设工程勘察质量管理办法》第二十五条规定被处罚的，应当依照该办法第二十七条规定对负有直接责任的勘察项目负责人进行处罚。

地方有关法规和规章条款不在此详细列出，各地可自行补充有关规定。

二、《建筑工程设计单位项目负责人质量安全责任七项规定（试行）》及相关处罚规定

（一）《建筑工程设计单位项目负责人质量安全责任七项规定（试行）》

建筑工程设计单位项目负责人（以下简称设计项目负责人）是指经设计单位法定代表人授权，代表设计单位负责建筑工程项目全过程设计质量管理，对工程设计质量承担总体责任的人员。设计项目负责人应当由取得相应的工程建设类注册执业资格（主导专业未实行注册执业制度的除外），并具备设计质量管理能力的人员担任。承担民用房屋建筑工程的设计项目负责人原则上由注册建筑师担任。建筑工程设计工作开始前，设计单位法定代表人应当签署授权书，明确设计项目负责人。设计项目负责人应当严格遵守以下规定并承担相应责任：

（1）设计项目负责人应当确认承担项目的设计人员符合相应的注册执业资格要求，具备相应的专业技术能力。不得允许他人以本人的名义承担工程设计项目。

（2）设计项目负责人应当依据有关法律法规、项目批准文件、城乡规划、工程建设强制性标准、设计深度要求、设计合同（包括设计任务书）和工程勘察成果文件，就相关要求向设计人员交底，组织开展建筑工程设计工作，协调各专业之间及与外部各单位之间的技术接口工作。

（3）设计项目负责人应当要求设计人员在设计文件中注明建筑工程合理使用年限，标明采用的建筑材料、建筑构配件和设备的规格、性能等技术指标，其质量要求必须符合国家规定的标准及建筑工程的功能需求。

（4）设计项目负责人应当要求设计人员考虑施工安全操作和防护的需要，在设计文件中注明涉及施工安全的重点部位和环节，并对防范安全生产事故提出指导意见；采用新结构、新材料、新工艺和特殊结构的，应在设计中提出保障施工作业人员安全和预防生产安全事故的措施建议。

（5）设计项目负责人应当核验各专业设计、校核、审核、审定等技术人员在相关设计文件上的签字，核验注册建筑师、注册结构工程师等注册执业人员在设计文件上的签章，并对各专业设计文件验收签字。

（6）设计项目负责人应当在施工前就审查合格的施工图设计文件，组织设计人员向施工及监理单位做出详细说明；组织设计人员解决施工中出现的设计问题。不得在违反强制性标准或不满足设计要求的变更文件上签字。应当根据设计合同中约定的责任、权利、费用和时限，组织开展后期服务工作。

（7）设计项目负责人应当组织设计人员参加建筑工程竣工验收，验收合格后在相关验收文件上签字；组织设计人员参与相关工程质量安全事故分析，并对因设计原因造成的质量安全事故，提出与设计工作相关的技术处理措施；组织相关人员及时将设计资料归档保存。

设计项目负责人对以上行为承担责任，并不免除设计单位和其他人员的法定责任。

设计单位应当加强对设计项目负责人履职情况的检查，发现设计项目负责人履职不到位的，及时予以纠正，或按照规定程序更换符合条件的设计项目负责人，由更换后的设计

项目负责人承担项目的全面设计质量责任。

各级住房城乡建设主管部门应加强对设计项目负责人履职情况的监管，在检查中发现设计项目负责人违反上述规定的，记入不良记录，并依照相关法律法规和规章实施行政处罚或依照相关规定进行处理［设计项目负责人质量安全违法违规行为行政处罚（处理）规定见附件］。

（二）附件：设计项目负责人质量安全违法违规行为行政处罚（处理）规定

（1）违反第一项规定的行政处罚。

设计单位允许其他单位或者个人以本单位名义承揽工程或将承包的工程转包或违法分包，依照《建设工程质量管理条例》第六十一条、第六十二条规定被处罚的，应当依照该条例第七十三条规定对负有直接责任的设计项目负责人进行处罚。

（2）违反第二项规定的行政处罚。

设计单位未依据勘察成果文件或未按照工程建设强制性标准进行工程设计，依照《建设工程质量管理条例》第六十三条规定被处罚的，应当依照该条例第七十三条规定对负有直接责任的设计项目负责人进行处罚。

（3）违反第三项规定的处理。

设计单位违反《建设工程质量管理条例》第二十二条第一款的，对设计项目负责人予以通报批评。

（4）违反第四项规定的处罚。

设计单位未执行《建设工程安全生产管理条例》第十三条第三款的，按照《建设工程安全生产管理条例》第五十六条规定对负有直接责任的设计项目负责人进行处罚。

（5）违反第五项规定的处理。

设计文件签章不全的，对设计项目负责人予以通报批评。

（6）违反第六项规定的处理。

设计项目负责人在施工前未组织设计人员向施工单位进行设计交底的，对设计项目负责人予以通报批评。

（7）违反第七项规定的处理。

设计项目负责人未组织设计人员参加建筑工程竣工验收或未组织设计人员参与建筑工程质量事故分析的，对设计项目负责人予以通报批评。

地方有关法规和规章条款不在此详细列出，各地可自行补充有关规定。

第十六节 企业安全生产应急管理九条规定

2015 年 2 月 28 日，国家安全监管总局令第 74 号，颁布实施《企业安全生产应急管理九条规定》（以下简称《九条规定》）。《九条规定》的主要内容由九个“必须”组成，抓住了企业安全生产应急管理的主要矛盾和关键问题，就进一步加强安全生产应急管理工作提出了具体意见和要求。规定自颁布之日起实施，相关条款如下。

一、责任落实

必须落实企业主要负责人是安全生产应急管理第一责任人的工作责任制，层层建立安全生产应急管理责任体系。

二、应急管理机构的建立

必须依法设置安全生产应急管理机构，配备专职或者兼职安全生产应急管理人员，建立应急管理工作制度。

三、应急救援人员及物资

必须建立专（兼）职应急救援队伍或与邻近专职救援队签订救援协议，配备必要的应急装备、物资，危险作业必须有专人监护。

四、应急预案编制及管理

必须在风险评估的基础上，编制与当地政府及相关部门相衔接的应急预案，重点岗位制定应急处置卡，每年至少组织一次应急演练。

五、应急培训及考核

必须开展从业人员岗位应急知识教育和自救互救、避险逃生技能培训，并定期组织考核。

六、安全告知

必须向从业人员告知作业岗位、场所危险因素和险情处置要点，高风险区域和重大危险源必须设立明显标识，并确保逃生通道畅通。

七、紧急情况时停工、撤离

必须落实从业人员在发现直接危及人身安全的紧急情况时停止作业，或在采取可能的应急措施后撤离作业场所的权利。

八、险情或事故第一时间的先期处置

必须在险情或事故发生后第一时间做好先期处置，及时采取隔离和疏散措施，并按规定立即如实向当地政府及有关部门报告。

九、应急工作的总结评估

必须每年对应急投入、应急准备、应急处置与救援等工作进行总结评估。

第四章　勘测设计单位环境/职业健康安全管理相关的主要标准、规范

第一节　勘测设计单位涉及的法律法规、标准规范及其他要求

勘测设计单位职业健康安全管理、环境管理中涉及的标准规范等见本书附录1中范例1：勘察设计单位职业健康安全管理与环境管理法律法规及要求清单；勘测设计产品主要遵循的标准规范等要求中的条款见附录1中范例2：勘测设计产品主要遵循的法律法规及要求清单。

第二节　勘测作业涉及环境/职业健康安全管理的、主要的标准规范

一、GB 50585—2010《岩土工程勘察安全规范》

本规范适用于土木工程、建筑工程、线路管道工程的岩土工程勘察安全生产管理，对保障勘察工作人员的作业安全和职业健康具有现实意义。规范分为总则、术语和符号、基本规定、工程地质测绘和调查、勘探作业、特殊作业条件勘察、室内试验等共13章。于2010年5月31日发布，于2010年12月1日起实施。

二、CH 1016—2008《测绘作业人员安全规范》

《测绘作业人员安全规范》规定了基础测绘生产各主要工序或工作环境中与人有关的安全要求与健康要求，以基础测绘和测绘系统人员安全生产为主要约束对象，内外业生产均以作业环境为主线编写。其中对外业生产（出测/收测前的准备、行车、饮食与住宿、外业作业环境），内业生产（作业场所、安全操作等）方面制定了详细的标准。本规范于2008年2月13日发布，于2008年3月1日起实施。

环境/职业健康安全管理策划与环境/职业健康安全管理技术

职业健康安全及环境风险和机会存在于勘测设计生产活动的各项作业中，日常办公区的辅助活动由常规规定控制；当经营人员承接一项新的项目或当勘测设计人员接受一个新的项目，相关负责人应准确识别作业过程中的危险源、环境因素及相关的法律法规及要求，并通过科学的评价方法对相关的职业健康安全及环境风险和机会进行评估，评定出职业健康安全风险等级、环境因素的重要性，制定出针对性应对风险和机遇的控制措施，对相关人员（项目组成员、外包方、承包商等）进行培训、告知，帮助其了解项目在经营、生产管理及辅助活动各过程中存在的职业健康危害、安全隐患、环境因素及法律法规等方面的要求，掌握各作业活动的注意事项和工作方法，了解对相关方（包括临时用工、勘察劳务分包、承包商等）管理、设备采购、变更管理、现场运行控制等方面的管理要点，并在项目实施过程中严格执行相关规定，是规避风险（降低各类事故发生、减少人身伤害）、抓住机遇（获得效益、达成目标等）的关键手段。

本篇着重介绍了危害、环境因素的识别及适合法律法规要求识别，对职业健康安全、环境风险进行评价的方式方法，策划控制措施，明确对相关人员实施安全教育培训的内容及时间要求，安全教育培训的准备、实施及评估，安全教育培训的分类等，并明确项目运行控制、作业注意事项及民族宗教禁忌等内容。

第一章　应对职业健康安全/环境风险和机遇的策划

ISO 45001：2018《职业健康安全管理体系　要求及使用指南》和 GB/T 24001—2016/ISO 14001：2015《环境管理体系　要求及使用指南》均新增了风险管理要求，强调勘测设计单位在进行环境/职业健康安全管理体系策划时，使用基于风险和机会的理念，通过考虑单位内外部对环境的要求，考虑员工、顾客、主管部门、监管部门、合作方等相关方对单位环境/职业健康安全管理的需求和期望，识别、确定勘测设计单位的环境/职业健康安全管理体系的风险和机会。要求勘测设计单位在实施环境/职业健康安全管理时，应建立主动的保护环境、防护职业健康危害、安全生产的意识，预防负面的环境/职业健康安全事件出现。

与质量管理体系不同的是，在识别风险和机遇时，要考虑环境因素、危险源和合规性义务所带来的风险和机会。需要考虑的风险机会有：环境因素/危险源可能产生的有害、有益的环境影响所带来的风险和机会。合规性义务可能产生的风险和机会，如未能遵守合规性义务对组织形象声誉的损害或导致投诉，超越合规性义务对组织形象声誉的提升。其他风险和机会（包括环境/职业健康安全状况、利益相关方的需求），如员工环保/安全意识、环境/职业健康安全管理能力差造成的环境/职业健康安全问题、外部环境状况（气候变化、水资源缺乏）引起的问题、勘测设计单位自身经济条件约束影响环境/职业健康安全管理体系文件实施的问题、质量检测用危险化学品带来的风险、钻探设备潜在的紧急情况、可能发生的环境/职业健康安全紧急情况及潜在事故等。

紧急情况是非预期的或突发的事件，需要采取特殊应对能力、资源或过程加以预防或减轻其实际或潜在后果。紧急情况可能导致有害的环境/职业健康安全影响或对勘测设计单位造成其他影响。

标准不要求把确定和应对风险和机遇的措施形成文件，或不要求单位进行正式的风险和机遇管理。勘测设计单位可自己确定选择用于确定风险和机会的方法。方法可涉及简单的定性过程或完整的定量评价，这取决于勘测设计单位运行所处的内外部环境及单位实际情况。

识别出的风险是策划控制措施和确定环境/职业健康安全目标输入的依据。

在识别确定风险和机会后，勘测设计单位应策划控制风险和利用机会的措施，并将措施纳入环境/职业健康安全管理体系过程。

第一节 危险源辨识、风险评价

对危险源辨识、风险评价是职业健康安全管理的基础，它充分体现了“安全第一、预防为主”的方针。通过对各种作业和生产、经营及辅助过程实施有效的危险源辨识，对辨识出的危险源可能存在的风险进行评价分级，并对不同级别的职业健康安全风险采取相应的控制措施，可以达到预防为主的目的。所以标准要求，在建立和实施职业健康安全管理体系时要充分辨识危险源及特性并正确地进行风险评价，合理确定风险的等级并确定适宜的风险控制措施。但在认证单位的具体实施过程中，由于环境/职业健康安全管理工作的具体推进人员极少是安全专业等原因，在危险源辨识、风险评价和风险控制措施的确定方面存在很多问题，如危险源辨识的内容不明确，采用什么方法去辨识，采用什么方法进行风险评价，如何评价等。

一、危险源辨识

（一）危险源的产生

危险源是指可能导致人身伤害和（或）健康损害的根源、状态或行为，或其组合。

能量和物质的运用是人类社会存在的基础，一个组织在运行过程中使用能量和物质是不可避免的。在正常情况下，生产过程中的能量或危险物质会受到约束或限制，不会意外释放或泄漏，即不会发生事故；一旦这些约束或限制能量或危险物质的措施遭到破坏或失效，就不可避免地发生事故。因此，能量、危险物质及能量的意外释放、危险物质的泄漏或失控，是危险源产生的根源。

（二）危险源的分类

危险源辨识是识别危险的存在并确定其特征的过程，也就是找出可能引发事故导致不良后果的材料、设备、设施、系统和生产过程的特征。实际生产和活动中危险源很多，存在的形式也比较复杂，为便于对危险源进行辨识和风险评价并针对性地采取风险控制措施，有必要对危险源进行分类。

1. 根据危险源在事故发生中的作用分类

（1）第一类危险源。

第一类危险源是指在生产过程中存在的、可能发生意外释放的能量（能源或能量载体）或危险物质。

（2）第二类危险源。

导致能量或危险物质的约束或限制措施破坏或失效的各种因素为第二类危险源。它通常是由物的不安全状态、人的不安全行为和环境的不安全因素三个方面的原因造成的。

1）生产、控制、安全装置和辅助设施等物的故障——物的不安全状态：故障是指系统、设备、元件等在运行过程中因性能（含安全性能）低下而处于不能实现预定功能（包括安全功能）的不安全状态。

2）人员失误——人的不安全行为：人员失误是指不安全行为中产生不良后果的行为。

3）环境的不安全因素：人和物存在的环境，即生产作业环境中会导致人的失误或物的故障发生的因素。

一起事故的发生往往是两类危险源共同作用的结果。第一类危险源是发生事故的能量主体，决定了事故后果的严重程度；第二类危险源是第一类危险源造成事故的必然条件，决定了事故发生的可能性。两类危险源相互关联，相互依存。

危险源辨识的首要任务是辨识第一类危险源，在此基础上再辨识第二类危险源。

2. 根据导致事故和职业危险的直接原因分类

根据 GB/T 13861—2009《生产过程危险和有害因素分类与代码》的规定，将生产过程中的危险（害）因素分为四类：

（1）人的因素。

人的因素主要有心理、生理性危险和有害因素及行为性危险和有害因素两类。

1）心理、生理性危险和有害因素分为：

——负荷超限，主要有体力负荷超限、听力负荷超限、视力负荷超限、其他负荷超限；

——健康状况异常；

——从事禁忌作业；

——心理异常，主要有情绪异常、冒险心理、过度紧张、其他心理异常；

——辨识功能缺陷，主要有感知延迟、辨识错误、其他辨识功能缺陷；

——其他心理、生理性危险和有害因素。

2）行为性危险和有害因素主要分为：

——指挥错误，主要有指挥失误、违章指挥、其他指挥错误；

——操作错误，主要有误操作、违章作业、其他操作错误；

——监护失误；

——其他行为性危险和有害因素。

（2）物的因素。

物的因素主要分为物理性危险和有害因素、化学性危险和有害因素、生物性危险和有害因素三类。

1）物理性危险和有害因素分为：

——设备、设施、工具、附件缺陷，主要有强度不够、刚度不够、稳定性差、密封不良、耐腐蚀性差、应力集中、外形缺陷、外露运动件、操纵器缺陷、制动器缺陷、控制器缺陷，其他的设备、设施、工具、附件缺陷；

——防护缺陷，主要有无防护，防护装置、设施缺陷，防护不当、支撑不当、防护距离不够，其他防护缺陷；

——电伤害，主要有带电部位裸露、漏电、静电和杂散电流、电火花、其他电伤害；

——噪声，主要有机械性噪声、电磁性噪声、流体动力性噪声、其他噪声；

——振动危害，主要有机械性振动、电磁性振动、流体动力性振动、其他振动危害；

——电离辐射；

——非电离辐射，主要有紫外辐射、激光辐射、微波辐射、超高频辐射、高频电磁场、工频电场；

——运动物伤害，主要有抛射物、飞溅物、坠落物、反弹物，土、岩滑动，料堆（垛）滑动，气流卷动，其他运动物伤害；

——明火；

——高温物质，主要有高温气体、高温液体、高温固体、其他高温物质；

——低温物质，主要有低温气体、低温液体、低温固体、其他低温物质；

——信号缺陷，主要有无信号设施、信号选用不当、信号位置不当、信号不清、信号显示不准、其他信号缺陷；

——标志缺陷，主要有无标志、标志不清晰、标志不规范、标志选用不当、标志位置缺陷、其他标志缺陷；

——有害光照；

——其他物理性危险和有害因素。

2）化学性危险和有害因素分为：

——爆炸品；

——压缩气体和液化气体；

——易燃液体；

——易燃固体、自燃物品和遇湿易燃物品；

——氧化剂和有机过氧化物；

——有毒品；

——放射性物品；

——腐蚀品；

——粉尘与气溶胶；

——其他化学性危险和有害因素。

3）生物性危险和有害因素分为：

——致病微生物，主要有细菌、病毒、真菌、其他致病微生物；

——传染病媒介物；

——致害动物；

——致害植物；

——其他生物性危险和有害因素。

（3）环境因素。

环境因素主要分为室内作业场所环境不良、室外作业场所环境不良、地下（含水下）作业环境不良、其他作业环境不良四类。

1）室内作业场所环境不良分为：

——室内地面滑；

——室内作业场所狭窄；

——室内作业场所杂乱；

——室内地面不平；

——室内梯架缺陷；

——地面、墙和天花板上的开口缺陷；

——房屋基础下沉；

——室内安全通道缺陷；

——房屋安全出口缺陷；

——采光照明不良；

——作业场所空气不良；

——室内温度、湿度、气压不适；

——室内给、排水不良；

——室内涌水；

——其他室内作业场所环境不良。

2）室外作业场所环境不良，主要分为：

——恶劣气候与环境；

——作业场地和交通设施湿滑；

——作业场地狭窄；

——作业场地杂乱；

——作业场地不平；

——航道狭窄，有暗礁或险滩；

——脚手架、阶梯和活动梯架缺陷；

——地面开口缺陷；

——建筑物和其他结构缺陷；

——门和围栏缺陷；

——作业场地基础下沉；

——作业场地安全通道缺陷；

——作业场地安全出口缺陷；

——作业场地光照不良；

——作业场地空气不良；

——作业场地温度、湿度、气压不适；

——作业场地涌水；

——其他室外作业场地环境不良。

3）地下（含水下）作业环境不良，主要分为：

——隧道/矿井顶面缺陷；

——隧道/矿井正面或侧壁缺陷；

——隧道/矿井地面缺陷；

——地下作业面空气不良；

——地下火；

——冲击地压；

——地下水；

——水下作业供氧不当；

——其他地下作业环境不良。

4）其他作业环境不良，主要分为：

——强迫体位；

——综合性作业环境不良；

——以上未包括的其他作业环境不良。

（4）管理因素。

管理因素主要分为职业安全卫生组织机构不健全、职业安全卫生责任制未落实、职业安全卫生管理规章制度不完善、职业安全卫生投入不足、职业健康管理不完善、其他管理因素缺陷六类。

其中职业安全卫生管理规章制度不完善主要分为：

——建设项目“三同时”制度未落实；

——操作规程不规范；

——事故应急预案及响应缺陷；

——培训制度不完善；

——其他职业安全卫生管理规章制度不健全。

3. 伤亡事故分类

参照GB/T 6441—1986《企业职工伤亡事故分类》，综合考虑起因物、引起事故的先发诱导性原因、致害物、伤害方式等，可将对人体伤亡和职业伤害事故产生的危险因素分为20类：

（1）物体打击，指物体在重力或其他外力作用下产生运动，打击人体造成人身伤亡事故。

（2）车辆伤害，指组织的机动车辆在行驶中引起的人体碰撞和物体倒塌、飞落、挤（碾）压伤亡事故。

（3）机械伤害，指机械设备运行（静止）部件、工具、加工件直接与人体接触引起的夹击、碰撞、剪切、卷入、绞、碾、割、刺等伤害。

（4）起重伤害，指各种起重作业（包括起重机安装、检修、试验）中发生的挤压、坠落（吊具、吊座）等物体打击和触电。

（5）触电，指电流流经人体、造成伤害事故。

（6）淹溺，包括高处坠落淹溺，不包括矿山、井下透水淹溺。

（7）灼烫，指火焰烧伤、高温物体烫伤、化学灼伤、物理灼伤。

(8) 火灾，指造成人身伤亡的企业火灾事故。

(9) 高处坠落，指在高处作业中发生坠落造成的伤亡事故。

(10) 坍塌，指物体在外力或重力作用下，超过自身的强度极限或因结构稳定性破坏而造成的事故。

(11) 冒顶片帮，指矿井工作面、巷道侧壁由于支护不当、压力过大造成了坍塌，称为片帮；顶板垮落为冒顶。二者同时发生称“冒顶片帮”。

(12) 透水，指矿山、地下开采或其他坑道作业时，意外水源带来的伤亡事故。

(13) 放炮，指爆破作业中发生的伤亡事故。

(14) 火药爆炸，指火药、炸药及其制品在生产、加工、运输、储存中发生的爆炸事故。

(15) 瓦斯爆炸，主要适用于煤矿。

(16) 锅炉爆炸，指锅炉发生的物理性爆炸事故。

(17) 容器爆炸，指压力容器破裂引起的气体爆炸，即物理性爆炸。

(18) 其他爆炸。

(19) 中毒和窒息，包括中毒、缺氧窒息、中毒性窒息等。

(20) 其他伤害等。

根据具体情况，在建立和运行职业健康安全管理体系进行危险源辨识时，建议参照此标准对危险源进行分类。

(三) 危险源的辨识方法

危险源辨识过程是组织建立职业健康安全管理体系的基础，许多方法都可以用来进行危险源辨识，选用方法时要根据分析对象的性质、特点以及辨识人员的知识、经验和习惯来确定。常用的辨识方法如下。

1. 经验法

(1) 对照法。该方法对照有关法规、标准、检查表要求，依靠辨识人员的观察分析能力直观判别评价对象的危险性。其优点是简便、易行；缺点是受人员知识、经验和占有资料的限制，可能会有遗漏。为此常采用专家集中辨识方式，或利用事先编制的、具有行业特点的安全检查表或事故隐患检查表来进行辨识，以确保辨识结果全面、准确、充分和完整。

职业健康安全法律法规和其他要求中加以规定和限制的设备、物质、活动，往往是组织必须重视的危险源和职业健康安全风险。

(2) 类比法。该方法利用相同或类似系统/过程/活动或作业条件的资料和经验，分析和判定拟评价对象的危险源和职业健康安全风险。

2. 系统安全分析法

该方法常用于复杂系统、无事故经验的新开发系统。常用的方法有事件树分析、事故树分析等。

二、风险评价

(一) 风险评价的内容

风险是指某一特定危险情况发生的可能性和后果的组合，其两个主要特征是可能性和严重性。风险评价是根据危险源辨识的结果，采用科学方法评价危险源给组织所带来的风险大小，并确定是否可容许的过程，因此，风险评价包括两个方面的内容：

(1) 对风险进行分析评估，确定其大小或严重程度；

(2) 将风险与安全要求进行比较，判定其是否可接受。

(二) 风险评价的方法

风险评价的方法较多，各种方法的原理、应用条件和适用范围不同，各有特点。按评价方法的特征可以分为：

(1) 定性评价：根据评价人员的经验和判断能力对生产工艺过程/活动、设备、环境、人员和管理等方面的状况进行评价，如安全检查表法。

(2) 半定量评价：用一种或几种可直接或间接反映物质和系统危险性的指标来评价，如作业条件危险性评价法、物质特性指数法、人员素质指标法等。

(3) 定量评价：用事故系统发生概率、事故严重程度和危险指数法评价。

(三) 常用的两种风险评价方法

1. 作业条件危险性评价法 (LEC 法)

该方法是评价人们在具有潜在危险环境中作业风险的半定量方法。它用与系统风险率有关的三种因素指标值之积来评价作业活动伤亡事故风险的大小，这三种因素分别为：

(1) L 为发生事故的可能性大小。当用概率表示事故或危险事件发生的可能性大小时，绝对不可能发生的事件的概率为 0，而必然发生的事件的概率为 1。然而绝对不发生事故是不可能的，人为地将“发生事故可能性极小”的分数值定为 0.1，而“必然要发生的事件”的分数值定为 10，对介于上述两者之间的情况规定了若干个中间值，见表 3-1。

(2) E 为人体暴露在这种危险环境中的频繁程度。人员出现在危险环境中的时间越长，则危险性越大。规定连续出现在危险环境中的分数值定为 10，而非常罕见地出现在危险环境中的分数值定为 0.5。同样，将介于两者之间的各种情况规定为若干个中间值，见表 3-2。

表 3-1 事故发生的可能性 (L)

分数值	事故发生的可能性
10	完全可以预料
6	相当可能
3	可能，但不经常
1	可能性小，完全意外
0.5	很不可能，可以设想
0.2	极不可能
0.1	实际不可能

表 3-2 暴露于危险环境的频繁程度 (E)

分数值	暴露于危险环境的频繁程度
10	连续暴露
6	每天工作时间内暴露
3	每周一次或偶然暴露
2	每月一次暴露
1	每年几次暴露
0.5	非常罕见暴露

(3) C 为一旦发生事故会造成的损失后果。事故造成的人身伤害程度范围很大，对伤亡事故来说，可从轻伤直到多人死亡。因为范围较广，所以规定分值为 1～100。把需要救护的轻微伤害的分数值规定为 1，把造成多人死亡的可能结果分数值定为 100，其他情

况的分数值均在1～100之间，见表3-3。

(4) D为风险分值。根据上述三个分值的乘积，即$D=LEC$可以计算出作业条件风险性分数值，但关键是如何正确确定三个分数值和根据总分D来评价风险程度。风险等级划分见表3-4。

表3-3 发生事故产生的后果（C）

分数值	发生事故产生的后果
100	大灾难，10人以上死亡
40	灾难，3～9人死亡
15	非常严重，1～2人死亡
7	严重，严重伤害
3	重大，伤残
1	引人注意

表3-4 风险等级划分表

D值	危险程度
>320	极其危险，不能继续作业
160～320	高度危险，要立即整改
70～160	显著危险，需要整改
20～70	一般危险，需要注意
<20	稍有危险，可以接受

应该说明，风险等级是根据经验划分的，不能认为是普遍适用的，应用时可根据实际情况结合定性评价方法予以修正。

D值总分在20以下是被认为低危险的；D值在20～70之间，需要加以注意；D值达到70～160之间，有显著的危险性；D值在160～320之间，具有高度的危险性，必须制定控制措施进行控制；D值在320以上表示环境非常危险，应立即停止生产直到环境得到改善为止。

勘测设计单位各责任部门根据以上方法，对本部门的危险源进行评价，D值在160～320之间，具有高度的危险性，必须制定《××职业健康安全危险源控制措施》进行控制。

作业条件危险性评价法对危险等级的划分，一定程度上凭经验判断，应用时需要考虑其局限性，根据实际情况予以修正。

2. 风险定性评价法

本方法是结合单位实际的经验判断法，在使用安全检查表方法时，应考虑事故后果的严重性和发生可能性，综合判定风险等级。

(1) 事故后果的严重性等级。严重性等级可分为四级，见表3-5。

表3-5 事故严重性等级表

等级	注明	事故后果	举例
Ⅰ	灾难	人员死亡或系统报废	死亡，致命伤害，急性不治之症
Ⅱ	严重	人员严重受伤，严重职业病，系统严重损坏	断肢，严重骨折，中毒，复合伤害；严重职业病，其他导致寿命严重缩短的疾病
Ⅲ	轻度	人员轻度受伤，轻度职业病，系统轻度损坏	划伤，烧伤，脑震荡，严重扭伤，轻微骨折，耳聋，皮炎，哮喘。与工作相关的上肢损伤，导致永久性轻微功能丧失的疾病
Ⅳ	轻微	人员轻微受伤，系统损坏轻于Ⅲ级	表面损伤，轻微的割伤和擦伤，粉尘对眼睛的刺激，烦躁，导致暂时不适的疾病

(2) 事故发生的可能性等级。事故可能性等级可分为五级，见表3-6。

表3-6 事故可能性等级表

等级	注明	单个项目具体发生情况	总体发生情况
A	频繁	频繁发生	连续发生
B	很可能	在寿命期内会发生若干次	频繁发生
C	有时	在寿命期内有时可能发生	发生若干次
D	极少	在寿命期内不易发生，但有可能	不易发生，可预期发生
E	不可能	极不易发生，以至可认为不会发生	不易发生

综合判断事故发生可能性应考虑的因素有：现场作业人员，持续作业时间和频次，水、电等供应中断情况，设备和部件及安全装置失灵情况，发生恶劣天气情况，个体防护用品的使用及保护情况，个人的不安全行为等。

(3) 风险评估分级。根据事故后果的严重性等级和事故发生的可能性等级可得出风险级别，见表3-7。

表3-7 事故的严重性等级和事故发生的可能性等级与风险级别对照表

可能性等级	严重性等级			
	Ⅰ	Ⅱ	Ⅲ	Ⅳ
	风险级别			
A	1级	1级	2级	3级
B	1级	1级	2级	4级
C	1级	2级	3级	5级
D	2级	3级	3级	5级
E	3级	4级	4级	5级

(4) 风险级别、风险描述与风险控制措施对照表可参见表3-8。

表3-8 风险级别、风险描述与风险控制措施对照表

风险级别	风险描述	控制措施
1级	不可允许的风险。事故潜在危险性很大且难以控制，发生的可能性很大，一旦发生会造成很多人伤亡	立即停止工作，采取措施，当风险降低后方可继续工作
2级	重大风险。事故潜在危险性较大且较难控制，发生的可能性较大，易发生重伤，多人伤害，粉尘、噪声毒物作业危险程度达Ⅰ级、Ⅱ级者	风险降低后方可工作，高风险涉及正在进行中的工作时，采取应急措施；应制定目标和管理方案，降低风险
3级	中度风险。导致重大伤害事故的可能性较小，但经常发生，有潜在的伤亡事故危险	采取适宜措施在限期内实施控制，以降低风险。在中度风险和严重伤害后果相关的场合，应进一步确定伤害的可能性，确定是否改进控制措施，是否应制定目标和管理方案

续表

风险级别	风险描述	控制措施
4级	可允许风险。具有一定的危险性，可能发生一般伤亡事故；高温作业危害程度可达Ⅲ级、Ⅳ级者；粉尘、噪声、毒物作业危害程度分级为安全作业，但对人员休息和健康有影响者	可保持现有控制措施，但应考虑改进，监督检测控制措施，避免风险升级
5级	可忽略的风险，危险性小，不会伤人	不需要采取措施，但应予以关注

风险控制措施应在实施前予以评审，评审应针对以下内容进行：控制措施是否使风险降低到可容许水平；是否产生新的危险源和风险；是否已选定了投资效果最佳的解决方案；受影响的人员如何评价措施的必要性和可行性；控制措施是否会被应用于实际工作中。

对以上内容评审通过后，方可实施落实风险控制措施，并评价其有效性。

三、勘测设计行业各种类型危险源的识别、风险评价

（一）勘测活动危险源的识别、风险评价

1. 依据活动性质区分危险源

勘测设计单位应根据提供的产品和服务及产品实现过程活动的特点，将环境因素和危险源按如下类别加以区分：

（1）工程项目：各部门按照各专业不同的活动性质区分。

（2）现场：按照勘测操作活动、现场勘测、试验室、设计及相关活动、现场设代、日常交通等现场区分。

（3）办公场所。

（4）辅助活动场所等，如：食堂、配电室、物业等。

2. 危险源的识别

依据法律法规、水利工程建设标准强制性条文、勘测单位有关制度要求，对勘测操作活动、现场勘测、试验室、设计及相关活动、现场设代、日常交通、办公场所等各项活动、产品及服务过程中的安全危险源进行识别和评价。

当相关法律法规和要求发生变化时，生产设施、施工工艺和活动、施工场所和办公场所发生重大变化时，出现重大环境影响及安全事件时，应对已识别的危险源进行调整和补充。

承接项目后，对项目进行策划时，应进行危险源的识别并形成识别清单；当项目要求发生变化时，应及时对已识别的环境因素及危险源识别清单进行调整和补充。

3. 危险源的识别范围

（1）常规和非常规活动；

（2）所有进入工作场所人员的活动；

（3）本单位所控制的人的行为、能力和其他人为因素；

（4）源于工作场所外，对工作场所内人员职业健康安全产生不利影响的危险源；

（5）在工作场所附近，勘测设计单位控制下从事产品、服务等过程、活动的危险源；

（6）勘测设计单位活动涉及的工作场所的基础设施、设备和材料；

（7）勘测设计单位涉及的活动变更、材料变更、计划变更；

（8）职业健康安全管理体系的更改（包括临时性变更等），对运行、过程和活动的影响；

(9) 任何与风险评价和实施必要措施相关的适用法律义务；

(10) 在设计阶段，应对工作区域、过程、装置、机器和（或）设备、操作程序和工作组织的设计（包括其对人的能力的适应性）进行危险源辨识，以便于采取措施从根本上消除风险。

勘测设计行业各种类型危险源的识别、评价及控制措施见本书附录2。

（二）办公区、设计相关活动及交通运输

1. 设计活动构成及活动特点

设计活动的构成：承揽项目→现场勘测→设计过程→设代服务→项目结束。

设计活动的特点主要有以下几个方面：

(1) 承揽项目：工作内容主要是投标、洽谈、签署合同；工作场所多在双方办公室，还涉及往来交通活动。

(2) 现场勘测：工作内容主要是察看待建项目场址及周边状况；工作场所多在野外现场，涉及往来交通活动。

(3) 设计过程：工作内容主要是按照业主要求和适用的法律法规、技术标准完成合格的产品设计；工作场所多在办公室，必要时前往业主工作场沟通、汇报有关设计情况，涉及往来交通活动。

(4) 设代服务：工作内容主要是现场解决施工过程中重大技术问题；工作场所多在施工现场及相关的办公室和宿舍，并涉及相关的往来交通活动。

(5) 项目结束：工作内容主要是将项目有关资料归档管理；工作场所多在办公室。

此外，在设计过程中还涉及个别项目对外委托和业主提供资料或产品使用活动，工作场所主要是办公室。

综上所述，针对设计活动和工作场所特点，将危险源识别分为：现场勘测、试验室、现场设代、日常交通四种类型。

2. 相关活动

设计单位除设计活动外，还有相关的支持和后勤保证活动，这些活动主要发生在办公场所，包括食堂、配电室、试验室、单身宿舍等。

3. 危险源辨识原则

(1) 针对日常设计和相关管理活动进行危险源辨识，主要包括办公室、现场勘测、试验室、现场设代、食堂、配电室、单身宿舍、日常交通。

(2) 针对具体的设计活动和相关管理活动，如针对非日常的设备维护、大型群体活动应按照具体工作要求在工作开展前参照上述已识别出的危险源进行识别。

危险源识别、评价结果见本书附录2。

第二节　环境因素识别、评价

环境因素的识别与评价是建立、实施和保持环境管理体系的重要步骤，是环境管理体系的龙头，是整个环境管理体系建立的基础，是能否有效建立体系的关键，是预防为主思想的重要体现。

在实际的环境管理工作中，环境因素的识别与评价是最困难的任务之一，也是疑问最多、最难把握的地方，主要表现在环境因素的识别不充分，如许多单位在识别、评价环境因素时能够比较全面地考虑污染物排放，而在考虑源头避免或减少污染物产生方面相对薄弱；未识别勘测设计项目中涉及的环境因素，遗漏异常状态下的重要环境因素，对环保设备发生故障时、定期维修时、人为失误时、生产过程中超量产生污染物时等异常或紧急状态下可能产生的严重环境影响考虑不周全；废弃物、能源、有毒有害化学品等方面的重要环境因素识别不充分等。

一、环境因素识别

（一）环境、环境因素和环境影响

根据《环境管理体系　要求及使用指南》GB/T 24001—2016/ISO 14001：2015，环境是指“组织运行活动的外部存在，包括空气、水、土地、自然资源、植物、动物、人及它们之间的相互关系”，组织及其运行活动是与外部存在的各种因素相互联系、相互转化、相互作用的，环境不仅仅是一个组织的问题，它可以从组织内部延伸到全球系统。

环境因素是指“一个组织的活动、产品或服务中能与环境发生相互作用的要素”。

环境影响是指“全部或部分地由组织的环境因素给环境造成的有益或不利的变化”。

环境影响是由环境因素引起的环境变化，环境因素与环境影响之间的关系是因果关系。能产生重大环境影响的环境因素称为重要环境因素。活动、产品服务与环境因素及环境影响的因果关系见表3-9。

表3-9　活动、产品服务与环境因素及环境影响的因果关系表

活动、产品、服务	环境因素	实际和潜在的环境影响
活动：工程建设		
机械碾压	颗粒物质在空气中散发（尘土）	空气污染
暴雨中施工（异常情况）	流失的土壤、砂砾排入土地和水体	能源、资源消耗、水土流失、局部土地的退化、土壤腐蚀、水体污染
产品：空调		
单机运行	用电（组织能施加影响的因素）	消耗不可再生自然资源
报废后的处置	产生固体废物（组织不能施加影响的因素）	占用土地
	部件的回收与再利用	节约自然资源
服务：货物与产品的运输与分配		
运输车队	消耗燃油	不可再生矿物燃料的消耗
	排放氮氧化物（NO_x）	空气污染——产生臭氧——雾全球变暖与气候变化
	产生噪声	扰民
车辆维护（包括更换机油）	减少氮氧化物（NO_x）排放	实现空气质量目标
	产生废油	土壤污染

（二）环境因素的识别

1. 产品生命周期的概念

在识别环境因素时，应关注产品生命周期的概念。根据GB/T 24001—2016/ISO 14001：2015《环境管理体系 要求及使用指南》，生命周期是产品（或服务）系统中前后衔接的一系列阶段，从自然界或从自然资源中获取原材料，直至最终处置。建设项目生命周期是指建设工程从可行性研究、设计、施工、运行直到报废所经历的全部过程，在这个全过程中，不同阶段的过程中都会产生环境因素，对环境造成不同的影响。

对于一个具体组织的活动、产品和服务，可能是处于其生命周期的某一或几个阶段，勘测设计单位应针对其环境管理体系范围内的活动、产品和服务，进行分组或归类，识别出共同的或相似的环境因素。

2. 环境因素识别的类型

根据GB/T 24001—2016/ISO 14001：2015中6.1.2的要求，勘测设计单位应识别：

（1）能够控制的环境因素。

主要是针对勘测设计单位自身的生产、经营、管理、后勤等过程和活动中产生的环境因素，比如单位食堂废水、垃圾的排放，钻探现场噪声及废水的排放，试验室废弃土样的排放等。

（2）能够施加影响的环境因素。

根据GB/T 24001—2016/ISO 14001：2015附录A，勘测设计单位能够施加影响的环境因素主要分为两种情况：

1）针对勘测设计单位提供的勘测设计产品或服务中的环境因素。勘测设计单位提供的产品、图纸、报告、设计变更通知单，虽然不直接影响环境，但一旦物化，就是水利工程施工、运行，都会对环境造成好的或不好的影响，比如对跨流域调水项目，设计时要进行科学论证，防止对生态环境造成破坏；在设计过程中能够遵守建筑节能标准，积极采用新型节能材料和节能设备，对适宜的项目，积极采用节能环保的保温材料和太阳能等。

2）针对勘测设计单位所使用的供方或外包方提供的产品或服务中的环境因素。如专业分包方、技术服务提供方等提供的资料、成果等，外部供方提供的钻探设备、测量设备、试验设备等；钻探劳务服务、派遣服务等。

3. 环境因素识别的范围

在识别、确定环境因素时，勘测设计单位一般考虑以下的因素：

（1）在环境管理体系范围内确定环境因素。

（2）从生命周期角度考虑各阶段的环境因素。全过程：勘测设计单位的产品实现过程（包括经营策划阶段、勘测设计阶段、辅助性生产活动、产品交付后活动），管理和改进活动，后勤支持性活动以及勘测设计产品从交付、施工、运行到报废的整个生命周期的全过程。根据GB/T 24001—2016/ISO 14001：2015《环境管理体系 要求与使用指南》，标准不要求单位进行详细的生命周期评价，只需认真考虑可被单位控制或影响的生命周期阶段就足够了。

（3）勘测设计单位除识别能够直接控制的环境因素外，还应确定是否存在可施加影响的环境因素，应识别出可施加影响的环境因素，以及选择施加这种影响的程度。

（4）与勘测设计单位的活动、产品和服务相关的环境因素。

（5）勘测设计单位可从以下方面识别环境因素：

1）三种状态：正常、异常（包括启动、停机、检修）和紧急状态和事故等。

2）三种时态：过去、现在和将来时态。

3）八个方面：向大气排放、向水体排放、土壤污染、原材料和自然资源的使用、能源消耗、能量释放（如热、辐射、振动等）、废弃物和副产品处置管理、污染物的物理属性（如大小、形状、颜色、外观）。

4）运用生命周期观点考虑，对环境产生影响的水利工程典型生命周期阶段包括：设计、施工期、运行期、报废期。勘测设计单位应认真考虑可被单位控制或影响的生命周期阶段。

这里识别的环境因素造成的环境影响是一个外部环境影响的概念，而不是指工作场所的小环境（过程运行环境属于质量管理体系控制的范畴）。当然，作业活动中对土地、河流、大气等产生较严重的污染，属环境影响问题；而局部空间造成污染主要是对操作者身心健康构成危害，归结为职业健康安全管理范畴。

4．环境因素确定的依据

（1）客观地具有或可能具有的环境影响。

（2）法律法规及其他要求的明确规定。

识别水利水电项目环境因素有两个重要依据：第一个是《水工程规划设计生态指标体系与应用指导意见》，用来确定项目的重要环境因素；第二个是GB/T 50649—2011《水利水电工程节能设计规范》，是项目设计中能耗物耗方面的指导性文件。

（3）顾客、上级主管部门、监管部门等相关方的要求。

（4）其他。

5．识别环境因素的方法

（1）现场观察法。

（2）调查表法（或问卷调查）。

（3）专家评价法。

（4）生命周期分析法。

（5）生产流程分析法。

（6）水平对比法等。

二、重要环境因素评价

从识别出的环境因素中评价出对环境具有或可能具有重大环境影响的因素，即重要环境因素，以确定解决环境问题的优先顺序。

不同的组织由于各自环境状况、所在地域环境和社会条件、适用法律、组织自身的环境价值观、经济和技术条件、相关方要求等主客观因素存在不同，因此不可能有一个广泛使用的评价方法。组织应根据具体情况，选择一种适用的评价方法。重要和不重要之间不存在绝对的界限，一个组织的重要环境因素对于另一个组织而言可能就不是重要的。

1．重要环境评价因素的依据

（1）环境方面的评价依据：

——环境影响的规模和范围；

——环境影响的严重程度；

——发生的概率；

——环境影响的持续时间；

——与法律法规和排放标准的符合程度；

——对环境影响或破坏的可恢复性。

(2) 商业方面的评价依据：

——改变环境影响的技术难度；

——改变环境影响的经济承受力；

——改变其他活动和过程将带来的（好的或坏的）效果；

——相关方的利益；

——组织的公共形象；

——能增强竞争力的商业机遇大小；

——因环境问题使组织存在的风险大小。

2. 重要环境因素的评价方法、准则

一般采用定性判断和定量分析相结合的方法，包括专家评价法、是非判断法、排放量对比法、等标污染负荷法（排放浓度与标准规定值的对比）、多因素评分法等。

(1) 专家评价法。专家评价法是由有经验的人员组成评价小组，对环境因素根据实际情况讨论、研究从而确定重要环境因素。

下列情况可以直接评价为重要环境因素：

1）政府或法律明令禁止使用的物质，直接判定为重要的环境因素；

2）已违反或接近违反法律法规及强制性标准（包括地方的）的环境因素。如依据国家发展和改革委员会关于修改《产业结构调整指导目录》（2011 年版）有关条款的规定，明确禁止使用某型号的启闭机、电气设备，设备选型时却把它选为了推荐的设备型号，则可直接判定启闭机的选型为重要环境因素；

3）国家、地区、公众非常关注的、异常或紧急状态下可能产生严重环境影响、可能产生人体事件的环境因素，如征地范围、移民区的界定等，可直接判定为重要环境因素；

4）能够产生危险废物或可能发生生态的紧急情况的，这一类环节、措施、分析、论证，可直接判定为重要环境因素；

5）污染物排放失控（如单位食堂环保装置停用）或曾发生污染事故（如钻探时破坏了地下管线）的环境因素等；

6）相关方有严重投诉的；

7）专家经验分析判断出来的。

(2) 综合判别法。适用于勘测设计单位项目过程中相关的一些活动（如设代服务活动、野外钻探活动等，以及行政、后勤等辅助活动）中环境因素的判别，如节能、减排、排污等方面，有如下一些赋值方式。

1）考虑到影响规模；

2）考虑到选择的合规性义务；

3）考虑到发生频次，是偶尔为之还是经常性发生；

4）考虑到影响程度；

5）考虑到可能发生的一些抱怨，周边的单位抱怨是否多。

（3）因素评分法（不常用）。对环境影响的多因素包括：

1）环境影响发生的频次 a，按表 3－10 环境影响发生频次评分表的规定取值。

2）环境影响发生的范围 b，按表 3－11 环境影响发生范围评分表的规定取值。

表 3－10　环境影响发生频次评分表

等级	发生频次	评分
Ⅰ	连续发生	5
Ⅱ	每日一次至每周一次	4
Ⅲ	每周一次至每月一次	3
Ⅳ	每月一次至每年一次	2
Ⅴ	一年以上时间一次	1

表 3－11　环境影响发生范围评分表

等级	环境影响	评分
Ⅰ	区域性影响的	5
Ⅱ	地区性影响的	4
Ⅲ	条带状地段影响的	3
Ⅳ	村落影响的	2
Ⅴ	单位场所影响的	1

3）排放浓度与法规标准值之比 c，按表 3－12 排放浓度与法规标准值之比评分表的规定取值。

4）能源资源消耗严重程度 d，按表 3－13 能源资源消耗严重程度评分表的规定取值。

表 3－12　排放浓度与法规标准值之比评分表

等级	排放值与标准值之比	评分
Ⅰ	≥90%	5
Ⅱ	81%～90%	4
Ⅲ	51%～80%	3
Ⅳ	31%～50%	2
Ⅴ	≤30%	1

表 3－13　能源资源消耗严重程度评分表

等级	能源资源消耗严重程度	评分
Ⅰ	能源资源消耗严重的	5
Ⅱ	能源资源消耗较大的	4
Ⅲ	能源资源消耗中等的	3
Ⅳ	能源资源消耗较小的	2
Ⅴ	能源资源消耗很小的	1

5）相关方的关注程度 e，按表 3－14 相关方的关注程度评分表的规定取值。

根据上述 5 个因素的赋值，采用连乘或连加的办法计算出综合数值，并按表 3－15 重要环境因素标准及总评价表的规定确定重要环境因素。

表 3－14　相关方的关注程度评分表

等级	相关方关注程度	评分
Ⅰ	社会极度关注	5
Ⅱ	区域性极度关注	4
Ⅲ	地区性极度关注	3
Ⅳ	地区性一般关注	2
Ⅴ	不甚关注	1

表 3－15　重要环境因素标准及总评价表

总评价公式	重要环境因素标准
$M=a\times b\times c\times d\times e$	$M\geqslant 100$
$M=a+b+c+d+e$	$M\geqslant 15$
$M=a\times(b+c+d+e)$	$M\geqslant 30$
$M=a\times$（b,c,d,e 中的最大值）	$M\geqslant 12$

三、勘测设计单位产品、服务和活动中典型的环境因素

本书对勘测设计单位的产品、服务和活动中典型的环境因素进行了识别，见本书附录3，具体包括与勘测产品有关的环境因素清单、与规划产品有关的环境因素清单、与环境及移民产品有关的环境因素清单、与水工产品有关的环境因素清单、与勘测活动和服务有关的环境因素清单、与办公室（含现场查勘、设代、日常交通）活动有关的环境因素清单、与食堂有关的环境因素清单、与配电室有关的环境因素清单、与试验室有关的环境因素清单、与钻探劳务分包有关的环境因素清单。

四、危险源及环境因素的识别、风险评价和风险控制的主动性和动态性要求

（1）危险源识别、风险评价和风险控制的主动性是指在实施活动和使用设备之前就进行的危险源识别和风险评价，确定并实施相应的风险措施，以达到防止、消除、降低或控制风险的目的，只有这样的危险源识别和风险评价的方法才能真正起到预防职业健康安全危害的作用。

（2）动态性是指组织的经营、生产、管理活动都是在不断发展变化的，外部社会对组织的要求及法律法规和其他要求也是不断变化的，因此，组织的危险源及其风险也会发生变化，当过程和/或活动、材料、计划等发生变更时，应及时识别这些变更产生的新的危险源，评价风险的变化，并及时调整风险控制措施等，确保其涵盖这些新的或修改的过程/活动。

第三节　合规性义务

（1）合规性义务包括勘测设计单位须遵守的法律法规要求，以及单位必须遵守或选择遵守的其他要求。

识别相关的法律法规和其他要求的依据是识别的环境因素。

合规性义务的获取方法有：从网上下载，于书店、环保部门、安监部门、相关方、政府主管部门、行业协会等处获取。

强制性合规性义务一般有以下方面：

1）政府机构和其他权力机构的要求；

2）国家和地方、国际的法律法规要求；

3）许可、执照和其他特许中规定的要求；

4）管理机构颁发的命令、规定和指令；

5）法律或行政的裁决；

6）组织选择遵守的、或行业相关的标准、规范等。

其他要求可包括以下方面：

1）与社会团体和非政府组织达成的协议；

2）与公共机构和顾客达成的协议；

3）勘测设计单位的要求；

4）自愿性原则和业务规范；

5）自愿性标志和环境承诺；

6）与勘测设计单位的合同和协议规定的义务。

（2）勘测设计单位应确定合规性义务活动的管理流程：

——识别并获取适用于水利行业的勘测、设计、试验等过程/活动/场所/服务等需遵循的法律法规及其他要求，并及时更新，不仅仅限于建立清单；

——法律法规如何应用于环境因素，在管理体系建立中，要考虑法律法规及其他要求的规定；

——法律法规执行情况的评价。

（3）勘测设计单位应确保适用各部门、项目的法律法规要求传达到各相关人员。

应识别法律法规和其他要求适用的条款，本书“第二篇　环境/职业健康安全管理依据的法律法规及其他要求”对适用于勘测设计单位的法律法规体系、法律法规相关条款、行业部门环境/职业健康安全管理相关条款进行了识别；对勘测设计单位环境/职业健康安全管理相关的主要标准、规范进行了识别，见附录1中“范例1：勘察设计单位职业健康安全管理与环境管理法律法规及要求清单”；勘测设计产品主要遵循的标准规范等要求的条款，见附录1中“范例2：勘测设计产品主要遵循的法律法规及要求清单”。本书“第六篇　环境/职业健康安全管理违法违纪的责任追究”对适用于勘测设计单位的责任追究的法律、法规、规章相关条款进行了识别。

作为勘测设计单位，建立一份法律法规和其他要求的清单是必要的。清单的要素可包括：法律法规名称、版本、实施日期、适用的内容、对应的环境因素/危险源。该工作为合规性评价提供了依据。

勘测设计单位应确保将合规性义务融入日常的环境/职业健康管理活动，实施并监控其效果。

第四节　应对风险和机遇控制措施的策划

通过识别环境因素、评价确定重要环境因素，识别、评价危险源，识别单位的合规性义务，识别出了由以上因素引发（可能引发）的风险和机遇，针对这些风险和机遇措施在建立环境/职业健康安全管理体系时进行策划，采取应对风险和机遇的措施，以管理识别出来的风险和机遇、环境因素、组织的合规性义务、危险源。

应对重要环境因素、合规性义务、风险和机会进行管理和控制的措施，通常体现为针对重要环境因素/不可接受危险源建立目标，在体系的具体活动中确定绩效指标，选用适合勘测设计单位的管理办法、技术措施、管理措施、管理方案等，并评价其实施效果。应对风险和机遇的措施，要与勘测设计单位的经营发展相融合，对于所确定的需长期实施的管理措施，应纳入勘测设计单位的环境/职业健康安全管理体系，与相关活动的规定、流程、制度等予以整合实施。

1．应对危险源、环境因素的控制措施策划

对不可接受危险源、重要环境因素的控制是主动性的工作，应对识别出的重要环境因素、职业健康安全危险源分别采取不同的措施加以控制，并适时进行监督检查，以确保有效控制。

制定措施时，应按如下顺序考虑降低风险：

（1）消除；

（2）替代；

（3）技术措施：如设置防护栏等降低风险的工程措施、技术方案等，包括风险自留；

（4）标志、警告和/或管理控制措施，如建立控制程序/规章制度等；

（5）个体防护装备。

可根据风险导致后果的程度选定其中一项或几项措施。

危险源、环境因素引起的风险、机遇的应对措施，见附录2和附录3。其他的风险机遇及控制措施，见附录4。

2. 制定控制措施应考虑的因素

（1）在策划这些控制措施时，要考虑技术方案的可行性。技术可行性是指决策的技术和决策方案的技术不能突破组织所拥有的或有关人员所掌握的技术资源条件的边界。

进行技术可行性分析时，要注意以下一些问题：

1）全面考虑系统所涉及的所有技术问题。

2）尽可能采用成熟技术。

成熟技术是被多人采用并被反复证明行之有效的技术，因此采用成熟技术一般具有较高的成功率。另外，成熟技术经过长时间、大范围使用、补充和优化，其精细程度、优化程度、可操作性、经济性等方面要比新技术好。

3）慎重引入先进技术。

若引入先进技术，须对其进行技术可行性评价，即在限制条件下，功能目标是否能达到；现有资源能否满足；在规定期限内，开发是否能够完成。

（2）财务经济上的合理性。

环境保护/安全生产相关的措施应注意经济合理性，讲究经济效果，力求以最小的费用取得最大的效益，勘测设计单位的资源有限，在不可能拿出较多资金用于环境保护/职业健康安全投资的情况下，经济合理性更具有实际意义。

（3）业务运行上的适宜性。

环境保护/安全生产相关的措施应考虑业务运行上的适宜性，主要考虑以下的因素：

1）符合勘测设计经营、项目管理、外包管理、采购管理及相关辅助活动的实际情况；

2）符合环境因素、危险源、合规性义务带来的风险程度；

3）考虑勘测设计单位的规模；

4）考虑过程、活动、产品和服务的复杂情况；

5）考虑人员的能力；

6）考虑勘测设计单位管理的传承等。

策划的结果见附录4。

3. 对控制措施执行情况的检查

单位通常通过目标管理、职业健康及安全检查、环保情况检查、内审、管理评审对危险源的控制情况进行检查及评审，以及勘测设计产品的校审核批、内外部审查等。必要时，主管部门要进行专门检查，以加强这方面工作的监督力度。

第二章　运　行　控　制

第一节　勘测野外作业的环境/职业健康安全管理

一、基本要求

（一）对勘测单位的基本要求

（1）依据《中华人民共和国建筑法》等有关法律、法规规定，禁止勘测项目发包、分包给不具备资质的个人和单位，禁止转包。

（2）勘测设计单位的主要负责人对本单位承担的野外作业项目安全生产工作负全面责任；分管安全生产工作行政负责人对本单位承担的野外作业项目安全生产工作负直接领导责任；项目负责人是勘测项目野外作业的安全、质量、环保的第一责任人。

（3）勘测设计单位应当保证职业健康安全、环境管理相关工作所必需的资金投入，并对因资金投入不足引起的事故负责。

（4）勘测设计单位应明确有关的安全和环保主管部门，主管部门要对单位承担的勘测项目野外作业开展有计划的安全检查，项目负责人要对承担的勘测设计项目野外作业开展经常性的安全检查。

（5）勘测设计单位应当为野外作业安全高风险从业人员办理意外伤害保险或其他适用的保险。

（6）根据《中华人民共和国安全生产法》的要求，野外作业临时雇用的劳务用工的安全生产应当纳入单位的安全生产管理，应当签订劳务合同并必须经过安全培训。

（7）根据《中华人民共和国安全生产法》的要求，野外作业的分包方的安全生产应当纳入单位的安全生产管理，单位应与分包方签订安全生产管理协议，协议中应对双方在环境/职业健康安全管理方面的责任权利界定清楚。

（8）野外作业项目发生重伤、死亡事故的，项目组要在事故发生后24小时内，将事故发生的时间、地点、经过、造成的后果、初步原因分析、已采取的措施等情况，报告给单位安委会/单位主要负责人，事故重大的、项目负责人可直接向上级主管部门和县级以上当地政府报告。

（二）对外业项目组的基本要求

在具体进行野外作业前必须结合勘测区域、勘测季节等实际情况，尤其对陌生区域的勘测项目野外作业，应注意以下内容：

（1）了解勘测区域是否在山区、林区、平原、草原、高原、沙漠、沼泽、水上、放射性区域等不同作业区域，勘测季节是否在高温、寒冷、降雨、降雪、雷电、风暴等不同季节，根据这些特点识别潜在的危险源、环境因素，并评价其风险，制定相应的控制措施及劳动保护措施。

（2）《勘察大纲》《测量技术设计书》等策划文件中必须制定详细的环境/职业健康安全管理和技术措施计划，针对不可接受危险源、重要环境因素应当制订应急预案或现场处置方案。

（3）项目负责人应当在外业作业前对所有的外业组织勘测作业人员进行环境、安全交底，使其了解本勘测项目野外作业中潜在的危险源、环境因素及相关的风险，掌握项目的技术质量要求，明确野外作业的安全生产要求及环境保护的知识，具备野外生存、救护、应急救援相应的能力。必要时还应模拟野外环境进行业务训练。

（4）配备必要的野外生活用具、劳动防护用品、医疗急救等物资，如需野外宿营时，还应检查宿营装备的准备情况。

（5）出发前应对全体勘测生产作业人员的身体健康状况进行确认，确定其健康状况能否适应野外生产；检查交通工具、通信联络工具的性能，确保它们性能良好，能可靠运转。

（6）勘测野外生产作业人员如机长、司钻必须持证上岗。

（三）对野外作业人员的基本要求

（1）野外作业人员应当按单位规定进行体检，确认身体合格后方可从事野外作业工作。

患有器质性心脏病、呼吸系统疾病、癫痫、消化道溃疡病、胃肠炎、严重的神经衰弱以及肝脾、肾、内分泌等疾病的人员，严禁进入高原地区从事野外作业工作。

患有明显心、肺、肝、肾等疾病和高血压病Ⅱ期、严重贫血的人员，严禁进入高山、高原低气压地区做野外作业工作。

（2）野外作业人员应当具备相应的防护、自救、互救应急基本技能。

（3）野外作业人员应当严格遵守安全生产规章制度和岗位安全技术操作规程，穿戴好劳动防护服装和用具。

（4）野外作业项目组应当配备能满足实际需要的通信装备，明确联络事宜。

（5）在疫源地从事野外作业工作，应当接种疫苗；在传染病流行地区从事野外作业工作，应当注射有关预防针剂，并采取必要的防范措施。如途经疟疾流行区，必须在出发前两周服用抗疟疾药片，在回归后一月内仍需继续服用。

（6）注意收听天气预报，每日出发前，应当了解当天的天气情况、行进路线及路况、作业区的地形地貌、地表覆盖等情况。

（7）在山谷、河沟、地势低洼地区或雨季作业应当做好防汛抗灾工作。雷雨时，应当尽量避开山脊或者开阔地、峭壁和高树。雨雪刚停止时，严禁立即在滑坡、狭隘的山道、悬崖、雪坡、冰川坡以及其他危险地段作业和行走。

（8）气温38℃以上时，应当采取降温措施或者避开高温期，选择在清晨、傍晚作业。

（9）在雪线以上高原地区从事野外作业工作，当气温低于－30℃时应采取防冻措施或停止作业。

（10）水上作业，应当配备救生工具。救生工具应放在明显、易取处。

（11）需骑马（或其他牲畜）时，应当熟悉所乘牲畜的脾气和特性，并经过一定的适应性训练。

（12）在悬崖、陡坡下作业时，应当清除上部浮石。在坡的上、下不能同时作业。

（13）在林区、草原地区进行野外作业，应当遵守防火规定，及时清除现场周围的小树杂草，并开辟防火道。

（14）进入危险地区从事野外作业工作，应由有经验的人员带领，并制定安全保障措施。

（15）野外作业途中，不论何种情况，不能单独外出作业。

（16）每天天黑以前，野外作业人员应当按约定时间返回指定营地。

警告：在野外作业期间，严禁擅自外出打猎、捕鱼、游泳等。

二、野外作业准备与装备

（一）出发前的环境/职业健康安全管理准备

（1）要了解工作区域的自然环境、地理、交通、治安、人文等情况。对于工作目的地，尤其是陌生的区域，了解的信息越多越好。尽最大可能对相关情况有更多了解：河流的走向和流速，水的落差、速度以及有无险滩等；山有多高，坡度如何；有何种植被；树的种类与分布如何；温度如何，日夜温差多少等。以有利于识别潜在的危险源、环境因素，制定相应的控制措施，并使项目人员都能了解。

（2）在疫区工作要接种疫苗和准备预防物品。

（3）野外作业要必须配备保健箱和急救包。

（4）认真检查交通工具（包括易损备件、千斤顶、钢丝绳、铁锹、木板、拉绳等）、生产工具、通信工具，确保性能良好，满足安全要求。

（5）在治安条件差或野兽出没的地区要做好保安工作。

（6）在少数民族地区工作进驻前要了解、学习有关风土人情知识。

（7）学习登山、攀岩、涉水、定向、找水等有关知识与技巧。

（8）检查路线是否明确，气候、身体状况如何，如有气候异常要做好预防措施。

（9）配发必需的个人劳动防护用品。

（10）再次检查交通、通信工具性能是否良好，安全救护装备是否带齐。

（二）西部艰险地区勘测时必要的装备

勘测设计单位应当按规定为野外从业人员配备野外工作服、救生包等劳动保护用品，必要时配备无线电台、卫星电话、GPS等安全保障装备。野外作业人员应当按规定正确穿戴劳动保护用品和使用安全保障装备。

适合野外地质作业者个体携带的无线电通信设备较少，但随着科学技术进步，野外作业通信装备将越来越小型化。无线电对讲机、卫星电话、小型车载或背负式无线电台等都可供选择。如通信设备无定位功能应携带GPS或北斗。

在野外作业时，根据需要，应配备相应的无线电通信装备，确保通信畅通。

1. 卫星电话

在我国西部艰险地区（如西藏、新疆、青海等）通信条件极差，普通的移动电话常常无法满足野外通信要求，卫星电话是野外通信较好的选择。目前，卫星电话有海事卫星电话、全球星卫星电话等几大运营商，各有特点，各有优势。目前在我国国内具有合法经营业务的卫星电话只有海事卫星电话和全球星卫星电话运营商。全球星是低轨道卫星电话，电话整机质量一般较轻，待机时间较长，具有一定的防水能力。

2. 手持式 GPS

GPS 一般具有智能查找航点，实时定位的功能。有的可连续记录运动轨迹点，在发生意外时，能够帮助搜索人员有目的地迅速进行搜寻救援。

3. 对讲机

目前市场上对讲机的种类很多，但适合野外作业工作需要的很少，主要因为对讲机依靠超短波通信，受地形、树木等障碍物影响。在野外使用靠移动电台中转，可增加通信距离。在视野开阔的丘陵地区，通过移动电台，对讲机通话能够实现 10km 以内的相互通信。

4. 背负电台

背负电台具有操作简单、体积小、质量轻等特点，具有紧急呼叫、数据传输传真、GPS 定位跟踪等多种功能，背负电台更为轻便，一人就可背着走，通过移动电台技术能与对讲机进行有效通信。

三、勘测作业相关的主要规程规范要求

勘测作业主要遵循的环境/职业健康安全管理规范及要求汇总见表 3－16。

表 3－16　勘测作业主要遵循的环境/职业健康安全管理规范及要求汇总表

活动/项目	规范、规程及要求
勘察设备（安装、使用、维护和保养及设备搬迁、安装、拆卸等）	GB 50585—2010《岩土工程勘察安全规范》，2010.12.01 实施。 本规范适用土木工程、建筑工程、线路管道工程的岩土工程勘察安全生产管理、纲要编写、现场作业安全评价、安全管理等。制定目的是贯彻执行国家安全生产方针、政策、法律、法规，保障勘察从业人员在生产过程中的安全和职业健康，保护国家和勘察单位的财产不受损失，促进建设工程勘察工作顺利进行，做到安全文明生产。 相关条款主要有：10.1 从设备安装、使用、维护和保养及设备搬迁、安装、拆卸等方面做出了规定。10.2 对钻探设备的迁移、安装、拆卸、连接及泥浆泵的使用和维护做出了规定
勘察辅助设备	GB 50585—2010《岩土工程勘察安全规范》，2010.12.01 实施。 相关内容 10.3，对勘察辅助设备包括离心泵、潜水泵、空气压缩机等设备的使用做出规定
勘察用电和用电设备	GB 50585—2010《岩土工程勘察安全规范》，2010.12.01 实施。 相关内容 11.1、11.2、11.3，分别对勘察用电和用电设备总体、勘察现场临时用电、用电设备维修与使用进行了规定
勘察现场临时用房	GB 50585—2010《岩土工程勘察安全规范》，2010.12.01 实施。 相关内容 13 章，对勘察现场临时用房的安全距离、用途（住人与非住人）、建筑材料、产品质量、构造要求和安全生产防护设施做了具体规定
工程地质测绘与调查	1. GB 50585—2010《岩土工程勘察安全规范》，2010.12.01 实施。 相关内容主要有： 4.1 对场地、环境条件做保护措施的统一规定； 4.2 对不同的场地、作业环境做不同规定； 4.3 对测量仪器、设备放置位置及作业人员的安全做出规定。 2. 黄河堤防工程地质测绘要求： （1）在堤防、越堤铁路及公路、辅道作业时，应在作业区四周设立安全标志。作业人员应穿戴反光工作服等。 （2）在险工坝头作业时，应穿防滑鞋

续表

活动/项目	规范、规程及要求
勘探作业	GB 50585—2010《岩土工程勘察安全规范》，2010.12.01 实施。 相关内容主要有： 5.1 主要是对勘察纲要编制进行了规定，包括现场危险源的辨识、安全防护措施、作业人员和勘察设备安全防护措施及其他特殊情况的作业安全防护措施，并规定了安全距离和人员数量等。 5.2 对钻探作业时的注意事项进行了规定，包括钻探组安全防护、钻探用具、钢丝绳、钻进作业、吊锤（穿锤）及孔内事故、回填等各个方面。 5.4 对洞探勘察做出了规定，需编制专项安全方案
坑槽探	1. GB 50585—2010《岩土工程勘察安全规范》，2010.12.01 实施。 相关内容主要有：5.3 对槽探和进探勘察做出了规定，包括断面规格和深度要求、井口安全防护、掘进速度、探进探槽作业时的注意事项等。 2. 黄河防洪工程坑、槽探要求： （1）作业组成员不少于 2 人，作业时两人之间距离不应超出视线范围，并应配备通信设备或定位仪器，严禁单人进行作业。 （2）作业时应采取安全生产防护措施，并应配备和携带急救用品和药品。 （3）作业时应配备饮用水，未经检测和消毒的地下水或地表水不得饮用。 （4）在堤防、公路、辅道附近作业时，作业人员应穿戴反光工作服。 （5）在险工坝头作业时，应穿防滑鞋。 （6）江、河防洪工程坑、槽探深度一般小于 2m。大于 2m 时，应采取临时支护措施或改用其他勘测方法。 （7）坑深大于 1m 时，坑边弃土应由专人清运至坑周边 1m 范围外。 （8）坑壁为松散地层、地下水埋深小于坑深时，应采取先支护后掘进或改用其他勘测方法。 （9）坑、槽探竣工验收后应及时回填。拆除支护结构应由下而上，并应边拆除边回填
特殊作业勘察	GB 50585—2010《岩土工程勘察安全规范》，2010.12.01 实施。 相关内容主要有： 6.1 主要是针对水域勘察，从踏勘搜集资料—纲要编制—作业期间人员、设备、操作等一系列规定（信号、安全标志、通信联络、天气水情的资料搜集、安全救生防护措施、平台搭建）—终孔后清除障碍物均做出了规定。 6.2 对不良地质作用地区、山区、低洼地带、沙漠荒漠、高原、雪地、冰上和坑道内勘察做出了具体规定。特殊地质条件包含岩溶、洞穴、旧矿坑、不良地质作用发育区。 6.3 对台风、暴雨、雷电、冰雹等特殊天气条件时人员、设备的安全防护工作做了相应的规定
室内试验	GB 50585—2010《岩土工程勘察安全规范》，2010.12.01 实施。 相关内容主要有： 7.1 对作业安全条件、作业环境、作业卫生做出相应的安全规定。 7.2 试验室用电设备很多，高温炉、烘箱等，该条对用电设备及用电要求和用电注意事项做了具体规定。 7.3 规定了在土、水试验过程中一些安全防护措施，同时对一些试验装置的使用做了相应规定。 7.4 对岩石试验前的检查仪器设备—试样制备—试验过程中的试验设备防护做了相应规定

续表

活动/项目	规范、规程及要求
原位测试与检测	GB 50585—2010《岩土工程勘察安全规范》，2010.12.01实施。 相关内容主要有： 8.1 依据原位测试、检测的作业特点和作业过程中的一些共性的安全问题做出了相应的规定。 8.2 针对标准贯入、静力触探、十字板剪切、旁压试验、扁铲试验、抽水压水注水试验分别做出了规定。 8.3 针对各项岩土工程检测做出了具体规定
工程物探	GB 50585—2010《岩土工程勘察安全规范》，2010.12.01实施。 相关内容主要有： 9.1 对物探中共性的安全问题做出了具体规定，尤其重要的是爆炸源使用前应对环境影响评价进行安全性分析评价。 9.2 对陆域作业中的用电、仪器检查、电缆、劳动保护等做出了相应规定。 9.3 对水域作业中的设备、用电等注意事项进行了规定。 9.4 对人工震源，主要是对爆炸震源做了使用规定
作业环境保护	GB 50585—2010《岩土工程勘察安全规范》，2010.12.01实施。 相关内容12章，包括危险品储存和使用、勘察现场防火、防雷、防爆、防毒、防尘、作业环境保护的相关具体规定

四、技术、质量、安全、环保交底

主要依据：《中华人民共和国安全生产法》《建设工程安全生产管理条例》等。

交底内容：技术交底的内容，主要是指勘察测量项目、设代服务等技术要求相关的内容。质量交底的内容，主要是指对勘察测量、规划设计等工作的质量要求，验收标准等内容。安全交底主要的依据是《中华人民共和国安全生产法》要求，内容主要包括三个方面：第一是可能有哪些安全隐患；第二是针对这些可能造成伤害的安全隐患，有哪些控制的措施，需要配备使用哪些防护用品等；第三是现场可能会有哪些突发事件，当突发事件发生时，应该怎样应急处置，现场配备哪些应急的物资等。环保交底的内容，主要是指钻探场区对环境保护有哪些特殊的要求，钻探过程的环保措施要求等。交底要保留证据。

交底的时机：勘测项目实施前、设代服务人员去现场前或作业前进行交底。

交底责任人：项目负责人/部门负责人。

被交底的范围：主要是勘测外业作业人员、设代服务人员。

容易漏掉的人员：在勘测外业临时雇用的劳务工人、租赁车辆的司机、在外业雇用的做饭的农村妇女等。新的《中华人民共和国安全生产法》将此类人的现场安全生产管理纳入雇用单位，从劳动关系界定上，单位对此类人的现场安全生产负主体责任。

对钻探临时用工的技术、质量、安全、环保交底，见附录5范例2；对测量临时用工的技术、质量、安全、环保交底，见附录5范例3。

五、作业现场对环境/职业健康安全管理风险和机遇管理的控制措施

勘测环境/职业健康安全管理是一项复杂的系统工程，它与人、机、环境等有着密切的联系。由于勘测自身工作的特点，环境/职业健康安全管理存在诸多困难。而环境/职业健康安全管理，尤其是安全生产又是勘测单位管理中的头等大事，它既关系到单位的经济

效益、职工身体健康和国家财产的安全，同时又为整个社会的稳定和发展提供了有力的保障。作为从事勘测的基层单位，由于其生产具有点多、面广、从业环境恶劣、人员及装备投入量大等特点，其环境/职业健康安全管理难度大，从业风险高，因而备受关注。

（一）安全措施

（1）作业现场设置安全标志，沟、坑等边缘设安全护栏。

（2）作业人员进入作业区域必须戴安全帽，严禁穿高跟鞋、拖鞋等进入作业现场。

（3）作业现场的临时设施应避开危险区域，易燃易爆物品、发电机等设置专门仓库专人进行管理，并采取必要的安全防护措施。

（4）在容易引起火灾或消防安全的危险区内，设置明显的标志，并配备足够的消防器材及设施，由专职消防人员加强作业过程中的消防检查，切实做好防火防爆工作。危险品存放场所符合相关规范要求。

（5）场区内道路经常维护，保持畅通，急弯、陡坡的道路地段设置明显的警告标志。

（6）作业用电设施布设竣工后，经验收合格方可投入使用。使用时明确管理机构并由专业人员负责运行及维护，严禁非电工拆、装作业用电设施。

（7）作业区域内设置足够的照明系统，凡可能漏电伤人或易受雷击的电器设备及建筑物均设置接地装置或避雷装置，并定期派专业人员进行检查。

（8）不定期地对安全生产实施全面检查，发现问题及时纠正。

（9）加强易燃易爆物品的管理，对易燃易爆物品实行专人管理并分开保管，严格执行使用规定，防止事故发生。

（10）进行安全宣传教育，对高、难、险的作业环节，配设醒目的安全标志和防护设施。

（11）勘测作业时，如天气预报遇强风天气，应立即在勘测现场周围悬挂幕布，幕布上部用铁丝、木桩等固定，下部用土堆埋，以防风刮走幕布。对所取样品应采取一定的保护措施，且勘测人员应撤至安全地带，强风结束后应进行勘测、测量设备的校正。

（12）作业时如遇下雨天气，应立即在勘测设备上方悬挂幕布，保护勘测和测量设备，幕布上部用铁丝等固定，对所取样品应采取一定的保护措施，且勘测人员应撤至安全地带，下雨结束后应进行勘测、测量设备的校正。

（13）在作业过程中，安全生产措施不落实不准动工，实行安全生产一票否决制，并实行严格的安全奖惩制度。

（二）健康措施

（1）项目负责人对本项目勘测人员职业健康管理全面负责。

（2）进入现场前组织本项目勘测人员进行职业健康检查，并建立相关的健康监护档案。

（3）负责为勘测人员做安全培训，并监督检查勘测人员佩戴劳保用品的情况。

（4）每日巡查勘测人员佩戴劳保用品的情况，并负责作业场所职业卫生隐患检查及治理。

（5）定期进行有关职业健康的宣传教育，普及职业健康防治的知识，增强职业健康防治观念，提高勘测人员自我健康保护意识。

（6）确保使用有毒物品作业场所与生活区分开，作业场所不得住人。有害作业与无害作业分开，高毒作业场所与其他作业场所隔离，使勘测人员尽可能减少接触职业危险源的机会。

（7）在可能发生急性职业损伤的有毒有害作业场所按规定设置警示标志、报警设施、冲洗设施、防护急救器具专柜，设置应急撤离通道和必要的泄险区。确定责任人和检查周期，定期检查、维护并记录，确保其处于正常状态。

（8）发现职业病人或疑似职业病人时，及时向所在地卫生部门报告。确诊的人员，还应当向所在地劳动保障人事部门报告。

（9）每周至少组织一次全体勘测人员的安全培训，并做好培训记录。

（三）环保措施

与勘测活动和服务有关的主要环境因素见附录4。

勘测作业过程控制措施主要有以下方面：

（1）重大的环保问题，应在勘测平面图上标注其位置和说明。

（2）在保证安全的情况下，尽量限制测线的宽度。

（3）在能安全行走的情况下，保护较短小的植被、低矮灌木和草丛。

（4）植被枯干时要采取严格的防火措施，禁止吸烟和生火。

（5）在穿过管道、小路或水流的地方不要砍伐树木。

（6）车辆只能在规定的路上行驶。

（7）作废的记录纸应集中回收处理。

（8）钻探过程遇到泉眼时应尽快封孔。

（9）注意防火工作，禁止随便吸烟，在干燥和植被丰富的地区严禁吸烟和动用明火。

（10）被车辆破坏的沟渠、河坝要及时修整。

（11）限制车速以避免损坏表土和扬起尘土。

（12）车辆在加油、修理时要严格控制泄漏，一旦发生泄漏，必须进行妥善处理。

（13）车辆上须配备合适的灭火器。

（14）控制参观者和未经允许的人员进入作业区。

（15）不得追杀、惊吓野生动物；如工区有濒危物种，教育员工认识它们并保护它们；如有重大的野生动植物问题，向当地有关部门报告。

（16）进入一般文物保护范围内作业时，项目组应对作业人员进行文物保护教育，明确文物保护的具体要求；在文物保护敏感地区作业时，必须征得当地文物保护主管部门的同意，将区内重点文物保护对象在任务书上标注清楚；如施工中发现文物迹象，应立即采取保护措施，做好标记，并及时向当地文物部门报告。

（17）如在环境敏感地区作业，勘测队应首先与当地政府和环境保护主管部门事先沟通，达成必要的一致意见，同时采取可行的措施，把勘测对环境造成的损害降低到最低程度。

（18）勘测作业完成后，勘测队应回收所有废品，回填钻孔恢复原貌，填实、压平污水坑；野外现场修理设备时，要对废油进行妥善处理等。

（四）专业区域、特殊天气等进行勘测作业的环境/职业健康安全管理控制要求

我国地域辽阔，地形复杂的地区较多，尤其是无人居住的地质工作区，野外生存条件极差，环境十分艰险。在山区、林区、沙漠、高原等地区开展野外作业工作，一般说，应遵循下面要求。

1. 山区（雪地）作业

(1) 配备登山、雪地装备，遇大雾、大雨、雷电来临等情况下，应停止作业和行进，并采取相应保护措施。

(2) 作业人员应当掌握在陡坡、悬崖、峭壁、冰川、雪地等危险地段的行走方法、自救及互救方法、登山装备等的使用方法。

(3) 在大于30°的坡道或悬崖峭壁上作业，应当使用带有保险绳的安全带，保险绳一端应固定牢固。

(4) 上、下陡坡、悬崖、峭壁，应当采取长距离的Z形路线行进。

(5) 两人以上行走距离应在视线范围之内。

(6) 在积雪、悬崖、碎石堆积地段及不稳定岩石分布的峡谷中行进，应防止产生大的震动、声响。

(7) 进入易雪崩地区，行进中应系紧腰带并放长雪崩绳，各行进小组应保持5人以内；徒步行进时，各组距离应当大于100m；使用滑雪板滑行时，各组距离不小于150m，同时放松滑雪板固接处、手脱出手杖上的活扣。

(8) 遇雪崩时，应当迅速卸下滑雪板、手杖和背包，并借助冰镐、绳索等工具将身体牢牢地固定，活动上臂向上挺，做浮游运动，防止进入雪崩深处。人被雪粒掩埋的情况下，尽量在雪下建立呼吸空间，防止雪沫堵塞口、鼻。

(9) 在野外行进，应做到“看景不走路，走路不看景”，以防摔跤和坠崖。

2. 林区作业

(1) 随时确定自己的方位，与同行人员保持联络。

(2) 作业路线上留下标记。

(3) 配备必要的砍伐工具。

(4) 前人行走时要防止树枝回弹伤及后人。

(5) 进入林区要时刻注意防火，禁止吸烟，严格遵守林区防火规定。

(6) 林区生火，应当看清风向、风速，选择在下风处生火。生火后应当有专人看守，离开时，应当熄灭残火。

(7) 当林区出现火灾预兆（烟味、烧焦味、烟雾、野兽和鸟类向同一方向奔跑和飞驰等）时，应当迅速寻找并撤离到安全地点（林中旷地、河边等）。

(8) 进入林区，应穿戴好防护服装，防止感染森林脑炎、接触性皮肤过敏症。

(9) 了解所工作的林区有无当地群众狩猎用的弩箭、套索、夹具、陷阱以及爆炸品埋设深度、部位等。

(10) 防止寒带森林中（多蛇）、潮湿密林中（多蚊虫）有害小动物的叮咬。

3. 沙漠、荒漠地区作业

(1) 配备宽边遮阳帽、护目镜、指南针、防晒和消毒药品。

（2）进入沙漠、荒漠地区工作前，应当了解该地区现有水井、泉水及其他饮用水源的分布情况。

（3）应当备有足够的饮用水，并合理饮用，出发前、归营后多饮水，作业和行进中少饮水。

（4）作业人员应当掌握沙尘暴来临时的防护措施；应熟知沙漠海市蜃楼景观的有关知识。

（5）作业过程中，应随时利用路口、小路、井、泉等主要标志和居民点确定自己的位置。

（6）当气温为38℃以上高温时，且没有降温设施的情况下，应停止作业。工作时间最好选择在清晨或傍晚。

警告：不得饮用新发现水源水和没有烧开、消毒的水。

4. 高原地区作业

（1）进入高原应当多食用高糖、多维生素和易消化的食品。饮食应当适宜，禁止饮酒，注意保暖，防止受凉和上呼吸道感染。

（2）初入高原，应当避免剧烈活动，日海拔升高一般应不超过1000m。乘车上、下山，途中应当分段停留，嘴应尽量做咀嚼吞咽的动作，以平衡体内外气压。

（3）在空气稀薄或海拔3000m以上地区作业，应当配备氧气袋（瓶），减少工作时间，减轻负重。

（4）在雪线以上高原作业，应当配备防冻装备及药品，在温度低于−30℃时应当采取防冻措施或停止作业。

（5）野外步行作业，应佩戴风镜，雪山、冰川地区，应采取防雪盲措施。夏季光照强烈时，应防止中暑和高原性唇炎及日光性皮炎发生。

5. 沼泽地区作业

（1）进入沼泽地区，应集体统一行动，并由经验丰富的人引路。作业人员应头戴黑色绢网，手戴皮手套，扎紧工作服袖口和裤脚，预防毒虫叮咬。

（2）查清地貌和植被，标识已知危险区，再作业。

（3）用树枝、竹竿、木板等铺成道路，通过危险区域。

（4）用结实工具支撑身体和探测沼泽深度。

（5）脚踏实地，严禁蹿跳；遇泥潭沼泽，严禁脚跟脚行走。

（6）陷入沼泽，应当横握手中木棍、竹竿等，或者抱住湿草，保持冷静，不惊恐乱动。救护者应当站在稳定的地方，通过木棍、竹竿、绳索等救出遇险者。

（7）能见度不足时，禁止进入沼泽地区。

（8）每日工作后返回营地，应及时做好皮肤卫生保健，防止皮肤溃烂。

6. 水面或水系发育地区作业

（1）选择船只应当满足安全要求。人与物资在船上应当平均分置，严禁人员坐在船舷上渡过激流险滩。

（2）作业船锚绳固定地点，应当配备专用太平斧。

（3）暴风雨、飓风来临时，应当停止作业，人员离船上岸。

（4）在作业水域，应当设置防浪船或防浪排。

（5）定期对水上救生装备进行浮力检验。

（6）在水深0.65m以内，流速小于3m/s，或者水深0.5m以内，流速3m/s，需要涉水过河时，应当采取保护措施。通过流速快、河水深的河流，应当架设临时过河设施。

7. 军事、边防、机场、铁路作业

在军事、边防、机场等特殊地区进行野外作业时应注意如下事项：

（1）在边防线作业时，必须事先通知当地边防站，并在他们的允许和带领、协同下，进行作业。

（2）在火炮射击场、打靶场、飞机场进行作业时，必须取得有关部门的许可，方可在指定地区内作业。

（3）进入军事要地、边境或其他特殊地区作业时，要事先征得有关部门同意，并严守有关安全规定。

8. 沿铁路、公路及进入特殊地区作业

（1）在铁路、公路上作业时，必须遵守铁路和公路交通管理部门的有关安全规定。

（2）在铁路两侧禁区作业时，应与路段管理部门取得联系，并尽可能缩短在路基上停留的时间，设专人放哨，预告火车通过情况。火车通过时，人员要离开路基两侧1m以外。

（3）沿铁路路基行进时，不得进入轨道内。火车通过时，要保持距离，站立等候，同时谨防车内向外丢弃物品被砸伤。要尽可能缩短人员在路基上的作业时间。

（4）在桥梁和隧道附近以及公路弯道和视线不清的地点作业时，应事先采取安全措施，安排专人担任安全指挥。

（5）听力或视力不好的职工，禁止在铁路和公路上单独作业。

（6）工间休息应尽可能离开铁路、公路路基，选择安全地点。

9. 城镇作业

（1）应持有效证件或公函与有关部门取得联系，并了解当地的社会治安等情况，以保证作业人员的安全。进入居民宅院时，应先说明情况再进行作业。

（2）在马路上作业时，要有明显的安全标志和专人担任安全指挥，必要时事先同交通民警取得联系，争取支持。

（3）作业中以自行车代步者，要遵守交通规则，严禁骑快车和撒把骑车。

（4）进行地下管线测量，要了解管线的基本情况，针对管线中的有毒、有害气体和高温、高压等不安全因素，采取相应的安全措施。在管井下作业时地面必须留人，现场要有专人负责指挥，以确保作业人员和行人的安全。

10. 渡河作业

（1）要慎重选择渡口，了解河床地质、水深、流速、温度等情况，采取安全方法渡河。必要时应在当地雇请向导。

（2）水深在0.6m以内，流速不超过3m/s，或者流速虽然较大但水深在0.4m以内时方允许徒涉。乘骑徒涉时一般只限于水深0.8m以内，同时应逆流斜上，不要中途停留。

（3）遇较深、流速较大的河流，应绕道寻找桥梁或渡口。通过轻便悬桥或独木桥时，每次只许通过一人，必要时应架设安全护绳。

（4）利用小船或其他水运工具时，应检查其安全性能，并找有经验的水手操纵，严禁超载。

（5）严禁在无安全保障的条件下和河流暴涨时渡河。野外作业期间禁止游泳。

11. 炎热天气野外作业

预防措施：

（1）配备防晒宽边帽和隔热登山鞋、运动鞋。

（2）携带足量饮用水（可根据爱好加少量食盐、茶叶、甘草等）和十滴水、人丹等防暑药品。

（3）调整作息时间，尽量避免中午在太阳直照下工作。

12. 雷电天气作业

户外作业应避开雷雨、暴雨等恶劣天气，如遇雷电、暴雨天气，应做到以下事项：

（1）个体防护：必须外出时，最好穿胶鞋，披雨衣，可起到对雷电的绝缘作用。

（2）在雷阵雨较大时，尽量不要大跨步跑动，应及时到有防雷装置的屋里躲避，如果不能及时躲避，对突来雷电，应立即下蹲降低自己的高度，可以就地蹲下和双脚并拢，并把所带的导电金属物丢到一边，以减少跨步电压带来的危害。

（3）不要在涵洞、立交桥低洼区、较高的墙体、树木下避雨；避开灯杆、电线杆、变压器、电力线及其附近的树木等有可能连电的物体；在空旷场地不要使用有金属杆的雨伞，不要拨打或接听手机；在空旷的郊外无处躲避时，不要跑动，不要打雨伞等物件；不要接近一切电力设施，如高压电线、变压电器等。

（4）遭受雷电袭击时，要立即扑灭遭受雷击者身上的火焰，让伤者平卧，松解其衣扣、腰带等，不要垫高头部，以利呼吸，迅速拨打“120”急救电话。

（5）如多人聚集室外，勿相互挤靠，防止被雷击中后电流互相传导。

13. 雨季野外作业防洪防汛

因降雨而造成的灾害主要有：山洪暴发、崩塌、滑坡、泥石流、江河涨水、山路泥滑等。

防范措施有：

（1）项目策划过程中合理安排，野外作业尽量错开雨季。

（2）注意收听、收看天气预报，野外尽量避开雨天作业。

（3）了解工作区的地形、地貌、气候、地质水文等条件，大致掌握雨季易发生的自然灾害。

（4）野外作业时碰巧突然下雨，应提高警惕，拟定应变措施，严禁强行涉水及在不安全的坡、坎下避雨。

14. 临海作业防台风

防范措施有：

（1）台风自发生至登陆，往往在一至两天甚至几天之内，应注意收听、收看台风警报，注意台风走向，提前做好防风准备。

（2）根据台风级别提前做好野外驻地房屋的压顶、支撑、加固工作，并检查房屋前后及左右树木、电线杆等的牢固程度，必要时需对树木进行裁枝，并对树干、电线杆进行绳索加固，防止折断、倒下并砸伤人或砸坏物品。

(3) 台风登陆的同时往往伴随大量降雨，应同时做好防洪、防汛工作。

15. 山区作业防毒蛇、猛兽及捕猎圈套

防范措施有：

(1) 预备蛇药，在草丛中穿行时要注意“打草惊蛇”。

(2) 遇到毒蛇、猛兽时，尽量绕道通过，不与其正面相遇。

(3) 在深山老林作业时要大声说话或吹口哨，以吓走猛兽。

(4) 野外作业不巧碰到阴雨天气或天黑未能下山时，要提高警惕，尽可能取一段木棍在手或点燃自制火把，另外，还应警惕当地猎户设置的猎枪、索套。一般来说，在猎人设置圈套的地方附近，往往设有记号，如在路边打上草结或在树上砍个刀痕等，野外作业时应仔细观察，防止中圈套。

16. 防机械伤害和物体打击

野外作业均应配备医药箱，内装简单急救所需的药品、工具、物资等。

工作中必须正确穿戴劳动保护用品，落实野外作业监护人，互相配合。

钻探作业时，应平稳起吊，吊车臂和设备下、工作区的死角不得站人，有专人指挥吊杆装卸和押运。

严禁违章指挥、纠正违章行为，停止违章作业。

17. 高处作业注意事项

(1) 6 级风以上（含 6 级风）、雨雪天气严禁高处作业。

(2) 高处作业前及时清理作业面的泥浆、积雪、积冰，防止滑倒、坠落。

(3) 登高作业时，要认真检查攀登工具和安全带，保证完好。攀登时所携带的物品不能过重。现场作业人员要戴好安全帽。

(4) 上下钻台和高架槽作业时，注意力集中，下梯子必须手扶扶栏，防止滑倒坠落伤人。

(5) 向上传递仪器和工具时，牵引的绳子须拴结实，滑轮转动要灵活，而且要有专人负责。严禁投抛工具。

(6) 登高作业禁止嬉笑、打逗等一切与作业无关的行为。

(7) 患有严重心脏病、高血压、癫痫、眩晕等高空禁忌症的人员以及酒后人员不许登高作业。

18. 勘察、试验及设代服务等用电作业注意事项

(1) 确保试验室烤箱等设备接地良好。

(2) 使用电器前仔细检查接地、接零情况及导线接头、包缠情况。

(3) 定期对用电设备、设施的绝缘性能进行检查。

(4) 所有电器设施有防雨、防潮措施。

(5) 严禁用湿手或戴湿手套进行电器操作。

(6) 检修或更换电动脱气器时，关电源，上锁挂签，并派专人监控。

(7) 室内检修设备时，断其相关电源。

(8) 更换其他传感器时，必须和井队联系，申请办理上锁挂签，停止相关钻井设备。

19. 工程测量、工程勘察外业临近带电体作业

(1) 保持最小安全距离：1.1kV以下距离为4m；1～10kV距离为6m；35～110kV距离为8m；154～220kV距离为10m；350～500kV距离为15m。

(2) 防感应电措施：如使用有绝缘柄的工具，工作时应站在干燥的绝缘物上进行或穿绝缘靴、导电鞋等，严禁使用锉刀、金属尺和带有金属物的毛刷、毛掸等工具；作业人员穿长袖工作服，并采取戴手套和安全帽或穿着静电感应防护服、全套屏蔽服等防静电感应措施。

(3) 安排专人监护。

20. 工程测量、工程勘察、设代服务涉水作业

(1) 渡河。

渡河前了解河情：要慎重选择渡口，了解河宽、河床地质、水深、流速、温度、上游水库电站放水等情况；采取安全方法渡河。必要时应在当地雇请向导。

徒步涉水过河时，在水深0.65m以内，流速小于3m/s，或者水深0.5m以内，流速3m/s，需要涉水过河时，应当采取保护措施。通过流速快、河水深的河流，应当架设临时过河设施。同时应逆流斜上，不要中途停留。

遇较深、流速较大的河流，应绕道寻找桥梁或渡口。通过轻便悬桥或独木桥时，每次只许通过一人，必要时应架设安全护绳。

严禁在无安全保障的条件下和河流暴涨时渡河。野外作业期间禁止游泳。

选用船渡时：应找有经验的水手操纵，配备救生设施，不超载、不超员、不超重，人与物资在船上应当平均分置，严禁人员坐在船舷上渡过激流险滩。

(2) 水上作业。

水上施工许可：比如长江航道上施工，开工前须与航运、航务、水上公安部门联系，取得水上施工许可证。

运行要求：工作人员应配救生衣，禁止单人上船作业。定期对水上救生装备进行浮力检验。

作业平台：可根据施工水域水文条件确定，常用的有围堰筑岛平台、漂浮式平台、木笼或桁架平台、索桥平台、船舶平台等。

钻探船上应备有足够的救生衣、救生圈、医药箱、通信设备、消防器材等，并放置在明显的位置。

钻探船四周安设牢固的防护栏，栏杆上悬挂醒目的施工信号旗，钻探船定位锚绳上方设置浮标，并配有交通航运安全警示灯。

夜间无论是否施工都必须开启照明灯，为过往船只引航，以免发生撞船事故。

在作业水域，应当设置防浪船或防浪排。

作业船锚绳固定地点，应当配备专用太平斧。

环境要求：随时监听天气预报，观察水位情况，如遇雨雪天气、六级以上强风天气，应当停止作业，人员离船上岸。

21. 爆破作业注意事项（勘察外业中物探采用地震波法）

依据：适用于勘察外业中物探采用地震波法作业，《中华人民共和国民用爆炸物品安全管理条例》、GB 6722—2014《爆破安全规程》。

爆破作业单位许可：爆破作业单位应获得当地公安机关颁发的“爆破作业单位许可证”。

爆破前的工程现场勘察：爆破前应进行工程现场勘察，应对爆区周围的自然条件和环境状况进行调查，弄清周围有无高压线，调查地下有无管线以及了解被爆破体的岩体结构、构造、岩性等；了解危及安全的不利环境因素并采取必要的安全防范措施等。

爆破设计：进行爆破设计，编制爆破设计书，并附安全验算结果。

行政部门审批与安全评估：依据《中华人民共和国民用爆炸物品安全管理条例》规定，进行大型爆破作业时，施工单位必须事先将爆破作业方案报县、市以上主管部门批准，并征得所在地县、市公安局同意，方得爆破作业。

确认：安全防护设施、设备。

持证上岗：爆破作业单位的领导人、爆破技术负责人、工程项目负责人、工程项目爆破技术负责人、爆破员、安全员均应持证上岗；依据爆破设计、爆破安全规程作业，有专人监控。

爆破影响区的管理：加强安全警戒，禁止一切无关人员进入现场，并在爆破区域周围插红旗示意；对重点保护建筑等采取防护措施。

爆破器材运输、储存、使用管理：爆破器材运输、储存、使用严格按法律法规及规范规定，爆破器材领发清退应做到账、卡、物一致。炸药、雷管须分存分运，指定专人负责。必须严格遵守铁路、交通运输等部门的规定，绝对禁止偷运和强运。

爆破风险规避：《爆破安全规程》4.2.1.5 条款规定：爆破勘测设计单位、作业人员及其承担的重要爆破工程均应投购保险。

应急：应事先制订应急预案。

第二节　变　更　管　理

变更管理是指对人员、工作过程、工作程序、技术、设施等永久性或暂时性的变化进行有计划的评估和控制，以确保在变更实施过程中不会引入新的职业健康安全危害及环境污染，并且保证当前已存在的职业健康安全危害、环境因素对员工、公众及周边环境的影响不会在不了解的情况下增加。

变更管理是职业健康安全/环境管理系统中非常重要的环节。变更带来的风险往往是人们难以预料的，在现实工作中有很多事故由于不合理或不受控的变更而导致灾难性后果。水利工程勘测在施工过程中存在人身伤亡、机械伤害、触电事故、中毒、山体滑坡等各种灾害、环境污染等诸多风险，水利工程施工过程中的设计变更往往给施工带来新的风险，许多重特大事故都与变更过程管控不到位有直接的关系。所以，从流程和管理上控制变更风险，做到有序变更是变更管理的目标，系统开展变更管理对勘测设计单位的管理思维会带来新变化，实行变更管理会改变过去在职业健康安全/环境管理中凭主观、单因素思维的方法到严格按照程序执行和系统思维分析方法，全面评估变更带来的职业健康安全/环境风险和后果，确保变更风险得到控制。

本节主要对勘测设计单位变更管理中的主要问题、变更管理的审批和实施、典型的变更活动、水利工程设计安全变更的管理、程序/标准的变更、法律法规的变更、机构/人员的变更等进行了详细的阐述。希望能够帮助水利行业的勘测设计单位尤其是创建和运行符合自身需要的变更系统起到一定的指导和帮助作用。

一、变更管理中的主要问题

健康、安全、环保是许多勘测设计单位奉行的核心价值观之一，要实现卓有成效的健康安全环保管理系统，作为单位高层主管要公开对健康安全环保做出承诺，亲身参与并且全力支持，这是实现健康、安全、环保管理系统成效卓著的重要因素。变更管理中存在以下问题。

1. 变更的分类不全

有些勘测设计单位虽然有变更分类，但没有同类替换或紧急变更的规定，比如存在设备变更后所产生的连带变更未能同时完成变更的情况。

2. 基础资料不完整

由于技术设备基础资料信息不全，有些勘测设计单位有时依赖于技术人员的个人经验或取得主管的口头授权即实施变更，造成变更管理的不完善。

3. “以低代高”问题

在变更管理中，有些勘测设计单位或员工为减少审批时间和程序，存在“以低代高”、随意变更的情况，变更管理审核不够全面，有可能造成风险识别有漏洞。

4. 连带变更问题

有些勘测设计单位在连带变更管理方面开展不够深入。如人员变更方面，人员减少是否能够满足岗位要求，替岗人员能否能够胜任，后备人员的准备等问题。在连带变更中的设备等带来的新风险识别及控制措施等，都需要深入全面系统开展连带变更管理。

二、变更管理的审批和实施

即使是微小变更，也可能会造成严重的事故，所以在变更和操作之前由有资质的人员进行相应的评审和批准。变更管理的审批应视变更影响范围及所需调配资源的多少来确定，审批人应针对本部门职能分工，就变更所带来的影响系统评价后方可批准。变更核准人需在所有审批人的意见得到确认后才能授权批准执行变更。批准后的变更要严格按照变更审批确定的内容和范围实施，并对变更过程实施跟踪。涉及作业许可和安全检查的，应按勘测设计单位规定办理作业许可和安全检查。

在变更的实施过程中，还要对影响或涉及相关人员进行宣传或沟通。相关人员包括：变更所在区域的人员、变更管理涉及的人员、相关的直线组织管理人员、承包商、设备设施供方人员、外来人员、相邻社区的人员及其他相关的人员。职能部门应定期开展变更管理的专项检查及对相关人员实施培训，确保相关规定能被有效遵守执行。

水利工程变更的审批和实施见本节。其他变更管理的审批和实施包括以下要素：

（1）变更申请。包括申请人的姓名、申请日期、变更的理由等。

（2）变更审批。勘测设计单位应明确哪些部门、人员参与变更的审核，谁具有变更的批准权限。参与这类变更的审核部门通常是生产管理部门、生产部门、项目负责人；如果与环境/职业健康安全有关，环境/安全主管部门的负责人也会参加，但最终批准人一般是勘测设计单位指定的技术负责人。在批准前，必要时需做可行性研究、风险分析。对危险范围较大及危险程度较高的变更，主管部门应组织相关职能部门进行危险性分析，根据分析结果决定是否批准变更申请，不论变更申请是否批准，都应将结果反馈至变更申请人及所有相关部门。

（3）变更验证。变更实施结束后，应由变更主管部门或授权人对变更的实施情况进行验证，形成文件，并及时将变更结果通知相关部门和有关人员。

三、水利工程设计安全变更的管理

（一）项目安全设计变更的主要内容

变更是一个重要而广泛的课题。涉及与安全设计变更相关的内容如下。

（1）基础工程设计文件对《建设项目设立安全评价报告》及审批意见的变更：①建设项目外部安全防护距离发生变化的；②变更建设地址的；③变更主要装置、设备、设施平面布置的；④变更技术、工艺或者方式和主要装置、设备、设施的；⑤建设项目涉及的危险化学品品种、类别、数量超出已经通过安全审查的建设项目范围的。

（2）详细工程设计对基础工程设计文件安全审批意见的变更：①主要安全设施变更且影响安全功能；②平面布置局部变更。

（3）采购订货和施工安装对详细工程设计文件中安全设计的变更。

（4）采纳 HAZOP 等过程危险源分析提出的建议所进行的安全设施设计变更等。

（二）项目安全设计变更的管理程序

设计变更控制是确保水利建设项目安全性的重要措施。设计单位应建立项目安全设计变更管理程序，严格按程序进行变更管理。

变更管理程序可以与本单位质量管理体系设计变更管理程序合并实施，但应包含下列项目安全设计变更的具体要求：

（1）任何相关方的变更要求都应按程序提交书面变更申请。

（2）设计变更实施前应得到批准，任何未经批准的变更方案不得实施。

（3）对设计变更应进行评审、验证和确认，变更评审应包括过程危险源辨识和风险再评价，以及更改对已交付设计文件及其组成部分的影响。

（4）明确变更内容、责任人员和控制要求。

（5）受潜在变更影响的各单位、各专业、各相关人员（包括设计、施工、操作、维修和合同方人员等）能及时收到设计变更的通知和接受相关培训。

（6）与变更相关的各专业都应参与变更单的编制，及时提交和跟踪变更单。

（7）及时提交和填写文件更新申请单，以保证最终的文件均为变更后的有效文件。

（8）应建立“变更紧急放行控制程序”，防止因紧急放行带来的风险。

（三）项目安全设计变更的实施

（1）设计单位应保证全体项目设计人员都了解安全设计变更管理程序。

（2）设计单位应与包括建设单位、施工单位在内的各相关方建立安全设计变更沟通渠道，保证项目安全设计变更管理程序为各相关方所理解和接受。

（3）设计单位应确保来自任何相关方的设计变更要求都严格按变更管理程序执行。

（4）项目安全设计文件因验证和内部审查后更改，应按设计单位设计变更管理程序文件规定进行更改，确认后签署。

（5）建设单位、施工单位和其他协作、分包单位来往反馈意见的更改，应按程序提交变更申请单位的最终确认。

(6) 采购、施工阶段安全设计更改，按设计单位设计变更程序文件规定执行。

(7) 项目安全设计文件图纸经相关监督管理机构批复后，如有重大安全设计方案变更时，应重新报原管理机构进行审查、批复和确认。

(四) 附《水利工程设计变更管理暂行办法》

1. 依据

《水利工程设计变更管理暂行办法》，于2012年3月15日印发（水规计〔2012〕93号）。

2. 适用范围

第二条 本办法适用于新建、续建、改（扩）建、加固等大中型水利工程的设计变更管理，小型水利工程的设计变更管理可以参照执行。

3. 水利工程设计变更分类

第七条 工程设计变更分为重大设计变更和一般设计变更。重大设计变更是指工程建设过程中，工程的建设规模、设计标准、总体布局、布置方案、主要建筑物结构形式、重要机电金属结构设备、重大技术问题的处理措施、施工组织设计等方面发生变化，对工程的质量、安全、工期、投资、效益产生重大影响的设计变更。其他设计变更为一般设计变更。

第八条 以下设计内容发生变化而引起的工程设计变更为重大设计变更：

（一）工程规模、建筑物等级及设计标准

1. 水库库容、特征水位的变化；引（供）水工程的供水范围、供水量、输水流量、关键节点控制水位的变化；电站或泵站装机容量的变化；灌溉或除涝（治涝）范围与面积的变化；河道及堤防工程治理范围、水位等的变化；

2. 工程等别、主要建筑物级别、抗震设计烈度、洪水标准、除涝（治涝）标准的变化。

（二）总体布局、工程布置及主要建筑物

1. 总体布局、主要建设内容、主要建筑物场址、坝线、骨干渠（管）线、堤线的变化；

2. 工程布置、主要建筑物型式的变化；

3. 主要水工建筑物基础处理方案、消能防冲方案的变化；

4. 主要水工建筑物边坡处理方案、地下洞室支护型式或布置方案的变化；

5. 除险加固或改（扩）建工程主要技术方案的变化。

（三）机电及金属结构

1. 大型泵站工程或以发电任务为主工程的电厂主要水力机械设备型式和数量的变化；

2. 大型泵站工程或以发电任务为主工程的接入电力系统方式、电气主接线和输配电方式及设备型式的变化；

3. 主要金属结构设备及布置方案的变化。

（四）施工组织设计

1. 主要料场场地的变化；

2. 水利枢纽工程的施工导流方式、导流建筑物方案的变化；

3. 主要建筑物施工方案和工程总进度的变化。

第九条 对工程质量、安全、工期、投资、效益影响较小的局部工程设计方案、建筑物结构型式、设备型式、工程内容和工程量等方面的变化为一般设计变更。水利枢纽工程中次要建筑基础处理方案变化、布置及结构型式变化、施工方案变化，附属建设内容变化，一般机电设备及金属结构设计变化；堤防和河道治理工程的局部线路、灌区和引调水工程中非骨干工程的局部线路调整或者局部基础处理方案变化、次要建筑物布置及结构型式变化，施工组织设计变化，中小型泵站、水闸机电及金属结构设计变化等，可视为一般设计变更。

第十条 涉及工程开发任务变化和工程规模、设计标准、总体布局等方面较大变化的设计变更，应征得可行性研究报告批复部门的同意。

4. 设计变更文件编制

第十一条 项目法人、施工单位、监理单位不得修改建设工程勘察、设计文件。根据建设过程中出现的问题，施工单位、监理单位及项目法人等单位可以提出变更设计建议。项目法人应当对变更设计建议及理由进行评估，必要时，可以组织勘察设计单位、施工单位、监理单位及有关专家对变更设计建议进行技术、经济论证。

第十二条 工程勘察、设计文件的变更，应委托原勘察、设计单位进行。经原勘察、设计单位书面同意，项目法人也可以委托其他具有相应资质的勘察、设计单位进行修改。修改单位对修改的勘察、设计文件承担相应责任。

第十三条 涉及其他地区和行业的水利工程设计变更，必须事先征求有关地区和部门的意见。

第十四条 重大设计变更文件编制的设计深度应当满足初步设计阶段的技术标准的要求，有条件的可按施工图设计阶段的设计深度进行编制，主要内容应包括：

（1）工程概况，设计变更发生的缘由，设计变更的依据，设计变更的项目和内容，设计变更方案及技术经济比较，设计变更对工程规模、工程安全、工期、生态环境、工程投资和效益等方面的影响分析，与设计变更相关的基础及试验资料，项目原批复文件。

（2）设计变更的勘察设计图纸及原设计相应图纸。

（3）工程量、投资变化对照清单和分项概算文件。

一般设计变更文件的编制内容，项目法人可参照以上内容研究确定。

5. 设计变更的审批与实施

第十五条 工程设计变更审批采用分级管理制度。重大设计变更文件，由项目法人按原报审程序报原初步设计审批部门审批。一般设计变更文件由项目法人组织审查确认后实施，并报项目主管部门核备，必要时报项目主管部门审批。设计变更文件批准后由项目法人负责组织实施。

第十六条 特殊情况重大设计变更的处理：

（1）对需要进行紧急抢险的工程设计变更，项目法人可先组织进行紧急抢险处理，同时通报项目主管部门，并按照本办法办理设计变更审批手续，并附相关的影像资料说明紧急抢险的情形。

（2）若工程在施工过程中不能停工，或不继续施工会造成安全事故或重大质量事故的，经项目法人、监理单位同意并签字认可后即可施工，但项目法人应将情况在5个工作日内报告项目主管部门备案，同时按照本办法办理设计变更审批手续。

第十条 涉及工程开发任务变化和工程规模、设计标准、总体布局等方面较大变化的设计变更，应征得可行性研究报告批复部门的同意。

四、程序/标准的变更

程序/标准的变更属于文件的管理，也包括申请人的姓名、申请日期、变更的理由、HSE风险辨识等。一般是在程序/标准执行过程中，执行人提出修改意见，通过一定的审核、批准程序进行修改，修改后的文件应同时将相关的文档管理信息也进行修改，如版本号、修改日期、批准人等。程序/标准变更后，应告知相关使用人员，如果是非常关键的变更，必要时应进行相应的培训。

五、法律法规的变更

在法制社会中运行的勘测设计单位，必然会受到社会各种法律法规和其他要求的限制，因此法律法规和其他要求的变化有可能对勘测设计单位的运作造成影响，这种影响往往是巨大、深远的。特别是当勘测设计单位处于不熟悉的法律法规环境中运作时，更应该关注和识别出法律法规的变更所带来的风险，这种风险不仅限于HSE方面，还包括财务制度、税率、员工保障等。对法律法规和其他要求的跟踪和识别，通常依靠勘测设计单位内部的职能管理部门或聘请外部咨询公司、律师等完成。

六、机构/人员的变更

当勘测设计单位的组织机构发生重大变更或关键人员发生变更时，勘测设计单位应评价这种变更所带来的HSE风险。组织机构的变更包括部门的分离、合并、重组和下属单位的并购、剥离等，关键人员的变更包括提拔、换岗、调离、补充等。勘测设计单位可通过建立明确的程序来管理这类变更，尽量减少由变更所带来的HSE风险和影响。

(1) 组织机构的变更可能带来的HSE风险有信息不通、资料数据丢失、职责不清等，如果是资产并购、剥离等，还涉及资产、财务、法律甚至市场方面的风险；而尽职调查则是规避风险的常用方法之一。

(2) 关键人员的变更可能带来的HSE风险有职责不清、资料数据丢失、对新岗位缺乏了解等，规避风险的常用方法是列出详细的交接清单、制订相应的培训计划等。

勘测设计单位在实行变更管理时要与现有的相关管理办法相结合，完善工艺设备变更管理办法及相关表单。建立同类替换的清单，明确授权人的审批，避免以高就低。确保变更所衍生的相关连带变更都能更新及存档。开展技术安全审查，充分考虑变更对工艺系统安全的影响，必要时应进行工艺危害分析及启用前安全检查。

第三节 勘测设计单位典型活动及场所的环境/职业健康安全管理

一、私车公用关键点

私车公用的法律风险有以下情况。

(1) 私车公用发生交通事故，导致本人受伤，涉及工伤赔偿责任。

依据：《工伤保险条例》第十四条规定，在工作时间和工作场所内，因工作原因受到事故伤害的，应当认定为工伤。

（2）私车公用发生交通事故，导致私车本身的车辆损失，以及他人的人身或财产损害，涉及人员伤亡及财产损失的赔偿责任。

依据：《侵权责任法》第四十九条规定："因租赁、借用等情形机动车所有人与使用人不是同一人时，发生交通事故后属于该机动车一方责任的，由保险公司在机动车强制保险责任限额范围内予以赔偿。不足部分，由机动车使用人承担赔偿责任；机动车所有人对损害的发生有过错的，承担相应的赔偿责任。"

《侵权责任法》第三十四条规定："用人单位的工作人员因执行工作任务造成他人损害的，由用人单位承担侵权责任。"

法律解释：在法律上，私车公用可以表述为：个人将自己的车辆出借给公司使用，勘测设计单位又指定或安排个人驾驶。单位和个人之间，存在以下法律关系：其一，车辆租赁关系，单位是承租人，个人是出租人。其二，劳动法律关系，单位是用人单位，个人是劳动者。在车辆租赁关系中，租赁车辆在使用过程中发生交通事故，原则上应由承租人承担赔偿责任，出租人有过错的，承担相应的赔偿责任。

在劳动法律关系中，员工的职务行为造成他人人身或财产损失的，应由用人单位对外承担赔偿责任，用人单位能否对劳动者进行追偿，法律未明确规定。因此，私车公用发生交通事故，对于车辆本身的财产损失以及造成他人的人身、财产损害，用人单位存在对外承担赔偿责任的法律风险。

法律解决方案：

（1）单位可以形成私车公用的管理办法，明确规定员工遵章驾驶的义务，以及单位在对外承担赔偿责任后向员工进行追偿的权利。

（2）应保证车辆各种证件齐全，车辆所有者（即员工）应具有车辆行驶证、驾驶证、保险单等各种证件，且在有效期内。除了基本的车辆保险外，车辆还应办理第三责任险、不计免赔险等险种，以降低员工和单位双方的风险。

（3）建议填写《外出申请单》，明确如下内容：是否为公务；若为公务，应写清公务内容、办理地点、预计完成时间、单位是否派公车等。

二、危险化学品管理关键点

1．勘测设计单位常见的危化品

危险化学品，是指具有毒害、腐蚀、爆炸、燃烧、助燃等性质，对人体、设施、环境具有危害的剧毒化学品和其他化学品。勘测设计单位的水质分析及岩土、混凝土等检测中离不开各种化学品和化学试剂，其中不少药品具有易燃、易爆、易挥发、强氧化性等物理化学特性，特别是，还有一些药品和试剂具有很大毒害性。例如，浓盐酸、氨水易挥发，配制药品需要在通风橱内，否则吸入人体会损害身体。氰化钾、三氧化二砷等药品有剧毒，误入人体会严重危害身体健康，甚至导致死亡。

勘测设计单位常见的危险化学品有：

（1）易燃品：汽油、乙醚、丙酮、苯、乙酸乙酯、无水乙醇、磷、钾、钠、碳化钙（电石）等。

（2）氧化剂：双氧水、氯酸钾、高锰酸钾、硝酸铵、硝酸钾、硝酸钠、重铬酸钾、硝酸汞、硝酸银、硝酸铜等。

(3) 毒害品：二氯化钡、氢氧化钡、四氯化碳、三氯甲烷、乙酸铅、汞（水银）、三氧化二砷（砒霜）、氰化钠、氰化钾等。

(4) 酸性腐蚀品：硝酸、硫酸、盐酸、溴蒸气、磷酸、甲酸、无水乙酸、乙酸、苯酚等。

(5) 碱性腐蚀品：氢氧化钾、氢氧化钠、氨水、氧化钙（生石灰）、氢氧化钙（熟石灰）等。

2. 管理依据

主要依据有：《危险化学品安全管理条例》《使用有毒物质作业场所劳动保护条例》《化学品分类和危险性公示通则》《化学品安全标签编写规定》《常用化学危险品贮存通则》以及其他相关的环境和职业健康安全要求，还有结合勘测设计单位所有的活动、产品和服务的类型和特征，单位制定的预防和控制风险的控制措施、制度规定等。

3. 管理要点

(1) MSDS（化学品安全技术说明书）：勘测设计单位可根据危险化学品安全技术说明书 MSDS 进一步了解危化品的危害特性，明确危害特性，落实控制职能，包括：确定标识、贮存、搬运、使用和处置等各个过程的控制方法，落实安全使用和管理的职能。危险化学品安全技术说明书 MSDS 应张贴在危化品储存区域。

(2) 标识控制：储存处、使用处应张贴设置明显的标志。

常见的安全警示标识见图 3-1。

图 3-1 常见的安全警示标识

勘测设计单位应始终保持完整的危险化学品包装粘贴或喷涂的标识。如果需要改换包装，应重新完整标识；盛装危险化学品的容器或包装，在经过处理，确认其危险性完全消除之后方可撕下或用其他方法去除标识。

贮存和使用控制：贮存和使用危险化学品，应根据其种类和危险特性，在试验室、库房等作业场所采取相应的安全措施，如通风、防晒、防火、防爆、防潮、防渗漏等措施，确保符合安全运行要求。

储存要求：专人负责、专柜上锁、双人收发、双人保管的制度。储存处张贴设置明显的标志。温度、湿度应适宜。建立出入库管理制度，保留出入库台账。

（3）环境/职业健康安全管理防护设施、防护用品、应急物资。

勘测设计单位常用的环境/职业健康安全管理防护设施主要有：通风设施、防爆照明设施等。

常用的防护用品主要有：安全帽、防护面罩、防护眼镜、工作服、鞋、手套等。

常用的应急物资主要有：洗眼器、喷淋器、应急药品、应急通道、报警器、适用的灭火器等。

（4）应对其进行定期检查，并做好检查记录，发现其品质变化、包装破损、渗漏等应及时处置。

（5）应当制定危险化学品事故专项应急预案，明确应急责任主体及应急救援人员。

（6）勘测设计单位常见的废弃危险化学品有：废弃的手套、废弃的危化品溶液、废弃的危化品包装瓶等，废弃的危险化学品应按《中华人民共和国固体废弃物污染环境防治法》中有关危险废弃物污染环境防治的特别规定和国家有关规定的要求集中处置。

三、废弃固体废物污染预防和控制

勘测设计单位常见的废弃固体废物主要有：混凝土试验废样、钢筋拉伸试验废弃钢筋、废弃土样等。

在收集贮存运输利用和处置固体废物时必须做到：

（1）防扬散、防渗漏、防流失等；

（2）不随意倾倒，集中堆放、按规定处置。

四、特种设备管理（电梯）关键点

1. 依据

《中华人民共和国特种设备安全法》《电梯使用管理与维护保养规则》等规定。

2. 应配备电梯安全管理人员

《中华人民共和国特种设备安全法》第十四条规定，特种设备安全管理人员应当按照国家有关规定取得相应资格，方可从事相关工作。《电梯使用管理与维护保养规则》第八条规定，电梯安全管理人员应取得电梯安全管理的证书。

3. 电梯的安全技术档案

《中华人民共和国特种设备安全法》第三十五条规定，特种设备使用单位应当建立特种设备安全技术档案。安全技术档案应当包括以下内容：

（1）特种设备的设计文件、产品质量合格证明、安装及使用维护保养说明、监督检验证明等相关技术资料和文件；

(2) 特种设备的定期检验和定期自行检查记录；

(3) 特种设备的日常使用状况记录；

(4) 特种设备及其附属仪器仪表的维护保养记录；

(5) 特种设备的运行故障和事故记录。

4. 特种设备及安全附件

应对特种设备及安全附件进行维护、保养、自检、并定期检验，并保留检查记录。

《中华人民共和国特种设备安全法》第三十九条规定：特种设备使用单位应当对其使用的特种设备进行经常性维护保养和定期自行检查，并做出记录。

特种设备使用单位应当对其使用的特种设备的安全附件、安全保护装置进行定期校验、检修，并做出记录。

电梯的安全附件及安全保护装置有：限速器、安全钳、缓冲器、门锁装置、轿厢上行超速保护装置、限速切断阀、控制柜、曳引机等。

5. 应急预案

特种设备使用单位应当制定特种设备事故应急专项预案，并定期进行应急演练。

6. 电梯的维保

人员资质、对维保记录的控制及确认维保安全措施。

7. 维保单位资质

《中华人民共和国特种设备安全法》第四十五条规定，电梯的维护保养应当由电梯制造单位或者依照本法取得许可的安装、改造、修理单位进行。

《电梯使用管理与维护保养规则》第五条：使用单位应当根据电梯安全技术规范以及产品安装使用维护说明书的要求和实际使用状况，组织进行维保。使用单位应当委托取得相应电梯维修项目许可的单位进行维保，并且与维保单位签订维保合同，约定维保的期限、要求和双方的权利义务等。维保合同至少包括以下内容：

(1) 维保的内容和要求；

(2) 维保的时间频次与期限；

(3) 维保单位和使用单位双方的权利、义务与责任。

8. 维保单位变更的管理

《电梯使用管理与维护保养规则》第五条规定，维保单位变更时，使用单位应当持维保合同，在新合同生效后30日内到原登记机关办理变更手续，并且更换电梯内维保单位相关标识。

9. 维保人员的资质

《电梯使用管理与维护保养规则》第十五条（七）规定，对承担维保的作业人员进行安全教育与培训，按照特种设备作业人员考核要求，组织取得具有电梯维修项目的《特种设备作业人员证》，培训和考核记录存档备查。

10. 使用单位对维保记录的确认

维保单位进行电梯维保，应当进行记录。维保记录应当经使用单位安全管理人员签字确认。

11. 电梯的检定检验

《电梯使用管理与维护保养规则》第十二条规定，在用电梯每年进行一次定期检验。

使用单位应当按照安全技术规范的要求，在《安全检验合格》标志规定的检验有效期届满前1个月，向特种设备检验检测机构提出定期检验申请。未经定期检验或者检验不合格的电梯，不得继续使用。

五、变配电房管理关键点

依据：《变配电室安全管理规范》（DB11/527—2015）（该规范为北京市地方标准，其它地方可参考）、《电业安全工作规程》等。

（1）环境、安全防护要求。

4.2.1 变配电室空气温度和湿度应符合DL/T 593和GB/T 24274的要求：

周围空气温度的上限不得高于40℃，且在2h内平均温度不得超过35℃；

在最高温度为40℃，其相对湿度不得超过50%，在较低温度时，允许有较大的相对湿度，但是24h内测得的相对湿度的平均值不得超过95%，且月相对湿度平均值不超过90%，同时应考虑到由于温度的变化，有可能会偶尔产生适度的凝露。

4.2.2 变配电室变压器、高压配电装置、低压配电装置的操作区、维护通道应铺设绝缘胶垫。

4.2.3 低压临时电源、手持式电动工具等应采用TN－S供电方式，并采用剩余电源动作保护装置。

4.2.4 正常照明和应急照明系统应完好。

4.2.5 疏散指示标志灯的持续照明时间应大于30min。

4.2.6 对装有产生有毒气体、窒息性气体的配电装置的房间，在发生事故时房间内易聚集气体的部位，应装设排风装置。

4.2.7 室内变配电装置布置，安全净距、通道与围栏等应符合GB 50050、GB 50054、GB 50059、GB 50060等国家标准的要求。

（2）门、窗、安全出口要求。

4.3.1 出入口门为防火门，门向外开，并应装锁，且门锁应便于值班人员在紧急情况下打开。

4.3.2 设备间与附属房间的门应向附属房间方向开启，高压间与低压间之间的门，应向低压间方向开启，配电装置室的中间门应采用双向开启门。

4.3.3 长度大于7m的变配电室应有两个出入口，若两个出口之间的距离超过60m时，应增设一个中间安全出口，当变配电室采用多层布置时，位于楼上的变配电室至少应设一个出口通向室外的平台或通道，平台应有固定的护栏。

4.3.4 地面变配电室的值班室门宜设有纱门，通往室外的门、窗应装有纱门且门上方应装设雨罩。

4.3.5 应设置防止雨、雪和小动物从采光窗、通风窗、门、通风管道、桥架、电缆保护管等进入室内的设施。

4.3.6 出入口应设置高度不低于400mm的防小动物挡板。

（3）消防要求。

4.4.1 应设置符合GB 50140要求的适用电气火灾的消防设施、器材，并定期维护、检查和测试，现场消防设施，器材不应挪作他用，周围不应堆放杂物和其他设备。

4.4.2　灭火器的定期检查、维修、报废和更新应符合如下要求：

按 GB 50444 的要求，每半月对灭火器的配置和外观至少检查一次；

达到 GA 95 规定的报废期限或报废条件的灭火器，应予以报废。

4.4.3　应留出消防通道，并不得堵塞或占用。

(4) 安全工器具配置和使用要求。

4.5.1　应配备质量合格、数量满足工作需求的安全工器具：

绝缘安全工器具：绝缘杆、验电器、携带型短路接地线、绝缘手套、绝缘靴（鞋）等；

登高作业安全工器具：安全帽、安全带、安全绳、非金属材质梯子等；

检修工具：螺丝刀、扳手、钢锯、电工刀、电工钳等；

测量仪表：红外温度测试仪、万用表、嵌形电流表、500V 绝缘电阻表、1000V 绝缘电阻表、2500V 绝缘电阻表等。

4.5.2　安全工器具使用前应进行试验有效期的核查及外观检查，检查表面有无裂纹、划痕、毛刺、孔洞、断裂等外伤。有无老化迹象。对安全工器具的机械、绝缘性能发生疑问时，应追加试验，合格后方可使用。

4.5.3　安全工器具应妥善保管，存放在干燥通风的场所，不允许当作其他工具使用，且不合格的安全工器具不得存放在工作现场，部分安全工器具还应符合下列要求：

绝缘杆应悬挂或架在支架上，不应与墙或地面接触摸；

绝缘手套、绝缘靴应与其他工具仪表分开存放，避免直接碰触尖锐物体；

安全验电器应存放在防潮的匣内或专用袋内。

4.5.4　安全工器具应统一分类编号，定置存放并登记在专用记录簿内，做到账物相符，一一对应并及时地记录安全工器具的检查、试验情况。

(5) 标志标识。

4.6.1　安全标示牌悬挂位置和式样要求如下：

安全标示牌悬挂位置和式样要求

<table>
<tr><th>类别</th><th>名　称</th><th>使用方法</th><th colspan="2">式　样</th></tr>
<tr><td rowspan="3">禁止类</td><td>禁止合闸，
有人工作！</td><td>一经合闸即可送电到设备的断路器或隔离开关操作把手上</td><td rowspan="3">白底，红色圆形斜杠，黑色禁止标志符号</td><td rowspan="3">黑字</td></tr>
<tr><td>禁止合闸，
线路有人工作！</td><td>线路断路器或隔离开关把手上</td></tr>
<tr><td>禁止攀登，
高压危险！</td><td>高压配电装置构架的爬梯上，变压器、电抗器等设备的爬梯上</td></tr>
<tr><td>警告类</td><td>止步，
高压危险！</td><td>施工地点临近带电设备的遮栏上；室外工作地点的围栏上；禁止通行的过道上；高压试验地点；室外构架上；工作地点临近带电设备的横梁上</td><td>白底，黑色正三角形及标志符号，衬底为黄色</td><td>黑字</td></tr>
<tr><td rowspan="2">指令类</td><td>从此上下！</td><td>工作人员可上下的铁架、爬梯上</td><td rowspan="2">衬底为绿色，中有白圆圈</td><td rowspan="2">黑字，写于白圆圈中</td></tr>
<tr><td>在此工作！</td><td>工作地点或检修设备上</td></tr>
<tr><td>提示类</td><td>已接地</td><td>悬挂在已接地线的隔离开关操作手把上</td><td>衬底为绿色</td><td>黑字</td></tr>
</table>

4.6.2 部分停电的工作，工作人员与未经停电设备安全距离不符合下表规定时应装设临时遮栏。

设备不停电时的安全距离

电压等级/kV	安全距离/m
10及以下	0.70
35	1.00

4.6.3 每面配电盘柜应标明路名和调度编号，双面维护的配电盘柜前和盘柜后均应标明路名和调度编号，且路名、编号应与模拟图板、自动化监控系统、运行资料等保持一致。

4.6.4 配电装置前应标注警戒线。警戒线距配电装置应不小于800mm。

4.6.5 变配电室的出入口应设置明显的安全警示标志牌。

(6) 地下变配电室要求。

4.9.1 应有安全通道、安全通道和楼梯处应设逃生指示标志和应急照明装置。

4.9.2 应设有通风散热、防潮排烟设备和事故照明装置。

(7) 日常运行环境要求。

5.3.1 变配电室内环境整洁，场地平整，设备间不应存放与运行无关的物品，巡视道路畅通。

5.3.2 设备构架、基础无严重腐蚀、房屋不漏雨、无未封堵的孔洞、沟道。

5.3.3 电缆沟盖板齐全，电缆夹层、电缆沟和电缆室设置的防水、排水措施完好有效。

5.3.4 变配电室不应带入食物及储放粮食，值班室不应设置和使用寝具、明火灶具。

5.3.5 各种标志齐全、清楚、正确，设备上不应粘贴与运行无关的标志。

5.3.6 设备间不应有与其无关的管道和线路通过。

5.3.7 变配电室内严禁烟火，对明火作业应办理审批手续，严加管理。

5.3.8 设备区域应配有恒、湿度计。

5.3.9 有专人值班的变配电室应配备有专用电话，电话畅通，时钟准确。

(8) 工作票。

5.4.1 10/6kV及以上电压等级的变配电室设备设施的检修、改装、调整、试验、校验工作，应填写工作票。

5.4.2 工作票由设备运行管理单位的电气负责人签发，或由经设备运行管理单位审核合格并批准的修试及基建单位的电气负责人签发。

5.4.3 工作票的种类和票面格式使用应符合GB 26860等国家标准的要求。

5.4.4 一张工作票中，工作票签发人、工作许可人和工作负责人不得互相兼任。

5.4.5 一个工作负责人不应同时执行两张及以上工作票。

(9) 变配电室人员的要求。

6.1.1 值班人员应取得合格有效的电工作业操作资格，操作证原件由值班人员上岗时随身携带或由单位统一进行管理。

6.1.2 值班人员应掌握与其工种、岗位有关的电气设备的性能及操作方法，熟悉各种消防设备的性能、布置、适用范围和使用方法，熟悉应急预案内容和处置流程，掌握触电急救和心肺复苏方法。

6.1.3 值班人员配置要求：

35kV 电压等级的变配电室，10/6kV 电压等级、变压器容量在 630kVA 及以上的主变配电室，应用电单位 10kV 及以上电压等级的变配电室应安排专人全天值班。

(10) 值班要求。

6.2.1 值班人员上岗期间应穿全棉长袖工作服和绝缘鞋。

6.2.2 值班人员应坚守工作岗位，不得有以下行为：

接班前及当班期间饮酒；

当班期间睡觉；

利用供电企业停电期间，未经供电企业同意，在自己所不能控制的电气设备或线路上，装设短路线，接地线或进行检修维护等工作；

约时停、送电；

擅自拆除闭锁装置或者使其失效；

其他与工作无关的活动。

6.2.3 非变配电室值班人员因工作发动地面要进入变配电室设备区时应登记，值班人员应监护陪同。

6.2.4 进入电缆隧道、电缆进、电缆沟道、电缆夹层等作业时，应遵守 DB11/852 有关地下有限空间作业的安全管理要求。

六、食堂管理关键点

1. 依据

《中华人民共和国食品安全法》《食品经营许可管理办法》《中华人民共和国食品安全法实施条例》《中华人民共和国产品质量法》等。

2. 食品经营许可证

依据《中华人民共和国食品安全法》《食品经营许可管理办法》的规定，国家对餐饮服务和经营实行许可制度，餐饮服务和单位食堂等必须依法取得《食品经营许可证》，在当地的食品药品监督管理局办理，食品经营服务许可证的有效期为 5 年。

依据《中华人民共和国食品安全法》的规定，食品生产经营者，指一切从事食品生产经营的单位或个人，包括职工食堂、食品摊贩等。尤其是当单位内部食堂承包出去的情况，食堂承包者（经营者）所提供的餐饮服务是以营利为目的的，应当申领食品经营许可证。

3. 健康证

餐饮服务从业人员应当依照《中华人民共和国食品安全法》第三十四条第二款的规定每年进行健康检查，取得健康合格证明后方可参加工作，包括新参加工作或临时从事餐饮服务的人员。

患有痢疾、伤寒、甲型病毒性肝炎、戊型病毒性肝炎、消化道传染疾病，以及患有活动性肺结核、化脓性或渗出性皮肤病等有碍食品安全的疾病的人员，均不得从事餐饮服务。

4. 运行管理要求

《餐饮服务食品安全监督管理办法》第十六条规定，餐饮服务提供者应当严格遵守国家食品药品监督管理部门制定的餐饮服务食品安全操作规范。餐饮服务应当符合下列要求：

（1）在制作加工过程中应当检查待加工的食品及食品原料，发现有腐败变质或者其他感官性状异常的，不得加工或者使用。

（2）贮存食品原料的场所、设备应当保持清洁，禁止存放有毒、有害物品及个人生活物品，应当分类、分架、隔墙、离地存放食品原料，并定期检查、处理变质或者超过保质期限的食品。

（3）应当保持食品加工经营场所的内外环境整洁，消除老鼠、蟑螂、苍蝇和其他有害昆虫及其孳生条件。

（4）应当定期维护食品加工、贮存、陈列、消毒、保洁、保温、冷藏、冷冻等设备与设施，校验计量器具，及时清理清洗，确保正常运转和使用。

（5）操作人员应当保持良好的个人卫生。

（6）需要熟制加工的食品，应当烧熟煮透；需要冷藏的熟制品，应当在冷却后及时冷藏；应当将直接入口食品与食品原料或者半成品分开存放，半成品应当与食品原料分开存放。

（7）制作凉菜应当达到专人负责、专室制作、工具专用、消毒专用和冷藏专用的要求。

（8）用于餐饮加工操作的工具、设备必须无毒无害，标志或者区分明显，并做到分开使用，定位存放，用后洗净，保持清洁；接触直接入口食品的工具、设备应当在使用前进行消毒。

（9）应当按照要求对餐具、饮具进行清洗、消毒，并在专用保洁设施内备用，不得使用未经清洗和消毒的餐具、饮具；购置、使用集中消毒勘测设计单位供应的餐具、饮具，应当查验其经营资质，索取消毒合格凭证。

（10）应当保持运输食品原料的工具与设备设施的清洁，必要时应当消毒。运输保温、冷藏（冻）食品应当有必要的且与提供的食品品种、数量相适应的保温、冷藏（冻）设备设施。

5. 留样制度

根据国家的《产品质量法》《食品安全法》等规定实行食品留样制度。每餐、每样食品必须按要求留足100g，最好达到250g，分别盛放在已消毒的餐具中，并在外面标明留样时期、品名、餐次、留样人等信息；留样食品必须保留48h，最好存于专用留样冰箱，留样样品采集完成后应及时存放在5℃左右的冷藏条件下，不得冷冻保存。

6. 燃气、用电、消防等方面的管理

依据相关规定。

7. 食堂废弃物管理

遵守各地市《餐厨废弃物管理办法》的规定。

8. 应急

《中华人民共和国食品安全法》第一百零二条规定，食品生产经营勘测设计单位应当制定食品安全事故处置方案，定期检查本勘测设计单位各项食品安全防范措施的落实情况，及时消除事故隐患。

七、印刷室管理关键点

(1) 人员管理：关注对印刷室劳务派遣人员、临时劳务用工的管理，应关注印刷劳务工人的岗前查体。印刷工人佩戴口罩等防护用品。

(2) 外部相关方管理：相关方主要有上门维修、调试印刷设备的人员，纸张等送货人员、顾客等。对上门维修、调试印刷设备人员的管理，执行本书第三篇第二章第四节“典型的外部相关方的管理”。

在设备维修、调试期间，工作人员应加强对现场的监管。

其他外部相关方，采用陪同、告知、张贴标志等方式。

(3) 识别印刷设备正常、异常、维修状态的危险源和环境因素，如切纸机换切纸刀未覆盖转动轮的危险源；应识别印刷场所的危险源和环境因素；识别外部相关方进入印刷场所进行维修、调试等作业的危险源和环境因素等，并明确相关的措施，加强现场管理，配备适合电气火灾又不污染设备的灭火器。

八、单位消防管理关键点

1. 单位所用的建筑物的消防管理

应依法通过了建设工程消防验收或竣工验收备案，保留建筑物或者场所使用前的消防设计审核、消防验收以及消防安全检查的文件、资料。

2. 组织确定及责任主体落实

应明确规定单位消防安全责任人及消防安全管理人的设置及职责。

《中华人民共和国消防法》及《机关、团体、企业、事业单位消防安全管理规定》规定，法人单位的法定代表人或者非法人单位的主要负责人是单位的消防安全责任人，对本单位的消防安全工作全面负责。

建立专职应急救援队伍。

3. 消防安全管理制度健全

如消防安全教育培训、防火巡查检查、安全疏散设施管理、消防设施器材维护管理、火灾隐患整改、用火用电安全管理、灭火和应急疏散预案演练、专职和志愿消防队伍的组织管理等。

4. 消防档案的建立及管理

如应急疏散图，灭火器分布图，灭火器配备、更换、维护情况台账等。（配电室配二氧化碳灭火器、档案室配干粉二氧化碳灭火器、食堂配干粉灭火器。）

5. 消防检查

组织防火检查、巡查，并填写检查、巡查记录，及时整改发现的火灾隐患。

6. 消防培训

单位消防安全负责人、消防安全管理人懂得消防安全职责，本场所火灾危险性和防火措施，依法应承担的消防安全行政和刑事责任。单位员工懂得本场所火灾危险性，能够做到：了解本岗位用火、用电等火灾危险情况；了解本岗位消防器材的位置和使用方法；了解本岗位附近安全出口和疏散通道的位置，常闭式防火门开启状况，做到会报警、会灭火、会逃生。

7. 单位灭火和应急疏散预案、应急疏散演练

员工发现起火能立即呼救，触发火灾报警按钮或电话通知消防控制室值班人员，并拨打火警电话报警；员工掌握室内消火栓和灭火器材使用的操作要领；员工熟悉疏散通道和安全出口的位置及数量，掌握疏散程序和逃生器材使用及逃生自救技能；疏散引导员职责明确，设置数量和所处位置合理；疏散引导员按照灭火应急疏散预案要求，通过喊话和广播等方式，引导火场人员通过疏散通道和安全出口正确逃生。

8. 消防通道

消防通道应畅通，未堵塞占用，周围未设置影响消防车通行的障碍物。建筑内疏散走道和安全出口畅通，无堵塞、占用、锁闭及分隔现象，未安装栅栏门、卷帘门等影响安全疏散的设施。

形成疏散路线图。

9. 消防设施、器材、标志等

室内消火栓、灭火器分布图、疏散指示标志、应急照明、灭火器等消防设施、器材配件齐全、完好有效，未被埋压、圈占、遮挡。

单位消防设施、器材、重点部位、危险场所等分别设置提示、警示、宣传性标识。

单位定期对消防设施进行检测、维修保养。

10. 不同单位同区域办公的消防管理

同一建筑物由两个以上单位管理或者使用的，应当明确各方的消防安全责任，并确定责任人对共用的疏散通道、安全出口、建筑消防设施和消防车通道进行统一管理。

11. 处罚依据

依据《中华人民共和国消防法》第六十条，单位违反本法规定，有下列行为之一的，责令改正，处五千元以上五万元以下罚款：

（一）消防设施、器材或者消防安全标志的配置、设置不符合国家标准、行业标准，或者未保持完好有效的；

（二）损坏、挪用或者擅自拆除、停用消防设施、器材的；

（三）占用、堵塞、封闭疏散通道、安全出口或者有其他妨碍安全疏散行为的；

（四）埋压、圈占、遮挡消火栓或者占用防火间距的；

（五）占用、堵塞、封闭消防车通道，妨碍消防车通行的；

（六）人员密集场所在门窗上设置影响逃生和灭火救援的障碍物的；

（七）对火灾隐患经公安机关消防机构通知后不及时采取措施消除的。

个人有前款第二项、第三项、第四项、第五项行为之一的，处警告或者五百元以下罚款。

有本条第一款第三项、第四项、第五项、第六项行为，经责令改正拒不改正的，强制执行，所需费用由违法行为人承担。

九、IT 机房管理关键点

1. 防雷

依据《电子信息系统机房设计规范》(GB 50174—2008)、《建筑物电子信息系统防雷技术规范》(GB 50343—2012) 等规定，“建筑物电子信息系统应采用外部防雷和内部防雷等措施进行综合防护”。

外部防雷：如避雷针、避雷带（网、线)、杆塔和引下线。

内部防雷：如机柜带防雷插座、装设浪涌电压吸收装置。

对防雷装置的维护分为周期性维护和日常性维护两类。

周期性维护的周期为一年，每年在雷雨季节到来之前，应进行一次全面检测。

日常性维护应在每次雷击之后进行。在雷电活动强烈的地区，对防雷装置应随时进行目测检查。

完善的接地系统是防雷体系中最基本，也是最有效的措施。

2. 防静电

防静电接地：系统接地电阻小于 1Ω，零地电压小于 1V。

主机房地面及工作台面的静电泄漏电阻，应符合《防静电活动地板通用规范》(SJ/T 10796—2001) 的规定。主机房内绝缘体的静电电位不应大于 1kV。

机房地板应为防静电、难燃或非燃地板。

3. 报警装置

常见报警器有停电报警器、漏水报警器、温度报警器、烟雾报警器等。

4. 防鼠害

涂敷驱鼠药剂，设置捕鼠或驱鼠装置。

5. 防火

计算机机房使用的磁盘柜、磁带柜等辅助设备应是难燃材料和非燃材料，应采取防火、防潮、防磁、防静电措施。

6. 防尘

墙面、天花板应涂防尘漆，配除尘装置等。

7. 机房选址

应避免在建筑物的高层或地下室、避开用水设备的下层或隔壁。

应避开电磁干扰、电磁辐射。

应避开有害气体来源及存放腐蚀、易燃、易爆物品的地方。

8. 防水（防潮）

沿机房地面周围应设排水沟，并设漏水检查装置。

若机房地处本建筑顶层，屋面必须经过严格的防水处理，并定期清除屋顶排雨水装置的堵塞物，保障雨水泄水管道的畅通无阻。防止雨水渗漏进入机房。

若机房内有水管通过时，应采取保温措施，管道阀门不应设在机房内。

装防雨罩，防水雨水从窗子渗入。

防止水从门底封进入。

机房内必须安装水源时，应设防水沟或地漏。

采用现代化漏水检测系统，如漏水报警器，一旦发生漏水，及时报警，及时处理，避免酿成水害。

应定期检查机房有无渗水漏水的情况。

9. 消防设施

宜设置火灾报警装置，除纸介质等易燃物质外，禁止使用水、干粉或泡沫等易产生二次破坏的灭火剂。推荐安装洁净气体自动灭火系统、感温自启动灭火装置等。

10. 机房专用空调

应采用专用空调设备，即精密空调、恒温恒湿空调（平常的空调没有湿度控制功能，湿度过低时，易产生静电，导致设备故障）。空调的主要设备应有备份。

机房温度安全限：22℃。

机房内空调连续作业可能产生安全隐患。

机房应使用恒温恒湿装置，一般情况下不应使用暖气系统。但对于特别寒冷的地区，必须使用暖气时，一方面在暖气下应设立防水槽，万一暖气漏水，也会顺利脱离机房；另一方面可以采用钢串片式暖气片，管道全部采用焊接，防止漏水。

在机房内除安装空调设备用水源外，一般不得安装其他水源。

防止空调设备冷凝水漏在机房里。

定期检查机房空调设备专用水源的密封性能，防患于未然。

11. 机房内配套设施的维护、检查

机房内相关配套设施应进行必要的维护，保留适当的检查记录。

12. 应急

应设置应急照明和安全口的指示灯。

13. 使用蓄电池时，应设有专用房间，设置防爆灯、防爆开关和排风装置

十、境外项目的环境及职业健康安全管理

随着我国“走出去”发展战略的逐步推广和深化，海外业务也成为各勘测设计单位市场营销战略的重要组成部分和业务支柱，但同时境外场所发生了很多人员和财产安全的事件，尤其是政治、经济动乱，宗教矛盾冲突频出的地区和国家，绑架、枪击等事件的发生日益引起国家和企业高层重视；职业健康安全作为风险管理最重要的环节之一，越来越成为决定企业政策经营的重要因素。而职业健康安全风险管理意识和能力的不足也导致了我国企业在国际化过程中事故频发，损失惨重：2017 年 11 月，赞比亚的一家中资企业厂区被当地劫匪持枪控制，一名中国员工被枪杀。2014 年 6 月，一家在海外的中国企业突然发现自己处于战争的中心地带，道路被封锁，人员无法撤离，财产安全岌岌可危，经过国家相关部门的协助，公司人员才在千钧一发之际得到安全疏散。据有关机构报道，该公司的总承包业务收入损失在 10 亿元人民币左右。其他损失，暂时无法估计。

（一）了解项目所在国家和地区的环境及职业健康安全相关的法律法规及要求

项目投标前期、项目策划阶段，了解项目所在国家和地区职业健康、安全生产相关的法律法规要求、相关技术标准规范要求、当地政府的监管相关的制度、当地民风民俗、宗

教禁忌、政治局势、环境及职业健康安全规制水平、环保意识等，评估项目的风险。

（二）环境及职业健康安全风险识别分析

1. 内源风险

风险源来自场所内部，主要包括：火灾、有毒有害物泄漏、设施垮塌、食品安全、交通事故、踩踏、侵占（内盗）、群体性事件。

2. 外源风险

风险源来自场所外部，主要包括：武装袭击、恐怖袭击、抢劫、盗窃、破坏、自然灾害、外部事故、公共卫生事件。

（三）明确环境/职业健康安全管理组织机构

1. 管理目标

要设立环境及职业健康安全管理目标，并和项目生产经营目标一起纳入目标考核。

2. 组织机构设置

在项目决策层、管理层和执行层设立专门的环境管理及职业健康安全管理职位，建立环境及职业健康安全组织管理机构和应急指挥系统。

3. 管理人员设置

各个项目部应设立专职或兼职具备环境及职业健康安全专业知识和技能的管理人员，必要时应设置安全工程师、环境工程师等。

4. 环境及安全责任落实

各级分管领导、各级相关职能部门对分管工作、分管业务领域、分系统的环保/职业健康安全管理工作负责，做到谁管理谁负责、谁工作谁负责，狠抓属地管理，形成事事有人管、人人有专责的制度，做到管理过程不空档、不越位、不缺位。

勘测设计单位主要负责人与分管负责人、分管负责人与项目部负责人、项目部负责人与项目部人员分别签订环境/职业健康安全及防恐安全责任书，直接与相关负责人的经济利益挂钩，从而把环境与职业健康安全工作落到实处。

（四）境外项目的营地环境及职业健康安全管理

1. 位置选择

项目部营地位置选择要遵照以下 5 个原则：

远离风险源，禁接无政府地区、常年战乱国家和地区的项目；远离间接伤害；有利于探测；有利于延迟；有利于响应，靠近军警、医院，宜设避险设施，宜设撤离通道。

综合上述原则，选取现实情况与专业要求的最佳平衡。

2. 规划布置

项目部营地规划布置应包括以下的区域：

关键资产储存区或项目部营地作业生活必需设施区，需要重点保护；项目部营地周界以内，以营地周界为界，包含栅栏、地面和大门；项目部营地周界外部，包含从营地周界的视线以内的外部环境，需要巡查的基础公共地带；项目部营地区域所属外围环境。

（五）设施资源配备

1. 周界设施

设置周界设施的目的是为了防止非法闯入或窃入，常用的周界设施有围墙、围栏和铁丝网等。

周界设施的设置要满足高度、坚固度和不易攀爬这三方面的要求。

2. 出入口设施

设置出入口设施的目的是为了确保合法通行和防止非法闯入或窃入，常用的出入口设施有门（单开式、双开式、升降式、卷帘式）和闸口（手臂式、滚闸式、旋转式）等。

出入口设施的设置要满足高度、坚固度、不易攀爬和通过便捷等方面的要求。整个营地区只能有一个入口，在此处控制所有人员的进出。

大门设两道防护栏杆，设立门禁进出手续，无门禁卡者一律不得进入工地。

另应设置应急出口，一旦内部出现紧急情况，必须保证所有的人员和车辆都能迅速地撤离。设计应急出口时，应考虑不容易从外部被发现和进入。

3. 照明瞭望设施

设置照明瞭望设施的目的是为了起到昼夜观察和震慑的作用，常用的设施有本地照明、探照灯、望远镜（光学、红外夜视）、瞭望塔和观察哨等。

设施的设置要满足照明度、防破坏、备用性、放大倍数、辨识度、高度和坚固度等方面的技术要求。

4. 消防设施

营地设置消防设施的目的主要是用于探测火情、紧急灭火和排烟排气等，常用的设施有火势感应器（烟雾或温度）、自动喷淋、消火栓、灭火器、蓄水池、消防泵、消防车和通风设备等。

设施的设置要满足感应的灵敏度与准确性、布局与密度、灭火物质与保护对象理化特性的对应、备用水源与电源等方面的技术要求。

消防设施必须进行有效性的定期检验检查，并对营地安全管理人员举行定期的消防安全知识培训和消防演练。

5. 视频监控和报警系统

营地的视频监控和报警系统主要有模拟、数字、网络和雷达（100MHz～1GHz）、微波、红外、振动、电磁射频等类别。所有使用监控系统的地方，摄像头应每天检测，清晰度至少为480线或更高；报警扬声器应安装在营地内部，以便所有区域都能清晰地听见警报，在武装保安的岗哨和营地核心区等都应设有警报按钮。

防入侵者探测系统（IDS）可以探测进入保护区的入侵者，它的信号可以发给远程区域，以便立即采取相应行动，用于高风险区域。

必要时，配备一定的安保人员、武器等资源。

（六）环境及职业健康安全防范教育

项目部确定员工的培训需求并制订培训计划，通过培训，所有员工、雇员和承包商人员应认知环境及职业健康安全风险的威胁并知晓和了解个人和项目的环境及职业健康安全措施。其培训主要包括以下几方面内容：

1. 个人安全防范知识和技能。

2. 对突发事件的个人应对知识和技能。

3. 不同安全风险级别的划分标准和相关要求。

4. 武器、危险物质和保安设备常识。

5. 可能会造成安全威胁的人物性格特征和行为举止方式。

6. 避开安全风险的技术。

7. 项目所在国家和地区的环境保护法律法规、规章制度等方面的要求，项目所在场所附近的环境敏感点及环境保护要求（如固体垃圾的存放处理、液体垃圾及污水的处理等），业主、社区等相关方的环境保护意识，项目所在地动植物保护要求，项目所在地的特有病虫及可能引发的疾病等。

培训的形式可以采用集中式宣讲、发放小册子、形成作业指导书、作业前交底、制定宣传栏、张贴安全标志告示等。

（七）运行控制

1. 项目部员工实行胸卡制度

项目部员工实行胸卡制度，出入须向门禁提供胸卡。

2. 关系处理

员工应学会与当地人处理关系，尊重当地人的宗教信仰、生活习俗，杜绝种族歧视；妥善处理与当地雇员的关系，防止激化矛盾，产生冲突。

3. 项目部员工外出审批制度

建立员工外出审批制度，员工外出应进行登记和许可，说明外出事由、出门时间、预计归队时间、司机姓名和随同人员姓名。至少两人以上同行，未按时归队时应提前汇报；必要时员工外出应由持枪军警护送。

所有外出员工应携带以下物品：护照复印件、工作签证复印件、应急卡片、卫星电话、现金、通讯录、足够的食品和饮用水等。

规定员工外出时间应定时汇报行程，并严格实行请销假制度。

4. 外来人员控制

任何到现场的人员都应得到事先允许和批准；任何到达现场的人员都应取得胸卡。

5. 外来车辆进入控制

每一辆进入或外出现场的车辆都应由安全保卫人员进行检查和登记。

要进入井场，司机应提供下列信息：所在部门或公司；司机姓名（驾驶证号和电话号码）；职位；车辆的类型和牌照号；到达和离开的日期。

6. 对当地聘员实行严格审查制度

对当地聘员执行严格审查制度，审核身份证件，并由当地警局核查，得到警局认可后方可录用。

7. 信息沟通

应备案并动态管理每个员工的联络方式，在紧急情况下能了解任何人员的位置。

现场与项目通信保持24小时畅通。

通过Internet，及时获取最新信息，与国内相关部门保持联系。

安排专人全面了解、掌握、沟通、协调当地复杂的社区关系。

与甲方、项目部、警察局、军队、集团驻所在国分（子）公司、中国使（领）馆等保持经常性联系。

8. 明确分包方的环境及职业健康安全管理要求、职责

将相关环境/职业健康安全的管理要求转移到分包合同中。将环境/职业健康安全管理责任落实到分包商合同中，转移分散风险。

9. 配备环境管理、安保人员

必要时雇用当地环境管理专业公司、安保公司及环境工程师、安全工程师，其应具有较强的沟通能力和政经关系，与当地环境保护部门、安监部门关系良好，沟通顺畅，有利于环境管理、职业健康安全管理工作的推进。

（八）应急预案设计与管理

很多单位在境外项目的职业健康安全问题上心存侥幸，安全意识差：既没有落实国家规定的安保投入，也没有专门的安全管理团队。一些企业即便有安保投入和预算，也只是敷衍了事。遇紧急事件寄希望于国家的应急救援。从国际经验来看，项目安全运营成本一般是合同标的额度的1%～3%，在部分高危地区可能到10%，安全成本非常高。故应重视应急预案的设计、演练等方面的事项。

1. 明确应急组织机构

最高负责人：应为项目最高负责人。

成员：各部门负责人、安全负责人、当地军警与救援机构。

职责与分工：风险预防、应急预备、应急响应、应急解除。

2. 应急处置的基本要求

（1）特别重大级（Ⅰ级）应急处置及应急保障基本要求。

特别重大级（Ⅰ级）是指造成30人以上死亡，或者100人以上重伤（包括急性工业中毒，下同），或者1亿元以上直接经济损失的安全生产事故。处理的原则如下：

立即落实自救及防范措施，加强安全保卫；停止作业，禁止人员外出，所有人员按照预案要求做好撤离准备。

在中国驻当地使（领）馆、项目部或项目总承包单位的指导下，统筹考虑项目现场和驻地的综合情况，制定妥善的撤离方案，同时仔细观察监控局势变化，根据实际情况对撤退方案进行灵活调整；一旦从驻地或施工现场立即撤离不具备条件，要投入足够的武装保卫力量确保安全，再择机撤离；撤离中可选择就近的城市作为中转地，改乘民航班机到达目的地，以减少陆地运输时间；如因公路被封或其他原因导致陆路交通无法实现，需选用海、空撤离方案，此时应寻求甲方、合作伙伴、当地社会资源或国际救援力量的帮助与支援。

如有人员遇难，应妥善进行遗体处置；如有人员受伤，应立即组织现场急救，如伤势不能有效控制并在条件允许的情况下，立即送往医院急救，如不能送往医院治疗，应有专人看护，同时请求使（领）馆、国际救援机构援助；如有员工遭到绑架，应在驻外使（领）馆的统一领导和指示下，与当地政府、部落首领、警察或军队密切配合，尽快解救人质。

（2）重大级（Ⅱ级）应急处置及应急保障基本要求。

重大级（Ⅱ级）是指造成10人以上30人以下死亡，或者50人以上100人以下重伤，或者5000万元以上1亿元以下直接经济损失的安全生产事故。处理的原则如下：

立即落实自救及防范措施，加强安全保卫；停止作业，从施工现场回撤营地，一旦从

施工现场立即撤离不具备条件，要投入足够的武装保卫力量确保安全，再择机回撤；密切关注局势发展，一旦形势继续恶化，做好撤离准备；禁止人员外出，所有人员按照预案要求做好相关工作；如有人员遇难，应妥善进行遗体处置；如有人员受伤，应立即组织现场急救，如伤势不能有效控制并在条件允许的情况下，立即送往医院急救，如不能送往医院治疗，应有专人看护，同时请求使（领）馆、国际救援机构援助。

（3）较大级（Ⅲ级）应急处置及应急保障基本要求。

较大级（Ⅲ级）是指造成 3 人以上 10 人以下死亡，或者 10 人以上 50 人以下重伤，或者 1000 万元以上 5000 万元以下直接经济损失的安全生产事故。处理的原则如下：

立即落实自救及防范措施，加强安全保卫；妥善采取措施，维持生产和业务运行，保持员工队伍稳定；密切关注局势发展，主营地与作业现场较分散的项目，一旦形势继续恶化，回撤营地准备；严控人员外出，所有人员按照预案要求做好相关工作；在中国驻当地使（领）馆、集团公司驻当地代表处或指定安全牵头单位的指导下妥善处理事件，并随时将事态发展和处置情况进行报告；如有人员遇难，应妥善进行遗体处置；如有人员受伤，应立即组织现场急救，如伤势不能有效控制并在条件允许的情况下，立即送往医院急救，如不能送往医院治疗，应有专人看护，同时请求使（领）馆、国际救援机构援助。

（4）一般级（Ⅳ级）应急处置及应急保障基本要求。

一般级（Ⅳ级）是指造成 3 人以下死亡，或者 10 人以下重伤，或者 1000 万元以下直接经济损失的安全生产事故。处理的原则如下：

立即落实自救及防范措施，加强安全保卫；妥善采取措施，稳定员工情绪；控制人员进出，所有人员按照预案要求做好相关工作；在中国驻当地使（领）馆、集团公司驻当地代表处或指定安全牵头单位的指导下妥善处理事件，并随时将事态发展和处置情况进行报告。

（5）各级应急处置应确保以下保障：

应急队伍保障，应明确相关人员的应急职责。针对评估的环境及职业健康安全风险和机遇的情况，采取稳妥应对措施并应包括以下两点：做好伤员救治工作，加强安全保卫工作。配备交通设施设备。确保所有人知晓应急救援电话，包括项目所在国大使馆、国际应急救援机构、项目组应急救援责任人电话。确保电话、网络通畅，确保应急通信系统顺畅。保障紧急情况下的生活及物资配备完善。保障应急药品，确保在紧急情况下提供一定的医疗卫生设备设施。

3. 应急设施

（1）消防器材。

按规定合理配置消防设施和器材、安装消防装置等；加强消防宣传教育、定期组织消防安全检查，建立消防设施和器材台账，及时对消防设施和器材进行维护、保养和更换，保证消防水源供应，做好应急准备。与项目所在国家和地区消防部门提前协商，一旦发生火灾，消防部门能够第一时间出警。

（2）报警装置。

安装烟感报警装置等。

（3）应急药品。

根据项目所在国家和地区的实际情况，配备应急药箱，必要时配备医疗卫生设备设施。

4. 通信保障设施

应确保有线电话、移动电话、对讲机、卫星电话、电子邮件可在第一时间建立可确认的全员通信。

了解项目所在国家和地区的中国大使馆、领事馆联系方式，国际救援机构联系方式等。

5. 应急撤离通道与安全地点

应急撤离通道：内部通道、外部通道和通道的标识与隐蔽。安全地点：内部集结地、外部集结地和人数清点。

6. 应急培训和演练

演练内容：主要分为紧急避险、紧急撤离、自然灾害应急处置；

演练频率：定期或随时；

演练形式：提前通知或不提前通知。

（九）疏散撤离

如遇危机事件发生，应根据现场环境和周边情况决定撤离方式，疏散撤离、等待局势稳定往往比四处躲避风险要小得多。疏散撤离时应考虑以下的方面：

（1）应确保充足的交通工具（如飞机、车辆），所有车辆必须始终保持完好状态，车辆可由甲方或上级派出；只有当周边地区安全形势允许，而且有安全部队护卫时，才能做出道路撤离的决定。

必要时勘测设计单位或项目总承包方应与甲方签订协议，在危机时，甲方或第三方能实施飞机撤离；撤离地点应选在距事发地较近的安全区域，以缩短航程，增加班次。撤离前，应排好登机班次表，避免混乱。

每台车辆应指定一个负责人。

若车辆跑散，应提前指定一个集合地点。

确保每辆车应配备电台、对讲机或卫星手机等通信工具，使所有车辆都能保持良好的沟通。

车辆行驶过程中，应禁止接触可疑物品。

（2）应为每一位撤离的人员提供至少维持24小时的必要食品、饮用水、取暖棉衣等生活物质。

（3）在条件允许的情况下，命令项目部人员整理好个人用品，并准备好个人的资料（如护照、胸卡、健康证等），所有人员的基本财产（如现金、其他必需品等）。

（4）保持和甲方的沟通顺畅，发生问题时，宜选派当地雇员/甲方商讨有关问题。

对于“走出去”的勘测设计单位而言，环境/职业健康安全管理能力正在成为勘测设计单位海外业务的核心竞争能力之一。那些能够构建有效的环境/职业健康安全管理体系的勘测设计单位正在逐步淘汰那些心存侥幸而置安全风险于不顾的中国勘测设计单位。

第四节　典型的外部相关方的管理

勘测设计单位有诸多的外部相关方，比如分包单位（包括专业分包、劳务分包单位）、车辆租赁的司机、钻探现场附近村民、参观访问者、路过钻探现场的人员、实习人员、上门维修及调试设备（钻探设备、试验设备、印刷设备等）的人员等，勘测设计单位对外部相关方在作业区域的安全生产承担连带或主体责任，所以，单位应对各外部相关方进行管理。

一、对外部相关方管理的基本要求

依据《质量管理体系　要求》（GB/T 19001—2016）的规定，结合《职业健康安全管理体系　要求》和《环境管理体系　要求及使用指南》的要求，对外部相关方的管理有以下要点：

（1）明确实施管理的相关方范围，包括专业分包方、劳务分包方、技术服务队伍、来访者、社会关注群体、供应方等。

（2）对相关方的风险进行评估，根据评估的风险，对相关方分级管理，比如分为重点管理的相关方、一般管理的相关方、来访者及社区关注群体的管理。

（3）对相关方提出管理要求，外包方的管理要求有：资质预审、外包方的选择、安全环保管理协议及合同的签订、开工前的交底或培训、作业过程的监督、外包成果的验收等；对来访者（参观、学习、检查等）的安全告知、对社会（社区）关注群体就环境/职业健康安全管理事务进行的沟通等。

（4）应对外部供方进行评价，形成合格的外部供方名录，并定期评审、更新。

勘测设计单位应建立外部供方责任追究制度，保证采购的设备、设施、服务、产品等质量符合安全、卫生、环保的要求，同时对采购的设备、设施等进行检验，不符合要求的按照合同规定的进行处理。

应定期对外部供方提供的设备、设施、产品、服务等情况进行评价，及时淘汰不合格的供应商。

二、典型外部相关方的管理要点

（一）外来务工人员/临时用工管理

据统计，近几年发生的生产安全伤亡事故，90%以上是由于人的不安全行为造成的，80%以上发生在外来务工人员比较集中的小型勘测设计单位；每年职业伤害、职业病新发病例和死亡人员中，半数以上是外来务工人员。

勘测设计单位的钻探、测量外业现场使用外来务工人员/临时工较多，风险控制要点如下：

1. 依据

《中华人民共和国安全生产法》第二十五条规定，勘测设计单位应把外来务工人员/临时工的安全生产管理纳入用人单位的安全生产管理。

《关于确立劳动关系有关事项的通知》第四条规定用人单位将工程（业务）或经营权发包给不具备用工主体资格的组织或自然人，对该组织或自然人招用的劳动者，由具备用工主体资格的发包方承担用工主体责任。

2. 签订书面的劳务用工合同或协议

（1）需要签订书面劳务用工合同或协议的原因。

勘测设计单位使用外来务工人员/临时工大多采用口头协议的方式，口头协议具有法律效应；口头协议具有明显的局限性，变更性强、稳定性差、取证难、证据保存难，故对单位有较大的风险隐患。

《中华人民共和国劳动合同法》第八十二条规定：用人单位自用工之日起超过一个月不满一年未与劳动者订立书面劳动合同的，应当向劳动者每月支付两倍的工资。而外来务工人员服务用人单位的命令，使用用人单位提供的设备，在用人单位的管理下劳动，用人单位向其支付劳动报酬，形成事实的劳动关系。

（2）签订书面的劳务用工合同或协议，合同或协议中应明确双方安全方面的职权和责任。临时用工劳务协议，见附录5范例1。

3. 培训或交底

执行本书第三篇“环境/职业健康安全管理策划与环境/职业健康安全管理技术”中第二章“运行控制”中第一节“勘测野外作业的环境/职业健康安全管理”之“技术、质量、安全、环保交底”的规定。对钻探临时用工的技术质量、安全、环保交底，见附录5范例2；对测量临时用工的技术质量、安全、环保交底，见附录5范例3。

4. 对外来务工人员/临时工现场作业进行监管

（二）（大学）实习生管理

1. 依据

《中华人民共和国安全生产法》第二十五条规定，勘测设计单位应把实习生的安全生产管理纳入用人单位的安全生产管理；对实习生在工作中的意外伤害、安全生产事故，单位承担主体责任。

依据《中华人民共和国工伤保险条例》的规定，在校学生实习与用工单位不存在劳动关系，用工单位无法缴纳工伤保险，发生事故也无法认定工伤。实习生不具备工伤保险赔偿的主体资格。

依据《中华人民共和国劳动合同法》的规定，超期限实习构成“事实劳动关系”。

2. 措施

（1）由于实习生的长期性，宜形成单位的实习生管理制度。

（2）签署协议划清校方、院方、实习本人、实习生家庭四方责任和义务，以规范勘测设计单位、学校、实习生家长及实习生本人应承担的责任和义务，并就可能出现的意外事件的解决办法及责任在具体的条款中予以明确，以实现共赢。

（3）如实习生从事的岗位工作风险较高，应对实习生进行岗前培训或交底，保存培训及交底的证据，并为实习生提供现场劳动保护用品。

（4）单位可以建议学校为实习生购买意外伤害保险，或单位单独为实习生购买团体意外伤害保险。

（5）强化勘测设计单位的知识产权保护制度和建立泄密责任追查制度，避免因大学生实习可能泄密而给勘测设计单位带来的商业风险。

（三）勘察劳务分包单位的管理

水利水电行业的勘测设计单位大多是以勘察专业技术人员为核心、以劳务作业为分包依托的勘测设计单位组织结构型式。在这种组织结构下，勘察工程的技术质量一方面取决于单位技术人员技术水平的高低，另一方面劳务分包队伍专业化程度的水平高低、素质的优劣、环境/职业健康安全管理的情况等，也会严重影响勘察项目的技术质量及单位的职业健康安全、环境管理的绩效，因此对分包单位的管理至关重要。

1. 勘察劳务分包单位的选择

在分包方的选择上，要优先选择与勘测设计单位有良好合作基础的合格分包方。

对于新的分包方，在资格审查时要关注以下几点：

分包单位是否具备法人主体资格，验证其营业执照等相关证件，并索取加盖分包单位红章的相关证件的复印件，坚决不与法人主体资格不符、证照不全的分包单位合作；依据《关于确立劳动关系有关事项的通知》的规定：如果用人单位发包给不具备用工主体资格的单位或自然人，对该单位或自然人招用的劳动者，由具备用工主体资格的发包方承担用工主体责任。

了解相关方在遵守国家有关职业健康安全及环境保护法律法规的情况及业绩表现，了解分包单位是否具备较为规范完善的安全生产管理体系，以往发生安全生产、环境污染等事故的情况等。

2. 签订安全生产管理协议

《中华人民共和国安全生产法》要求，勘测设计单位野外作业的分包方的安全生产应当纳入单位的安全生产管理，单位应与分包方签订安全生产管理协议，协议中应对双方在环境/职业健康安全管理方面的责任权利界定清楚。安全生产管理协议见附录 7 “范例：钻探劳务分包安全生产管理协议”。

3. 进场前的确认

分包方进场前，勘测设计单位应对分包方的司钻、机长等人的资格进行确认，对钻探设备的状态进行确认，对钻探安全措施等可行性予以确认。

4. 要对分包方的作业现场进行监管

野外项目部是勘测设计单位对承包方现场监督管理的主体，项目负责人是履行分包合同的第一责任人。勘测设计单位对分包方发生的环境/职业健康安全管理事故负连带责任。

项目部要对外业现场的承包方进行监督检查，负责对承包方日常工作现场的技术进行管理，对日常安全生产、环境管理情况进行监督检查，如果分包方劳动保护用品未配备，未执行安全操作的规定，未按规范规定对废水排放采取相应的措施等，应与其及时沟通，必要时罚款，将分包方从合格供方中去除，保留必要的检查记录。协助外包方进行事故调查与事件调查。

5. 要对劳务外包的情况进行验收

勘察部门/项目部应对劳务外包安全生产情况、环境管理情况及工作量和进度进行验收；验收合格后方能撤场，分包方持验收合格的证明文件方能结算费用。

（四）上门检修、保养、调试设备及单位建设工程分包的外部相关方的管理

1. 基本要求

对勘测设计单位来说，需要外部相关方上门维护、保养、调试的设备较多，常见的有：印刷设备、试验设备、空调（中央空调、壁挂式空调等）、电梯、电脑服务器、配电房的设备等。

建设工程分包，包括办公楼及附属建设工程的建筑、维修、装修等。

合作方式：常见的有劳务派遣、分包、设备提供方的售后服务等方式。

管理责任：采用劳务派遣方式的用工单位，对劳务派遣外协工的安全生产负直接管理责任，劳务派遣单位负相应的安全生产管理责任。

采用分包方式的，勘测设计单位作为发包单位对发包的维修保养等事宜及外协工的安全生产负协调、监督责任。承包单位应当对承包工程项目及外协工的安全生产管理全面负责，并依照国家有关规定和工程项目承包合同的约定，接受发包单位的安全生产监督。发包给不具备用工主体资格、不具有相应的资质证照的单位和自然人，勘测设计单位承担主体、全面责任。

定义：外协工，是指直接与劳务派遣单位或与工程项目承包单位签订劳动合同，建立合法的劳动关系，通过劳务派遣或者工程项目承包方式到用工单位、发包单位从事上门维修、保养、调试、检修、工程建设、服务作业的人员。

外协用工，是指用工单位通过劳务派遣或者工程项目承包用工方式使用外协工协助本单位完成生产任务的用工形式。

2. 劳务派遣外协用工安全生产、环保管理

（1）资格审查。

单位应当对劳务派遣单位的资质与条件进行审核，对不具备合法资质、用工主体资格和不符合有关职业健康、安全生产、环保法律法规等要求的，不得与之签订劳务派遣协议。

（2）劳务派遣协议的签订。

用工单位与劳务派遣单位应当签订劳务派遣协议，并规定双方职业健康、安全生产、环保管理的权利与义务和职责，双方约定的权利、义务和职责不得违反本规定及相关法律法规的规定。

（3）用工单位的职责。

用工单位应当履行有关职业健康、安全生产、环保法律法规及标准规范的规定，加强劳务派遣外协用工职业健康、安全生产、环保管理，全面负责外协工的现场安全、环保管理，并履行下列职责：

1）将外协工职业健康、安全生产、环保管理纳入本单位职业健康、安全生产、环保管理体系，保障外协工与本单位职工享受同等安全生产教育培训、职业健康监护、劳动保护等权利；

2）为外协工提供符合国家相关规定的安全生产条件和个体防护用品；

3）告知外协工本单位有关安全生产管理制度、安全生产注意事项、作业场所存在的危险、有害因素及事故应急处置措施等；

4）按有关规定对外协工进行安全生产教育培训，经考试合格方可上岗作业；

5）履行与劳务派遣单位所签订合同中约定的安全生产事项；

6）告知劳务派遣单位外协工环保、节能降耗的要求；

7）如劳务派遣外协工为高风险岗位，应在派遣协议中明确，用工单位应督促检查劳务派遣单位为外协工缴纳工伤保险费用的情况。

（4）用工单位的义务。

用工单位不得违章指挥或强令外协工在安全生产条件不具备、安全措施不落实、安全隐患未排除的生产经营场所或岗位作业。

（5）用工单位的权利。

外协工有下列情形之一的，用工单位可以将其退回劳务派遣单位：

1）应当具有安全生产资格的岗位而未能按派遣协议约定具有相应安全生产资格或资格不具有法律效力；

2）严重违反用工单位安全生产、环保管理制度；

3）违反安全、环保操作规程，造成重大安全、环境污染责任事故；

4）《中华人民共和国劳动合同法》及相关法律法规规定的其他可以退回的情形。

（6）外协工的责任、权利和义务。

外协工应当遵守《中华人民共和国安全生产法》及有关安全生产、环保法律法规、标准规范以及劳务派遣单位、用工单位，或者承包单位和发包单位有关安全生产、环境保护管理规定的责任、权利和义务，服从安全生产、环境管理。

3. 分包方式外协用工的安全生产、环境管理

适用于对单位以分包形式发包的提供上门检修保养调试［印刷设备、试验设备、空调（中央空调、壁挂式空调等）、电梯、电脑服务器、配电房的设备等］服务的、以发包形式发包的提供保安保洁服务的、以发包形式建设项目分包（办公室及附属建筑工程的建设、维修、装修等）的安全生产、环境管理。

（1）资格审查。

发包单位应当对承包单位的资质与条件进行审核，对不具备合法资质和不符合有关安全生产法律法规要求的，不得与之签订工程项目承包合同。

承包单位不得超越资质范围承接工程项目，不得假借、转借资质承包工程项目。

（2）签订安全生产管理协议。

依据《安全生产法》的规定，发包单位与承包单位应当签订安全生产管理协议，或者在工程项目承包合同中明确双方安全生产管理的权利、义务和职责。安全生产管理协议中双方约定的权利、义务和职责不得违反本规定及有关法律法规的规定。界定三种责任，分别是“用工/分包单位的场所及活动对相关方的伤害的责任、相关方活动对用工/分包单位的伤害的责任、相关方活动对相关方的伤害的责任”。

用工单位应对分包的活动、服务或项目中的环境因素，以合同、协议、告示等方式对分包方提出明确要求，并采取相应的控制措施，以确保其不给本单位及本单位的产品、服务和活动带来严重的环境影响。

（3）发包单位的责任。

发包单位应当加强对承包单位及外包工程项目的安全生产监督，不得以包代管、以罚代管，并履行下列职责：

1）为承包单位提供符合相关法规规定及合同约定的安全生产条件；

2）监督承包单位制定安全技术措施，并检查其落实情况，对危险性较大的作业少动，督促其派专职安全管理人员进行现场监督；

3）告知外协工与用工单位签订的合同、协议中双方对外协工安全生产管理的职责；

4）监督承包单位对外协工进行有关安全生产管理、安全生产知识和安全生产规章制度、安全操作规程、岗位安全操作技能及应急管理等教育培训或安全技术交底；

5）工程项目开工前，与承包单位明确双方现场安全生产管理人员及安全生产管理职责、范围和有关管理规定，进行安全技术交底；

6）告知承包工程项目场所的危险有害因素、安全防范措施，有关安全生产、环境保护、节能降耗注意事项，以及事故应急处置措施；

7）监督检查承包单位现场安全管理、职业健康监护、安全防护措施落实和隐患整改等情况，防止承包单位违章指挥、外协工违章作业行为；

8）有多个承包单位交叉作业的，应当采取措施统一协调管理；

9）定期检查承包单位用工变化情况。

（4）发包单位的义务。

发包单位不得违章指挥或强令承包单位及其外协工在安全生产条件不具备、安全措施不落实、安全隐患未排除的生产经营场所或岗位冒险作业。

（5）发包单位的安全环保检查权利。

发包单位对承包单位不落实国家有关安全生产法律法规及发包单位的有关安全生产规定，不履行安全管理职责，安全管理混乱的，安全隐患治理不力和发生生产安全事故造成发包单位重大经济损失的，发包单位有权依法追究其经济和法律责任。

（6）外部供方绩效审核。

发包单位应当建立合格承包单位名录，定期对承包单位的安全生产资质、安全生产管理能力和安全生产绩效进行审核，对审核不能满足要求的，取消其承包资格。

（五）外来参观、学习、路过的外部相关方的管理

采用告知、陪同、张贴警告标志、设置防护栏等方式对其进行安全方面的培训。

第五节　水利工程环保、节能、劳动安全与工业卫生规划设计运行控制

一、水利工程环保、节能设计运行控制

（一）现有的主要依据

SL 492—2011《水利水电工程环境保护设计规范》规定了水利水电工程环境保护设计的内容：必要的环境影响复核；各类环境保护措施设计；环境保护投资概算；编写工程环境保护设计篇（章）。环境保护措施设计内容包括水环境保护、生态环境保护、大气环境保护、声环境保护、固体废物处置、土壤环境保护、人群健康保护、景观保护、移民安置环境保护、环境监测与管理、环境保护投资概算等。对难以采取措施的环境影响可提出补偿等方案。

GB/T 50649—2011《水利水电工程节能设计规范》中规定：水利水电工程节能设计应与工程设计同时进行。节能设计选用的技术措施应与工程同时实施；工程设计报告应有节能设计的专篇（章），应确定节能设计原则、方案和措施，并应做出节能效果分析。规范内容包括工程规划与总布置节能设计、建（构）筑物节能设计、机电及金属结构节能设计、施工节能设计、工程管理节能设计、节能效果综合评价等。

HJ/T 88—2003《环境影响评价技术导则　水利水电工程》对水利水电工程环境影响评价的标准、原则、内容和方法、技术要求等进行了规定。

环保、节能规划设计主要遵循的其他标准规范等要求，见附录 1“范例 2：勘测设计产品主要遵循的法律法规及要求清单”。

（二）环境保护设计部分强制性条文规定

环境保护设计相关强制性条文（摘录自 SL 492—2011《水利水电工程环境保护设计规范》中强制性条文）如下。

1. 生态与环境需水保障措施

应根据初步设计阶段工程建设及运行方案，复核工程生态基流、敏感生态需水及水功能区等方面的生态与环境需水，提出保障措施（2.1.1）。水库调度运行方案应满足河湖生态与环境需水下泄要求，明确下泄生态与环境需水的时期与相应流量等。（2.1.4）

2. 水质保护措施

重要的大、中型湖库型饮用水水源地应采取主要入库支流、库尾建设生态滚水堰、前置库、库岸生态防护、水库周边及湿地生态修复工程、水库内生态修复及清淤工程等生态修复措施，应明确措施的布局、型式、规模、工程量等。（2.2.6）

3. 地下水水位降低减缓措施

地下水水位降低减缓措施应针对施工基坑排水和工程防（截）渗等对地下水用户和生态环境影响程度，经技术经济论证，采取减缓周边地下水位降低的措施。（2.5.1）

4. 陆生植物保护措施

陆生植物保护应对珍稀、濒危、特有植物，古树名木、天然林、草原等进行重点保护，采取就地保护或迁地保护措施。（3.1.1）

5. 陆生动物保护措施

陆生动物保护应对珍稀、濒危和有重要经济价值的野生动物及其栖息地、繁殖地和迁移通道等进行重点保护，采取就地保护或迁地保护措施。（3.2.1）

6. 水生生物保护措施

水生生物保护应对珍稀、濒危、特有和具有重要经济、科学研究价值的野生水生动植物及其栖息地、鱼类产卵场、索饵场、越冬场以及洄游性水生生物及其洄游通道等重点保护。（3.3.1）

湿地生态保护包括湿地与河湖水系连通性的维护、湿地生态水量的保障、重要生境的保护和修复等，应根据工程影响和保护需求提出相应的工程措施及非工程措施。（3.4.1）

（三）运行控制

1. 水利工程设计时应考虑生命周期的理念

水利工程全生命周期包括：决策阶段、设计阶段、施工阶段、运营阶段，直至项目的报废拆除。应该在每个阶段都要考虑水利工程建设对生态环境的可持续发展所造成的影响，并进行相应的生态工程设计。设计产品全过程包括规划、项目建议书、可行性研究、初步设计、招标设计、施工图、竣工等阶段（包括现场服务）以及相关专题报告。

2. 水利水电工程规划设计中（生态）环境因素、环境影响及措施

水利水电工程建设是实现人类社会发展进步的重要技术手段。水利水电工程在带给人类重大社会经济效益的同时，也破坏了长期形成的稳定的生态环境。水利水电工程实现了防洪、发电、灌溉、航运等巨大社会经济效益，但同时在施工建设和运行过程中也破坏了生态环境的平衡，导致水土流失、植被破坏；大气和噪声污染；大量机械污水和生活污水

排放；水库工程库区水流速度减缓，降低河流自净化能力；污染物沉降、水温水质的变化影响水生生物种群的生存繁衍；库区水位抬升致使景观文物淹没，珍稀动、植物灭绝；水库下游河道水文水环境改变影响水生生物种群生存；灌溉引水水温降低加害农作物生长。凡此种种，有些不利影响是暂时的，有些是长期的；有些是明显的，有些是隐性的；有些是直接的，有些是间接的；有些是可逆的，有些是不可逆的。在环境影响方面，水利水电工程具有突出的特点：影响地域范围广阔，影响人口众多，对当地社会、经济、生态环境影响巨大，外部环境对工程也同样施以巨大的影响。

在当前的工程建设项目设计阶段中，通常考虑环境对工程建设的影响，如设计要以水文、地质、地形、气候等数据为依据进行设计，从工程设计规范角度来说，这是正确的设计程序。但是设计如果未能慎重考虑对生态环境的影响，可能会埋下祸根。

设计是建设工程项目生命周期中四个主要阶段之一，设计成果的优劣对整体工程建设效果的影响及重要性程度仅次于决策阶段。因此，在设计阶段需要将生态工程设计纳入到工程初步设计、技术设计和施工图设计中。对生态环境的影响，主要考虑以下方面：

对局部气候和大气的影响；对水文情势和水温的影响；对泥沙的影响；对水质的影响；对土壤和环境地质的影响；对河道的影响；对生物多样性的影响；对人口迁移和土地利用的影响；对景观的影响等。

在扩大和保护水利水电工程对生态环境的有利影响，消除或减轻对生态环境的不利影响方面可采取的防治措施如表 3-17 所示。

表 3-17　水利水电工程规划设计中（生态）环境因素、环境影响及措施汇总表

类别		环境因素	环境影响	措施
水文水资源	地表水	年径流变差系数分析不充分	水生生物种群恶化	防洪规划、水电开发规划、枢纽工程、灌排工程、供调水工程
		径流年内分配偏差分析不充分	水生生物种群恶化	水电开发规划、枢纽工程、灌排工程、供调水工程、水土保持与水生态修复工程
	地下水	地下水埋深不合理	地下水位上升：次生土壤盐碱化、沼泽化	水资源开发利用规划、枢纽工程、灌排工程、供调水工程、护岸及堤防工程
			地下水位下降：表层土壤干燥、地表植被退化、环境地质灾害	
		地下水开采系数过大	地下水开采漏斗、地表水和地下水之间联系和转换中断、河流径流量衰减	流域综合规划、水资源开发利用规划、枢纽工程、灌排工程、供调水工程
	生态水文	生态基流未满足	河道断流、河流水生生物群落破坏	流域综合规划、水资源开发利用规划、水电开发规划、枢纽工程、灌排工程、供调水工程、水土保持与水生态修复工程
		敏感生态需水量不足	河流湿地及河谷林草退化、湖泊退化、河口生态破坏、重要水生生物种群破坏、泥沙淤积	水电开发规划、枢纽工程、灌排工程、供调水工程、水土保持与水生态修复工程

续表

类别		环境因素	环境影响	措施
水环境	水质	水功能区水质达标率论证不足	水质恶化	流域综合规划、水资源开发利用规划、水电开发规划、防洪规划
		湖库富营养化指数评价不足	水质恶化、景观破坏	流域综合规划、水资源开发利用规划、枢纽工程、供调水工程、水土保持与水生态修复工程
		污染物入河控制量分析不足	水质恶化、景观破坏	流域综合规划、水资源开发利用规划、灌排工程、供调水工程
		纳污能力分析不足	水体自净能力降低	流域综合规划、水资源开发利用规划
	水温	下泄水温低	影响下游水生生物生长繁殖、影响农作物正常生长	水电开发规划、枢纽工程
		水温恢复距离大	影响下游水生生物生长繁殖	水电开发规划、枢纽工程
河湖地貌	河流特征	弯曲率不合理	生境异质性降低、水域生态系统结构与功能变化、生物群落多样性降低	水电开发规划、防洪规划、航道及河道整治工程、护岸及堤防工程
	连通性	纵向连通性分析论证不充分	鱼类等生物物种迁徙受阻	流域综合规划、防洪规划、水资源开发利用规划、枢纽工程、水土保持与水生态修复工程
		横向联通性分析论证不充分	水生态系统的水量、沉积物、有机物质、营养物质和生物体的交换、循环不良	流域综合规划、防洪规划、航道及河道整治工程、护岸及堤防工程、供调水工程、水土保持与水生态修复工程
		垂向透水性	影响河流、湖泊基底栖生物生长繁殖	水电开发规划、灌溉工程、航道及河道整治工程、供调水工程、水土保持与水生态修复工程
	稳定性	岸坡稳定性分析不足	出现滑坡、崩塌等地质灾害、洪水	防洪规划、枢纽工程、航道及河道整治工程、护岸及堤防工程
		河床稳定性分析不足	洪水等自然灾害	防洪规划、水电开发规划、枢纽工程、航道及河道整治工程、护岸及堤防工程
生物及栖息地	生物多样性	鱼类物种多样性调查分析不足	出现鱼类的种数、类别及组成减少	流域综合规划、水电开发规划、防洪规划、枢纽工程、航道及河道整治工程、供调水工程、围垦工程
		植物物种多样性分析不足	植物物种减少	流域综合规划、防洪规划、水资源开发利用规划、水电开发规划、枢纽工程、灌排工程、水土保持与水生态修复工程、蓄滞洪区建设工程、围垦工程
		珍稀水生生物存活状况调查分析不足	珍稀水生生物减少、灭绝	流域综合规划、防洪规划、枢纽工程、航道及河道整治工程、护岸及堤防工程、水土保持与水生态修复工程、围垦工程
		外来物种威胁程度调查分析不足	影响土著物种生存	流域综合规划、供调水工程

续表

类别		环境因素	环境影响	措施
生物及栖息地	植被特征	植被覆盖率分析不足	植物群落减少、土壤侵蚀、水土流失	枢纽工程、排灌工程、护岸及堤防工程、水土保持与水生态修复工程、围垦工程
		净初级生产力分析不足	植物群落生产能力降低	流域综合规划、枢纽工程、灌排工程、水土保持与水生态修复工程
	水土流失	土壤侵蚀强度分析不足	水土流失	枢纽工程、灌排工程、航道及河道整治工程、护岸及堤防工程、水土保持与水生态修复工程、蓄滞洪区建设工程、围垦工程
	生态敏感区	保护区影响程度分析评价不足	占用、扰动保护区土地、改变水文情势、产生阻隔	流域综合规划、水电开发规划、枢纽工程、航道及河道整治工程、护岸及堤防工程、供调水工程、蓄滞洪区建设工程、围垦工程
		生态需水满足程度分析不足	生态系统破坏	流域综合规划、水资源开发利用规划、枢纽工程、供调水工程
	鱼类栖息地	鱼类生境状况调查评价不足	鱼类生境破坏	流域综合规划、水资源开发利用规划、防洪规划、水电开发规划、枢纽工程、航道及河道整治工程、护岸及堤防工程、水土保持与水生态修复工程、围垦工程
社会环境	移民（居民）生活状况	移民（居民）人均年纯收入分析不足	影响社会稳定	水电开发规划、枢纽工程、排灌工程、供调水工程、水土保持与水生态修复工程、蓄滞洪区建设工程
	人群健康	传播阻断率分析不足	自然疫源性疾病、虫媒传染病、介水传染病和地方病	防洪规划、水电开发规划、枢纽工程、灌排工程、供调水工程、蓄滞洪区建设工程
	流域开发强度	水资源开发利用率低	浪费水资源	流域综合规划、水资源开发利用规划
		水能生态安全开发利用率低	浪费水资源	流域综合规划、水电开发规划
	节水水平	灌溉水利用系数分析计算有误	水资源浪费	水资源开发利用规划、排灌工程、供调水工程
		单位工业增加值用水量计算分析不够	水资源浪费	水资源开发利用规划
	景观	景观舒适度评估不充分	审美情趣需求未满足	枢纽工程、航道及河道整治工程、护岸及堤防工程、水土保持与水生态修复工程

3．环境保护、节能设计措施

（1）根据设计大纲中确定的环境保护要求，在与环境专业设计人员充分沟通交流后，项目设计人员应根据需要调整或优化规划设计方案，确保设计成果满足环境保护的要求，防止因设计不合理导致工程项目环境影响指标不能达标。

（2）项目有关专业设计人员应根据工程项目节能的需要，明确工程项目节能措施与要求，并落实于设计报告中。

(3) 根据项目对环境的影响及环境保护要求，环境专业设计人员应提出减缓项目对环境影响的措施（如工程施工期间对水、气、声、渣影响的减缓措施，工程实施后生态影响减缓及恢复措施等）。

(4) 施工、建筑、交通等专业设计人员调整或优化施工组织设计，以避免或减少项目实施过程中对环境的影响。

(5) 在工程规划、设计项目中对防治水体污染的设施执行相关法律法规的要求，项目设计应符合流域综合规划；在保护范围和蓄滞洪区利用土地的建设项目，规划设计内容应符合行洪及滞洪要求。

(6) 对跨流域调水项目，要进行科学论证，防止对生态环境造成破坏。

(7) 设计产品中有关机电设备选型等严格按照有关噪声排放标准，并通过主管部门的环境评价审查验收。

(8) 在设计过程中能够遵守建筑节能标准，积极采用新型节能材料和节能设备，对适宜的项目，积极采用节能环保的保温材料和太阳能等。

(9) 新、改、扩建设项目的设计应符合水污染防治要求，并把工程建设期和投产后的污水排放列为重要环境评价因素，设计成果中提出切实可行的废水处理措施；对需要建设水污染防治设施的，设计中应做到与主体工程的“三同时”。

(10) 水利工程的设计，要考虑水利工程在施工、运行及报废整个生命周期的环境因素和可能产生的紧急情况，并在设计时按三同时要求予以施加影响；比如对水库的设计，要考虑必要的紧急情况下，采取哪些工程控制措施，如防止突然泄漏的应急阀门，也就是说，对水库的设计，应包括水库在紧急情况下的工程控制措施的设计。

(11) 在设计方案中应该包含各种灾害和事故的应急考虑，比如在紧急情况下，相关人员紧急避险、疏散、逃生等方面的警示提示标识及措施等。

二、水利工程劳动安全与工业卫生设计运行控制

(一) 现有的主要依据

GB 50706—2011《水利水电工程劳动安全与工业卫生设计规范》规定，应根据设计阶段的要求，阐明设计原则、设计方案、分析和预测可能存在的危险、有害因素的种类和危害程度，提出合理可行的安全对策及措施；工程设计中所选用的设备和材料均应符合国家现行有关劳动安全与工业卫生标准的规定。国外引进的设备，应按本规范提出安全卫生设施和技术装备的要求，对达不到要求的部分应由国内设计配套；并从工程总体布置、劳动安全、工业卫生、安全卫生辅助设施等方面做出规定。

水利工程劳动安全、工业卫生规划设计主要遵循的其他标准规范等要求，见附录1“范例2：勘测设计产品主要遵循的法律法规及要求清单”。

(二) 劳动安全与工业卫生设计强制性条文规定

劳动安全与工业卫生设计相关的强制性条文规定，(摘录自 GB 50706—2011《水利水电工程劳动安全与工业卫生设计规范》中强制性条文) 如下：

1. 劳动安全设计

采用开敞式高压配电装置的独立开关站，其场地四周应设置高度不低于 2.2m 的围墙。(4.2.2)

地网分期建成的工程，应校核分期投产接地装置的接触电位差和跨步电位差，其数值应满足人身安全的要求。(4.2.6)

在中性点直接接地的低压电力网中，零线应在电源处接地。(4.2.9)

安全电压供电电路中的电源变压器，严谨采用自耦变压器。(4.2.11)

独立避雷针、装有避雷针或避雷线的构架，以及装有避雷针的照明灯塔上的照明灯电源线，均应采用直接埋入地下的带金属外皮的电缆或穿入埋地金属管的绝缘导线，且埋入地中长度不应小于 10m。装有避雷针（线）的构架物上，严禁架设通信线、广播线或低压线。(4.2.13)

易发生爆炸、火灾造成人身伤亡的场所应装设应急照明。(4.2.16)

机械排水系统的排水管管口高程低于下游校核洪水位时，必须在排水管道上装设逆止阀。(4.5.7)

2. 工业卫生设计

六氟化硫气体绝缘电气设备的配电装置室及检修室，必须装设机械排风装置，其室内空气中六氟化硫气体含量不应超过 6.0g/m³，室内空气不应再循环，且不得排至其他房间内。室内地面孔、洞应采取封堵措施。(5.6.1)

水厂的液氯瓶、联氨贮存罐应分别存放在无阳光直接照射的单独房间内。加氯（氨）间和氯（氨）库应设置泄漏检测仪及报警装置，并应在临近的单独的房间内设置泄氯（氨）气自动吸收装置。(5.6.7)

水厂加氯（氨）间或氯（氨）库应设置根据氯（氨）气泄漏量自动开启的通风系统。照明和通风设备的开关应设置在室外。加氯（氨）间和氯（氨）库外部应备有防毒面具、抢救设施和工具箱。(5.6.8)

工程使用的砂、石、砖、水泥、商品混凝土、预制构件和新型墙体材料等无机非金属建筑主体材料，其放射性指标限值应符合表 3-18 的规定。(5.7.1)

表 3-18　　无机非金属建筑主体材料放射性指标限值

测定项目	限值
内照射指数 I_{Ra}	≤1.0
外照射指数 I_r	≤1.0

工程使用的石材、建筑卫生陶瓷、石膏板、吊顶材料、无机瓷质砖黏结剂等无机非金属装修材料，其放射性指标限值应符合表 3-19 的规定。(5.7.2)

表 3-19　　无机非金属装修材料放射性指标限值

测定项目	限值
内照射指数 I_{Ra}	≤1.0
外照射指数 I_r	≤1.3

工程室内使用的胶合板、细木工板、刨花板、纤维板等人造木板及饰面人造木板，必须测定游离甲醛的含量或游离甲醛的释放量。(5.7.3)

血吸虫病疫区的水利水电工程，应设置血防警示标志。(5.9.2)

（三）工程项目安全风险设计运行控制

(1) 设计人员应当按照有关法规、工程建设标准强制性条文、设计大纲等的要求进行设计，防止因设计不合理导致工程项目安全事故的发生。

(2) 根据已识别项目的危险源，设计人员应明确降低工程安全风险的措施（包括对项目的设施、项目施工、运行及人员的安全措施），并在项目设计文件中落实，切实规避可能承担的工程安全风险。

(3) 有关专业设计人员应根据规范的要求，进行报告编制。

(4) 设计人员应当考虑施工安全操作和防护的需要，对涉及施工安全的重点部位和环节在设计文件中注明，并对防范生产安全事件提出指导意见。

(5) 采用新结构、新材料、新工艺的建设工程和特殊结构的建设工程，设计人员应当在设计中提出保障施工作业人员安全和预防生产安全事故的措施建议。

第六节　环境/职业健康安全培训

一、单位主要负责人和安全生产管理人员安全培训

国家安全生产监督管理总局令第63号《国家安全监管总局关于修改〈生产经营单位安全培训规定〉等11件规章的决定》于2013年8月19日国家安全生产监督管理总局局长办公会议审议通过，并于公布之日起施行。

第六条（部分） 生产经营单位主要负责人和安全生产管理人员应当接受安全培训，具备与所从事的生产经营活动相适应的安全生产知识和管理能力。

第七条 生产经营单位主要负责人安全培训应当包括下列内容：

（一）国家安全生产方针、政策和有关安全生产的法律、法规、规章及标准；

（二）安全生产管理基本知识、安全生产技术、安全生产专业知识；

（三）重大危险源管理、重大事故防范、应急管理和救援组织以及事故调查处理的有关规定；

（四）职业危害及其预防措施；

（五）国内外先进的安全生产管理经验；

（六）典型事故和应急救援案例分析；

（七）其他需要培训的内容。

第八条 生产经营单位安全生产管理人员安全培训应当包括下列内容：

（一）国家安全生产方针、政策和有关安全生产的法律、法规、规章及标准；

（二）安全生产管理、安全生产技术、职业卫生等知识；

（三）伤亡事故统计、报告及职业危害的调查处理方法；

（四）应急管理、应急预案编制以及应急处置的内容和要求；

（五）国内外先进的安全生产管理经验；

（六）典型事故和应急救援案例分析；

（七）其他需要培训的内容。

二、新员工“三级安全教育”

对新员工实行“三级安全教育”。所谓“三级安全教育”，对勘测设计单位来说可以理解为勘测设计单位级、部门级、项目组级安全教育。勘测设计单位培训即新员工到单位后由劳动人事部门或培训部门负责组织安排，并经考试合格后，分配到部门。部门培训即由部门主任/处长/队长/科长或相关负责人组织实施技术质量/安全培训，考试合格后，分配到项目组。项目组培训即由项目负责人或项目组安全员负责，进行实际操作安全技术培训，合格后才能在勘测野外现场实际操作。

“三级安全教育”的内容主要是与勘测设计单位识别出来的危险源、环境因素相关的法律法规要求、控制措施、程序的要求以及当发生事故时应急处理要求等，建议分解到各级安全教育的内容如下。

1. 勘测设计单位安全教育内容

(1) 讲解国家有关安全生产的政策、法规，使用劳动保护的意义、内容及基本要求，使员工树立“安全第一、预防为主”和“安全生产，人人有责”的思想。

(2) 介绍单位的安全生产情况，包括单位安全生产及职业健康安全管理发展史、主要危险及要害部位，介绍防火、防触电等一般安全生产防护知识等。

(3) 介绍单位的安全生产组织架构及成员，单位的主要安全生产规章制度等。

(4) 讲解单位的考勤制度、薪金发放、假期、处罚、辞职等问题。

(5) 介绍单位安全生产的经验和教训，结合单位和同行业常见事故案例进行剖析讲解（着重讨论对案例的预防），阐明伤亡事故的原因及事故处理程序等。

(6) 提出希望和要求（如要求受教育人员要按单位管理制度积极工作）。要树立“安全第一、预防为主”的主要思想，在生产劳动过程中努力学习安全技术、操作规程，经常参加安全生产经验交流和事故分析活动及安全检查活动。要遵守操作规程和劳动纪律，不擅自离开工作岗位，不违章作业，不随便出入危险区域及要害部位，注意劳逸结合，正确使用劳动保护用品等。

(7) 介绍消防安全知识、疏散通道等。

2. 部门安全教育内容

各部门有不同的生产特点和不同要害部位、危险区域和设备。因此，在进行部门安全教育时，应根据各部门的特殊性详加讲解。由部门主任/队长/科长或安全员负责。

(1) 重点介绍本部门生产特点、性质，如部门的人员结构，安全生产组织及活动情况。

(2) 部门主要岗位及作业中的专业安全要求，部门危险区域等。

(3) 部门安全生产规章制度和劳动保护用品穿戴要求及注意事项，事故多发部位、原因及相应的特殊规定和安全要求。

(4) 部门常见事故和对典型事故案例的剖析，部门安全生产的经验与问题等。

(5) 勘测、试验部门应进行设备的性能、作用、分布和注意事项等内容的培训。

(6) 预防事故和职业危害的措施及应注意的安全事项等。

3. 项目组安全教育内容

项目组是勘测设计单位的生产最“前线”，生产活动是以项目组为基础的，尤其是勘测、试验部门的项目组。由于作业人员活动在项目组，机器设备在项目组，因此事故常常也发生在项目组。因此，项目组安全教育非常重要。由项目负责人负责进行教育，勘测设计行业一般采用工前安全教育、安全交底或事先指导的形式，书面告知危险岗位的操作规程和违章操作的危害。

（1）介绍本项目组生产概况、特点、范围、作业环境、设备状况、消防设施等。重点介绍可能发生伤害事故的各种危险因素和危险部位，了解有些地下设施、障碍和潜在的风险，了解交通能源、天气水文、疫情医疗条件、风俗、政策与法律规定、工区建筑、环境敏感点和当地人的安全意识等。

用一些典型事故实例去剖析讲解。

（2）讲解本岗位使用的机械设备、工器具的性能，防护装置的作用和使用方法。

（3）讲解本岗位安全操作规程和岗位责任及有关安全注意事项，使员工真正从思想上重视安全生产，自觉遵守安全操作规程，做到不违章作业，爱护和正确使用机器设备、工具等；介绍项目组安全活动内容及作业场所的安全检查和交接班制度。

（4）教育员工发现事故隐患或发生事故时，应及时报告领导或有关人员，并学会如何紧急处理险情，自救、互救、急救方法，疏散及紧急情况的处理。

（5）讲解正确使用劳动保护用品及其保管方法和文明生产的要求。

（6）实际安全操作示范，重点讲解安全操作要领，边示范，边讲解，说明注意事项，并讲述哪些操作是危险的、是违反操作规程的，使学员懂得违章将会造成的严重后果。

（7）野外外业的生产安全技术培训，包括一般性生产技术、一般性安全技术、勘测专业安全技术教育培训。一般性生产技术培训的主要内容有：勘测生产单位的概况，野外生产作业的基本情况，各种野外勘测生产设备、仪器的性能以及勘测工人在生产实践中积累的操作技能和经验。一般性安全技术培训的主要内容有：勘测生产单位野外作业的基本安全技术知识，有关勘测生产设备的安全生产和安全防护技术知识，高空作业安全知识，有关电气、动力设备、起吊设备的基本安全知识，道路交通运输的一般安全知识，防火防爆的一般安全知识及一般消防制度和规章，个人劳动防护用品的正确使用和发生伤亡事故的报告程序及处理办法等。勘测专业安全技术培训的主要内容有：勘测野外生产作业的专业知识和勘测安全生产技术，勘测安全生产操作规程以及勘测生产作业人员的个人安全防护知识等。

规划设计部门的部门安全教育、项目组安全教育可合并进行。

对于培训结果要进行考核，合格者方能参与项目作业。对于培训要有档案记录，有可追溯性。对于过程培训，除定期要求的项目外，应因时、因情况而进行，将培训工作贯穿于项目的始终。

三、特种作业人员安全技术培训

（一）依据

《特种作业人员安全技术培训考核管理规定》，经国家安全生产监督管理总局第80号令进行第二次修订。

（二）勘测设计单位常见的特种作业类型

1. 电工作业

电工作业指对电气设备进行运行、维护、安装、检修、改造、施工、调试等作业（不含电力系统进网作业)。

(1) 高压电工作业指对 1kV 及以上的高压电气设备进行运行、维护、安装、检修、改造、施工、调试、试验及绝缘工、器具进行试验的作业。

(2) 低压电工作业指对 1kV 以下的低压电气设备进行安装、调试、运行操作、维护、检修、改造施工和试验的作业。

2. 高处作业

高处作业指专门或经常在坠落高度基准面 2m 及以上有可能坠落的高处进行的作业。

(三) 特种作业人员的培训、发证等要求

特种作业人员必须经专门的安全技术培训并考核合格,取得“中华人民共和国特种作业操作证”后,方可上岗作业。

培训、考核、发证、复审的部门:特种作业人员户口所在地或从业所在地的省、自治区、直辖市人民政府安全生产监督管理部门负责本行政区域特种作业人员的安全技术培训、考核、发证、复审工作。如特种作业人员跨省、自治区、直辖市从业,可以在户籍所在地或者从业所在地参加培训。

应接受的培训内容:特种作业人员应接受的培训内容是与其所从事的特种作业相应的安全技术理论培训和实际操作培训。

如果特种作业人员已经取得职业高中、技工学校及中专以上学历,且从事与其所学专业相应的特种作业,持学历证明经考核发证机关同意后,可以免予相关专业的培训。

对特种作业人员的安全技术培训,如勘测设计单位具备安全培训条件,可以开展自主培训,也可以委托具备安全培训条件的机构进行培训。

不具备安全培训条件的生产经营单位,应当委托具备安全培训条件的机构进行培训。

考试和审核:特种作业人员的考核包括考试和审核两部分。考试由考核发证机关或其委托的单位负责;审核由考核发证机关负责。

考试申请:参加特种作业操作资格考试的人员,应当填写考试申请表。申请手续可由申请人或者申请人所在单位的人力资源部门办理。办理申请手续时,需持学历证明或者培训机构出具的培训证明向申请人户籍所在地或者从业所在地的考核发证机关或其委托的单位提出申请。

考试内容:特种作业操作资格考试包括安全技术理论考试和实际操作考试两部分。考试不及格的,允许补考 1 次。经补考仍不及格的,重新参加相应的安全技术培训。

证件办理需提交的资料:身份证复印件、学历证书复印件、体检证明、考试合格证明等材料。

证件有效期:特种作业操作证有效期为 6 年,在全国范围内有效。

证件遗失:特种作业操作证遗失的,由特种作业人员或特种作业人员所在单位的人力资源部门向原考核发证机关提出书面申请,经原考核发证机关审查同意后补发。

(四) 证件复审

复审时间要求:特种作业操作证每 3 年复审 1 次。

若特种作业人员在特种作业操作证有效期内,连续从事本工种 10 年以上,未发生违反安全生产法律法规的,经原考核发证机关或者从业所在地考核发证机关同意,特种作业操作证的复审时间可以延长至每6年1次。

证件复审需提交的资料：证件应当在期满前60日内复审，由申请人或者申请人所在用人单位向原考核发证机关或者从业所在地考核发证机关提出申请。

证件复审需提交的资料有：

(1) 社区或者县级以上医疗机构出具的健康证明；

(2) 从事特种作业的情况；

(3) 安全培训考试合格记录（安全培训时间不少于8个学时，主要培训法律、法规、标准、事故案例和有关新工艺、新技术、新装备等知识）。

四、特种设备作业人员的培训

（一）依据

《特种设备作业人员监督管理办法》。

（二）勘测设计单位常见的特种设备作业人员目录

依据2011年发布的《特种设备作业人员作业种类与项目》目录，勘测设计单位常见特种设备作业人员目录见表3-20。

表3-20 勘测设计单位常见特种设备作业人员目录

序号	作业种类	项 目	备注
04	电梯作业	电气维修	T2
		电梯司机	T3
11	特种设备管理	电梯安全管理	A4

（三）特种设备作业人员的基本要求

特种设备作业人员应当持“特种设备作业人员证”上岗。

“特种设备作业人员证”的申请，向省级质量技术监督部门指定的特种设备作业人员考试机构（以下简称考试机构）报名参加考试。

（四）考试和审核发证程序

培训：勘测设计单位应当对特种设备作业人员进行安全教育和培训。

培训的内容：必要的特种设备安全作业知识、作业技能等，按照国家质检总局制定的相关作业人员培训考核大纲等安全技术规范执行。

培训机构：可由勘测设计单位自主培训，也可以选择专业培训机构进行培训。

办理证书需提交的资料：考试结果通知单和其他相关证明材料。

发证部门：特种设备作业人员考核发证工作由县以上质量技术监督部门分级负责，具体分级范围由省级质量技术监督部门决定，并在本省范围内公布。

电梯安全管理负责人：由勘测设计单位指定本单位的管理人员担任。

（五）证件的复审

“特种设备作业人员证”每4年复审一次。持证人员在复审期届满3个月前，向发证部门提出复审申请。

复审不合格、逾期未复审的，其“特种设备作业人员证”予以注销。

（六）证件的补办

“特种设备作业人员证”遗失或者损毁的，持证人应当及时报告发证部门，并在当地媒体予以公告。查证属实的，由发证部门补办证书。

五、入场培训：安全技术交底

依据：《安全生产法》第二十五条：生产经营单位应当对从业人员进行安全生产教育和培训，保证从业人员具备必要的安全生产知识，熟悉有关的安全生产规章制度和安全操作规程，掌握本岗位的安全操作技能，了解事故应急处理措施，知悉自身在安全生产方面的权利和义务。未经安全生产教育和培训合格的从业人员，不得上岗作业。第四十一条规定：生产经营单位应当教育和督促从业人员严格执行本单位的安全生产规章制度和安全操作规程；并向从业人员如实告知作业场所和工作岗位存在的危险因素、防范措施以及事故应急措施。

《建设工程安全生产管理条例》第二十七条规定：建设工程施工前，施工单位负责项目管理的技术人员应当对有关安全施工的技术要求向施工作业班组、作业人员做出详细说明，并由双方签字确认。

六、对相关方的培训

（一）依据

《安全生产法》第二十五条规定：生产经营单位使用被派遣劳动者的，应当将被派遣劳动者纳入本单位从业人员统一管理，对被派遣劳动者进行岗位安全操作规程和安全操作技能的教育和培训。劳务派遣单位应当对被派遣劳动者进行必要的安全生产教育和培训。

生产经营单位接收中等职业学校、高等学校学生实习的，应当对实习学生进行相应的安全生产教育和培训，提供必要的劳动防护用品。学校应当协助生产经营单位对实习学生进行安全生产教育和培训。

（二）勘测设计单位应培训的相关方

(1) 勘察劳务分包单位，对分包方可采用安全技术交底的方式交底到勘察劳务分包单位的机组，对分包方的安全教育培训进行督促检查。

(2) 外来务工人员/劳务用工、实习人员等自然人，勘测设计单位可采用交底的方式对其培训，并在其工作中实施监督检查。对钻探临时用工的技术质量、安全、环保交底，可参考附录5范例2；对测量临时用工的技术质量、安全、环保交底，可参考附录5范例3。

(3) 外来参观、学习、路过的相关方，勘测设计单位可采用陪同、告知、张贴各种标志、设置防护栏等方式进行安全方面的教育和警示。

七、职业卫生培训

依据：《工作场所职业卫生监督管理规定》。

县级以上地方人民政府安全生产监督管理部门负责职业卫生监督管理。

勘测设计单位的主要负责人和职业卫生管理人员应当具备与本单位所从事的生产经营活动相适应的职业卫生知识和管理能力，并接受职业卫生培训。

用人单位主要负责人、职业卫生管理人员的职业卫生培训，应当包括下列主要内容：

(1) 职业卫生相关法律、法规、规章和国家职业卫生标准。

（2）职业病危害预防和控制的基本知识。

（3）职业卫生管理相关知识。

（4）国家安全生产监督管理总局规定的其他内容。

八、其他培训

（一）采用新工艺、新技术或者使用新设备的培训

依据《安全生产法》第二十六条，勘测设计单位采用新工艺、新技术、新材料或者使用新设备时，必须了解、掌握其安全技术特性，采取有效的安全防护措施，并对从业人员进行专门的安全生产教育和培训。通过对专业人员的安全生产教育和培训，使相关人员了解、掌握其安全技术特性，采取有效的安全防护措施。

（二）调岗人员的培训

调换新工作岗位，主要指职工在部门内或单位内换岗位，或调换到与原工作岗位有差异的岗位等，这些人员应由接收部门进行相应岗位的安全生产教育。教育内容可参照“三级安全教育”的要求确定。

（三）复工人员的培训

工伤后的复工安全教育，首先要针对已发生的事故作全面分析，找出发生事故的主要原因，并指出预防对策，进而对复工者进行安全意识教育，岗位安全操作技能教育及预防措施和安全对策教育等，引导其端正思想认识，正确吸取教训，提高操作技能，克服操作上的失误，增强预防事故的信心。

（四）休假后复工的培训

职工因休假（节、婚、丧或产、病假等）而造成情绪波动、身体疲乏、精神分散，复工后容易因意志失控或者心境不定而产生不安全行为，导致事故发生。因此，要针对休假的类别，进行复工安全教育，即针对不同的心理特点，结合复工者的具体情况消除其思想上的余波。如重温本岗位安全操作规程等。

（五）安全生产思想培训

主要包括安全生产方针政策培训、法治培训、典型经验及事故案例培训。通过学习方针、政策，提高勘测设计单位各级领导和全体职工对安全生产重要意义的认识，使其在日常工作中坚定地树立“安全第一、预防为主”的思想，正确处理好安全与生产的关系，确保安全生产。

通过安全生产法治培训，使各级领导和全体职工了解和懂得国家有关安全生产的法律、法规和生产经营单位各项安全生产规章制度。使勘测设计单位各级领导能够依法组织经营管理，贯彻执行“安全第一、预防为主”的方针；使全体职工依法进行安全生产，依法保护自身安全与健康权益。

典型经验和事故案例培训，可以使人们了解安全生产对单位发展、个人和家庭幸福的促进作用；发生事故对单位、对个人、对家庭带来的巨大损失和不幸，从而坚定安全生产的信念。

九、培训的组织

依据《安全生产法》第十八条，生产经营单位的主要负责人组织制定并实施本单位安全生产教育和培训计划。

第二十二条规定：生产经营单位的安全生产管理机构以及安全生产管理人员履行下列职责：组织或者参与本单位安全生产教育和培训，如实记录安全生产教育和培训情况。

（一）培训的前期——准备阶段

培训的准备阶段是十分重要的。因为大多培训的特点是参与式的培训，而且涉及的学科也很广泛，对所聘任培训教师的专业知识及培训技能的要求很高，所以需要培训教师花更多的时间，更细致地从多方面进行准备。

1. 培训教师的确定

培训教师的确定主要取决于培训的内容。培训的内容主要分为两个方面。一方面对于专业知识较强的培训，可以选择这方面的知识较为全面的人员作为培训教师，而他的培训技能水平并不十分重要，只需要掌握简单的培训技能即可。另一方面对于专注组织活动的培训，则需要培训教师具有很强的培训技能和领导能力，使参加培训的学员可以很好地融入培训教师所组织的活动。培训大都是由以上两个方面组成，在决定培训教师的时候，可以综合以上两个方面，根据所涉及的专业，选择多个培训教师，不同专长的人负责不同的部分，以达到最好的培训效果。同时培训教师对受训学员的了解，对参训人员经历、背景、能力、态度和文化程度的了解，是选择培训目标、内容、方法的基础。因此，培训教师要认真分析所有受训学员的情况，以便因材施教。

2. 培训目标的确定

每一次培训目标的制定需要考虑受训学员的关注方向，受训学员的背景，以及他们的文化程度情况等。制定合理的目标，才能顺利地取得培训效果。

3. 培训教材的选择

培训教材的选择要考虑受训学员的文化程度和接受程度。培训有些时候是专业性很强的培训，对于不同文化程度的受训学员，选择的培训教材既要有别于其他的课程，又要通俗易懂。专业性太强的培训教材会降低培训的效果。大多培训是具有参与性的，对培训过程中的案例、展示所要用到的材料要有充分的准备。

4. 培训方法的准备

根据课程的需要及受训学员的不同，需要选择不同的培训方法。一般来说，最好选择交流、实践、讲解相结合的方法，以加深受训学员与培训教师之间、受训学员之间的相互认识，提升培训的参与性。

（二）培训的中期——实施阶段

培训的中期主要工作是组织好授课环节，而授课环节最重要的是培训教师所掌握的知识、方法等。

1. 培训方法

根据不同的培训内容选择不同的培训方法。根据培训的特点，一般综合的培训都会用到头脑风暴法，即众人围绕一个特定的兴趣领域讨论，从而产生新的观点。这是一种在培训中很常用的方法，具有很强的参与性。

2. 培训技巧

一次培训的成功与否在很大程度上取决于培训教师的水平，而培训教师的水平不仅是专业知识水平，培训技巧也是关键的一部分。下面简单总结一下成功培训教师的一些授课技巧。

——采用轮流的方式，使每人都有发言的机会；

——与那些想要主导讨论的人进行交流，以引导其他人畅所欲言地发表观点；

——直接向那些沉默不语的人提问；

——感谢积极参加讨论的人，然后可以说："让我们来听听其他人的想法。"当受训学员学习了某种技能，在运用之前需要有机会去实践。培训教师可以通过以下方式创造学习气氛：强调从反馈中学习的重要；进行角色模仿，并及时进行反馈；建立学习交流，鼓励互相学习。

3. 培训时的沟通

培训时的相互沟通是十分重要的，培训教师千万不要工作在"真空"中，否则会为忽视参与者而付出代价。在培训的过程中，培训者首先要了解受训学员说什么和为什么这样说，继而了解受训者想要的东西，比如内容的改进、方式的改变、节奏的改变，使培训不断适应参加者的要求，进而达到理想的培训效果。

（三）培训的后期——评估阶段

1. 培训评估

评估是培训的重要组成部分，是考察培训是否达到目的，培训方法是否合理的重要方法。培训评估可分为以下四个方面。一是受训学员反应。在培训结束时，向受训学员发放满意度调查表，征求受训者对培训的反应和感受。二是学习的效果。确定受训学员在培训结束时，是否在知识、技能、态度等方面得到了提高。三是能力的改变。这一阶段的评估要确定培训参加者在多大程度上通过培训而发生了能力上的改进。可以通过对参加者进行正式的测评或采用非正式的方式如观察来进行。四是产生的效果。这一阶段的评估要考察的不是受训学员的情况，而是从单位的范围内，了解因培训而带来的受训学员所在部门的改变效果。

2. 培训后的沟通

培训的结束并不意味着与受训学员的联系就此中断，培训结束后需要与受训学员及时进行沟通反馈，看对改进培训内容和方法有什么建议。

十、培训记录

依据《中华人民共和国安全生产法》第二十五条规定，勘测设计单位应当建立安全生产教育和培训档案，如实记录安全生产教育和培训的时间、内容、参加人员以及考核结果等情况。

第三章　西部、南部艰险地区作业注意事项

第一节　青藏高原概况及作业注意事项

一、青藏高原概况

西藏自治区位于祖国西南边陲，有“世界屋脊”“地球第三极”之称，与尼泊尔、不丹、印度、缅甸等国接壤。西藏自治区属于高原性气候，由于海拔较高，空气中含氧量较少；阳光可以很容易地透过大气层，是全国日照辐射量最大的地区。

青海省位于我国西北地区，是青藏高原上的重要省份之一，与甘肃、四川、西藏自治区、新疆维吾尔自治区接壤。青海省东部素有“天河锁钥”“海藏咽喉”“金城屏障”“西域之冲”和“玉塞咽喉”等称谓，可见地理位置之重要。青海又是长江、黄河的发源地，故被誉为“江河源头”。青海省北部和东部同甘肃省相接，西北部与新疆维吾尔自治区相邻，南部和西南部与西藏自治区毗邻，东南部与四川省相望。

青海省是以干燥、多风、缺氧、太阳辐射强等为显著特征的典型高原大陆性气候，少雨、寒冷、多风，日温差大，冬长夏短，四季不分明，气候区分布差异大、垂直变化明显。

青海省空气稀薄、气压低、空气中含氧量少。日照时间长，日照辐射量仅次于西藏自治区，位居全国第二。

由于青藏高原的地理位置和气候特点，初入高原，每个人都会有不同程度的高原反应。高原反应常见的症状有头痛、头晕、心慌、气短、食欲不振、恶心呕吐、腹胀、胸闷、胸痛、疲乏无力、面部轻度浮肿、口唇干裂等。危重时血压增高，心跳加快，甚至出现昏迷状态。有的人出现异常兴奋如酩酊状态，多言多语，步态不稳，幻觉，失眠等。

二、进入青藏高原作业的注意事项

需要进入西藏自治区作业的人员应关注以下注意事项。

心、肺、脑、肝、肾有明显的病变，以及严重贫血或高血压病人，切勿盲目进入青藏高原。如果之前从未进过高原，建议在进入高原之前进行严格的体格检查。

患有器质性疾病、严重贫血或重症高血压的人员对高原环境的适应能力较差。他们在进入高原的初期，发生急性高原病的危险性明显高于其他人；若在高原停留时间过长，也较其他人易患各种慢性高原病。同时由于机体要适应高原环境，肝、肺、心、肾等重要脏器的代偿活动增强，这些脏器的负担加重。一旦这些脏器出现疾患，便会使病情进一步加重。

如果不清楚自己的身体状况是否能入藏，建议请教有经验的医生后决定能否入藏。

三、进入青藏高原之前的准备

（1）进入高原前，可向有高原生活经历的人咨询注意事项，做到心中有数，避免无谓

紧张。

（2）进入高原之前，禁止烟酒，防止上呼吸道感染。避免过于劳累，要养精蓄锐充分休息好。如有呼吸道感染，应治愈后再进入高原。

（3）提前了解高原反应的一些知识，克服自己的恐惧心理，放正心态，同时准备一些缓解高原反应的药品：高原红景天（至少提前10天服用）、西洋参含片、诺迪康胶囊（对缓解极度疲劳很有用）、百服宁（控制高原反应引起的头痛）、速效救心丸。对于高原适应力强的人，一般高原反应症状在1～2天内可以消除，适应力弱的需3～4天。

（4）良好的心理素质是克服和战胜高原反应的灵丹妙药。大量事例证明，保持豁达乐观的情绪，树立坚强的自信心，能够减弱高原反应带来的身体不适。反之，忧心忡忡，思虑过度，稍有不适便高度紧张，反而会加大脑组织的耗氧量，从而使身体不适加剧，使自愈时间延长。

（5）如果从未进过高原，在进入高原之前，一定要进行严格的体格检查。严重贫血或高血压病人，切勿盲目进入高原。

（6）由于高原气候寒冷，昼夜温差大，要注意准备足够的御寒衣服，以防受凉感冒。寒冷和呼吸道感染都有可能促发急性高原病。

四、进入青藏高原途中的注意事项

（1）从低海拔地区进入高原的人员，一定要进行全面严格的体检。凡有严重心、肾、肺疾病患者，严重高血压、严重肝病、贫血患者，均不宜冒险到高原地区。如果只患一般疾病，必须预先采取预防措施，如随身携带氧气、药物等。对进入一定海拔地区后有抽搐、剧烈头痛或者昏迷现象者，则不宜进入更高地段。

（2）初到高原地区，不要走得太快，更不能跑步，也不能做体力劳动，不可暴饮暴食，以免加重消化器官负担，不要饮酒和吸烟，多食蔬菜和水果等富有维生素的食品，多喝水。

高原气温低，随气温急剧变化，要及时更换衣服，做好防冻保暖工作，防止因受冻而引起感冒，感冒是急性高原肺水肿的主要诱因之一。

（3）一般情况下3～5天内即可逐步适应高原环境，胸闷、气短、呼吸困难等缺氧症状将消失，或者大有好转。吸氧能暂时缓解高原不适症；若高原不适应症状越来越重，就是休息也十分显著，应立即吸氧，送医院就诊；若症状不严重且停止吸氧后，不适症状明显缓和或减轻，最好不要吸氧，以便早日适应高原环境。

（4）调节好在高原期间的生活。食物应以易消化、营养丰富、高糖、含多种维生素为佳，多食蔬菜、水果，不可暴饮暴食，以免加重消化器官的负担。严禁饮酒，以免增加耗氧量。睡眠时枕头要垫高点，以半卧姿势最佳。

（5）如果出现不适，可以到当地的宾馆休息，轻微高原反应不会带来很大的困扰。症状严重者最好立刻投医，当地会有经验丰富的医师，实在受不了则可以提前搭飞机离开高原，结束行程。

（6）高原反应的临界高度是海拔3000m。高原病患者要尽量往低海拔地区转移。

（7）在进入高原的途中若出现比较严重的高原反应症状，应立即处理，及时服用药物，严重时吸氧。若出现严重的胸闷、剧烈咳嗽、呼吸困难、咳粉红色泡沫痰，或反应迟钝、神志淡漠，甚至昏迷，除做上述处理外，应尽快到附近医院进行抢救，或尽快转往海拔较低的地区，以便治疗恢复。

（8）由于乘车进入高原所需时间长，途中住宿条件差，体力消耗大，因此除准备以上各种物品外，还应准备水或饮料以及可口易消化的食物，以便及时补充机体必需的水和热量。

五、民族、宗教及禁忌

1. 藏族

西藏是以藏族为主体的少数民族自治区，截至2015年年底，全区常住人口约323.97万人，其中藏族人民约298万人，占总人口的92%，回族、门巴族、珞巴族等民族占2%。藏族分布于全区，藏东、藏南和相对发达地区藏族人民多为集中居住，以农业为主，兼放牧；藏北、藏西地区藏族人民多以游牧为生。回族、门巴族、珞巴族和夏尔巴人居住在西藏东部及南部的高山峡谷地区，其居住环境有“上山到云间，下山到河边，说话听得见，走路要一天”的说法。

藏族有强烈的宗教信仰，主要有以下几点值得注意：

——忌讳在寺院附近砍伐树木，高声唱歌，钓鱼，捕鱼，打猎杀生，更不要捕杀被他们奉为神鸟的鹰。

——拍摄禁忌：一般寺庙内是严禁拍摄的，偷拍后果十分严重，若要拍摄寺庙或朝拜者，宜先征询一下，避免发生争执或对他人造成不敬。如有需要，请按当地规定执行，拍摄人物，尤其是僧侣、妇女，取景前一定要经对方允许，以免造成不必要的麻烦。

——藏族敬山、湖和树，认为这是精灵和神的住所。因此，藏族群众在山上修起了一堆堆嘛呢石，象征神的殿堂；在湖畔，踩出一条条羊肠似的转经小道，挂满经幡；在树林中设立禁区，不许损坏，不许在树林中大小便。

——禁忌在别人后背吐唾沫，拍手掌，指手画脚。

——不得跨越法器，火盆；经筒、经轮不得逆转。

——忌讳别人用手触摸头顶。

——忌讳触摸藏服。

——在牧区入屋后，男的坐左边，女的坐右边，不可随便混杂而坐。

——藏族见面时，习惯伸出双手，掌心向上，然后躬身施礼；对尊贵的客人，藏族敬献哈达时，需双手接住挂在脖子上或直接挂在脖子上，不能立即取下。

2. 回族

回族主要分布在青海省东部地区的化隆、民和等地。

回族有诸多禁忌。如忌讳在饮用水源旁洗澡、洗衣、倒污水。禁食猪肉，也禁食动物的血液和自死物。禁止抽烟、喝酒、赌博及求签。不能用自己的器具在井内或缸内取水。

3. 土族

土族主要居住在青海东部河湟流域的互助、民和、大通等地，语言属阿尔泰语系蒙古语族。

土族忌食骡、马、驴肉，忌讳他人到牲畜圈内大小便。上炕就坐，忌讳坐到主人家的枕头和被子。

土族群众基本上信仰藏传佛教。

4. 撒拉族

撒拉族主要聚居在青海省循化撒拉族自治县和化隆回族自治县的甘都乡。

撒拉族群众基本上信仰伊斯兰教，禁食猪肉。

5. 蒙古族

蒙古族是青海省世居少数民族之一。

蒙古族忌讳持鞭进蒙古包。由于牧民一般都爱护牲畜，因此到牧区作客，不要随便打牲畜，不要骑马闯进牛羊群，也不要当着主人的面追打猎犬和看门狗。

蒙古语属阿尔泰语系蒙古语族。蒙古族人民能歌善舞，精骑善射，善于骑马、赛马、射箭、摔跤。

第二节 新疆维吾尔自治区概况及作业注意事项

一、新疆维吾尔自治区概况

新疆维吾尔自治区地处我国西北部，面积166万km^2，约占全国总面积的1/6。新疆的地貌可以概括为“三山夹二盆”：北面是阿尔泰山，南面是昆仑山，天山横贯中部，把新疆分为南北两部分，南部是塔里木盆地，北部是准噶尔盆地；习惯上称天山以南为南疆，天山以北为北疆。

新疆的最低点吐鲁番盆地的艾丁湖低于海平面154.31m（也是中国的陆地最低点）。最高点乔戈里峰位于帕米尔高原，海拔8611m。国内与西藏、青海、甘肃等省区相邻，周边依次与蒙古、俄罗斯、哈萨克斯坦、吉尔吉斯斯坦、塔吉克斯坦、阿富汗、巴基斯坦、印度8个国家接壤。陆地边境线5600多km，约占全国陆地边境线的1/4，是我国陆地边境线最长的省级行政区。

新疆是我国民族成分最多的省级行政区之一，设置42个民族乡。

新疆远离海洋，深居内陆，四周有高山阻隔，海洋水汽不易到达，形成明显的温带大陆性干旱气候。气温变化大，日照时间长（年日照时间平均2600～3400h），降水量少，空气干燥。新疆年平均降水量为150mm左右，但各地降水量相差很大，南疆的气温高于北疆，北疆的降水量高于南疆。最冷月（1月），在准噶尔盆地平均气温为－20℃以下，该盆地北缘的富蕴县绝对最低气温曾达到－50.15℃，是全国最冷的地区之一。最热月（7月），在号称“火洲”的吐鲁番平均气温为33℃以上，绝对最高气温曾达至49.6℃，居全国之冠。由于新疆大部分地区春夏和秋冬之交日温差极大，故历来有“早穿皮袄午穿纱，围着火炉吃西瓜”之说。

二、进入新疆维吾尔自治区作业的注意事项

需要进入新疆作业的人员应关注以下注意事项。

新疆全年昼夜温差大，温差大概在10～15℃，请带长袖外套，并注意及时调整着装。

新疆气温虽较内地略低，但因新疆很多地区海拔较高，紫外线照射强烈，所以应准备充足有效的防晒品。还要带上防紫外线的伞和长袖上衣及墨镜。

准备好日常必备药物，如防暑降温、抗生素类药，抗感冒药及败火药。如果要去高原地带，应准备红景天、葡萄糖水，同时配备清热、解渴、滋润的药物或冲剂，以免一时难以承受过于干燥和酷热的气候。

如到喀纳斯湖、霍尔果斯、红其拉甫等地，要办理边防通行证。办理边防通行证应带上身份证原件和复印件，身份证应确保在有效期，若过期，应开出相关证明。作业期间应随身携带并保管好身份证和边防通行证。

进入沙漠腹地要有向导带领，最好带上GPS全球定位仪和良好的通信设备。在沙漠中遇见沙尘暴，千万不要到沙丘背风坡躲避，否则有窒息或被沙尘暴埋住的危险。应把骆驼牵到迎风坡，然后躲在骆驼身后抵御风沙。尽量把垃圾带出沙漠，至少要就地掩埋以保护沙漠的生态环境。

三、民族、宗教及禁忌

新疆人口分布相对集中，是一个多民族聚居的地区，世居民族主要有维吾尔、汉、哈萨克、回、柯尔克孜、蒙古、锡伯、俄罗斯、塔吉克、乌孜别克、塔塔尔、满、达斡尔等13个。少数民族人口占总人口的59.4%。

1. 民族宗教

新疆是多种宗教并存地区，宗教色彩浓厚，维吾尔、哈萨克、回、柯尔克孜、塔吉克、乌孜别克等民族信仰伊斯兰教。

应注意尊重少数民族风俗习惯，入乡随俗，严禁在清真寺内拍摄。

2. 做客礼节

去少数民族同胞家里，进门后要先问候老人和主人，入座时要尊重主人的安排。吃东西时，不要狼吞虎咽，不能在盘子里乱挑拣，不能吃出声来。在吃馕、油饼时，要用手掰成小块吃，不能拿着整个食物去咬。

遇到少数民族同志请客，一般要准备些礼品，由于民族和习俗各异，送的礼品也应有所区别。

饮食方面羊肉安排较多，风味餐民族特色较浓，若不习惯可在饭前或饭后自备小零食。城市和农牧区以羊肉为主，主食以面食为主，肉类便宜，蔬菜较贵，海鲜更贵，新疆菜式以辛辣、油腻为主。

3. 节日

信仰伊斯兰教的少数民族的主要节日是肉孜节、古尔邦节。这两个节日期间，男女老少都着节日盛装，家家户户准备丰富的食物，互相拜节，以示祝贺。

第三节　海南省概况及作业注意事项

一、海南省概况

海南省，简称琼，位于中国最南端，北隔琼州海峡与广东相望，西临北部湾与越南相对，东面和南面在南海中与菲律宾、文莱、印度尼西亚和马来西亚为邻。海南省的行政区域包括海南岛、三沙群岛（西沙、中沙、南沙）的岛礁及其海域。全省陆地（主要包括海南岛和三沙群岛）总面积3.54万km^2，海域面积约200万km^2，森林面积480.36km^2，森林覆盖率达62.1%。

海南省地处热带，属热带海洋气候，炎热多雨，日照时间长，每年的4—10月为台风及热带风暴形成时间。

海南雨季长，降雨量大，由于降雨而造成的灾害主要有山洪暴发、崩塌、滑坡、泥石流、江河涨水、山路泥滑等。

海南岛四周低平，中间高耸，以五指山、鹦哥岭为隆起核心，向外围逐级下降。山地、丘陵、台地、平原构成环形层状地貌，梯级结构明显。

海南属雷电高发区，雷电产生之后往往会降暴雨，通常称之为雷雨，雷雨季节往往是降水较多且集中的季节，一般集中发生在6—8月。

二、进入海南作业的注意事项

进入海南野外作业应注意以下事项。

1. 防热防暑措施

(1) 配备防晒霜、防晒宽边帽和隔热登山鞋、运动鞋。

(2) 携带足量饮用水（可根据爱好加少量食盐、茶叶、甘草等）和十滴水、人丹等防暑药品，调整作息时间，尽量避免中午在太阳直照下工作。

2. 防洪防汛措施

(1) 对项目进程合理安排，野外作业尽量错开雨季。

(2) 了解工作区的地形、地貌、气候、地质水文等条件，大致掌握雨季易发生的自然灾害。

(3) 野外作业时如突然下雨，应提高警惕，拟定应变措施，严禁强行涉水及在不安全的坡、坎下避雨。

3. 防台风措施

(1) 台风自发生至登陆，往往在1～2天甚至几天之内，应注意收听、收看台风警报，注意台风走向，提前做好防风准备。

(2) 根据台风级别提前做好野外驻地房屋的压顶、支撑、加固工作，并检查房屋前后、左右树木、电线杆等的牢固程度。

(3) 必要时需对树木进行裁枝，并对树干、线杆进行绳索加固，防止折断、倒下并砸伤人或砸坏物品。

(4) 台风登陆时往往伴随大量降雨，应同时做好防洪防汛工作。

4. 防雷电措施

(1) 雷雨季节外出作业，应根据天气情况，随身携带雨衣、雨伞及胶底鞋，非工作必需，尽量少带金属器物。

(2) 当在野外遇到雷雨时，要尽快寻找有利处所（如山洞、山丘土岗坡下）躲避，不要冒雨或穿着湿衣服、赤足继续野外作业，也不要在山脊或孤峰顶处走动，更不能在独立树、旗杆等下面避雨或停留，如一时找不到合适的避雷地点，又感到情况比较严重时，应尽快就近找一处较低、电阻率较大的岩体上或比较干燥的地方蹲下，随身携带的条状金属器械应平放，不能竖在地上，更不能拿在手中来回晃动。

(3) 如遇球雷（滚动的火球）时切莫乱跑，特别是在空旷平坦的地方，以免球雷顺着气流袭来。

（4）野外驻地应选择装有避雷装置的建筑或较周围建筑低的房子。

（5）雷雨季节在室内也要注意防雷。打雷时，应拔掉电视机天线，关闭电源，不要开收音机，尽量远离各种导线、电器设备，关闭门窗，以免穿堂风引入球雷。

5. 防病措施

（1）野外作业时要根据气候特点，合理安排生产，避免劳累过度，导致疾病发生。各人也要根据自身身体状况及气候变化，注意饮食及睡眠，及时增减衣物。

（2）注意饮食卫生，尽量做到不购买过期或变质的食品，不购买带有残留农药的蔬菜，防止食物中毒。

（3）配备一份防治疟疾药品或提前打预防针。

（4）尽量避免蚊子叮咬而传染病毒。

（5）野外作业时尽量不喝冷水，特别是受污染或不流动的河（沟）水。

6. 防毒蛇、猛兽及捕猎圈套措施

（1）配备蛇药，在草丛中穿行时要注意“打草惊蛇”。

（2）遇到毒蛇、猛兽时，尽量绕道通过，不与其正面相遇。

（3）在深山老林作业时要大声说话或吹口哨，以吓走猛兽。

（4）野外作业遇到阴雨天气或天黑未能下山时，要提高警惕，尽可能取一段木棍在手或点燃自制火把。

（5）警惕当地猎人设置的猎枪、索套。一般来说，在猎人设置圈套的地方附近，往往设有记号，如在路边打上草结或在树上砍个刀疤等，野外作业时应仔细观察，防止中圈套。

7. 防火措施

野外作业时应注意以下几个方面：

（1）野外驻地应由安全员检查室内电线是否安全可靠。

（2）杜绝私拉、乱接电线、电灯泡。

（3）打雷时应切断电视、收音机等电源，以免雷电击坏电器或引起火灾。

（4）野外做饭时应注意不要在风力较大且周围干草、树叶较多的地方，以免火星点燃易燃物引起火灾，并要做到人走火灭。

三、民族

海南省的居民，分属于汉、黎、苗、回等30多个民族。世居的有黎族、苗族、回族。

1. 黎族

黎族是海南岛原住民族，有着特有的原生态文化。

黎族的禁忌很多，有婚姻禁忌、丧葬禁忌、生育禁忌等。

2. 苗族

苗族是海南岛的世居民族之一。居海南少数民族人口总数的第二位。

苗族人与自然关系亲密，认为无论桥头、树下、屋头、灶旁都有神灵依附。每逢节庆或贵宾来临，均烧香供奉，告慰祖先，以祈求平安。客人不宜对这类活动表示非议。

应急准备与响应

应急准备与响应的目的是：主动评价潜在的事故或紧急情况，识别应急响应需求，制订应急准备和响应的计划，以便预防和减少可能引发的疾病、伤害、环保事故等。

目前勘测设计单位在应急管理中存在很多问题，如如何建立统一高效的应急救援工作机制，如何确保应急救援力量最大化合理利用；如何弥补环境/职业健康安全管理专业人员力量不足的问题；如何增强应急处置公众力量的配合和参与度；如何有效拨打急救电话；如何提高员工的应急技能；如何确保对预案的演练不流于形式，使相关人员熟悉自身在预案中的职责并能根据实践修订完善预案等。

本篇介绍了建立应急预案体系依据的要求，环境/职业健康安全管理事故预防、应急处理及事故报告，员工应掌握的各项应急技能，安全设施、防护器材正确使用和维护的方法等，提高组织应急管理能力、人员参与应急的技能，以确保应急管理的有效，减少人员伤亡、伤害及财产损失。

第一章 应急预案及管理

第一节 应急预案体系

一、应急预案的编制依据及应急预案体系的构成

GB/T 29639—2013《生产经营单位生产安全事故应急预案编制导则》是单位编制安全生产事故应急救援预案的指导性文件，规定了一个组织应急预案体系的构成，以及综合应急预案、专项应急预案、现场处置方案的格式和主要内容。

综合应急预案从总体上阐述事故的应急方针、政策，应急组织结构及相关应急职责，应急行动、措施和保障等基本要求和程序，是应对各类事故的综合性文件。

专项应急预案是针对具体的事故类别（如交通事故、食品中毒事故等）、危险源和应急保障而制订的计划或方案，是综合应急预案的组成部分，应按照综合应急预案的程序和要求组织制定，并作为综合应急预案的附件。专项应急预案应制定明确的救援程序和具体的应急救援措施。专项应急预案的范例见附录 6。

现场处置方案是针对具体的装置、场所或设施、岗位所制定的应急处置措施。现场处置方案应具体、简单、针对性强。现场处置方案应根据风险评估及危险性控制措施逐一编制，做到事故相关人员应知应会，熟练掌握，并通过应急演练，做到迅速反应、正确处置。现场处置方案的范例见附录 6。

二、勘测设计单位应急预案常见的问题

应急预案体系中常出现的问题主要有：应急预案的目的不明，对象不清；适用范围部分缺少对事故类型和级别的界定；描述太笼统，缺乏勘测设计单位的实际内容；组织机构职责中职责内容交叉，缺少危险源监控的内容，缺少预警的条件和内容；缺少 24 小时应急值守电话，或提供的电话不是 24 小时值守电话；内部报告的程序缺失，内

部报告的内容和要求缺失；信息上报中存在的问题是缺少信息上报的流程、信息上报的要求；未明确专兼职的应急队伍；应急预案演练的频次、要求不明确，未明确预案定期修订的年限等。

三、应急预案的编制程序

（1）应急预案编制小组的成立。为有利于统一各部门的不同观点，应成立有与应急工作相关的部门参与的应急预案编制小组。

（2）应急预案编制前的准备工作。包括：全面分析本单位的危险因素，可能发生的事故类型、事故的危害程度，排查事故隐患的种类、数量和分布情况；确定是否对危险源进行风险评估；针对事故的危险源和存在的问题确定相应的防范措施；明确本单位潜在的危险与紧急情况，明确应急的对象；客观评价本单位的应急能力，明确应急救援的需求和不足；充分借鉴同行业的事故教训及应急工作的经验。

（3）编制应急预案。应急预案编制过程中，应注意全体人员的参与和培训，使所有与事故有关的人员均掌握危险源的应急处置方案、技能，应急预案应充分利用社会应急资源，与政府的应急预案、上级主管单位以及相关部门的应急预案相衔接。

（4）应急预案的评审、发布与实施。为保证应急预案的科学性、合理性以及与实际情况的符合性，应急预案必须经过评审，应急预案评审通过后，应由单位主要负责人签署发布，并报送有关部门备案。应急预案的实施主要包括：应急预案的宣传、培训、演练、完善与更新等。

四、应急预案编制的基本要素

应急预案编制的基本内容、要素的确定是应急预案编制过程中最重要的部分。一般来说，应急预案主要有以下基本要素：

（1）方针与原则。无论是何级或何类型的应急救援体系，首先必须有明确的方针和原则，作为开展应急救援工作的纲领。方针与原则反映了应急救援工作的优先方向、政策、范围和总体目标。应急救援工作的策划和准备、应急策略的制定和现场应急救援及恢复，都应当围绕方针和原则开展。

事故应急救援工作在预防为主的前提下，贯彻统一指挥、分级负责、区域为主、单位自救和社会救援相结合的原则。其中预防工作是事故应急救援工作的基础，除了平时做好事故的预防工作，避免或减少事故的发生外，还要落实好救援工作的各项准备措施，做到预先有准备，一旦发生事故就能及时实施救援。

（2）应急策划，包括危险分析、应急能力评估（资源分析），以及法律法规要求等方面的策划。应急预案最重要的特点是要有针对性和可操作性。因而，应急策划必须明确预案的对象和可用的应急资源情况，即在全面系统地认识和评价所针对的潜在事故类型的基础上，识别出重要的潜在事故及其性质、区域、分布及事故后果，同时，根据危险分析的结果，分析评估勘测设计单位中应急救援力量和资源情况，为所需的应急资源准备提供建设性意见。在进行应急策划时，应当列出国家、地方相关的法律法规，作为制定预案和应急工作授权的依据。

（3）应急准备，包括机构与职责、应急资源、教育、训练和演习、相关方互助协议等方面的准备。主要针对可能发生的应急事件，应做好各项准备工作。能否成功地在应急救援中发挥作用，取决于应急准备充分与否。应急准备基于应急策划的结果，明确所需的应急组织及其职责权限、应急队伍的建设和人员培训、应急物资的准备、预案的演习、公众的应急知识培训和与相关单位签订必要的互助协议等。

（4）应急响应，包括接警与通知、指挥与控制、警报和紧急公告、通信、事态监测与评估、警戒与治安、人群疏散与安置、医疗与卫生、公共关系、应急人员安全、消防与抢险，如泄漏物的控制等方面的响应。勘测设计单位应急响应能力的体现，应包括需要明确并实施在应急救援过程中的核心功能和任务。这些核心功能具有一定的独立性，又互相联系，构成应急响应的有机整体，共同完成应急救援目的。

应急响应的核心功能和任务包括：接警与通知，指挥与控制，警报和紧急公告，通信，事态监测与评估，警戒与治安，人群疏散与安置，医疗与卫生，公共关系，应急人员安全，消防和抢险，泄漏物控制等。

当然，根据勘测设计单位风险性质的不同，需要的核心应急功能也可有一些差异。

（5）现场恢复，现场恢复是事故发生后期的处理。如泄漏物的污染问题处理、伤员的救助、后期的保险索赔、生产秩序的恢复等一系列问题。

（6）预案管理与评审改进。强调在事故后（或演练后）对于预案不符合和不适宜的部分进行不断修改和完善，使其更加适宜于勘测设计单位的实际应急工作的需要，但预案的修改和更新要有一定的程序和相关评审指标。

五、勘测设计单位通常建立但不限于以下应急预案

勘测设计单位通常建立但不限于以下应急预案：《综合应急预案》《火灾疏散应急预案》《交通事故应急预案》《勘测外业人员溺水应急预案》《触电事故应急预案》《野外钻探施工机组人身伤害应急预案》等。

第二节　环境/职业健康安全管理事故预防、应急处理及事故报告

一、环境/职业健康安全管理事故预防

职业病预防措施：建立相应的制度，工作场所满足《中华人民共和国职业病防治法》的要求。

在劳动过程中实施必要的管理措施：确保职业病防治所需的资金投入，如对从事接触职业病危害的作业的劳动者，按规定组织上岗前、在岗期间和离岗时的职业健康检查；优先采用有利于防治职业病和保护劳动者健康的新技术、新工艺、新设备、新材料，逐步替代职业病危害严重的技术、工艺、设备、材料；对劳动者进行上岗前的职业卫生培训和在岗期间的定期职业卫生培训，督促劳动者遵守职业病防治法律、法规、规章和操作规程，指导劳动者正确使用职业病防护设备和个人使用的职业病防护用品等。

在劳动过程中实施防护，采用有效的职业病防护设施，并为劳动者提供个人使用的职业病防护用品，对可能发生急性职业损伤的有毒、有害工作场所，用人单位应当设置报警装置，配置现场急救用品、冲洗设备、应急撤离通道和必要的泄险区等。

二、事故现场处理

1. 基本要求

(1) 事故发生后应迅速抢救受伤或中毒人员，采取措施防止事故蔓延扩大。

(2) 认真保护事故现场，凡与事故有关的物体、痕迹、状态不得破坏。

(3) 为抢救受伤害者需要移动现场某些物体时，必须做好现场标志。

(4) 防止发生次生灾害，除生产工艺需作紧急调整及水、电、风、气等公用工程需要做紧急恢复外，其他事故现场应封闭，并设警戒线。

2. 事故处理“四不放过”原则

发生事故，无论大小都要按照“四不放过”原则进行处理，即：事故原因未查清不放过、责任人员未处理不放过、整改措施未落实不放过、有关人员未受到教育不放过。

三、事故的报告

1. 事故报告的程序

(1) 事故发生后，事故当事人或发现人应当立即向本单位负责人报告。

(2) 单位负责人接到报告后，应当于1小时内向事故发生地县级以上人民政府安全生产监督管理部门和负有安全生产监督管理职责的上级主管部门报告。

(3) 火灾事故应先报火警。

(4) 情况紧急时，事故现场有关人员可以直接向事故发生地县级以上人民政府安全生产监督管理部门和负有安全生产监督管理职责的上级主管部门报告。

2. 事故报告的内容

报告事故应当包括下列内容：

(1) 事故发生单位概况；

(2) 事故发生的时间、地点以及事故现场情况；

(3) 事故的简要经过；

(4) 事故已经造成或者可能造成的伤亡人数（包括下落不明的人数）和初步估计的直接经济损失；

(5) 已经采取的措施；

(6) 其他应当报告的情况。

3. 事故的补报

事故报告后出现新情况的，应当及时补报。

自事故发生之日起30日内，事故造成的伤亡人数发生变化的，应当及时补报。道路交通事故、火灾事故自发生之日起7日内，事故造成的伤亡人数发生变化的，应当及时补报。

4. 事故报告的基本要求

事故报告应当及时、准确、完整，任何单位和个人对事故不得迟报、漏报、谎报或瞒报。

四、事故调查处理

事故发生的原因有两种：一是由于健康、安全与环境管理体系内部存在缺陷（人的不安全行为、物的不安全行为、环境的不安全因素、管理上的缺陷）；二是由于突发事件（包括人力所不可抗拒的自然灾害）。

进行事故调查处理时，首先要搞清事故的发生原因，明确事故的责任，以便采取纠正措施，必要时修改工作程序，并将其纳入体系文件，以防止类似事故的再次发生。

按事故处理和预防管理制度，对事故、险肇事件、典型问题严格按照“四不放过”原则进行处理，及时调查、分析原因，制定相应的纠正和预防措施，确保不会发生类似的事故。

事故发生后，按《生产安全事故报告和调查处理条例》的规定报告及调查处理。

第三节　应急管理要求

《安全生产事故应急预案管理办法》对生产安全事故应急预案（以下简称应急预案）的编制原则，综合应急预案，专项应急预案和现场处置方案及相关要求，应急预案的评审及发布，应急预案的备案，应急预案的宣传教育及对员工应急能力的培训，应急预案的演练、修订和再备案，对应急物质及装备的要求，应急预案的启动及应急事故的报告等工作进行了详细的规定。

针对应急预案，对员工进行培训、演练，让员工至少掌握“四个一”标准：

（1）一图：逃生紧急疏散路线图。

（2）一点：紧急集合地点，是逃生路线的终点。

（3）一号：报警电话号码，是项目组、部门、安全委员会应急指挥中心的电话号码，以及直接上级领导的电话号码。

（4）一法：常用急救方法。发生突发事故或事件后，员工首要任务是抢救身边的伤员。触电、机械伤害、烧烫、中暑、中毒、溺水、骨折、冻伤等几种常见的急救方法是员工必须掌握的应急技能之一。

第二章 员工应急技能

各级人员应急处置技能是环境/职业健康安全管理的薄弱环节，尤其是一线外业人员，应急急救常识、自然灾害避险能力、野外作业常见伤害的救护方法、野外作业的常见疾病防治方法、野外遇险呼救能力、野外遇险生存能力及常用安全设施、防护用品的使用等基本应急能力更是如此。应急能力的提升是员工有效参与应急处置的基础。各级人员应掌握以下的应急技能。

第一节 急救电话拨打常识

一、报警控制关键点

当发生火灾时，要会报警，报警关键点控制如下：

（1）报警热线。

（2）安委办电话。

（3）报警电话要点。

（4）派人到路口迎接消防车。

二、拨打“120”常识

1. 如何拨打“120”急救电话

（1）拨打“120”电话时，应切勿惊慌，保持镇静，讲话清晰，简练易懂。

（2）呼救者必须说清病人的症状或伤情，便于准确派车；讲清现场地点、等车地点，以便尽快找到病人；留下自己的姓名和电话号码及病人的姓名、性别、年龄，以便联系。

（3）等车地点应选择在路口、公交车站、大的建筑物等有明显标志处。

（4）等救护车时不要把病人提前搀扶或抬出来，以免影响病人的救治。应尽量提前接救护车，见到救护车时主动挥手示意接应。

（5）在医院外（在家、在单位、在公共场所）发生了急重病人或意外受伤时，请立即拨打“120”急救电话，向急救中心发出呼救。

2. 拨打“120”报警电话要点

（1）病人的姓名、性别、年龄，确切地址，联系电话。

（2）病人患病或受伤的时间，目前的主要症状和现场采取的初步急救措施。

（3）报告病人最突出、最典型的发病表现。

（4）过去得过什么疾病，服药情况。

（5）约定具体的候车地点，准备接车。

三、拨打“119”常识

1. 如何拨打“119”急救电话

（1）拨打火警电话，要沉着镇静，听见拨号音后，再拨打“119”号码。

（2）拨通“119”后，应再追问一遍对方是不是“119”，以免拨错电话。

（3）准确报出失火的地址。如果说不清楚时，请说出地理位置，说出周围明显的建筑物或道路标志。

（4）简要说明由于什么原因引起的火灾和火灾的范围，以便消防人员及时采取相应的灭火措施。

（5）不要急于挂电话，要冷静地回答接警人员的问题。电话挂断后，应派人在路口迎接消防车。

2. 拨打“119”报警电话要点

（1）拨打“119”时，必须准确报出失火方位。如果不知道失火地点名称，也应尽可能清楚说出周围明显的标志，如建筑物等。

（2）尽量讲清楚起火部位、着火物质、火势大小，是否有人被困等情况。

（3）应在消防车到达现场前设法扑灭初起火灾，以免火势扩大蔓延。扑救时需注意自身安全。

四、拨打“122”常识

1. 辨别发生地点

在报警信息中，地点是最重要的，注意观察交通标志，确定自己的位置；注意观察周围典型地物标志，比如商场、写字楼、加油站等有特征的建筑物、河流等；在高速公路及国道上，司机可根据路边表明公里数的标志牌的界碑来确定位置。准确地描述出事地点，有利于“122”接警员及时调派民警赶赴现场。

2. 简单描述事故

在事故地点确定后，“122”接警员还希望报警者能提供人员伤亡情况及车辆损坏程度的信息，故报警人要沉着、冷静，说明事故地点、方向、人员伤亡情况、车辆损坏程度、能否驶离现场、是否需要清障车等信息，这些对交管部门指挥中心调派警力及疏导交通都很有帮助。

3. 简单描述拥堵

在反映交通拥堵时，司机可以根据实际拥堵状况向“122”接警员简单描述排队长度、等了几个红灯以及排队等候时间，以利于交管部门及时调派警力采取有效措施进行指挥疏导，以最快的速度恢复畅通。

第二节　电梯事故应急常识

一、形成应急预案

特种设备使用单位应当制定特种设备事故应急专项预案，并定期进行应急演练。

二、电梯故障的自救常识

（1）电梯运行中因供电中断、电梯故障等原因突然停驶，被困在轿厢内时，请安静等待，不要擅自行动，以免发生“剪切”“坠井”事故。乘客不要强行手扒轿门或企图出入轿厢，应设法与外界取得联系，要第一时间与物业管理部门或电梯维保单位报告。

电梯困人属于安全保护状态，乘客无生命危险，报警后，耐心等人救助即可。

(2) 报警时，向外界提供轿厢内被困人数及健康状况、轿厢内应急灯是否点亮、轿厢所停层位置信息，以便于解困工作。

(3) 尽量远离轿门或已开启的轿厢门口，更不要倚靠轿门，不要在轿厢内吸烟、打闹，必须听从救援人员指挥。

(4) 针对急速下坠现象：

1) 不论有几层楼，快速把每一层楼的按键都按下。当紧急电源启动时，电梯可马上停止继续下坠。一般情况下，电梯槽有防坠安全装置，安全装置也不会失灵。

2) 把脚跟提起（即踮脚），膝盖呈弯曲姿势，整个背部跟头部紧贴电梯内墙，呈一直线。要运用电梯墙壁作为脊椎的防护。

3) 如果电梯里有把手，一只手紧握把手，这样可固定人所在的位置，使你不至于因重心不稳而摔伤。

(5) 发生地震、火灾、电梯进水等紧急情况时，严禁使用电梯，应改用应急通道或楼梯。

(6) 应急救援电话：110；特种设备监管部门举报电话：12365。

第三节　自然灾害与避险

突发性事故，有许多是自然的原因，但也有人为的因素。雪崩、雷电、火灾、水灾、地震、滑坡、山洪暴发、泥石流等都能置人于死地。作为野外作业的勘探人员，掌握避险与危险中求生技能十分重要。

一、地震

地震目前还是人类尚无法避免或控制的自然灾害，但只要掌握一些技巧，是可以使伤害降到最低的。破坏性地震从人感觉振动到建筑物被破坏平均只有12s，在这短短的时间里，我们应该沉着冷静，应根据所处环境迅速做出保障安全的抉择。

(一) 步骤/方法

(1) 当工作人员居住在平房，遇到级别较大地震时，如果室外空旷，应迅速跑到屋外躲避，尽量避开高大建筑物、立交桥，远离高压线及化学、煤气等工厂或设施；来不及跑时可以低于承重物的姿势躲在坚固的家具旁，并用毛巾或衣物捂住口鼻防尘、防烟。

(2) 当工作人员住在楼房，应选择卫生间等开间小的空间避震，也可以躲在内墙根、墙角、坚固的家具旁等容易形成三角空间的地方，要远离外墙、门窗和阳台；不要使用电梯，更不能跳楼。

(3) 在感知晃动的瞬间或者大的晃动停息后应立即关闭电源、火源。万一发生失火的情形应立即灭火。

(4) 工作人员正在野外工作时遇到地震，应尽量避开山脚、陡崖，以防滚石和滑坡；如遇山崩，要向远离滚石前进方向的两侧方向跑。在海边作业时，应迅速远离海边，以防地震引起海啸。

（5）驾车行驶时，应迅速躲开立交桥、陡崖、电线杆等，并尽快选择空旷处立即停车，以卧姿躲在车旁。

（6）身体遭到地震伤害时，应设法清除压在身上的物体，尽可能用湿毛巾等捂住口鼻防尘、防烟；用石块或铁器等敲击物体与外界联系，不要大声呼救，注意保存体力；设法用砖石等支撑上方不稳的重物，保护自己的生存空间。若几个人同时被埋压时，要互相鼓励，切不可悲观失望，以致丧失生存的勇气。

（7）抓紧时间紧急避险。如果感觉晃动很轻，说明震源比较远，只需躲在坚实的家具旁边就可以。大地震从开始到振动过程结束，时间不过十几秒到几十秒，因此抓紧时间进行避震最为关键，不要耽误时间。

选择合适避震空间。室内较安全的避震空间有：承重墙墙根、墙角；有水管和暖气管道等处。屋内最不利避震的场所是：没有支撑物的床上；吊顶、吊灯下；周围无支撑的地板上；玻璃（包括镜子）和大窗户旁。

（8）做好自我保护。首先要镇静，选择好躲避处后应蹲下或坐下，脸朝下，额头枕在两臂上；或抓住桌腿等身边牢固的物体，以免震时摔倒或因身体失控移位而受伤；保护头颈部，低头，用手护住头部或后颈；保护眼睛，低头、闭眼，以防异物伤害；保护口、鼻，有可能时，可用湿毛巾捂住口、鼻，以防灰土、毒气。

（二）*震后自救*

地震时如被埋压在废墟下，周围又是一片漆黑，只有极小的空间，一定不要惊慌，要沉着，树立生存的信心，相信会有人来救你，要千方百计保护自己。

地震后，往往还有多次余震发生，处境可能继续恶化，为了免遭新的伤害，要尽量改善自己所处的环境。此时，如果应急包在身旁，将会为你脱险起很大作用。

在这种极不利的环境下，首先要保护呼吸畅通，挪开头部、胸部的杂物，闻到煤气、毒气时，用湿衣服等物捂住口、鼻；避开身体上方不结实的倒塌物和其他容易引起掉落的物体；扩大和稳定生存空间，用砖块、木棍等支撑残垣断壁，以防余震发生后，环境进一步恶化。

设法脱离险境。如果找不到脱离险境的通道，尽量保存体力，用石块敲击能发出声响的物体，向外发出呼救信号，不要哭喊、急躁和盲目行动，这样会大量消耗精力和体力，尽可能控制自己的情绪或闭目休息，等待救援人员到来。如果受伤，要想法包扎，避免流血过多。

维持生命。如果被埋在废墟下的时间比较长，救援人员未到，或者没有听到呼救信号，就要想办法维持自己的生命，防震包的水和食品一定要节约，尽量寻找食品和饮用水，必要时自己的尿液也能起到解渴作用。

如果你在三脚架区，可以利用旁边的东西来护住自己，以免余震再次把自己伤害，再把手和前胸伸出来，把脸前的碎石子清理干净，让自己可以呼吸，等人来救你。

（三）*震后互救*

震后，外界救灾队伍不可能立即赶到救灾现场。

抢救时间及时，获救的希望就越大。据有关资料显示，震后20min获救的救活率达

98%以上，震后1小时获救的救活率下降到63%，震后2小时还无法获救的人员中，窒息死亡人数占死亡人数的58%。他们不是在地震中因建筑物垮塌砸死，而是窒息死亡，如能及时救助，是完全可以获得生命的。唐山大地震中有几十万人被埋压在废墟中，灾区群众通过自救、互救使大部分被埋压人员重新获得生命。由灾区群众参与的互救行动，在整个抗震救灾中起到了无可替代的作用。

二、暴风雨

（一）遭遇沙漠风暴

沙漠之中，天气说变就变，即使在天气晴朗的时候，沙漠风暴也会突然而至。因此在沙漠里作业或行走，要随时注意周围环境的变化，往往动物的奔跑，骆驼、马匹的惊慌，是大风暴来临的先兆；天边移动的云状沙尘、飘动的黑云等，都不能掉以轻心。

为防止沙尘暴的袭击，必须佩戴带风帽的斗篷和护目镜。当风暴来临时，全体人员要集聚在一起，躲避到安全的地方或背风处坐下，把头低到膝盖，直到风暴平息为止。

如果周围没有坚固的建筑或岩石，可以找一背风处躲起来；让所有牲畜都趴下，人员可蹲在骆驼、马匹等背后。如有汽车，将汽车开到背风处，待在车内，等待风暴过去。

（二）遇上雷雨

1. 暴雨来临的征兆

在夏季，当观察到下面几种天气征兆时，应加强对发生暴雨的警惕性。

（1）早晨天气闷热，甚至感到呼吸困难，一般是低气压天气系统临近的征兆，午后往往有强降雨发生。

（2）早晨见到远处有宝塔状墨云隆起，一般午后会有强雷雨发生。

（3）多日天气晴朗无云，天气特别炎热，忽见山岭迎风坡上隆起小云团，一般午夜或凌晨会有强雷雨发生。

（4）炎热的夜晚，听到不远处有沉闷的雷声忽东忽西，一般是暴雨即将来临的征兆。

（5）看到天边有漏斗状云或龙尾巴云时，表明天气极不稳定，随时都有雷雨大风来临的可能。

2. 雷击前的征兆

当你站在一个空旷的地方，如果感觉到身上的毛发突然立起来，皮肤感到轻微的刺痛，甚或听到轻微的爆裂声，发出“叽叽”声响，这就是雷电快要击中你的征兆。如果在雷电交加时，头、颈、手处有蚂蚁爬走感，头发竖起，说明将发生雷击，应赶紧趴在地上，这样可以减少遭雷击的危险。

3. 野外避雷的十大注意事项

雷电通常会击中户外最高的物体尖顶，所以孤立的高大树木或建筑物往往最易遭雷击。人们在雷电大作时，在野外应遵守以下规则，以确保安全。

（1）雷雨天气时不要停留在高楼平台上，在野外空旷处不宜进入孤立的棚屋、岗亭等。

（2）远离建筑物外露的水管、煤气管等金属物体及电力设备。

（3）不宜在大树下躲避雷雨，如万不得已，则须与树干保持3 m距离。

（4）避雷雨姿势：应马上蹲下来，身体倾向前，把手放在膝盖上，曲成一个球状，千万不要平躺在地上，并拿去身上佩戴的金属饰品和发卡、项链等。

（5）如果在野外遭遇雷雨，来不及离开高大物体时，应马上找些干燥的绝缘物放在地上，并将双脚合拢坐在上面，切勿将脚放在绝缘物以外的地面上，因为水能导电。

（6）在野外躲避雷雨时，应注意不要用手撑地，同时双手抱膝，胸口紧贴膝盖，尽量低下头，因为头部较之身体其他部位最易遭到雷击。

（7）当在野外看见闪电几秒钟内就听见雷声时，说明正处于近雷暴的危险环境，此时应停止行走，两脚并拢并立即下蹲，不要与人拉在一起，最好使用塑料雨具、雨衣等。

（8）在雷雨天气中，不宜在旷野中打伞；不宜在水面和水边停留；不宜在河边洗衣服、钓鱼、游泳、玩耍。

（9）如果在户外看到高压线遭雷击断裂，此时应提高警惕，因为高压线断点附近存在跨步电压，身处附近的人此时千万不要跑动，而应双脚并拢，跳离现场。

（10）雷雨当头时，最好不要在使用太阳能的热水器下冲淋；不要靠近窗户、阳台；家电及时断电，但一定不要在正打雷时断电，以防不测。

4. 下雨天尽量不要拨打手机

据气象专家介绍，由于雷电的干扰，手机的无线频率跳跃性增强，这容易诱发雷击和烧机等事故。但一般来说，公共聚居地都装有避雷装置，人们处在这种环境中相对安全，雷电仅仅会干扰手机信号，顶多也仅是损坏芯片，对人体不会造成致命伤害。而一旦处于空旷地带时，人和手机就成为地面明显的凸起物，手机极有可能成为雷雨云选择的放电对象。所以一定要加强有关避雷尤其是电源、信号系统的防雷击意识，尽量避免在打雷时拨打或接听手机，雷雨中穿行无障碍物地区时，最好关掉手机电源。

三、火灾

（一）如何逃离森林大火

森林大火蔓延迅速，往往无法控制。因此遭遇森林大火时，必须尽快判断周围情况，采取最适当的行动。

（1）最佳的逃生方式，是朝河流或公路的方向逃走。此外也可跑到草木稀疏的地方。同时要注意风向，避开火头。

（2）倘若身在汽车内，不要下车，关闭车窗车门以及通风系统。虽然汽车的燃油箱可能爆炸，但是下车后被烈火烧伤或因吸入浓烟而窒息的危险更大。如有可能，立刻驾车逃离。

（3）如果有可能，可以挖洞藏身，等待大火火头过去。

（4）在森林火灾中对人身造成的伤害主要来自高温、浓烟和一氧化碳，容易造成热烤中暑、烧伤、窒息或中毒，尤其是一氧化碳具有潜伏性，会降低人的精神敏锐性，中毒后不容易察觉。因此，一旦发现自己身处森林着火区域，应当使用沾湿的毛巾遮住口鼻，附近有水的话最好把身上的衣服浸湿，这样就多了一层保护。然后要判明火势大小、火苗燃烧的方向，应当逆风逃生，切不可顺风逃生。

（5）在森林中遭遇火灾一定要密切关注风向的变化，因为这说明了大火的蔓延方向，也决定了你逃生的方向是否正确。实践表明，现场刮起5级以上的大风，火灾就会失控。如果突然感觉到无风的时候更不能麻痹大意，这时往往意味着风向将会发生变化或者逆转，一旦逃避不及，容易造成伤亡。

（6）当烟尘袭来时，用湿毛巾或衣服捂住口鼻迅速躲避。躲避不及时，应选在附近没有可燃物的平地卧地避烟。切不可选择低洼地或坑、洞，因为低洼地和坑、洞容易沉积烟尘。

（7）如果被大火包围在半山腰时，要快速向山下跑，切忌往山上跑，通常火势向上蔓延的速度要比人跑的速度快得多，火头会跑到你的前面。

（8）一旦大火扑来的时候，如果你处在下风向，要做决死的拼搏，果断地迎风对火突破包围圈。切忌顺风撤离。如果时间允许可以主动点火烧掉周围的可燃物，当烧出一片空地后，迅速进入空地卧倒避烟。

（9）顺利地脱离火灾现场之后，还要注意在灾害现场附近休息的时候应防止蚊虫或者蛇、野兽、毒蜂的侵袭。

（二）怎样扑灭小火灾

如果是发生小面积的火灾，要设法把它扑灭。

（1）如果附近有人，应派人去求救，或者呼救。

（2）灭火时可用弄湿的毛毯、外衣、布袋，也可以砍一棵合适的枝叶茂盛的小树（如1m多高的小松树）做灭火拍。

（3）灭火时要背着风，从火的边缘向里扑救。这样，就算火势突然旺起，也不会向你迎面扑来。

（4）大力地拍打火焰或急挥灭火拍只会使火势更加猛烈。应该持灭火拍压火，应将一处压灭，再压一处，不要乱打。

（5）倘若火势已经一发不可收拾，马上逆风走到安全之处，尽快向有关方面报告。

（三）帐篷起火

帐篷大多是易燃物，帐篷刚起火时应以灭火为主，人员应尽快有序撤出，弄断拉绳，推倒立柱，将火扑灭。如火势猛烈，应以保护生命，防止引起山火为主，不要让帐篷撑立着燃烧，要将其推倒，防止火势蔓延。

（四）办公现场火灾自救

（1）必须首先留心和了解办公区域的消防安全疏散通道、安全出口以及楼梯方位等，一旦火灾发生，就可以尽快逃生。如电话畅通，切记要首先拨打火警电话“119”。

（2）突遇火灾时，要保持镇静，不要盲目跟随人流乱冲乱撞。若通道已被烟火封阻，应背向烟火方向离开。

（3）不要顾及贵重物品，千万不可把时间浪费在寻找、搬运贵重物品上。

（4）火场充满烟雾，可用湿毛巾、口罩蒙住口鼻，贴近地面匍匐撤离，尽量靠近地面从紧急出口逃生。

（5）关紧迎火门窗，用湿毛巾、湿布等塞住门缝，不停用水淋透房间，固守房间，等待救援。

（6）尽量待在阳台、窗口等易于被人发现的地方。晃动鲜艳的衣物或敲击东西，发出求救信号。

（7）如果身上着火，应赶紧脱掉衣服或就地打滚，压灭火苗。

（8）楼房建筑发生火灾，可迅速利用身边的绳索或床单、窗帘、衣服等自制简易救生绳逃生。但不可盲目跳楼，可利用阳台、下水管等逃生自救。楼层不高时可用身边的绳索、床单、窗帘、衣服自制简易救生绳，并用水打湿，紧拴在窗框、水管、铁栏杆等固定物上，用毛巾、布条等保护手心、顺绳滑下，或下到未着火的楼层脱离险境。

切记：火灾发生后千万不能乘坐电梯。

（五）如何逃离火灾车辆

当乘坐的车辆发生火灾时，千万不要惊慌失措，要保持头脑冷静。寻找最近的出路，比如门、窗等，找到出路立即以最快速度离开车厢。如果乘坐的公交车是封闭式的车厢，在火灾发生的时候应该迅速破窗逃生。现在封闭式公交车均配备有破窗用的救生锤，可以在危急时刻砸碎车窗逃生；如果没有找到救生锤，可以利用一切硬物来砸碎车玻璃逃生。

（六）预防火灾的措施

1. 野外作业防火措施

（1）在林区严禁吸烟。切勿丢弃未熄灭的烟头或烟斗灰烬。吸烟者疏忽大意，往往成为森林火灾的罪魁祸首。

（2）在干燥的季节，最容易发生火灾。针叶林中的枯叶满地，内含油脂，见火就着，应当小心。

（3）野外生火，不能靠近干枯的草丛和灌木丛。火源周围直径两米的范围内，不能有易燃物。

（4）野外生火，要在背风的地方，防止吹飞的火星或灰烬引燃周围的草树。

（5）离开营地时，彻底把火弄灭，做到人走火熄。

警告：禁止丢弃未熄灭的烟头或烟斗灰烬。

2. 办公区域防火措施

（1）安全用电，电器使用不当可会引发火灾，大功率用电器尽量不要同时工作，经常检修电路，发现绝缘层破损要及时更换导线，这些都可以有效预防火灾。

（2）办公区域禁止丢弃未熄灭的烟头或烟斗灰烬，确保安全。

（3）应对办公区域用火用电用气作全面检查，对插头松动、电线老化、管线脆裂的情况及时更换处理。

（4）使用空调电暖气取暖时，要注意出门时断开电源，避免长时间大负荷用电引发火灾。

（5）应提前做好消防设施检查工作，确保消防通道、安全出口畅通。

四、雪崩

积雪的山坡上，当积雪内部的内聚力抗拒不了它所受到的重力拉引时，便向下滑动，引起大量雪体崩塌，这种自然现象称为雪崩。也有的地方叫作“雪塌方”“雪流沙”或“推山雪”。

（一）危险地带

（1）雪崩通常发生在倾斜度为20°～60°的悬崖处，尤其是倾斜度在30°～45°之间的平整崖壁。

（2）连续降雪24小时以上地区，极易发生雪崩。如果大雪纷飞长达几小时，应先等一天，以便出发前所有落雪都已经有着落。

(3) 大雪覆盖的外凸雪崖。

(4) 雪后下雨或气温升高都会增大雪崩的可能性。

(5) 雪融化时，崖壁更为光滑，也容易发生雪崩。

(6) 背风面的峭壁，雪没有稳固，也有发生雪崩的可能。

(二) 雪崩的征兆

注意雪崩的先兆，如冰雪破裂声或低沉的轰鸣声，雪球下滚或仰望山上见有云状的灰白尘埃。

(三) 预防措施

应避免走雪崩区。实在无法避免时，应采取横穿路线，切不可顺着雪崩槽攀登。

在横穿时要以最快的速度走过，并设专门的瞭望哨紧盯雪崩可能的发生区，一有雪崩迹象或已发生雪崩要大声警告，以便赶紧采取自救措施。

大雪刚过，或连续下几场雪后切勿上山。此时，新下的雪或上层的积雪很不牢固，稍有扰动都足以触发雪崩。大雪之后常常伴有好天气，必须放弃好天气等待雪崩过去。

如必须穿越雪崩区，应在上午10时以后再穿越。因为，此时太阳已照射雪山一段时间了，若有雪崩发生的话也多在此时以前，这样也可以减少危险。

天气时冷时暖，天气转晴，或春天开始融雪时，积雪变得很不稳固，很容易发生雪崩。

不要在陡坡上活动。因为雪崩通常是向下移动，在1∶5的斜坡上，即可发生雪崩。

高山探险时，无论是选择登山路线或营地，应尽量避免背风坡。因为背风坡容易积累从迎风坡吹来的积雪，也容易发生雪崩。

行军时如有可能应尽量走山脊线，走在山体最高处。

如必须穿越斜坡地带，切勿单独行动，也不要挤在一起行动，应一个接一个地走，后一个出发的人应与前一个保持一段可观察到的安全距离。

在选择行军路线或营地时，要警惕所选择的平地。因为在陡峻的高山区，雪崩堆积区最容易表现为相对平坦之地。

雪崩经过的道路，可依据峭壁、比较光滑的地带或极少有树的山坡的断层等地形特征辨认出来。

在高山行军和休息时，不要大声说话，以减少因空气震动而触发雪崩。

行军中最好每一个队员身上系一根红布条，以备万一遭雪崩时易于被发现。

(四) 雪崩自救

不论发生哪一种情况，必须马上远离雪崩的路线。

(1) 一旦发生雪崩，出于本能，会直朝山下跑，但冰雪也向山下崩落。而且速度达到200km/h。向下跑反而危险，可能给冰雪埋住。向旁边跑比较安全。也可跑到较高的地方或是坚固岩石的背后，以防被雪埋住。

(2) 逃跑时抛弃沉重的物品，用手或其他东西护住头部。如果被雪崩赶上，无法逃脱，抓住山坡旁任何稳固的东西，如大树、岩石等，切记闭口屏息，以免冰雪涌入喉咙和肺部，即使有一阵子陷入其中，但冰雪泻完之后就可脱险。

(3) 如果被冲下山坡，要尽量爬上雪堆表面，同时以仰泳、俯泳或狗爬式姿势逆流而上，逃向雪流的边缘。

(4) 如果被雪埋住，要尽快弄清自己的体位。判断体位的方法是让口水自流，流不出为仰位，向左或向右流到嘴角是侧位，流向鼻子是倒位。发觉雪流速度减慢时，要努力破雪而出，因为雪一停，几分钟之内就会结成硬块。

如果不能从雪堆中爬出，要减少活动，放慢呼吸，节省体能。据奥地利英斯布鲁克大学最新研究报告，75%的人在雪埋后35min死亡，被埋130min后获救成功的只有3%。所以要尽可能自救，冲出雪层。

注意：一旦发生雪崩，不要向下跑。

五、滑坡、山洪暴发

在野外作业，不要在河谷、山谷低洼处、山洪经过之地或者干枯的河床上露营。露营地选择在高地更加安全。

(一) 不稳定滑坡体的迹象

(1) 滑坡体表面总体坡度较陡，而且延伸很长，坡面高低不平。

(2) 有滑坡平台、面积不大，且有向下缓倾和未夷平现象。

(3) 滑坡表面有泉水、湿地，且有新生冲沟。

(4) 滑坡表面有不均匀沉陷的局部平台，参差不齐。

(5) 滑坡前缘土石松散，小型坍塌时有发生，并面临河水冲刷的危险。

(6) 滑坡体上无巨大直立树木。

(二) 遭遇山体滑坡、山洪暴发时如何自救

(1) 遭遇山体滑坡时，首先要沉着冷静，不要慌乱。然后采取必要措施迅速撤离到安全地点。避灾场地应选择在易滑坡两侧边界外围。

(2) 遇到山体崩滑时要朝垂直于滚石前进的方向跑。在确保安全的情况下，离原居住处越近越好，交通、水、电越方便越好。切忌不要在逃离时朝着滑坡方向跑。

(3) 千万不要将避灾场地选择在滑坡的上坡或下坡。也不要未经全面考察，从一个危险区跑到另一个危险区。同时要听从统一安排，不要自择路线。

(4) 当你无法继续逃离时，应迅速抱住身边的树木等固定物体。可躲避在结实的障碍物下，或蹲在地坎、地沟里。应注意保护好头部，可利用身边的衣物裹住头部。

(5) 立刻将灾害发生的情况报告相关政府部门或单位。及时报告对减轻灾害损失非常重要。

(6) 滑坡停止后，不应立刻返回。因为滑坡会连续发生，贸然返回，会有遭到第二次滑坡侵害的可能。只有当滑坡已经过去，确认完好安全后，方可返回。

(7) 及时清理疏浚，保持河道、沟渠通畅。做好滑坡地区的排水工作，可根据具体情况砍伐随时可能倾倒的危树和高大树木。公路的陡坡应削坡，以防公路沿线崩塌滑坡。

(8) 专家提示：救助被滑坡掩埋的人和物应先将滑坡体后缘的水排开，从滑坡体的侧面开始挖掘，先救人，后救物。

(9) 受到洪水威胁，如果时间充裕，应按照预定路线，有组织地向山坡、高地等处转移；在措手不及，已经受到洪水包围的情况下，要尽可能利用船只、木排、门板、木床

等，做水上转移。洪水来得太快，已经来不及转移时，要立即爬上屋顶、楼房高屋、大树、高墙，做暂时避险，等待援救。

(10) 暴发山洪，应该注意避免过河，以防止被山洪冲走，还要注意防止山体滑坡、滚石、泥石流的伤害。

(11) 发现高压线铁塔倾倒、电线低垂或断折，要远离避险，不可触摸或接近，防止触电。

(12) 洪水过后，要服用预防流行病的药物，做好卫生防疫工作，避免发生传染病。

(三) 如何逃离泛滥的洪流

(1) 如果被洪水困住，不要轻易涉水过河，若有可能，尽量绕道而走。

(2) 过河时要拿着大约有一人高的手杖、木棍或结实的竹棒，既可防止跌倒，也可探测水深。过河时，先用木棍探测水深，一脚站稳之后才能迈第二脚。

(3) 背包不能过重，且要尽量抬高一点，背包的腰带要解开，以便紧急情况下能迅速卸下背包。

(4) 利用绳子结伴依次过河最为安全。绳子的一端系在过河者腰间，另一端绑在树干或岩石上。如附近没有牢固的东西，岸上的人可用手抓紧绳子。这样如果过河的人跌倒，同伴可将他拉起。一人过完河后，就可在对岸帮助其他人过河。

(5) 如果没有绳子，或绳子不够长，也可以几个人手拉手，腰间系上同一根绳子，结伴过河。前面的人举步，其他人在水中站稳，以防一起跌倒。

第四节 常见伤害救护方法

常见伤害救护方法主要是指人员在野外或工作期间由于各种原因而致伤所进行的抢救治疗。在野外，往往缺乏必要的医疗救护条件，当发生意外的时候许多人都不知道如何救助受伤人员，因此每年都有大量伤员由于缺乏救助或救助不当，其伤势更趋恶化，甚至不必要地死去。因此掌握一些常见疾病和伤害的救护方法是非常必要的。

一、人工呼吸

(一) 定义

人工呼吸就是人为地帮助伤病员恢复或继续维持正常呼吸的一种方法。人的心脏和大脑需要不断地供给氧气。如果中断供氧 3～4min 就会造成不可逆性损害。在常温下，人缺氧 4～6min 就会引起死亡。必须争分夺秒地进行有效呼吸，以挽救其生命。

(二) 适应症

窒息、煤气中毒、药物中毒、呼吸肌麻痹、溺水及触电等患者的急救。

(三) 方法

人工呼吸是指用人为的方法，运用肺内压与大气压之间压力差的原理，使呼吸骤停者获得被动式呼吸，获得氧气，排出二氧化碳，维持最基础的生命。

人工呼吸方法很多，有口对口吹气法、俯卧压背法、仰卧压胸法，但以口对口吹气式人工呼吸最为方便和有效。

1. 口对口或（鼻）吹气法

此法操作简便容易掌握，而且气体的交换量大，接近或等于正常人呼吸的气体量。对大人、小孩效果都很好。操作方法：

（1）病人取仰卧位，即胸腹朝天。

（2）首先清理患者呼吸道，保持呼吸道清洁。

（3）使患者头部尽量后仰，以保持呼吸道畅通。

（4）救护人站在其头部的一侧，自己深吸一口气，对着伤病人的口（两嘴要对紧不要漏气）将气吹入，造成吸气。为使空气不从鼻孔漏出，此时可用一手将其鼻孔捏住，然后救护人嘴离开，将捏住的鼻孔放开，并用一手压其胸部，以帮助呼气。这样反复进行，每分钟进行14～16次。

如果病人口腔有严重外伤或牙关紧闭时，可对其鼻孔吹气（必须堵住口），即为口对鼻吹气。救护人吹气力量的大小，依病人的具体情况而定。一般以吹进气后，病人的胸廓稍微隆起为最合适。口对口之间，如果有纱布，则放一块叠二层厚的纱布，或一块一层的薄手帕，但注意，不要因此影响空气出入。

2. 俯卧压背法

此法应用较普遍，但在人工呼吸中是一种较古老的方法。由于病人取俯卧位，舌头能略向外坠出，不会堵塞呼吸道，救护人不必专门来处理舌头，节省了时间（在极短时间内将舌头拉出并固定好并非易事），能及早进行人工呼吸。气体交换量小于口对口吹气法，但抢救成功率高于下面将要提到的几种人工呼吸法。目前，在抢救触电、溺水时，现场还多用此法。但对于孕妇、胸背部有骨折者不宜采用此法。

操作方法：

（1）伤病人取俯卧位，即胸腹贴地，腹部可微微垫高，头偏向一侧，两臂伸过头，一臂枕于头下，另一臂向外伸开，以使胸廓扩张。

（2）救护人面向其头，两腿屈膝跪地于伤病人大腿两旁，把两手平放在其背部肩胛骨下角（大约相当于第七对肋骨处）、脊柱骨左右，大拇指靠近脊柱骨，其余四指稍开微弯。

（3）救护人俯身向前，慢慢用力向下压缩，用力的方向是向下、稍向前推压。当救护人的肩膀与病人肩膀将呈一直线时，不再用力。在这个向下、向前推压的过程中，即将肺内的空气压出，形成呼气。然后慢慢放松回身，使外界空气进入肺内，形成吸气。

（4）按上述动作，反复有节律地进行，每分钟14～16次。

3. 单人操作复苏术

当发现被救者的心脏、呼吸均已停止时，如果现场只有一人，此时应立即对被救者进行口对口人工呼吸和体外心脏按压。

（1）开放气道后，捏住被救者的鼻翼，用嘴巴包绕住被救者的嘴巴，连续吹气两次。

（2）立即进行体外心脏按压30次，按压频率80～100次/min。

（3）以后，每做30次心脏按压后，就连续吹气两次，反复交替进行。同时每隔5min检查一次心肺复苏效果，每次检查时心肺复苏术不得中断5s以上。

（注：旧的建议中胸外按压与人工呼吸的比率为15∶2，为简化程序，便于大众操作，新的标准规定胸外心脏按压与人工呼吸比率为30∶2。）

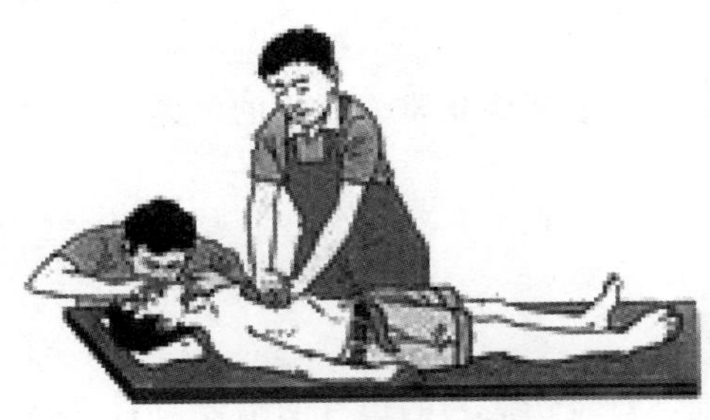
图 4-1 仰卧压胸法

(4) 仰卧压胸法。仰卧压胸法便于观察病人的表情，而且气体交换量也接近于正常的呼吸量，见图 4-1。但最大的缺点是，伤员的舌头由于仰卧而后坠，阻碍空气的出入。所以用本法时要将舌头拉出。这种姿势，对于淹溺及胸部创伤、肋骨骨折伤员不宜使用。操作方法：

1) 病人取仰卧位，背部可稍加垫，使胸部凸起。

2) 救护人屈膝跪地于病人大腿两旁，把双手分别放于乳房下面（相当于第六七对肋骨处），大拇指向内，靠近胸骨下端，其余四指向外。放于胸廓肋骨之上。

3) 向下稍向前压，其方向、力量、操作要领与俯卧压背法相同。

(四) 人工呼吸注意事项

(1) 尽可能了解伤员昏迷的时间。

(2) 把伤员移到空气新鲜的地方。

(3) 把伤员所穿的有碍呼吸的衣服和领扣、腰带等都解开。

(4) 用衣服等物放在伤员的腰部（仰卧的）或腹部（俯卧的）下面，把腰部或腹部垫高；同时，检查有没有肋骨骨折、脊椎骨折、手臂骨折和胸部创伤等情况，根据伤情，选用适宜的人工呼吸法。

(5) 把伤员下颌角向下推，使嘴张开，用手巾包着手指，把舌头拉出，固定在嘴外，并检查口内有无泥土、血块等妨碍呼吸的东西。如有，应立即拿掉。

(6) 施行人工呼吸时，不可用力过猛，速度不可太快，平均每 5s 一次。

(7) 做人工呼吸要有耐心，应连续地做，不可间断，至少做 2 小时或至伤员自动呼吸恢复为止。切不可做了一阵，认为伤员已死，就选择放弃。

二、止血

人体内血液有 5000～6000mL，如果受伤后流血不止，失血超过 800～1000mL，就会引起休克或死亡。因此，流血不止是造成伤员死亡的主要原因之一。伤口流血可以分为：

(1) 动脉出血：出血时似泉涌，颜色鲜红，常在短时间内造成大量出血，如不及时止血，将危及生命。这种情况最为危险。

(2) 静脉出血：出血时缓缓不断地外流，呈紫红色。

(3) 毛细血管出血：出血时血液成水珠样流出，多能自动凝固止血。

外伤出血的急救方法主要有指压止血法、加压包扎止血法和止血带止血法等。

(一) 手指压迫止血法

用于动脉出血，将伤口附近的动脉压闭临时止血。一般均先试做局部压迫止血，如出血不止，则需要进行相应的动脉近端加压，如止血带止血。

(1) 头部出血：一手扶住伤员额部以固定头部，另一手压迫外耳前上方的颈浅动脉。

(2) 颜面部出血：一手固定伤员头部，另一手的拇指压迫位于下颌前下方的面动脉。

(3) 头颈部出血：站在伤员面前。一手放于颈根部，拇指在前，2～5 指在后。拇指触到颈总动脉搏动后即将颈总动脉压在第六颈椎横突上。但要注意，紧急时才能采用颈总动脉压迫法，只能压迫一侧，绝对禁止同时压迫两侧，以免引起脑缺血。

（4）肩部出血：用拇指摸到锁骨下动脉，用力向后向下将动脉压向第一肋骨。

（5）前臂出血：在肘窝尺侧（通常测血压处）摸到大动脉搏动，用拇指压迫。

（6）手掌、手背出血：摸到桡动脉、尺动脉的搏动处，用双手拇指压迫。

（7）下肢出血：大腿根部腹股沟摸到股动脉搏动处，用双手拇指重叠将股动脉往深处压迫。

（8）足部出血：摸到足背动脉或内外踝动脉搏动处，用拇指压迫。

（二）加压包扎止血法

加压包扎止血法是用消过毒的纱布块或急救包填塞伤口，再用纱布卷或毛巾折成垫子，放在出血部位的外面，用三角巾或绷带加压包扎。这种方法用于小动脉以及静脉或毛细血管的出血。但伤口内有碎骨片时，禁用此法，以免加重损伤。

（三）止血带止血法

用止血带紧缠在肢体上，使血管中断血流，达到止血的目的。如果没有止血带，也可以用三角巾绷带、布条等代替。

止血带要缠绕在伤口的上部。止血带的下面，要垫上铺平的衣服、手巾或纱布，不要直接紧缠在皮肤上，以免勒伤皮肤。缠止血带后，因为血液不流通，时间久了，肢体就会发生坏死，所以每隔15～30min要松一次；但放松的时间不可太长。只要血流一通就要再行缠绕，并要抓紧时间，赶快把伤员送到救护站。上止血带后，应系一个标记，说明上止血带的时间，以引起别人的注意。

三、骨折处理

严重的骨折可能导致重伤，甚至死亡。骨折的主要症状：轻压受伤部位或伤员想移动时，有剧烈的疼痛感，且受伤部位肿大，出现青紫或失去血色，或肢体变形。

在搬运骨折伤员前，必须妥善固定伤员的骨折部位，防止断裂骨头的尖锐部分移动，以免进一步损伤肌肉、血管和神经，并可有效减缓伤痛。

（一）各种骨折的处理方法

1. 腿部骨折的固定

可以用门窗的框架、木棍等制成简易夹板，还可以用伤员未受伤的腿充当夹板。首先，在伤员两腿之间塞上垫子，然后在伤员的两条大腿、双膝、两条小腿和双足等部位用绷带等物捆绑。如果固定伤员的骨折部位前必须搬动伤员，可将其骨折的一条腿和另一条腿绑在一起，双手托住伤员的腋下，直线拖动伤员，不可滚动或侧身拖拉伤员。

2. 胳膊骨折的固定

可以用木板、木棍等材料先将胳膊固定，然后再将骨折的胳膊和身体绑在一起。绳子应束于胸下，不应捆绑太紧，以保持血液流通，使伤员感觉舒适。如有合适的夹板材料，也可不与身体绑在一起，但必须固定好骨折部位的上下关节。

3. 肋骨骨折

单纯性的肋骨骨折，会出现伤痛、肿起。任何动作（如呼吸、咳嗽）都会使疼痛加剧，肋骨可能发出摩擦声音，且并无其他诸如呼吸困难等不适。救治伤者时宜用悬带吊起受伤一侧的手臂，用担架或搀扶伤者及时送医诊治。

4. 骨盘骨折

表现为腹股沟或下腹部疼痛。膝部及脚踝部要分别绑扎，腿部弯曲处垫上枕垫，整个身体固定于平台上（担架等），分别将肩部、腰部、脚部固定于平台上。

5. 脊椎骨折

伤员颈背部疼痛而且下肢失去知觉则有可能是脊椎骨折。要求病人躺卧，用合适的物品，如包袱、木头支在伤员身体左右，防止头部或躯体摆动，等待医疗救援。

6. 颈椎骨折

发生颈椎骨折时，必须用硬领、厚绷带或其他合适的东西围住颈部，防止晃动。

（二）骨折固定时要注意以下事项

（1）夹板的长短、宽窄要根据骨折部位的需要来决定，主要是长度必须超过折断的骨头。没有夹板时，薄木板、竹竿、木棍等都可代替。

（2）使用夹板或代用品时，要用棉花、布片或衣服等包上，以免夹伤皮肤。

（3）发现骨折要立即就地处理。先用手握住折骨的两头，轻轻地顺着骨头牵一牵，避免断头互相交错，然后再上夹板。

（4）夹板不能绑在骨折的地方，要绑在折骨的上下两头，先绑下面，再绑上面。

（5）夹板既不能绑得太紧，也不能绑得太松。如果看出骨折部位的皮肤发紫或摸着发凉，就说明绑得太紧，会影响血液流动。

四、伤口处理

伤口是细菌侵入人体的门户，如果伤口被细菌感染，就可能引起化脓并发生败血症、破伤风等，严重影响并损害健康，甚至危及生命。所以在救护现场，如果没有条件做清洗伤口手术，一定要先进行正确的包扎，这样可以达到压迫止血、减少感染、保护伤口和减轻疼痛的目的。避免错误的包扎导致出血增加、加重感染，造成新的伤害、遗留后遗症等不良后果。

（一）清洁伤口

清洁伤口前，先让患者位于适当位置，以便救护人操作，如周围皮肤太脏并沾有泥土等，应先用清水洗净，然后再用75%的酒精或0.1%新洁尔灭溶液（一种常用消毒液）消毒伤面周围的皮肤。消毒伤面周围的皮肤要由内往外，即由伤口边缘开始，逐渐向周围扩大消毒区，这样越靠近伤口处越清洁。如用碘酒消毒伤口周围皮肤，必须再用酒精擦去，这种“脱碘”方法，是为了避免碘酒灼伤皮肤。应注意，这些消毒剂刺激性较强，不可直接涂抹在伤口上。

伤口要用棉球蘸生理盐水轻轻擦洗。自制生理盐水，即1000mL冷开水加食盐9g即成。

在清洁、消毒伤口时，如有大而易取的异物，可酌情取出；深而小又不易取出的异物切勿勉强拔出，以免把细菌带入伤口或增加出血。如果有刺入体腔或血管附近的异物，切不可轻率地拔出，以免损伤血管或内脏，引起危险，现场不必处理。

伤口清洁后，可根据情况做不同处理。如系黏膜处小的伤口，可涂上红汞或紫药水，也可撒上消炎粉，但是大面积创面不要涂撒上述药物。

如遇到一些特殊严重的伤口，如内脏脱出时，不应送回，以免引起严重的感染或发生其他意外。原则上可用消毒的大纱布或干净的布类包好，然后将用酒精涂擦或煮沸消毒后的碗或小盆扣在上面，用带子或三角巾包好。

（二）包扎伤口

伤口经过清洁处理后，要做好包扎。包扎具有保护伤口、压迫止血、减少感染、减轻疼痛、固定敷料和夹板等作用。包扎时，要做到快、准、轻、牢。快，即动作敏捷迅速；准，即部位准确、严密；轻，即动作轻柔，不要碰撞伤口；牢，即包扎牢靠，不可过紧，以免影响血液循环，也不能过松，以免纱布脱落。

包扎伤口，不同部位有不同的方法，下面介绍几种常用的包扎材料和包扎方法。

包扎材料最常用的是卷轴绷带和三角巾，家庭中也可以用相应材料代替。卷轴绷带即用纱布卷成，一般长 5m，三角巾是一块方巾对角剪开，即成两块三角巾，三角巾应用灵活，包扎面积大，各个部位都可以应用。

（三）包扎方法分类

1. 绷带环形法

这是绷带包扎法中最基本最常用的，一般小伤口清洁后的包扎都是用此法。它还适用于颈部、头部、腿部以及胸腹等处。方法是：第一圈环绕稍做斜状，第二圈、第三圈做环形，并将第一圈斜出的一角压于环形圈内，这样固定更牢靠些。最后用黏膏将尾固定，或将带尾剪开成两头打结。

2. 绷带蛇形法

多用在夹板的固定上。方法是：先将绷带环形法缠绕数圈固定，然后按绷带的宽度作间隔地斜着上缠或下缠成。

3. 绷带螺旋法

多用在粗细差不多的地方。方法是：先按环形法缠绕数圈固定，然后上缠每圈盖住前圈的 1/3 或 2/3 呈螺旋形。

4. 三角巾头部包扎

先把三角巾基底折叠放于前额，两边拉到脑后与基底先做一半结，然后绕至前额做结，固定。

5. 三角巾风帽式包扎

将三角巾顶角和底边各打一结，即成风帽状。

在包扎头面部时，将顶角结放于前额，底边结放在后脑勺下方，包住头部，两角往面部拉紧，向外反折包绕下颌，然后拉到枕后打结即成。

6. 胸部包扎

如右胸受伤，将三角巾顶角放在右面肩上，将底边扯到背后在右面打结，然后再将右角拉到肩部与顶角打结。

7. 背部包扎

与胸部包扎的方法一样，只是位置相反，结打在胸部。

8. 手足的包扎

将手、足放在三角巾上，顶角在前拉在手、足的背上，然后将底边缠绕打结固定。

9. 手臂的悬吊

如上肢骨折需要悬吊固定，可用三角巾吊臂。悬吊方法是：将患肢成屈肘状放在三角巾上，然后将底边一角绕过肩部，在背后打结即成悬臂状。

五、伤员的搬运

（一）现场搬运伤员的原则

及时、迅速、安全地将伤员搬至安全地带（拖运法），防止再次损伤。

在搬运前，应先迅速对伤员做简单检查，根据伤势并加以适当的、必要的、初步救护处理。

根据伤情，灵活地选用不同搬运方法和工具。

头、背部损伤，骨折（大小腿、手臂、骨盆）患者，不得坐位搬运。

尽量将重量贴近自己的身体。

（二）担架搬运

在野外环境里，如果需要将伤员运至医院单位或可对其实施进一步救助的地点，则需自制一个担架。担架的材料可以是门板或木棍等物。自制的担架应尽量使伤员感觉舒适，并便于抬运。

（三）徒手搬运

1. 单人搬运——扶持法

适于病情较轻、清醒、无骨折，能够站立行走的病人。

救护者站在伤者一侧，使病员一侧上肢绕过自己的颈部；用手抓住伤员的手，另一只手绕到伤员背后，搀扶行走。

2. 单人搬运——背负法

适用老幼、体轻、清醒的伤患者，更适用搬运溺水病人。如有胸部损伤，四肢、脊柱骨折不能用此法。

救护者背朝向伤员蹲下，让伤员将双臂从自己肩上伸到胸前，两手紧握；救护者抱其腿，慢慢站起。

若病人卧于地，不能站立，救护员可躺在病员一侧，一只手紧握伤员手，另一只手抱其腿，慢慢站起。

3. 单人搬运——拖行法

适用现场非常危险，体重体型较大的伤患者。非紧急情况下，勿用此法。

救护者蹲在伤员头侧，双手从伤员背后伸向腋部，手臂护托伤员头部，将伤员拖至安全地带。

如需要拉伤员踝部拖拉时，将伤员外衣纽扣解开，把伤员身下的外衣拉至头下，可使伤员头部受到保护。

拖拉时不要弯曲、旋转伤员的颈部和腰背部。

4. 双人搬运法——椅托式

适用体弱而清醒的一般伤患者。

甲以右膝，乙以左膝跪地，各以一只手伸入伤员大腿中部下方，互相握住对方的手腕，另一只手彼此交替支持患者背部。同时站起，行走时同时迈出外侧的腿，保持步调一致。

5. 双人搬运法——轿式

适用于清醒的一般伤患者，能用一臂或双臂抓紧担架员的伤患者。

两名救护员面对面各自用右手握住自己的左手腕，再用左手握住对方右手的手腕，然后蹲下让伤员将两上肢分别放到两名担架员的颈后，再坐到相互握紧的手上。两名救护员同时站起，行走时同时迈出外侧的腿，保持步调一致。

（四）搬运过程注意事项

颅脑损伤/昏迷病人——头偏向一侧；

胸部损伤——半卧位、稳妥勿颠簸；

搬运前做好止血、包扎、固定；

脊髓损伤——硬板担架搬运；

忌一人抱胸、另一人抬腿搬运；

运送时伤员头朝后；

在人员器材未准备好时，切忌随便搬运；

运送途中注意保暖。

六、触电

（一）触电方式

（1）单相触电。

（2）两相触电。

（3）跨步电压与接触电压触电。

（4）感应电压触电。

（5）雷击触电。

（二）触电急救的原则

进行触电急救，应坚持迅速、就地、准确、坚持的原则。触电急救必须分秒必争，立即就地迅速用心肺复苏法进行抢救，并坚持不断地进行，同时及早与医疗部门联系，争取医务人员接替救治。在医务人员未接替救治前，不应放弃现场抢救，更不能只根据没有呼吸或脉搏擅自判定伤员死亡，放弃抢救。只有医生有权做出伤员死亡的诊断。

（三）触电急救的步骤

1. 脱离电源

（1）触电急救，首先要使触电者迅速脱离电源，越快越好。因为电流作用的时间越长，伤害越重。

（2）脱离电源就是要把触电者接触的那一部分带电设备的开关、刀闸或其他断路设备断开；或设法将触电者与带电设备脱离。在脱离电源中，救护人员既要救人，也要注意保护自己。

（3）触电者未脱离电源前，救护人员不准直接用手触及伤员，因为有触电的危险。

（4）如触电者处于高处，触脱电源后会自高处坠落，因此，要采取预防措施。

（5）触电者触及低压带电设备，救护人员应设法迅速切断电源，如拉开电源开关或刀闸，拔除电源插头等；或使用绝缘工具、干燥的木棒、木板、绳索等不导电的东西解脱触电者；也可抓住触电者干燥而不贴身的衣服，将其拖开，切记要避免碰到金属物体和触电者的裸露身躯；也可戴绝缘手套或将手用干燥衣物等包起绝缘后解脱触电者；救护人员也可站在绝缘垫上或干木板上，绝缘自己进行救护。

为使触电者与导电体解脱，最好用一只手进行。

如果电流通过触电者入地，并且触电者紧握电线，可设法用干木板塞到身下，与地隔离，也可用干木把斧子或有绝缘柄的钳子等将电线剪断。剪断电线要分相，一根一根地剪断，并尽可能站在绝缘物体或干木板上。

（6）触电者触及高压带电设备，救护人员应迅速切断电源，或用适合该电压等级的绝缘工具（戴绝缘手套、穿绝缘靴并用绝缘棒）解脱触电者。救护人员在抢救过程中应注意保持自身与周围带电部分必要的安全距离。

（7）如果触电发生在架空线杆塔上，如系低压带电线路，若可能立即切断线路电源的，应迅速切断电源，或者由救护人员迅速登杆，束好自己的安全皮带后，用带绝缘胶柄的钢丝钳、干燥的不导电物体或绝缘物体将触电者拉离电源。

如系高压带电线路，又不可能迅速切断电源开关的，可采用抛挂足够截面的适当长度的金属短路线方法，使电源开关跳闸。抛挂前，将短路线一端固定在铁塔或接地引下线上，另一端系重物，但抛掷短路线时，应注意防止电弧伤人或断线危及人员安全。不论是何级电压线路上触电，救护人员在使触电者脱离电源时要注意防止发生高处坠落的可能和再次触及其他有电线路的可能。

（8）如果触电者触及断落在地上的带电高压导线，且尚未确证线路无电，救护人员在未做好安全措施（如穿绝缘靴或临时双脚并紧跳跃地接近触电者）前，不能接近断线点至8～10m范围内，防止跨步电压伤人。触电者脱离带电导线后亦应迅速带至8～10m以外后立即开始触电急救。只有在确证线路已经无电，才可在触电者离开触电导线后，立即就地进行急救。

（9）救护触电伤员切除电源时，有时会同时使照明失电，因此应考虑事故照明、应急灯等临时照明。新的照明要符合使用场所防火、防爆的要求。但不能因此延误切除电源和进行急救。

2. 伤员脱离电源后的处理

（1）触电伤员如神志清醒者，应使其就地躺平，严密观察，暂时不要站立或走动。

（2）触电伤员如神志不清者，应就地仰面躺平，且确保气道通畅，并用5s时间，呼叫伤员或轻拍其肩部，以判定伤员是否意识丧失。禁止摇动伤员头部呼叫伤员。

（3）需要抢救的伤员，应立即就地坚持正确抢救，并设法联系医疗部门接替救治。

（4）呼吸、心跳情况的判定：

——触电伤员如意识丧失，应在10s内，用看、听、试的方法，判定伤员呼吸心跳情况。看——看伤员的胸部、腹部有无起伏动作；听——用耳贴近伤员的口鼻处，听有无呼气声音；试——试测口鼻有无呼气的气流。再用两手指轻试一侧（左或右）喉结旁凹陷处的颈动脉有无搏动。

——若看、听、试结果，既无呼吸又无颈动脉搏动，可判定呼吸心跳停止。

3. 心肺复苏法

（1）触电伤员呼吸和心跳均停止时，应立即按心肺复苏法支持生命的三项基本措施，正确进行就地抢救。

1）通畅气道；

2）口对口（鼻）人工呼吸；

3）胸外接压（人工循环）。

（2）通畅气道。

1）触电伤员呼吸停止，重要的是始终确保气道通畅。如发现伤员口内有异物，可将其身体及头部同时侧转，迅速用一个手指或用两手指交叉从口角处插入，取出异物；操作中要注意防止将异物推到咽喉深部。

2）通畅气道可采用仰头抬颏法。用一只手放在触电者前额，另一只手的手指将其下颌骨向上抬起，两手协同将头部推向后仰，舌根随之抬起，气道即可通畅。严禁用枕头或其他物品垫在伤员头下，头部抬高前倾，会更加重气道阻塞，且使胸外按压时流向脑部的血流减少，甚至消失。

（3）口对口（鼻）人工呼吸。

1）在保持伤员气道通畅的同时，救护人员用放在伤员额上的手的手指捏住伤员鼻翼，救护人员深吸气后，与伤员口对口紧合，在不漏气的情况下，先连续大口吹气两次，每次1～1.5s。如两次吹气后试测颈动脉仍无搏动，可判断心跳已经停止，要立即同时进行胸外按压。

2）除开始时大口吹气两次外，正常口对口（鼻）呼吸的吹气量不需过大，以免引起胃膨胀。吹气和放松时要注意伤员胸部应有起伏的呼吸动作。吹气时如有较大阻力，可能是头部后仰不够，应及时纠正。

3）触电伤员如牙关紧闭，可口对鼻人工呼吸。口对鼻人工呼吸吹气时，要将伤员嘴唇紧闭，防止漏气。

4. 胸外按压

（1）正确的按压位置是保证胸外按压效果的重要前提。确定正确按压位置的步骤：

1）右手的食指和中指沿触电伤员的右侧肋弓下缘向上，找到肋骨和胸骨接合处的中点；

2）两手指并齐，中指放在切迹中点（剑突底部），食指平放在胸骨下部；

3）另一只手的掌根紧挨食指上缘，置于胸骨上，即为正确按压位置。

（2）正确的按压姿势是达到胸外按压效果的基本保证。正确的按压姿势：

1）使触电伤员仰面躺在平硬的地方，救护人员立或跪在伤员一侧肩旁，救护人员的两肩位于伤员胸骨正上方，两臂伸直，肘关节固定不屈，两手掌根相叠，手指翘起，不接触伤员胸壁；

2）以髋关节为支点，利用上身的重力，垂直将正常成人胸骨压陷3～5cm（儿童和瘦弱者酌减）；

3）压至要求程度后，立即全部放松，但放松时救护人员的掌根不得离开胸壁。

按压必须有效，有效的标志是按压过程中可以触及颈动脉搏动。

（3）操作频率。

1）胸外按压要以均匀速度进行，80次/min左右，每次按压和放松的时间相等；

2）胸外按压与口对口（鼻）人工呼吸同时进行，其节奏为：单人抢救时，每按压15次后吹气2次（15∶2），反复进行；双人抢救时，每按压5次后由另一人吹气1次（5∶1），反复进行。

5. 抢救过程中的再判定

（1）按压吹气1min后（相当于单人抢救时做了4个15∶2压吹循环），应用看、听、试方法在5～7s时间内完成对伤员呼吸和心跳是否恢复的再判定。

（2）若判定颈动脉已有搏动但无呼吸，则暂停胸外按压，而再进行2次口对口人工呼吸，接着每5s吹气一次（即12次/min）。如脉搏和呼吸均未恢复，则继续坚持心肺复苏法抢救。

（3）在抢救过程中，要每隔数分钟再判定一次，每次判定时间均不得超过5～7s。在医务人员未接替抢救前，现场抢救人员不得放弃现场抢救。

七、溺水

（一）及时救溺水者出水

当溺水事件发生时，首先应立即设法将溺水者救出水。

1. 岸上救生

如果溺水者离岸不远并且有能力挣扎，应立即抛给他救生圈。

注意：能在岸上救援就不要下水。若现场没有救水圈，浮板、木块、长竿儿、绳索都可利用。

2. 涉水救生

如果溺水者已经没有自救能力而且离岸较近，则需涉水靠近溺水者拉其上岸。注意：如果必须涉入水中施救，施救者涉水前应先观察地形找水浅地方下水施救。

3. 船艇救生

如果溺水者在深水区则应开船艇靠近，抛给他救生圈带给溺水者更严重的伤害。

4. 游泳救生

如果溺水者在深水区，失去了自救的能力，则需下水游泳救生。救生者应从溺者的身后接近以防被溺水者慌乱中缠住而失去游泳能力。靠近溺水者后设法使其仰躺水面，头后仰拖其脱离险境。

注意：游泳救生是最危险的方法，上述三种施救法都不可行时，才采用此法。倘若自己能力不行则需另寻他法，或另找他人否则可能造成双重不幸。

（二）及时帮助溺水者心肺复苏

1. 清理溺水者口中污物

注意：施救船艇靠近溺水者时要放慢速度。必要时将溺水者舌头用手巾、纱布包裹拉出。

2. 使溺水者后仰，松解其衣领、钮扣、内衣、腰带、背带等，托起患者后颈部使其后仰气道开放，保持呼吸道通畅

注意：如溺水者失去知觉用手按压其人中、涌泉穴等。

3. 心肺复苏抢救

如溺水者呼吸、心跳已停止，施救者必须立即对溺水者进行心肺苏复术急救，同时请

人打“120”或“999”急救电话求救。如果你不会急救应该寻求周围会急救术的人。

（1）胸外心脏按压8大操作步骤：

1）施救者跪在溺水者肩旁；

2）将一只手的中指放在溺水者心窝处并将食指合并在胸骨下端定位；

3）另一只手掌根置于定位食指旁的胸骨上（即胸骨的下半段），紧贴胸骨；

4）将定位的手抽出，重叠在置于胸骨的手上，两手手指避免触及肋骨；

5）以80次/min的速率，施行15次的胸外按压；

6）下压与放松时间应相等，施压时口里数着一下、二下、三下……十三、十四、十五，注意念第一个字时下压，念第二个字时放松；

7）15次胸外按压后施行2次人工呼吸，然后继续按压；循环进行；

8）每4～5min检查患者脉搏与呼吸一次。

（2）人工呼吸。使患者保持仰头、抬颊，救生者捏住患者鼻孔，用嘴唇紧密对着患者的嘴全力吹气，间隔1.5s救生者深呼吸一次，继续口对口吹气，直至专业抢救人员的到来。

（3）胸外按压11项注意：

1）胸外按压不可压于剑突处；

2）溺水者需平躺在地板或硬板上；

3）不宜对胃部施以持续性的压力以免造成呕吐；

4）胸外按压时手指不可压于肋骨上；

5）按压时需用力平稳、规则不中断不宜猛然加压；

6）施救者应手肘伸直手掌垂直下压于胸骨上；

7）心肺复苏术开始后不可中断7s以上（上下楼等特殊状况除外）；

8）紧贴胸骨的手掌根不可移开溺水者胸部或变位置以免失去手的正确位置；

9）人工呼吸必须进行到自动呼吸恢复或是呼吸心跳停止、出现尸斑时才能停止；

10）若现场只有一人懂急救，应先为溺水者施行1min有效的心肺复苏后再寻求其他帮助；

11）为溺水者施救时最好别为其包上毛毯，保持其凉爽（但也不要太凉应尽量使其避免感冒），以防因新陈代谢过快造成缺氧。

（三）正确“倒水”

通常采用简便倒水法，救护者单腿屈膝，将溺水者俯卧于救护者的大腿上，借体位使溺水者体内水由气管口腔中排出。

注意：倒水只能在不延误人工呼吸和心脏按压的前提下进行适当的体位引流，最后一定将溺水者送往医院。

八、雷击

人一旦遭到雷击，轻者可出现惊恐、头晕、头疼、面色苍白、四肢颤抖、全身无力等，部分伤者会有中枢神经后遗症，如视力障碍、耳聋、耳鸣、多汗、精神不宁、四肢松弛性瘫痪等。严重的可出现抽搐、休克、昏迷，甚至呼吸、心跳停止。有些还因瞬间被击倒地或者在高处被击中跌落而引起脑震荡，头、胸、腹部外伤或四肢骨折。

（一）被雷电击中急救的时机

被闪电击中后，强大的电压使人的心脏停止跳动，因此死因是心脏停止跳动，而不是被烧伤。所以如果能在4min内以心肺复苏法进行抢救，可能还来得及救活，让心脏恢复跳动。

不过人们有一个错误的观念，以为被闪电击中的人体内还有电，而不敢去触摸他，往往导致抢救时间被拖延。

（二）被雷电击中后如何抢救

如果遇到一群人被闪电击中，那些会发出呻吟的不要紧，先抢救那些已无法发出声息的人。

出现雷电伤人事件后，如条件允许，可立即拨打报警电话；如条件不允许，对于轻伤者，应立即转移到附近避雨避雷处休息；对于重伤者，要立即就地进行抢救，迅速使伤者仰卧，并不断地做人工呼吸和心肺复苏术，直至呼吸、心跳恢复正常为止。

由于雷击伤员往往会出现失去知觉和假死现象，这时千万不要以为已停止呼吸和心跳就是无救，在未完全证实患者已经死亡之前，不应停止人工呼吸和心肺复苏术。

对雷电击伤者现场抢救，若能及时、正确，部分伤者的生命是很有可能被挽救过来的。

第五节　常见疾病的防治

一、中暑

中暑是一种在沙漠等炎热气候中易发生的严重疾病，如果治疗不及时，将导致脑损伤甚至死亡。

症状是：疲劳，头痛，呕吐，出汗减少甚至停止排汗，心跳加速，皮肤发热、发干，部分丧失意识。

发现中暑者后，应将其移至凉爽干燥的地点，解开衣服，用凉水降温，并少量喂水。

二、冻伤

皮肤与肌肉冻伤通常发生在体表裸露、远离心脏的部位。例如手、脚、耳、鼻、脸等。皮肤冻伤时首先感到刺痛，接着皮肤出现苍白的斑点，感到麻木，进一步会出现硬块伴有肿胀、发红等。

初步冻伤，仅伤及皮肤，可将受冻部位放到温暖处解冻。

深度冻伤要引起重视，防止进一步恶化。不要用雪揉擦，也不要放在火上烘烤。最好的方法是将冻伤的部位放在28℃左右的温水中慢慢解冻。

严重冻伤可能引起水泡，易受到感染或转为溃疡。冻伤的肌肤将变黑，死去，脱落。不要挑破水泡，也不可摩擦伤处，伤处受热过快会引起激痛。

预防方法是：增加食物的摄取量，给身体提供充足的热量；增穿衣服，多层衣物形成的空气层有利于保持体温，同时应特别注意头部和脚部的保暖；保持衣服干爽整洁，潮湿肮脏的衣服会加速热量的散发；避免过多饮酒，酒精会使皮肤毛孔扩张，加速热量散发。此外，饮酒会使人感觉身体发热，而不注意穿着保暖。

三、雪盲

雪盲是一种暂时性失明，由于眼睛被阳光或雪地反射的光线照射所致。在太阳高度角最大时最容易发生，不过在无阳光直接照射时也有可能发生，如高山、极地、雪山区域反射阳光较为明亮的时间内。

雪盲的症状是：眼睛开始对闪光敏感，眨眼次数增多，开始觉得光线为粉红色，最终感觉双眼被一片红色遮挡，疼痛感增加。

幸运的是，雪盲导致的失明较易恢复，只要经过一段时间的休息即可。雪盲也较易预防，只需佩戴合适的太阳镜即可。

疗法：到黑暗的地方，蒙住双眼，放条冰凉的湿布在前额冰镇。

四、体温过低

体温过低的原因除气温过低的客观条件外，一般有：体乏脱力，穿衣过少，住宿条件差，食物摄入不足等。在恶劣的条件下，要注意预防，搭建遮护棚，保持干燥，防止疲劳过度。

迹象与症状：行为烦躁，反应迟钝，突然出现难以自控的颤抖，头痛，视觉模糊，甚至瘫倒，失去知觉。

疗法：防止身体热量进一步散失，待在室内，避风；脱去潮湿的衣服，换上干衣服。不要躺于地上，可生火取暖。病人清醒时，让其饮用热饮料，食用含糖食物。体温严重过低时不要进行快速体外加热，可将热体放在腰背部、腋窝、胃窝、裆部等部位。

五、心脏病

心脏病发作的主要症状是有激烈的紧缩性疼痛，常会蔓延到一臂或双臂、颈部等，这些疼痛突如其来，虽像是心绞痛，但与体力活动无关，休息之后也不会消失。患者可能呼吸困难，汗如雨下，也可能突然眩晕。

在心脏病发作前数周，患者可能感到异常疲乏、呼吸短促、消化不良等。

1. 心脏病的救护

（1）如果患者清醒，扶起其上半身，头部及肩部用柔软的东西（如枕头、背包）垫住，双膝弯曲。

（2）如果患者随身带有其服用的心脏病药物，立即让其服下，但这只起到暂时的作用。

（3）立即寻求医疗救援，清楚地说明是心脏病发作。如有可能尽量与患者相熟的医生取得联系，因为患者可能多次犯病。

（4）解开患者的颈、胸及腰部的衣物，以促进血液循环，使呼吸顺畅。

（5）切勿给患者吃喝任何食物。

（6）如无必要，不要移动患者，以免增加心脏负担。

2. 预防心脏病的发作

向心肌供血的动脉被血块堵塞，医学上成为冠状动脉栓塞，是大多数心脏病发作的起因。吸烟、过胖、糖尿病、高血压、缺少运动、饮食不当、家族患病史，都会增加患上此病的危险。以下五点有助于预防心脏病的发作：

（1）保持标准体重；

(2) 戒烟;

(3) 经常运动;

(4) 不要过量食用肉类食品;

(5) 如是糖尿病、高血压患者，应严格遵守医生的嘱咐。

六、蛇咬伤

(一) 分清是无毒蛇还是有毒蛇咬伤

普通的蛇咬伤只在人体伤处皮肤留下细小的齿痕，轻度刺痛，有的可起小水疱，无全身性反应，一般在15min内没有什么反应。

毒蛇咬伤在伤处可留一对较深的齿痕。局部有两排深粗牙痕，有出血、疼痛、红肿，并向躯体近心端蔓延。附近淋巴结肿大，有压痛，起水疱。全身症状有发热、寒战、头晕、头痛、乏力、恶心、呕吐、嗜睡、腹痛、腹泻、视物不清、鼻出血，严重者惊厥、昏迷、心律失常、呼吸困难、麻痹、心肾衰竭。

若无法判断，则应按毒蛇咬伤处理。

(二) 被蛇咬伤的处理方法

1. 包扎

被毒蛇咬伤后，切不要惊慌失措和奔跑，这样会促使毒液快速向全身扩散。伤者应立即坐下或卧下，自行或呼唤别人来帮助，迅速用可以找到的鞋带、裤带之类的绳子绑扎伤口的近心端，如果手指被咬伤可绑扎指根；手掌或前臂被咬伤可绑扎肘关节上；脚趾被咬伤可绑扎趾根部；足部或小腿被咬伤可绑扎膝关节下；大腿被咬伤可绑扎大腿根部。绑扎的目的仅在于阻断毒液经静脉和淋巴回流入心，而不妨碍动脉血的供应，与止血的目的不同。故绑扎无须过紧，它的松紧度掌握在能够使被绑扎的下部肢体动脉搏动稍微减弱为宜。绑扎后每隔30min左右松解一次，每次1～2min，以免影响血液循环造成组织坏死。

2. 伤口清洗

包扎后，可用清水、冷开水加盐或肥皂水冲洗伤口，以洗去周围黏附的毒液，减少吸收。

3. 去除毒液

经过冲洗处理后，再用锐利的小刀（使用前最好用火烧一下消毒）挑破伤口，或挑破两个毒牙痕间的皮肤，同时可在伤口周围的皮肤上，用小刀挑开如米粒大小破口数处。这样可使毒液外流，并防止创口闭塞，但不要刺得太深。咬伤的四肢若肿胀严重时，可用刀刺“八邪”或“八风”穴进行挤压排毒。还可直接用嘴吸吮伤口排毒，边吸边吐，每次都要用清水漱口，若口腔内有黏膜破溃、龋齿等情况就绝不能用口吸，以免中毒。

蛇毒是剧毒物，只需极小量即可致人死命，所以绝不能因惧怕疼痛而拒绝对伤口切开排毒的处理。

4. 服用蛇药

用药30min之后，可去掉结扎。如无蛇药片，可就地采用几种清热解毒的草药，如半边莲、芙蓉叶，以及马齿苋、鸭跖草、鱼腥草等，将其洗涤后加少许食盐捣烂外敷。敷时不可封住伤口，以免妨碍毒液流出，并要保持药料新鲜，以防感染。

（三）如何防止被蛇咬伤

——蛇是夜行性动物，白天藏在洞穴里或大石头阴影处，夜晚活动。因此不要胡乱地把手伸到树洞里去掏摸，在攀登斜坡时，也不要不加试探地把手伸到石缝中去。

——在毒蛇出没的地区行动时，应穿长裤、高帮鞋，并随时注意。

——野外露营时，在驻地周围适当撒一些“六六六”或石灰粉，以防毒蛇侵入。睡前检查床铺，压好蚊帐，早晨起来检查鞋子。

七、其他动物咬伤

动物咬伤很危险，因为动物嘴内含有各种病菌，很可能会造成感染，甚至会传播。狂犬病危险性最大，常常致命。如果没有疫苗就没有治愈的希望。猫科、犬科、猿科以及其他一些动物，甚至蝙蝠都能携带狂犬病。

注意：在野外求生过程中，一旦被动物咬伤，即使伤口已治愈，似乎一切完好，在获得营救时，也应该报告咬伤情况，找医生进行检查。在发现狂犬病地区作业，应事先注射疫苗。

任何咬伤都有可能引起破伤风，因此要及时注射破伤风疫苗。

遭到动物咬伤时，要彻底清洗伤口，至少5min内冲洗残留的唾液，消除感染。然后处理伤口流血，进行包扎。

八、传染病

在森林、草原、河谷、荒漠等偏僻地区，有一些自然疫源性疾病，如森林脑炎、新疆出血热、蜱传回归热、恙虫病、北亚蜱传热、野兔热、鼠疫等，主要是老鼠、野兔、旱獭和家畜等动物的病菌。当人们进入这些疾病的流行区之后，有可能会被感染。这些疾病的流行区一般有一定范围。新疆出血热病，主要发生在半荒漠的胡杨林地区。森林脑炎，仅在森林和草原才有，而且主要是在杉树、松树、桦树、杨树等针阔叶混交林地带，以及新疆天山林区的雪岭云杉树稀疏而灌木丛和杂草很密的山地阴坡。恙虫病主要发生在澜沧江、元江、金沙江、怒江及其支流的河谷地带。这些地方性动物传染病的发病时节也有严格的季节性。如新疆出血热于4月下旬至5月中旬发病较多；蜱传回归热主要在4—8月最多；森林脑炎多在5月底至6月下旬发生，其他季节则很少发病，甚至没有；北亚蜱传热也主要在5—6月流行。

这些疾病的传染途径主要是由昆虫传播给人类，它们在叮咬发病的动物后，再叮咬人时，就会将病原体注入人的血液而发病。在青藏高原的某些地区，许多人得野兔热和鼠疫，主要是由于在疫区狩猎野兔引起的。因此，在进入上述地区时，应采取措施防蚊虫叮咬，禁止在疫区狩猎。

九、一般性中毒

1. 食物中毒

食物中毒的症状是恶心、呕吐、腹泻、胃疼、心脏衰弱等。

由于不慎吞咽引起的中毒，最有效的方法就是呕吐，但对于那些呕吐时能引起进一步伤害的化学性物质和油性物质，这一方法就不适用。

另一种方法是洗胃，快速喝大量的水，然后吃蓖麻油等泻药清肠。也可用茶和木炭混合成一种消毒液，或只用木炭，加水喝下去，让其吸收毒质。

2. 皮肤中毒

皮肤接触有毒的植物后会引起过敏、炎症、腐烂等中毒现象，甚至导致死亡。皮肤接触有毒的植物后，应用肥皂与水冲洗干净，更要清除衣服上的污迹。不能用中毒的手碰触脸等其他身体部位。

十、烧烫伤

烧烫伤的程度不同，救护措施也不同。

（1）对一度烧烫伤，应立即将伤处浸在凉水中进行“冷却治疗”，它有降温、减轻余热损伤、减轻肿胀、止痛、防止起泡等作用，如有冰块，把冰块敷于伤处效果更佳。“冷却”30min左右就能完全止痛。随后用鸡蛋清或万花油或烫伤膏涂于烫伤部位，这样只需3～5天便可自愈。

应当注意，这种“冷却治疗”在烧烫伤后要立即进行，如过了5min后才浸泡在冷水中，则只能起止痛作用，不能保证不起水泡，因为这5min内烧烫的余热还继续损伤肌肤。

如果烧烫伤部位不是手或足，不能将伤处浸泡在水中进行“冷却治疗”时，则可将受伤部位用毛巾包好，再在毛巾上浇水，用冰块敷效果可能更佳。

如果穿着衣服或鞋袜部位被烫伤，千万不要急忙脱去被烫部位的鞋袜或衣裤，否则会使表皮随同鞋袜、衣裤一起脱落，这样不但痛苦，而且容易感染，迁延病程。最好的方法就是马上用食醋（食醋有收敛、散痛、消肿、杀菌、止痛作用）或冷水隔着衣裤或鞋袜浇到伤处及周围，然后再脱去鞋袜或衣裤，这样可以防止揭掉表皮，避免发生水肿和感染，同时又能止痛。接着，再将伤处进行“冷却治疗”，最后涂抹鸡蛋清、万花油或烫伤膏便可。

（2）烧烫伤者经“冷却治疗”一定时间后，仍疼痛难受，且伤处长起了水泡，这说明是二度烧烫伤。这时不要弄破水泡，要迅速到医院治疗。

（3）对三度烧烫伤者，应立即用清洁的被单或衣服简单包扎，避免污染和再次损伤，创伤面不要涂擦药物，保持清洁，迅速送医院治疗。

十一、常见身体不适

1. 发烧

休息调养，服用阿司匹林等药物。

2. 脸色苍白

当脸色苍白时，为了提高脑部血压，应使脚部垫高后睡眠休息。脸色苍白而且冒冷汗，是患了热射病时常见的症状，应该保持安静直至脸上恢复血色为止。

3. 恶心呕吐

身体俯卧，把右手伸到颌下当作枕头枕着会觉得轻松一些。仰面朝天的姿势会使呕吐物或唾液堵塞气管。

4. 头疼

打喷嚏并觉得浑身发冷、头痛，这是感冒的初期症状，应该服下平时使用的药品之后静静地休息。多穿几件衣服促进发汗也是一个好办法。这时要注意，当内衣被汗水浸湿时，一定要换穿干爽的内衣。如果仍然发烧不退，也可以服用一些退烧药。当没有感冒症状而只觉头疼时，则有可能是日射病或热射病，可参照前面所述使身体得到休息。

5. 腹痛

腹部疼痛，不同的部位有不同的原因。左下腹疼痛常会伴有腹泻，可以服用含用木馏油的药品，还要保护腹部温暖、取安静而舒适的姿势。当右下腹疼痛时有患阑尾炎的可能，症状较轻时，服用抗生素（阿莫西林）就可止住疼痛，但仍要尽快去医院诊治，这时不能使腹部受热。

第六节 野外遇险呼救

野外遇险，如果有无线电台、卫星电话、移动电话等现代装备进行呼救，那是最好不过了。但在现实中，往往是遇险时无法用现代的通信手段进行呼救，那该怎么办呢？下面介绍几种简便而又有效的野外呼救信号与方法。

一、烟火信号

燃放三堆火焰是国际通行的求救信号。连续点燃三堆火，中间距离最好相等，白天可燃烟，在火上放些青草等产生浓烟的物品，每分钟加 6 次。夜晚可燃旺火。生信号火堆时，要考虑地理位置，例如，如果在丛林中，那么找一片天然的空旷地或者在溪水边生火，以免火堆被丛林的树叶遮挡住。如果没有天然的空地，那么需要清理出一片空地来。如果是在雪地中，可能需要清理地面的积雪或者搭一个平台来生火，这样火才不会被融化的雪水浇灭。燃烧的树是另外一种吸引注意力的手段。含有树脂的树木即使是未干枯的也能被点燃。对于其他类型的树木，可以在较低的树枝上放一些干枯的木头，点燃干木头，这样火势向上烧，会点燃整棵树。在树未烧完前，砍一些未枯的小树添加到火里，可以产生更多的烟。一定要选择离其他树木很远的树，以免发生森林火灾，危及自身安全。

白天可以用烟来吸引注意力。国际通用的受困信号是三柱烟。应该尽力使烟的颜色和周围的背景颜色有区别：如果背景是浅色的，那么使用黑烟，反之亦然。如果在火上加一些绿色的树叶、苔藓，或者浇一点水，那么产生的烟会是白色的；如果往火里加一些橡胶、浸过油的碎布等，产生的烟会是黑色的。

二、反光信号

利用阳光和一个反射镜即可射出信号光。任何明亮的材料都可加以利用，如罐头盒盖、玻璃、眼镜、一片金属铂片，有面镜子当然更加理想。持续反射将规律性地产生一条长线和一个圆点，这是莫尔斯代码的一种。即使不懂莫尔斯代码，随意反照，也可能引人注目。

三、声音信号

如果隔得较近，可大声呼喊或借助其他物品发出声响，如用斧子、木棍敲打树木。有救生哨作用会更明显，三声短三声长，再三声短，间隔 1min 之后再重复。

四、地面求救信号

在平坦的地面上画写各种符号，可以传递各种求救信息，在野外搜寻和直升机救援中非常有用。以下是一些常用的国际通用地面信号代码。做这些信号时，可以使用涂画、挖坑、堆积、火光造型等各种方法，但要尽可能大、醒目，以引人注目。尺寸是每个信号长 10m，宽 3m，每个信号间隔 3m。

（1）“SOS”：是最广为人知的国际通用求救信号。

（2）“HELP”：英文单词，表示需要帮助。

（3）“｜”：可以是一根木棍、一条色带、一个条坑等，表示伤势严重，需要立即转移病人，也可表明需要医生。

(4) "||"：两根条杠，表示需要食物和水。

(5) "¦"：表示需要无线、电池或信号灯。

(6) "A" 或 "Y"：表示肯定。

(7) "N"：表示否定。

(8) "X"：一个交叉，表示不能行动。

(9) "→"：箭头，指明前进方向。

五、体示信号

当搜索飞机较近时，可用体示信号表达遇险者的意思。向直升机发信号，当遇有直升机来救援时，必须用正确的信号将直升机指引到安全地方，直升机着陆的地面需平整而坚固，并且没有植被、路标塔或其他散乱的物品，以免被飞机上的螺旋吸走。

六、野外作业需保留痕迹

任何形式的探险或野外作业都应记下行动路线；对于遇险者来讲，要尽可能地靠近预定的行动路线，要设置清晰明确的信号或记号使人注意到自己的位置，离开营地时，留下下一步行动的有关信息，以便救援者发现。

第七节 野外遇险生存

一、野外方向判定

野外作业从业人员应具有在没有地形图和指南针等器材情况下利用自然界的一些特征判定方向的能力，掌握野外方向判断技巧对野外生存至关重要，下面简介几种野外方向判断方法。

（一）利用太阳判定

具体做法：

(1) 选择一平整地面，立一根细直的长杆，在太阳的照射下就会出现一个影子 OA，并将影子标示在地面上。

(2) 等待片刻（10～20min），再标出影子的新位置 OB，然后过两个影子的端点 A 和 B 连一直线，此直线就是概略的东西方向线。

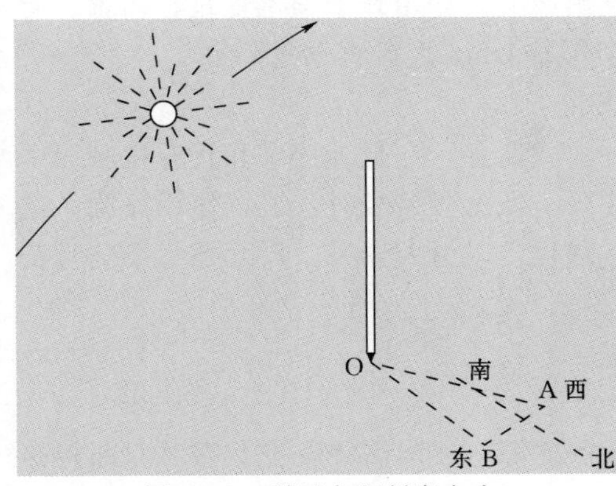

图 4-2 利用太阳判定方向

(3) 太阳东出西落，其影子则沿相反方向移动，所以第一个影子就是西，第二个影子必是东，如图 4-2 所示。

（二）分时法（也称时钟法）

地球 24h 自转 360°，1h 转 15°，而手表的时针总比太阳转得快 1 倍，依此原理，可用手表和太阳概略测定方位。其方法是：以时针对着太阳方向，然后对时针与表面上 12 点形成的夹角画角平分线。角平分线延长线的方向是北方，角平分线指的方向是南方。如图 4-3 所示。

（三）方向指示植物

即使在没有太阳的阴天，仍可以从植物中得到有关方向的信息。例如：靠近树墩、树干及大石块南面的草生长茂盛，冬天南面的草也枯萎干黄得较快。一般南面树皮比较光洁，北面则较为粗糙。夏天松柏及杉树的树干上南面流出的胶脂多。果树朝南的一面枝叶茂密结果多。树下和灌木附近的蚂蚁窝总是在树和灌木的南面。石头上的青苔常长在石头的北面。草原上的蒙古菊和野莴苣的叶子都是南北指向。乔木林多长在北坡，而灌木林多长在南坡。山上积雪先融化的一面是南。坑穴和凹地则北面融雪较早。

（四）星象法

夜间通常利用北极星判定方向，找到北极星，就找到了正北方向。寻找北极星，首先要找到北斗七星，因为它与北极星总是保持着一定的位置关系不停地旋转。当找到北斗七星后，沿着勺边甲、乙两星的连线，向勺口方向延伸，约为甲、乙两星间隔的 5 倍处，有一颗较明亮的星，就是北极星。如图 4－4 所示。

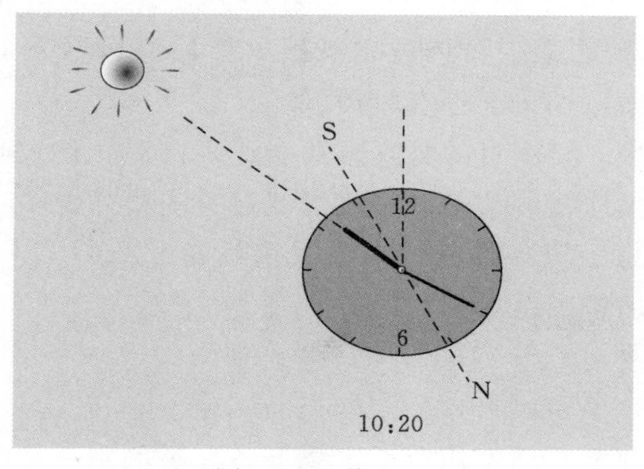

图 4－3　分时法

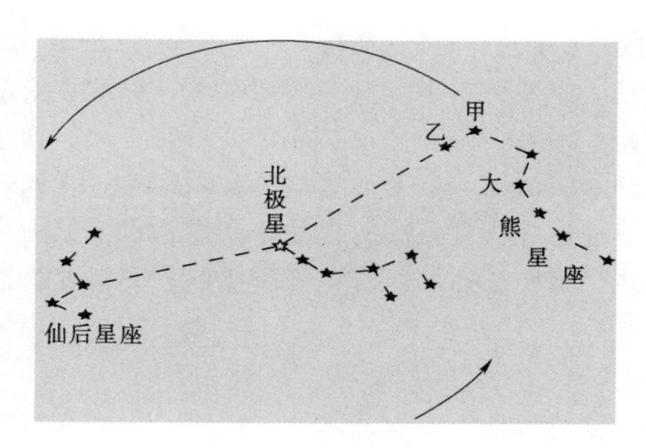

图 4－4　星象法

（五）利用树木判定方向

1. 利用树木的年轮

向阳一侧年轮宽，背阴方向（朝北方向）年轮窄。而生长在悬崖或陡壁附近的树木，背对悬崖或陡壁一侧的年轮宽，观察树的年轮时尽量选择树干较圆的树根。如图 4－5 所示。

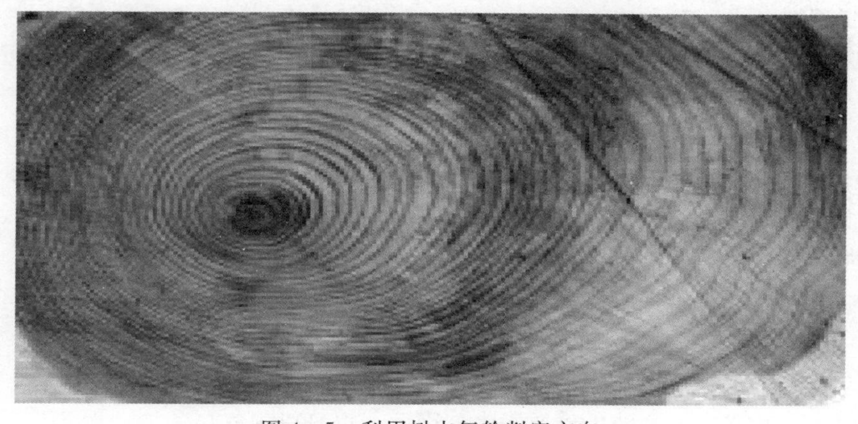

图 4－5　利用树木年轮判定方向

图 4-6 利用树木树冠判定

2. 利用树木的树冠

空旷地带的灌木树冠南侧枝叶比北侧茂盛。

在秋天果树南侧果实大而密，色泽也相对鲜艳。如图 4-6 所示。

二、水源

水是生命之源，是人体的最基本需求，离开它人就无法生存。身体要是没有水的不断补充，很快就会出现脱水现象。脱水 1%时会感到口渴；2%时感到不适；3%时食欲不振；4%时恶心；5%时头疼；6%时头晕；7%时语言障碍；8%时呼吸困难；9%时无法行走；10%时意识模糊；11%时吞咽障碍；12%时虚脱。因此，一旦发现缺水，当务之急是最大限度地减少身体脱水状况，然后立即找水补充。如果受困于沙漠寻不到水源，那就不要乱动，要设法寻求救援。

如果水源充足，必须保证每天正常的饮水量。要注意的是吃东西会让人口渴。在水源有限的情况下，要尽量避免食用肉食、干燥、高淀粉的食品或味道过浓过重的食品；多吃碳水化合物含量高的食品，硬糖和水果最为理想。缺水时尽量不要直接暴露在太阳之下，并穿宽松长袖衣服避免裸露皮肤，同时要将活动量减至最低。

（一）寻水

1. 沙漠中寻水

想在沙漠中找到水非常困难，因此在沙漠和戈壁地带作业一定要准备充足的水，并做好用水计划，随时了解周围地区绿洲和河流的分布情况。如果发生意外应尽快和外界取得联系，获得援助。在许多干旱的沙漠、戈壁地区，生长着柽柳、铃铛刺等灌木丛，这些植物告诉我们，这里地表下 6～7m 深就有地下水；有胡杨林生长的地方，则指示地下水位距地表面不过 5～10m；芨芨草指示地下水位于地表下 2m 左右；茂盛的芦苇指示地下水位只有 1m 左右；如果发现喜湿的金戴戴、马兰花等植物，便可知这里下挖 50cm 或 1m 左右就能找到地下水；在干枯的河流拐弯处，或者沙丘之间的洼地最低处向下挖或许能找到水源；骆驼对水的敏感性很高，沿着骆驼走的路一直走下去，寻找到水源的可能性会比较大。

2. 森林中寻水

沙漠中找水难，森林中找水也不易。尽管在森林中周围都是水渍渍的参天大树，但林子里能见度差，很难发现成片的地表水面。要想找到水，首先要记住以下几点：

（1）水往低处流，请往低地走。

（2）哪里有水，哪里就有绿色植被。但要是植物枯萎或死亡，说明该地区可能受过化学污染。

（3）动物要喝水。观察周围动物活动情况，也许它们能指引方向。

（4）以种子和谷类为食的鸟也要喝水，因此，也可以观察鸟的活动情况。

（5）青蛙生活在水里，听到它的鸣叫，就等于找到了水。

（6）悬崖底部一般都会渗出水流，要仔细寻找。

（二）解渴的植物和应急的解渴方法

山野中有许多植物可用于解渴，如北方的黑桦、白桦的树汁，山葡萄的嫩条，酸浆的根茎，南方的芭蕉茎、扁担藤等。

北方的初春，在桦树干上钻一个深3～4cm的小孔，插入一根细管（可用白桦树皮制作），经过这个小孔流入容器中的汁液每晚可达1～2L。白桦树液在空气中很快就会发酵，因此应立即饮用。

西南边疆密林中的扁担藤，因其形似扁担而得名。它是一种常年生的植物，通常缠绕在树干上。藤长5～6m，藤面呈灰白色，叶色深绿，叶面宽3～4cm，呈椭圆形，比一般树叶稍厚。砍断藤子后，可以看到条条小筋的断痕，并很快就会流出可供饮用的清水。生活在西双版纳的傣族猎人进山，一般不带水壶，就靠这种天然水壶中的清水解渴。

热带丛林中还有一种储水的竹子，这种竹子通常生长在山沟的两旁，直径约10cm，青翠挺拔，竹节长约50cm。选择竹子找水时，应先摇摇竹竿，听听里面是否有水的声响，无水响的竹子不必砍。另外，检查竹节外表是否有虫眼，有虫眼的竹节里的水不能喝。汲水的方法是将竹节一头砍开个洞，将水倒入碗里，也可削一根细竹管插进竹筒里吸。竹节内的水既卫生还带有一股淡淡的竹香。

如果找不到解渴的植物，还有一种极为简便的取水方法。澳大利亚飞行员曾用一个塑料袋套在树枝上，将袋口扎紧，树叶蒸发出来的水分就会聚集在袋里。天气越热，蒸发量越大，得到的水就越多。利用这个方法，每天取水量可达1L左右。还可以用塑料布收集露水。从半夜到天明这段时间里，气温逐渐下降，空气中的水分便凝结成露水，贴附在地面或植物上。早晨将塑料布铺在草丛下面，摇晃草，使露水一滴滴地落下来，积少成多，可解干渴之急。

在缺水的情况下，水要合理饮用。最初可以不喝水，或者仅湿润口腔、咽喉。当然，也不要勉强忍耐干渴，以致使身体出现失水症状。喝水要得法，应该采取“少量多次”的方法。试验证明：一次饮1000mL水，380mL则由小便排出；假若分10次喝，每次80mL，小便累计才排出80～90mL，水在体内就得到充分利用。每昼夜喝水不大于500～600mL，这在5～6天内对人体不会发生有害作用。

实在无水的情况下，小便也可以应急解渴。实际上，小便并不污秽，只是因为心理作用，总觉难以下咽。有条件可以做一个过滤器，在竹筒的底端开一个小孔，按顺序放入小石子、砂、土、碎木炭，将小便排泄于此，小孔下面就会流出过滤的水。

（三）水源的类别

自然界的水源有以下类型。

（1）地表水：如江河、湖泊、溪流等。

（2）地下水：如井水、泉水、地下蓄水池等。

（3）生物水：一些植物含有充足的水分，如仙人蕉、竹子、仙人掌等。

（4）天上水：如雨水、雪水、露水及融化的冰块等。

（四）水的净化

野外的水源许多都受到污染，因此要经过净化才能饮用。在恶劣的环境中，饮用不健康的水很容易受到感染、中毒或引发肠道疾病，如腹泻等。此时如果身体已经非常虚弱，小小的腹泻都有可能致死，因此即使饥渴难耐，也一定要静下心来，只要条件允许，饮用水都要经过净化。

净化水的方法有过滤、煮开、蒸馏等，这需要有三样东西：火、容器、过滤器。此外有的水还要经过消毒、杀菌才能饮用。随身应该带有打火机、防水火柴、铝制饭盒、过滤纸、净化水药片、高锰酸钾、碘酒等必需品。如有意外情况则要寻找替代品。

1. 临时容器

临时制作的盛水容器主要有三种类型：烧水壶，可直接用火烧水；锅，可用烫石头给锅里的水加温；储水器，只用来储存运送干净的水。

（1）烧水壶。

烧水壶可以用可燃材料制作，如竹子、桦树皮等，里面盛满水就能防止容器自燃。诀窍在于壶底下的火苗不得高于壶中的水面。

竹子：在竹子产地，有的竹子很粗，足以制成水壶。竹子还能做成许多其他容器，有时竹筒里面还能发现可以饮用的净水。

桦树皮或樱桃树皮：找一段完好的树干，然后小心地将树皮扒下来。可将树皮放在水中浸泡，也可用火烘烤树皮，目的是使之易于弯曲。然后，将树皮折成圆形或长方形的容器。用麻绳固定容器则效果更佳。

（2）锅。

在地上挖个坑当锅简单易行。只是这种盛水的“锅”不能用火直接加热，但可将滚烫的石头扔进水里加温。

泥土地适合“地锅”盛水。在地上挖个锅状的坑，将“锅”的内壁抹平，再在顶端垒一圈沿，防止杂质落入水中。此外，可以用T恤衫或无毒的树叶给“锅”做个内衬，目的同样是防止杂质沉入水中。装在泥坑里的水总是混浊的，要等它沉淀一会儿再舀出表面的清水。

除此之外，还有一些天然锅：

1）有凹槽或碗状的石块。

2）动物皮。如果有幸猎到一只兔子一样大小的动物，不仅可以用它的皮做“锅”，而且还能用这个“锅”烹制野味。用长树枝搭一个三脚架，再将做好的“锅”挂在上面。注意：往“锅”里加水时不要太快，否则会损失很多的水。先用双手捧一点水放进去，皮锅吸收水后会慢慢膨胀。水不要装得太满，因为还要往里面加烧红的石头。

3）木碗也可以用作天然锅。用木头刻一个木碗虽然比前面的办法更耗时，但并不是不可以做到。而且木碗结实耐用，携带方便。找一块长方形的木头，再从火中取一块大小适当的烧红的木炭，放在木头中间，找一支吹管对着木炭猛吹。这时木头中央就形成一个碗状的坑。用利石将木头上的毛刺刮去，一个碗就制成了。

（3）储水器。

制作储水器主要是着眼于长久使用，可以用以上的各种材料制作。当然，要是随身就有储水容器的话就再好不过了。

2. 过滤

过滤器能把水中的杂质过滤掉，起到净化的作用。如果身上没有过滤纸或高锰酸钾等，则要采取一些替代的方法。

（1）临时制作过滤器。

最简单的方法是用裤子制作。将裤子翻过来，再将一只裤腿塞进另一只裤腿里，捆扎起底部就行了。把裤子浸湿，吊在三脚架上，里面装上木炭后注水过滤。下面摆放一支接水的容器接过滤出来的水。见图4-7。

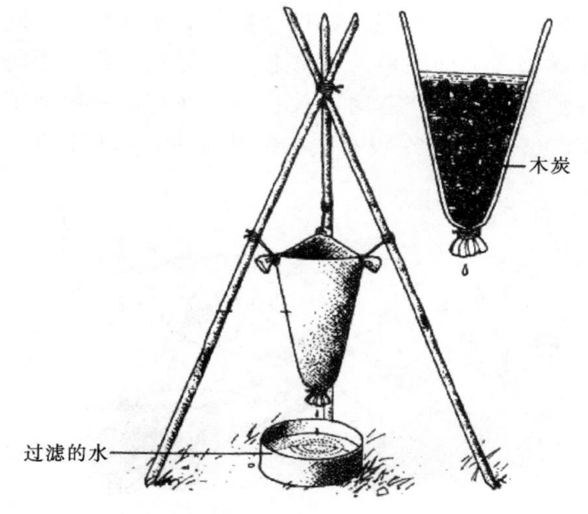

图4-7 过滤

（2）木炭过滤。

往水里放几块木炭能够过滤掉水里的许多尘埃和矿物质等悬浮物。也可以用一小块布包着木炭做一个过滤器，效果更好。

（3）用石头烧水。

石头烧水是一种简便有效的净水方法。石头的大小和重量要合适，而且必须是干燥的。河床底或潮湿的石头加热后会膨胀，甚至会爆炸。另外，燧石等矿石也不能用。把石头放在火上加热，然后把烫石头夹到水里去。放入水中之前别忘了吹去石头上的烟灰。

西北沙漠地区的居民常在苦咸水中加入一些地椒草同煮，虽然不能除去苦咸，但可以防止发生腹痛、腹胀、腹泻。

三、生火

火焰能带来温暖，驱走蚊虫，提高士气。最好是先把火生起来。生火的技巧应该事先就掌握好，免得临时抱佛脚。

烧水需要火，煮烤食物需要火，宿营取暖需要火，发求救信号、驱赶野兽也需要火。因此要在野外生存，学会取火是非常重要的。

（一）选择生火的地点

在野外，并不是随处都可以生火，因为稍有不慎就会引发火灾。搭野营炉灶的第一个问题就是地点。烹调离不开水，可选在近水处，但若靠得太近又会污染水。要清除火源周围的易燃物。在风力大、干燥的日子更要当心，避免发生火灾。

生火要在风力小或背风的地方。在平坦的地区生火且风很大，可竖一道挡风墙，或者挖一道沟壕在里面生火。

生火的地方不能太潮湿。如果找不到干燥的地方可以用湿木头或石头搭起一个高出地面的平台然后在上面生火。

（二）收集燃料

在野外最常见的燃料是干枯的植物，枯树枝、干草最为理想。干树皮、干苔藓、落叶、松叶针的干果和落果等是很好的引火材料。在没有树的地区，同样有天然燃料，如煤泥干、油页岩、含油的沙土、干燥的动物粪便和动物油、废弃的生活垃圾、布棉料、塑料和汽车轮胎等都可以作为燃料。

（三）取火种

火柴在野外生活中是不可缺少的必需品，出发前一定要检查是否带有足够的火种，火柴盒要做防水包装，打火机最好是防风打火机，有条件的话可以在救生包中带一个密封点燃器，上面附带几根灯芯、油绳和火石，用防水胶布紧紧包好，可用它燃400～600次火。如果在野外作业时间较长或是在高山极寒地带作业则应带上一个金属火柴，这种火柴可点3000次火。在没有火种的情况下，可用以下各种办法取火。

1. 凸镜引火法

用放大镜（或望远镜片、瞄准镜、照相机上的凸透镜）透过阳光聚焦照射易燃的引火物（腐木、布中抽出的纱线、撕成薄片的干树皮、干木屑、汽油、酒精和枪弹的发射药或导火索等）取火已为人所熟知。此外，放大镜透过阳光聚焦还可将受潮或被水浸湿后晒干的火柴点燃（见图4-8）。在手电筒反光碗的焦点上放引火物，向着太阳也能取火。

图4-8 凸镜引火

2. 电火花法

如果汽车蓄电池没有坏，可截取两段不大重要的电线，例如照明灯的电线，或使用跨地线。两线各接一个电极，然后小心把两线的另一端互碰，激出火花点燃旁置的引火物。

3. 闪光信号灯法

如果汽车上装有闪光信号灯，可将灯罩的顶部在岩石上碰碎，用闪亮的灯点火。但要按要求去做，避免引起森林火灾。

4. 电珠法

手电筒的电池和电珠也可以作引火的工具。把电珠在细砂石上小心磨破，注意不能伤及钨丝，然后再把火药填入电珠内，通电后即能发火。

若有电量较大的电池，将正负两极接在削了木皮的铅笔芯的两端，顷刻间，铅笔芯就会烧得像电炉丝一样通红。用这种方法引火既方便又保险。

5. 弓钻引火和藤条取火法

(1) 弓钻引火。

用强韧的树枝或竹片绑上鞋带、绳子或皮带，做成一个弓子。在弓上缠一根干燥的木棍，用它在一小块硬木上迅速地旋转。这样会钻出黑粉末，最后这些黑粉末冒烟而生出火花，点燃引火物。在平坦的木板上磨损玻璃片，也能生热发火。待剧烈摩擦发烫时，将引火物吹燃。

(2) 藤条取火。

找一根干的树干，一头劈开，并用东西将裂缝撑开，塞上引火物，用一根长约两尺的藤条穿在引火物后面，双脚踩紧树干，迅速地左右抽动藤条，使之摩擦发热而将引火物点燃。

6. 击石取火法

用黄铁矿打击火燧石可产生火花，使火花落到引火物上，当引火物开始冒烟时，缓缓地吹或扇，使其燃起明火。

（四）生火的技巧

开始生火时，如果风很大或燃料较湿，生火会很困难，怎么也点不着。生篝火需要窍门，首先要把火点着，可以找一些纸条、布条或者干草、枯树叶等细小的易燃物。把火点着后再加些干草、细树枝，这时不能着急，当火大之后，再渐渐地添加粗树枝。

警告：野外生火要注意安全，火堆四周直径 1.5m 范围内不能有易燃物，风力大时要做防风墙。离开营地时要做到人走火灭！

（五）做饭

在遇险条件下，最好每天能吃一顿热食，盐也是必要的东西之一。但在许多情况下，求生者往往没有做食物的炊具。下面的方法简便、有效，不妨一试。

1. 炭火煨烤

植物的块根、鱼、鸟、其他动物等食物裹上一层黏土或包上一层湿树叶放在炭火上煨，这样就不会烧坏食物。

2. 篝火烤食

把动物或小鱼、鸟去内脏后，穿在湿木棍或小树枝上，直接放在篝火上烤制。

3. 土坑烤食

先在泥地上挖一个 30～40cm 深的坑，将肉块、鸟蛋、块根等食物放在坑底，在坑内放上绿色植物的叶子、青草或能保持食物清洁的布。然后在小坑上盖一层 2cm 厚的沙子或泥土，把火堆放在上面。但是不可把肉块放在树叶堆里烧，这样会产生烟熏味。

4. 瓦罐煮食

用泥土做一个土制瓦罐煮食物，内部衬一层箔，然后往里放干净水和要煮的食物，再加入烧热的石块，直到水开了。用大绿叶盖上至少 1h，直到食物完全煮熟。

第八节　野外可食用植物的识别

一、植物可以吃吗

全世界有 30 多万种植物，其中有半数是可以食用的。但有些植物含有有毒的生物碱、苷元、皂素、有机酸等物质，不可冒险食用。食用不熟悉的食物时应特别小心。吃过有毒的植物后，人会全身虚弱、皮肤发炎、眼睛失明、瘫痪，甚至死亡。如果必须食用野外植物，请注意以下几点：

（1）除非陷入绝境，否则，一定要选择熟悉的植物吃，或选那些与熟悉的植物相似的来吃。不熟悉的不可凭颜色、气味、味道来鉴别其是否能吃。

（2）大量食用某种不熟悉的植物或果子之前，应事先尝试。选取该植物的一小部分放在鼻子前闻一闻，如果它有桃树皮味或者其他刺激性气味，千万不要食用。在尝试之前要做刺激反应试验。挤榨一些汁液涂在体表的敏感部位如肘部与腋下之间的前上臂，如果感觉有所不适，如起疹或肿胀，则不能食用。

(3) 在试验无刺激反应之后，可以进行尝试。用舌头或唇舔尝食物，但不能咽下。过几分钟看是否会有舌头烧灼、刺激性疼痛、喉咙痛痒等任何不良反应。

(4) 初步尝试之后，如无不适感觉，可少量食用。如果食用后1～2h无中毒症状（腹痛、恶心、呕吐、头晕、胃肠道紊乱、视觉模糊），表明这种食物可以食用。

(5) 为防止中毒，应煮熟后食用，因为大多数植物中的毒素经加热处理可以分解。但有毒的蘑菇煮不掉毒素。

(6) 少量吃后，8～12h后仍无病变发生，说明这种食物是安全的。如果有中毒症状，应立即大量喝水，引起呕吐，将所食东西全部吐出来。

二、怎样识别有毒植物

采食野生植物最大的问题是如何鉴别有毒或无毒。最简单的办法，将采集到的植物割开一个口子，放进一小撮盐，观察这个口子是否改变原来的颜色，变色的不能食用。

下面几种较为简便的鉴别方法，可以使用。

(1) 取植物幼嫩部分少许，在嘴中用前齿嚼碎后以舌尖品尝是否有苦涩、辛辣及其他异味。如果怪味很浓则可能有毒，应立即吐掉再漱口。涩味表示有单宁，苦味则可能含有毒生物碱、苷元等有害物。

(2) 因一些有害物质（单宁、生物碱）可以溶于水，所以可将植物用开水烫后再清水浸5～6h或煮熟，再品尝是否还有怪味。此时如仍苦涩或有怪味则不可食用。

(3) 在煮后的植物汤水中加入浓茶，若产生大量沉淀，则表示内含重金属盐或生物碱，不可食用。煮后的汤水经振摇后产生大量泡沫者，则表示含有皂甙类物质，不可食用。

(4) 一般牲畜可食用的饲料，人基本都可食用。特别是几种牲畜都喜爱的饲料，肯定无毒。

食用少量的有毒植物很少有生命之忧，但食用少量的有毒蘑菇就会导致中毒死亡。

警告：除非能确切地辨认是无毒蘑菇，否则不要冒险食用！

有毒蘑菇通常都颜色鲜艳，但颜色不是确切的依据。致命毒蘑菇通常都有一定的特征：毒菇茎的上部周围均有褶边或圆环（幔），底下有个槽（外被），茎正好长在里面，菌伞总带有鳞状物。有些没有槽的，像是可食的蘑菇，但它的槽可能是脱落了。

鉴别植物是否有毒是很复杂的，具有很大的危险性。最可靠的方法是根据有关部门编绘的可食野生植物的图谱进行认真鉴别。平时应注意掌握可食野生植物的种类、分布及采食方法。

三、常见的可食用野生植物

1. 山葡萄

生长在北方山地，9月间成熟，果实可生食，嫩条可解渴。

形态：蔓性灌木，叶片圆形，叶柄很长，果实成熟后变成黑色。

2. 茅莓

生长在山坡灌木林中或路边，7—8月成熟，果实和嫩叶均可生食。

形态：攀缘状灌木，叶有3片或5片，近圆形，顶端有一片叶子较其他叶子大，边缘锯齿形，叶下面密生短绒毛，呈白色，果实红色有核。

3. 沙棘

生长在河岸旁的沙地或沙滩上，9—10月成熟，味微酸而甜，营养价值高。

形态：有刺灌木，叶窄，上面橙黄色，下为绿色。果实近圆形，金黄色或橙黄色，许多个密生在一起。

4. 苦菜

生长于山野和路边，易于采集，3—8月可采，嫩叶、茎可生食。

形态：茎高1m左右，叶身在近根处较窄，色绿，表面呈灰白色，断面有白浆，夏季开黄花。

5. 蒲公英

生长于田野、路边，易于采集。3—5月可采集嫩叶生食。

形态：全株伏地，体内有白浆，叶色鲜绿，花茎上部密生白色丝状毛，一吹即散。

6. 荠菜

生长于田野、路边、沟边。嫩苗可食，3—4月采全草，炒食、做汤均可。

形态：两年生草本，高15～40cm。根生叶有柄，叶片呈羽状深裂，有时浅裂或不裂。春天抽出花茎，花穗挺立，花小而色白。

7. 黑瞎子果（蓝靛果）

生于山地、湿地、草原或沿山的河流、林间。8—9月间果实成熟，采摘果实生食。

形态：小灌木，高达1.5m，树皮常呈片状剥落。叶对生，长圆形，长2～8cm，下面淡绿色，有毛。花生于叶腋，黄白色，长7～15cm。浆果椭圆形，暗蓝色，长6～12cm，有白粉。

8. 马齿苋

生于田野荒地、路旁。全草可食，味平淡。通常在5—9月中旬采嫩茎叶，用开水烫软，将汁轻轻挤出，加入调料即食。可供药用，能治痢疾、退热，并有消炎和利尿作用，也可用于外敷治毒蛇咬伤、痔疮。

形态：肉质草本，肥嫩多汁，茎多分枝，圆形，往往带红色，通常平铺在地面。叶互生，也有对生的。叶片肥厚、呈瓜子形。花小，黄色，5瓣，3～5朵丛生于叶腋。花后结盖果，内有黑色种子。

9. 刺儿菜

生于田野。全株可食，味平淡。4—6月间，采其嫩叶，开水烫过，炒食或做汤。但一次多食易引起腹泻。

形态：多年生草本，茎直立，稍带紫色，有纵横纹，被白色细毛，高25～50cm，叶互生，无柄，叶片呈椭圆形，全缘或微齿裂，两面有疏密不等的白色蛛丝状毛，边缘有金黄色的小细刺。头状花序，生于枝顶，全部为管状花，紫红色。

10. 猴菌

生于栎、胡桃等阔叶树种的立木及腐木上，或生在活立木的受伤处。食用前先洗净切碎，可炒食或做汤，也可晒干备用。药用能利五脏，助消化。

形态：形如猴子的头，又名猴头。新鲜时呈白色，干燥后变为淡褐色，块状，直径3～10cm，基部狭窄；除基部外，均布以肉质、针状的刺，刺直伸发达，下垂，长1～3cm。

11. 树皮

除了野菜野果之外，树皮也可应急食用，如“3月吃桦树皮，4月吃椴树皮，5月吃松树皮”是老一辈人的经验之一。

四、野生植物加工方法

野生植物加工方法有煮、烤、烘和炸等，下面分别介绍各类野生食物的加工方法。

1. 淀粉食物

植物的根部有大量可食用的淀粉。但生淀粉不易消化，含淀粉的植物都须煮熟后吃。煮的第一遍水应倒掉，再用清水煮。

2. 蘑菇

不食用不新鲜或生长过熟的蘑菇。煮、烤、炸等均可。无盐时味道不好。具体方法是，柔软的蘑菇可慢火炖10min；厚的、干硬的蘑菇帽和茎要炖40min或直到把它们炸脱。鲜帽可煮食，或在热石头、铁上焙2～5min翻一面即可。

3. 果实

水果可直接食用，干果、坚果则可加工（煮、焙、烤）后食用。

4. 野菜

野蔬菜多数是指多汁的叶子、豆荚、种子、秸秆及非木质性根。食用时要选择那些比较嫩的，煮熟后再食用。多用几次水来漂清，可去掉植物的苦味和异味。

第九节 野 外 露 营

在野外，为了遮风挡雨，御寒避暑，免受虫蛇叮咬，野兽侵袭，同时保证充足的睡眠和休息，一个庇护场所是必不可少的，野外露营是野外生存的一项重要内容之一。长时间在野外作业一定要带有帐篷、睡袋、吊床等露营装备。同时刀斧、绳子也是必要的工具。搭帐篷时应按帐篷架设、撤收方法和要求操作。

一、露营地的选择

营地选择及其建设是关系到全部人员休息的大问题，营地的选择很讲究，以下是注意事项。

1. 近水

露营休息离不开水，近是选择营地的第一要素。因此，在选择营地时应选择靠近溪流、湖潭、河流边，以便取水。但也不能将营地扎在河滩上，有些河流上游有发电厂，在蓄水期间河滩宽、水流小，一旦放水时将涨满河滩。包括一些溪流，平时小，一旦下暴雨，都有可能发大水或山洪暴发。一定要注意防范这类问题，尤其在雨季及山洪多发区。

2. 背风

在野外扎营，不能不考虑背风问题，尤其是在一些山谷、河滩上，应要选择一处背风的地方扎营。还有注意帐篷门的朝向不要迎着风。背风同时也是考虑用火安全与方便。

3. 远崖

扎营时不能将营地扎在悬崖下面，这样很危险，一旦山上刮大风时，有可能将石头等物刮下，造成伤亡事故。

4. 近村

营地靠近村庄，有什么急事可以向村民求救，在没有柴火、蔬菜、粮食等情况时就更为重要。近村的同时也是近路，即接近道路，方便队伍的行动和转移。

5. 背阴

如果是一个需要居住两天以上的营地，在好天气情况下应当选择一处背阴的地方扎营，如在大树下面及山的北面。这样，如果在白天休息，帐篷里就不会太闷热。

6. 防雷

在雨季或多雷电区，营地绝不能扎在高地上、高树下或比较孤立的平地上。那样很容易招至雷击。

二、搭建临时简易帐篷

当没有帐篷、吊床等装备时，可就地取材搭制临时的帐篷。架设临时简易帐篷可使用方块雨衣、军毯、帆布、降落伞等器材，树枝、茅草等也是做临时帐篷的极好天然材料。在附近没有搭建临时帐篷的材料时也可以利用地洞、土坑、雪屋、雪洞等做庇护所。

1. 临时帐篷的基本形式

（1）屋顶形帐篷。这种帐篷通常适用于林区。构筑时，选择两棵树作立柱。然后在距地面1m处绑一横杆，横杆上两边斜搭（约45°）若干根杆，杆上再绑上两条横杆，即可将树枝像铺瓦一样，一层层重叠地搭挂在支架上。遮棚的两侧也用树枝遮堵。

（2）一面坡形帐篷。这种帐篷适于在断墙、棱坎等处架设。架设时，把雨布一头固定在墙壁或棱坎上，另一头固定在地面，两边用树枝、野草堵塞挡风。在林地架设时，也可以用树木固定。

2. 搭制临时帐篷的基本方法

（1）直角捆扎法。是将直角交叉的两根树干（竹竿）捆扎在一起的方法。先在直杆上用绳子打个卷结，然后越过横杆的上面，再绕过直杆的后面，通过横杆之上再绕过直杆，最后绳头从横杆上面出来，依此顺序绕四五次之后，在两棍木棒中间勒紧，再打结固定即可。

（2）平行捆扎法。是将两根平行树干（竹竿）捆扎在一起的方法。在两杆并立的木杆上端处，用绳子在一杆上打一个双重结，再用绳子在两顶端按顺序紧绕，最后在两杆之间的接缝处围绕两三圈，再用双重结收紧。

捆扎的绳子不够时，可选用藤蔓、软木树内皮、坚韧的草等代替。

三、利用吊床露营

吊床的优点是不会被地上的动物袭扰（如蛇等爬行动物），并且在一些潮湿的地带用吊床很适合。用吊床要在睡袋下垫防潮垫，并在吊床上方挂一张防雨布。有一种吊床式帐篷即有防雨篷，同时还有防蚊虫的纱帐，很适合丛林宿营。

四、筑雪洞（屋）露营

冬季在积雪深的地方宜构筑雪洞。当积雪在1～4m以上时，可直接开口构筑。开口后可拐1～2个直角弯，使通道尽量成Z形修成向上倾斜的斜坡状。雪洞要比通道高一些，洞顶铲成拱形并留出通气孔。

当积雪较少时，可构筑雪屋。积雪板结时，直接切成长方形雪砖，再按需要堆砌；雪质松软时，可把雪装入木柜里踩实，加工成雪坯。堆砌中应在雪块间隙敷设浮雪，逐层收顶。洞口可根据风向开成n形，顶部为拱形、人字形或圆锥形，可用雨衣或柴草覆盖。

雪屋构筑好后，要在屋底部铺10cm以上的干草，再铺上雨衣、褥子，用装有软草的麻袋或草捆堵在洞（屋）口，防止冷气侵入。

假如积雪较多且没有地形可利用时，可就地挖一条雪壕，人员在背风处露营。

五、住宿溶洞

在南方大部分地区的野外，常可见到各种形式的山洞、旱洞、水洞、穿山洞、复合洞等，住宿溶洞是野外作业最为常见的方式之一。我们的祖先就是从住宿溶洞开始的新的地面生活。可见住宿溶洞是安全、方便、温暖、避风避雨的好地方。住宿溶洞应当注意以下几点。

1. 通风

首先要察明该洞是否是通风的溶洞，而不是一个死洞。保持空气的流通很重要，可以点一支香烟观察该洞是否通风，只要烟向洞中或洞外单向飘动即说明此洞是通风的。

2. 浅住

洞多是比较深的，从安全的角度出发最好将营地安排在距离洞口较近的地方，以方便撤营及转移。

3. 水情

在确定一个溶洞可否住宿时，应先弄清此洞的水情，多数的溶洞都有流动的地下水在活动，有个别的地下水水情复杂，尤其在雨季就更应当注意，选择的住宿地应当干燥，上无滴水。

其他在溶洞住宿应当注意：不少的溶洞多有蝙蝠、燕子等动物栖息，因而入洞住宿最好少惊动它们，或者换一个洞。如果对洞穴探险没有经验，应当在洞中少活动，单人活动应当禁止。在洞中住宿可以不用支搭帐篷，只需铺上各种睡具即可，如果有蚊虫可以烧烟驱赶。

六、野外露营的要点

（1）尽可能利用天然的树洞、山洞等，以节省力气。如不合适可以稍加改造。

（2）不要在陡坡上或悬崖下，以及那些有掉落岩石、雪崩风险的地方露营。枯树下也不适宜露营，以防它们折断时砸伤自己。

（3）不要在河床或峡谷里等低洼处露营。夜间，数公里之外的洪水会突然而至，将帐篷冲毁。

（4）野外露营要考虑当地气候条件。在干燥炎热地区，白天需防太阳暴晒，而夜间又要防寒。在潮湿的丛林地区，要考虑防雨及防昆虫叮咬。

（5）要使帐篷或其他隐蔽所的开口逆对风向，可用放倒的圆木、石块、冰块和积雪堆积起来，建一道防风墙，以阻挡狂风。

（6）冬季露营应注意：在雪层较薄的地方，应先将雪扫净，在雪层较深的地方，应将雪筑实再在雪上铺一层10cm以上的干草，以防止雪受热融化。

（7）建雪洞时，必须要考虑到风向。一般说，雪洞应尽可能地建在斜坡上，雪洞洞口应设在雪峰的背风面，以便躲避冷风的侵袭。如果雪洞中结了薄冰，可用木棍或其他尖锐的工具刮去。要注意的是若温度太高雪屋会被弄湿。

第三章　安全设施、防护用品的使用和维护

第一节　消防设施（灭火器）的检查、使用和维护

一、干粉灭火器

（一）适用范围

碳酸氢钠干粉灭火器适用于易燃、可燃液体、气体及带电设备的初起火灾。磷酸铵盐干粉灭火器除可用于上述几类火灾外，还可扑救固体物质的初起火灾。但都不能扑救金属燃烧火灾。

（二）使用方法

灭火时，可手提或肩扛灭火器快速奔赴火场，在距燃烧处5m左右，放下灭火器。如在室外，应选择在上风方向喷射。使用的干粉灭火器若是外挂式储压式的，操作者应一手紧握喷枪，另一手提起储气瓶上的开启提环。如果储气瓶的开启是手轮式的，则向逆时针方向旋开，并旋到最高位置，随即提起灭火器。当干粉喷出后，迅速对准火焰的根部扫射。使用的干粉灭火器若是内置式储气瓶或者是储压式的，操作者应先将开启压把上的保险销拔下，然后握住喷射软管前端喷嘴部，另一只手将开启压把压下，打开灭火器进行灭火。有喷射软管的灭火器或储压式灭火器在使用时，一手应始终压下压把，不能放开，否则会中断喷射。

干粉灭火器扑救可燃、易燃液体火灾时，应对准火焰要部扫射，如果被扑救的液体火灾呈流淌燃烧时，应对准火焰根部由近而远，并左右扫射，直至把火焰全部扑灭。如果可燃液体在容器内燃烧，使用者应对准火焰根部左右晃动扫射，使喷射出的干粉流覆盖整个容器开口表面；当火焰被赶出容器时，使用者应继续喷射，直至将火焰全部扑灭。在扑救容器内可燃液体火灾时，应注意不能将喷嘴直接对准液面喷射，防止喷流的冲击力使可燃液体溅出而扩大火势，造成灭火困难。如果可燃液体在金属容器中燃烧时间过长，容器的壁温已高于扑救可燃液体的自燃点，此时极易造成灭火后再复燃的现象，若与泡沫类灭火器联用，则灭火效果更佳。

使用磷酸铵盐干粉灭火器扑救固体可燃物火灾时，应对准燃烧最猛烈处喷射，并上下、左右扫射。如条件许可，使用者可提着灭火器沿着燃烧物的四周边走边喷，使干粉灭火剂均匀地喷在燃烧物的表面，直至将火焰全部扑灭。

二、泡沫灭火器

（一）适用范围

主要适用于扑救各种油类火灾，木材、纤维、橡胶等固体可燃物火灾。

（二）常见泡沫灭火器的使用方法

1. 手提式化学泡沫灭火器适应火灾和使用方法

适用于扑救一般B类火灾，如油制品、油脂等火灾，也可适用于A类火灾，但不能

扑救B类火灾中的水溶性可燃、易燃液体的火灾，如醇、酯、醚、酮等物质火灾，也不能扑救带电设备及C类和D类火灾。

使用方法如下：

(1) 手提筒体上部的提环，迅速奔赴火场。这时应注意不得使灭火器过分倾斜，更不能横卧或颠倒，以免两种药剂混合而提前喷出。

(2) 当距离着火点10m左右，即可将筒体颠倒过来，一只手紧握提环，另一只手扶住筒体的底圈，将射流对准燃烧物。

在扑救可燃液体火灾时，如已呈流淌状燃烧，则将泡沫由远而近喷射，使泡沫完全覆盖在燃烧液面上；如在容器内燃烧，应将泡沫射向容器的内壁，使泡沫沿着内壁流淌，逐步覆盖着火液面。切忌直接对准液面喷射，以免由于射流的冲击，反而将燃烧的液体冲散或冲出容器，扩大燃烧范围。

在扑救固体物质火灾时，应将射流对准燃烧最猛烈处。灭火时随着有效喷射距离的缩短，使用者应逐渐向燃烧区靠近，并始终将泡沫喷在燃烧物上，直到扑灭。

使用时，灭火器应始终保持倒置状态，否则会中断喷射。

该灭火器应存放在干燥、阴凉、通风并取用方便之处，不可靠近高温或可能受到曝晒的地方，以防止碳酸分解而失效；冬季要采取防冻措施，以防止冻结；并应经常擦除灰尘、疏通喷嘴，使之保持通畅。

2. 推车式泡沫灭火器适应火灾和使用方法

其适应火灾与手提式化学泡沫灭火器相同，具体使用方法如下：

(1) 使用时，一般由两人操作，先将灭火器迅速推拉到火场，在距离着火点10m左右处停下，由一人施放喷射软管后，双手紧握喷枪并对准燃烧处；另一个则先逆时针方向转动手轮，将螺杆升到最高位置，使瓶盖开足，然后将筒体向后倾倒，使拉杆触地，并将阀门手柄旋转90°，即可喷射泡沫进行灭火。如阀门装在喷枪处，则由负责操作喷枪者打开阀门。

(2) 灭火方法及注意事项与手提式化学泡沫灭火器基本相同，可以参照。由于该种灭火器的喷射距离远，连续喷射时间长，因而可充分发挥其优势，用来扑救较大面积的储槽或油罐车等处的初起火灾。

3. 空气泡沫灭火器适应火灾和使用方法

适用范围基本上与化学泡沫灭火器相同。但抗溶泡沫灭火器还能扑救水溶性易燃、可燃的火灾如醇、醚、酮等溶剂燃烧的初起火灾。

使用方法如下：

(1) 使用时可手提或肩扛灭火器迅速奔到火场，在距燃烧物6m左右，拔出保险销，一手握住开启压把，另一手紧握喷枪。

(2) 用力捏紧开启压把，打开密封或刺穿储气瓶密封片，空气泡沫即可从喷枪口喷出。灭火方法与手提式化学泡沫灭火器相同。

(3) 空气泡沫灭火器使用时，应使灭火器始终保持直立状态，切勿颠倒或横卧使用，否则会中断喷射。同时应一直紧握开启压把，不能松手，否则也会中断喷射。

三、二氧化碳灭火器

（一）适用范围

主要适用于各种易燃、可燃液体，可燃气体火灾，还可扑救仪器仪表、图书档案、工艺器和低压电器设备等的初起火灾。

（二）二氧化碳灭火器的使用方法

灭火时只要将灭火器提到或扛到火场，在距燃烧物5m左右，放下灭火器拔出保险销，一只手握住喇叭筒根部的手柄，另一只手紧握启闭阀的压把。对没有喷射软管的二氧化碳灭火器，应把喇叭筒往上扳70°～90°。使用时，不能直接用手抓住喇叭筒外壁或金属连线管，防止手被冻伤。灭火时，当可燃液体呈流淌状燃烧时，使用者将二氧化碳灭火器的喷流由近而远向火焰喷射。如果可燃液体在容器内燃烧，使用者应将喇叭筒提起。从容器的一侧上部向燃烧的容器中喷射。但不能将二氧化碳喷射直接冲击可燃液面，以防止可燃液体冲出容器而扩大火势，造成灭火困难。

推车式二氧化碳灭火器一般由两人操作，使用时两人一起将灭火器推或拉到燃烧处，在离燃烧物10m左右停下，一人快速取下喇叭筒并展开喷射软管后，握住喇叭筒根部的手柄，另一人快速按逆时针方向旋动手轮，并开到最大位置。灭火方法与手提式的方法一样。

使用二氧化碳灭火器时，在室外使用时，应选择在上风方向喷射。在室内窄小空间使用时，灭火后操作者应迅速离开，以防窒息。

四、卤代烷灭火器（1211灭火器）适应火灾和使用方法

使用时，应手提灭火器的提把或肩扛灭火器到火场。在距燃烧处5m左右，放下灭火器，先拔出保险销，一手握住开启压把，另一手握在喷射软管前端的喷嘴处。如灭火器无喷射软管，可一手握住开启压把，另一手扶住灭火器底部的底圈部分。先将喷嘴对准燃烧处，用力握紧开启压把，使灭火器喷射。当被扑救的可燃烧液体呈现流淌状燃烧时，使用者应对准火焰根部由近而远并左右扫射，向前快速推进，直至火焰全部扑灭。如果可燃液体在容器中燃烧，应对准火焰左右晃动扫射，当火焰被赶出容器时，喷射流跟着火焰扫射，直至把火焰全部扑灭。但应注意不能将喷流直接喷射在燃烧面上，防止灭火剂的冲力将可燃液体冲出容器而扩大火势，造成灭火困难。如果扑救可燃性固体物质的初起火灾时，则将喷流对准燃烧最猛烈处喷射，当火焰被扑灭后，应及时采取措施，不让其复燃。1211灭火器使用时不能颠倒，也不能横卧，否则灭火剂不会喷出。另外在室外使用时，应选择在上风方向喷射，在窄小的室内灭火时，灭火后操作者应迅速撤离，因1211灭火剂也有一定的毒性，以防对人体的伤害。

五、酸碱灭火器适用火灾及使用方法

1. 适用范围

适用于扑救A类物质燃烧的初起火灾，如木、织物、纸张等燃烧的火灾。它不能用于扑救B类物质燃烧的火灾，也不能用于扑救C类可燃性气体或D类轻金属火灾。同时也不能用于带电物体火灾的扑救。

2. 使用方法

（1）使用时应手提筒体上部提环，迅速奔到着火地点。决不能将灭火器扛到背上，也

不能过分倾斜，以防两种药液混合而提前喷射。

(2) 在距离燃烧物6m左右，即可将灭火器颠倒过来，并摇晃几次，使两种药液加快混合；一只手握住提环，另一只手抓住筒体下的底圈将喷出的射流对准燃烧最猛烈处喷射。

(3) 同时随着喷射距离的缩减，使用人应向燃烧处推近。

六、灭火器有效期

指针在绿区表示正常，红区表示压力不足，需到消防器材维修单位加压，黄区表示压力充足，超出正常范围，但稍微超过黄区一点也不影响，不要放置在高温场合就行。

七、灭火器报废期

从出厂日期算起，达到如下年限的必须报废：

手提式化学泡沫灭火器：5年；

手提式酸碱灭火器：5年；

手提式清水灭火器：6年；

手提式干粉灭火器（储气瓶式）：8年；

手提储压式干粉灭火器：10年；

手提式二氧化碳灭火器：12年；

手提式1211灭火器：10年；

推车式化学泡沫灭火器：8年；

推车式干粉灭火器（储气瓶式）：10年；

推车储压式干粉灭火器：12年；

推车式二氧化碳灭火器：12年。

另外，应报废的灭火器或储气瓶，必须在筒身或瓶体上打孔，并且用不干胶贴上“报废”的明显标志，内容如下：“报废”二字，字体最小为25mm×25mm；报废年、月；维修单位名称；检验员签章。灭火器应每年至少进行一次维护检查。

第二节 个人劳动防护用品的使用和维护

一、安全帽使用及维护

1. 安全帽的防护作用

(1) 防止突然飞来物体对头部的打击；

(2) 防止从2～3m以上高处坠落时头部受伤害；

(3) 防止头部遭电击；

(4) 防止化学和高温液体从头顶浇下时头部受伤害；

(5) 防止头发被卷进机器里或暴露在粉尘中。

2. 安全帽的选择与使用

(1) 安全帽的选择。

在工作时为了保护好头部的安全，选择一顶合适的安全帽是非常重要的，选择安全帽时，要注意的主要问题是：

——要按不同的防护目的选择安全帽，如防护物体坠落和飞来冲击的安全帽，防止人员从高处坠落或从车辆上甩出去时头部受伤的安全帽，电气工程中使用的耐压绝缘安全帽等。

——安全帽的质量须符合国家标准规定的技术指标，生产厂家和销售商须有国家颁发的生产经营许可证。安全帽的材料要尽可能轻，并有足够的强度。

——安全帽在设计上要结构合理，使用时感觉舒适、轻巧，不闷热，防尘防灰。

（2）安全帽的使用。

——与自己头型合适的安全帽，帽衬顶端与帽壳内顶必须保持20～50mm的空间。有了这个空间，才能形成一个能量吸收系统，才能使冲击力分布在头盖骨的整个面积上，减轻对头部的伤害。

——必须戴正安全帽，如果戴歪了，一旦头部受到物体打击，就不能减轻对头部的伤害。

——必须扣好下颏带。如果不扣好下颏带，一旦发生坠落或物体打击，安全帽就会离开头部，这样起不到保护作用，或达不到最佳效果。

——安全帽在使用过程中会逐渐损坏，要经常进行外观检查，如果发现帽壳与帽衬有异常损伤、裂痕等现象，或水平垂直间距达不到标准要求，就不能再使用，而应当更换新的安全帽。

——安全帽如果较长时间不用，则需存放在干燥通风的地方，远离热源，不受日光直射。

——安全帽的使用期限：藤条的不超过两年；塑料的不超过两年半；玻璃钢的不超过三年。到期的安全帽要进行检验测试，符合要求方能继续使用。

二、安全带使用及维护

安全带是预防高处作业工人坠落事故的个人防护用品，由带子和金属配件组成，总称安全带。适用于围标、悬挂、攀登等高处作业，不适用于消防和吊物。

1. 安全带品种分类

安全带按使用方式，分为围杆安全带和悬挂、攀登安全带两类：

（1）围杆作业安全带适用于电工、电信工、园林工等杆上作业。

（2）悬挂、攀登作业安全带适用于建筑、造船、安装、维修、起重、桥梁、采石、矿山、公路及铁路调车等高处作业。其式样较多，按结构分为单腰带式、双背带式、攀登式三种。

2. 安全带材料要求及有关技术条件

（1）安全带和绳必须用锦纶、维纶、蚕丝料制成。电工围杆可用黄牛皮革带。金属配件用普通碳素钢或铝合金钢。包裹绳子的套则采用皮革、维纶或橡胶。

（2）安全带、绳和金属配件的破断负荷指标如表4-1所示。

（3）腰带必须是一整根，其宽度为40～50mm，长度为1300～1600mm，附加小袋1个。

（4）护腰带宽度不小于80mm，长度为600～700mm。带子在触腰部分垫有柔软材料，外层用织带或轻革包好，边缘圆滑无角。

表 4－1　　安全带、绳和金属配件的破断负荷指标表

名　称	破断负荷/N	名　称	破断负荷/N
腰带	14709	围杆 ϕ13mm	14709
护腰带	9800	围杆 ϕ16mm	23534.4
护胸带	7844.8	安全钩（小）	11767.2
前胸连接带	5883.6	自锁钩	9806
胯带	5883.6	胸带卡子	5883.6
吊绳 ϕ16mm	23534.4	攀登钩	5883.6
三角环	11767.2	钎子扣	5883.6
8 字环	11767.2	调节环	9806
围杆带	14709	安全钩（大）	9806
背带	9806	转动钩	11767.2
吊带	5883.6	腰带卡子	7844.8
攀登钩带	7844.8	半圆环	11767.2
腿带	5883.6	圆环	11767.2
安全绳	14709	品字环	11767.2

(5) 带子颜色主要采用深绿、草绿、橘红、深黄，其次为白色等。缝线颜色必须与带子颜色一致。

(6) 安全绳直径不小于 13mm，捻度为（8.5～9)/100（花/mm）。吊绳、围杆绳直径不小于 161mm，捻度为 7.5/100（花/mm）。电焊工用悬挂绳必须全部加套。其他悬挂绳只是部分加套。吊绳不加套。绳头要编成 3～4 道加捻压股插花，股绳不准有松紧。

(7) 金属钩必须有保险装置，铁路专用钩则例外。自锁钩的卡齿用在钢丝绳上时，硬度为洛氏 HRC 60。金属钩舌弹簧有效复原次数不少于 20000 次。钩体和钩舌的咬口必须平整，不得偏斜。

(8) 金属配件圆环、半圆环、三角环、8 字环、品字环、三道联，不许焊接，边缘应呈圆弧形。调节环只允许对接焊。金属配件表面要光洁，不得有麻点、裂纹，边缘呈圆弧形，表面必须防锈。不符合上述要求的配件，不准装用。

3. 使用和保管

(1) 安全带应高挂低用，注意防止摆动碰撞，使用 3m 以上长绳应加上缓冲器，自锁钩所用的吊绳则例外。

(2) 缓冲器、速差式装置和自锁钩可以串联使用。

(3) 不准将绳打结使用。也不准将钩直接挂在安全绳上使用，应挂在连接环上用。

(4) 安全带上的各种部件不得任意拆除。更换新绳时要注意加绳套。

(5) 安全带使用两年后，按批量购入情况，抽验一次。围杆带做静负荷试验，以 2206N 拉力拉伸 5min，如无破断方可继续使用。悬挂安全带冲击试验时，以 80kg 重量做自由坠落试验，若不破断，该批安全带可继续使用。对抽试过的样带，必须更换安全绳后

才能继续使用。

（6）使用频繁的绳，要经常进行外观检查，发现异常时，应立即更换新绳。带子使用期为3～5年，发现异常应提前报废。

三、野外作业个人防护装备

野外作业人员应配备野外工作服、登山鞋、太阳帽、雨鞋、水壶、饭盒、手电、睡袋、帐篷等。此外，根据不同的气候条件还应配备特殊装备。寒冷地区应配备防寒服及防寒鞋，雪地和沙漠地区应配备护目镜，高寒地区应配鸭绒被或鸭绒睡袋等。

四、常备急救箱

急救箱是野外作业必不可少的安全保障装备之一。在野外，没有人能够预料发生什么事情，一个急救箱可以拯救生命，务必随身携带。一般来说，急救箱内装有多种求生、救生物品与装备。野外作业出发前，根据需要准备好相应的救生物品，并对救生包进行检查。标准的救生包应包括以下物品。

1. 绷带

需有不同的阔度及质料，以处理不同面积及种类的损伤。

（1）纱布滚动条绷带：适用于处理一般伤口，主要作固定敷料之用。

（2）弹性滚动条绷带：具弹性，除应用于处理伤品外，更可应用于处理一般拉伤、扭伤、静脉曲张等伤症，以固定伤肢及减少肿胀。

（3）三角绷带：可以全幅使用，或折叠成宽窄不同的绷带。通常作手挂使用，承托上肢。

2. 敷料

由数层纱布制成，质地柔韧。主要用作覆盖伤口及吸收分泌物；流血及分泌物较多的伤口，可加厚覆盖。

3. 敷料包

敷料包由棉垫和滚动条绷带组成。用棉垫（即敷料）覆盖伤口，然后用附带的滚动条绷带加以固定。

4. 消毒药水

几种常用消毒药水的用途：

（1）龙胆紫（紫药水）：加快伤口结痂，加快伤口愈合。

（2）红汞（红药水）：保护伤口并具有抗菌的作用。

（3）酒精和碘酒：用作非黏膜伤口的表面消毒，不可用于破损伤口的消毒。

（4）医用双氧水：用于受污染的黏膜或破损伤口的基本消毒。

5. 洁净的棉花球

用于清洁伤口，使用时蘸透消毒药水。

6. 消毒胶布

通常用来处理面积较小的伤口。贴上胶布前，必须确保伤口周围的皮肤干爽清洁，否则不能贴得牢固。

7. 胶布

用来固定敷料、滚动条绷带或三角绷带。

8. 各种药丸

主要包括肠胃药、感冒药、消炎药等，必要时配备蛇虫药。

9. 其他

眼药水、红花油、止血贴、清凉油、驱风油等。

10. 偏僻野外作业时，应配备野外救生包，必要时包括以下物品（不限于此）

（1）锡纸薄膜：主要用于防潮、防辐射、保暖等；

（2）多功能刀具：主要用于防身、取食等；

（3）生火器具：如打火石、防水火柴等，主要用于生火；

（4）接水塑料袋：危急无饮用水时，将塑料袋套住树叶，套取树叶蒸发的蒸发水；

（5）指南针、反光镜、荧光棒等：用于寻找方向，发求救信号，迷路标记等；

（6）信号手电筒：主要用于夜间照明和夜间发求救信号；

（7）口哨：用于声音求救、信号发声；

（8）其他还有绳子、绷带、创可贴、消毒纸、葡萄糖片、维生素C片、盐和水壶等。

第四章　环境/职业健康安全管理标志

一、环境/职业健康安全管理标志常用的标准

环境/职业健康安全管理标志常用到的标准主要有以下3个。

1. GB 2893—2008《安全色》

安全色是传递安全信息含义的颜色，包括红、蓝、黄、绿四种颜色。红色，表示禁止、停止、危险以及消防设备的意思；蓝色，表示指令，要求人们必须遵守的规定；黄色，表示提醒人们注意；绿色，表示给人们提供允许、安全的信息。为了使人们对周围存在的不安全因素环境、设备引起注意，需要涂以醒目的安全色，提高人们对不安全因素的警惕。统一使用安全色，能使人们在紧急情况下，借助所熟悉的安全色含义，识别危险部位，尽快采取措施，提高自控能力，有助于防止发生事故。

本标准适用于工矿勘测设计单位、交通运输、建筑业以及仓库、医院、剧场等公共场所（不包括灯光、荧光颜色和航空、航海、内河航运所用的颜色）。

2. GB 2894—2008《安全标志及其使用导则》

安全标志是向工作人员警示工作场所或周围环境的危险状况，指导人们采取合理行为的标志。安全标志能够提醒工作人员预防危险，从而避免事故发生；当危险发生时，能够指示人们尽快逃离，或者指示人们采取正确、有效、得力的措施，对危害加以遏制。

本标准规定了四类传递安全信息的安全标志：禁止标志表示不准或制止人们的某种行为；警告标志使人们注意可能发生的危险；指令标志表示必须遵守，用来强制或限制人们的行为；提示标志示意目标地点或方向。在民爆行业正确使用安全标志，可以使人员能够及时得到提醒，以防止事故、危害发生以及人员伤亡。

安全标志不仅类型要与所警示的内容相吻合，而且设置位置要正确合理，否则就难以真正充分发挥其警示作用。

3. GBZ 158—2003《工作场所职业病危害警示标识》

职业病危害警示标识是在职业病危害作业场所设置的用于提醒人们预防和降低职业病危害的图形、语句、警示线、告知卡等。

本标准规定了在工作场所设置的可以使劳动者对职业病危害产生警觉，并采取相应防护措施的图形标识、警示线、警示语句和文字。在作业岗位设置警示标识和中文警示说明，对于经常或偶然在这些场所工作的劳动者起到时刻告知和提醒的作用，使劳动者产生警觉，禁止不安全行为，强制采取防范措施，最终有效地预防职业病的发生。警示标识是用人单位履行职业病危害告知义务和防护措施的表现形式之一，告知是在维护劳动者的知情权。职业病危害告知有：合同告知、公告栏告知、培训告知等形式。

本标准适用于可产生职业病危害的工作场所、设备及产品。根据工作场所实际情况，

组合使用各类警示标志。

二、水利常用安全标志

1. 禁止标志

禁止标志见图 4－9。

禁止烟火

禁止吸烟

未经许可 不得入内

禁止合闸 有人工作

禁止钓鱼

禁止使用无线通信

禁止攀登 高压危险

禁止跨越

禁止游泳

禁止抛物

图 4－9　禁止标志图

2. 警告标志

警告标志见图 4－10。

当心坑洞

当心触电

当心腐蚀

当心落水

当心电缆

当心塌方

当心坠落

图 4－10　警告标志图

3. 指令标志

指令标志见图 4－11。

4. 提示标志

提示标志见图 4－12。

必须系安全带

必须戴护耳器

注意通风

必须戴防护眼镜

必须穿防护鞋

必须穿救生衣

必须戴防护帽

必须戴防护手套

必须戴防尘口罩

必须戴防毒面具

必须戴安全帽

图 4-11 指令标志图

紧急出口

从此上下

在此工作

图 4-12 提示标志图

三、勘测设计单位环境/职业健康安全管理标志管理

（1）在有较大危险因素的生产场所和有关设施、设备上，按标准要求设置明显的环境/职业健康安全管理警示标识：

——在易燃易爆、有毒有害场所的适当位置张贴警示标志和告知牌；

——在产生职业危害的场所，在醒目位置设置公告栏，公布有关职业危害防治的制度、规程，职业危害事故应急措施和危险源检测结果；

——在可能产生严重职业危害作业岗位的醒目位置设置警示标志和警示说明，告知产生职业危害的种类、后果、预防及应急措施等。

（2）在检维修、道路施工、特殊作业等作业现场设置警示区域和警示标志。

（3）环境/职业健康安全管理标志每半年至少检查一次，及时对变形、变色、破损或不符合安全色要求的环境/职业健康安全管理标志进行修整或更换。

（4）临时性环境/职业健康安全管理标志在使用期间明确专人进行看管、维护。

第五篇

环境/职业健康安全管理检查与改进

本篇介绍了勘测设计单位常用的环境/职业健康安全管理检查的方法及各项检查中出现问题的处理。

第一章　监督和检查

第一节　环境/职业健康安全管理检查

一、环境/职业健康安全管理检查的类型

环境/职业健康安全管理检查的类型大致可以分为以下四种类型：

（1）定期检查，一般是通过有计划、有组织、有目的的形式来实现的。检查周期根据单位实际情况确定，如次/年、次/季等，定期检查面广，有深度，能及时发现并解决问题。

（2）经常性检查，是采取个别的、日常的巡视方式来实现的。在生产经营过程中进行经常性的预防检查，能及时发现问题，及时消除隐患，保证生产经营的正常进行。

专职人员的日常检查应是有计划的，并且对重点部位是周期性的进行。

（3）季节性及节假日前后检查，是勘测设计单位根据季节的自然特点，按事故发生的规律，对易发的、潜在危险突出的季节性的重点问题进行检查。

（4）专业（专项）环境/职业健康安全管理检查，是指对危险性较大的特种作业、特种设备、特种场所等，进行检测检验方面的管理性和监督性检查。

专项性环境/职业健康安全管理检查，是对某个专项问题或在勘测设计单位中存在普遍性问题进行的单项检查。

环境/职业健康安全管理检查可与勘测设计单位的项目质量检查等一起进行。

二、环境/职业健康安全检查原则

安全检查要遵循“五查”“四有”的原则：“五查”是查安全管理、查安全意识、查事故隐患、查整改措施、查安全技术资料；“四有”是有布置、有检查、有整改、有落实。

三、环境/职业健康安全管理检查表

一般来说，所有涉及健康、安全、环境的操作岗、管理岗位，都应当编制检查表。

环境/职业健康安全管理检查表的突出特点是，将勘测项目风险评价中预见的各种可能危害和危险点源、可能导致危害的各种因素，转化为各岗位的关键任务，又把关键任务分解为本岗位操作和管理应着重控制的若干点和项。一个单位所有岗位检查表的总合，就形成了对作业全过程健康、安全、环境的全面控制，实现了对重点风险多层覆盖的有效管理。一套好的并且真正认真执行的检查表，在安全管理中可以起到强化员工责任意识、落实程序文件和管理制度、预防风险危害发生的重要作用。

检查表是基层作业单位全面执行程序文件、保证安全生产的有力措施。因此，编写检查表必须研究作业过程健康、安全生产、环境保护的一般规律，抓住岗位的特点、突出安

全的重点。其编写原则应当是由下而上，层层覆盖。检查设定的内容应该做到：操作岗“点多、项少、面窄”；管理岗逐级“增项、扩面、减点”。达到横向各点面俱到，纵向重点要害层层覆盖，检查工作量大体平衡的预定目的。

在策划环境/职业健康安全管理检查表时，对重点、要害点项的检查内容，部门领导与下属、项目负责人与成员间应当有一定量的重复检查内容，这是部门领导/项目负责人作为管理者责任的表现，但是各操作者之间的检查内容，应当尽量避免交叉和重复。

编写人员在编写前要熟悉前面有关程序文件、作业文件的条款，对作业过程进行风险评价，对每个岗位进行具体的风险分析，找出危险因素，把这些危险因素作为检查的重点，然后再确定检查内容。编写时，要注意听取操作者的意见，吸取以往安全上的经验教训。

环境/职业健康安全管理检查表范例见附录8：勘测安全检查表（钻探工程部分）、钻探劳务分包外业验收记录。

四、环境/职业健康安全管理检查中出现问题的处理

及时处理检查发现的问题。检查的目的是发现问题、排除隐患。要鼓励各级认真检查，发现问题及时整改解决。解决问题的情况应当记录下来。上级检查时要把隐患整改作为必查项进行复查，以保证安全隐患得到彻底消除。

1. 安全事故处理“四不放过”原则

安全事故处理“四不放过”原则的支持依据是《国务院关于特大安全事故行政责任追究的规定》（国务院令第302号）拟定。

安全事故“四不放过”处理原则主要内容是：

（1）事故原因未查清不放过；

（2）事故责任人未受到处理不放过；

（3）事故责任人和广大群众没有受到教育不放过；

（4）事故没有制定切实可行的整改措施不放过。

2. “四不放过”原则具体含义

（1）“四不放过”原则的第一层含义是要求在调查处理伤亡事故时，首先要把事故原因分析清楚，找出导致事故发生的真正原因，不能敷衍了事，不能在尚未找到事故主要原因时就轻易下结论，也不能把次要原因当成真正原因，未找到真正原因决不轻易放过，直至找到事故发生的真正原因，并搞清各因素之间的因果关系才算达到事故原因分析的目的。

（2）“四不放过”原则的第二层含义是要求在调查处理工伤事故时，不能认为原因分析清楚了，有关人员也处理了就算完成任务了，还必须使事故责任者和广大群众了解事故发生的原因及所造成的危害，并深刻认识到搞好安全生产的重要性，使大家从事故中吸取教训，在今后工作中更加重视安全工作。

（3）“四不放过”原则的第三层含义是要求必须针对事故发生的原因，在对安全生产工伤事故必须进行严肃认真的调查处理的同时，还必须提出防止相同或类似事故发生的切实可行的预防措施，并督促事故发生单位加以实施。只有这样，才算达到了事故调查和处理的最终目的。

(4)“四不放过”原则的第四层含义也是安全事故责任追究制的具体体现，对事故责任者要严格按照安全事故责任追究规定和有关法律、法规的规定进行严肃处理。

3. 安全事故“四不放过”处理原则的作用

(1) 吸取事故教训，细化了吸取事故教训的具体措施。

发生事故，暴露了人员、设备、技术、环境、管理上的诸多问题，通过按照“四不放过”原则吸取他人事故教训的方式，以心得体会、建议措施上报，不说套话、废话，让全体员工实实在在分析发现问题，坐实了吸取事故教训的方法，取得了良好的实效。

(2) 起到了警示作用，提高了全员安全意识。

各勘测设计单位都制定有对安全生产事故责任者的处理规定，但往往职工都不会去关心这些规定，因为都觉得自己不会是事故责任人。而在落实“四不放过”原则过程中，增设一个假如：假如身边发生这样的事故，我是事故责任人，对照事故处理法律法规和公司安全管理规定，应该受到什么样的处理？假如我是事故的受害人，我的家庭、亲人会遭受什么样的打击？通过假设和对照，使全体员工受到震动和冲击。虽然是假设，但也使全体员工感到了一旦发生事故带来的压力，受到了很强的安全教育，对自己的安全责任重新认识和提高，增强了责任感和安全意识，比空洞的说教更有说服力。

(3) 切实发现并消除了隐患，提高了本质性安全。

第二节 健康体检

健康体检是以健康为中心的身体检查。中华人民共和国卫生部于2009年8月5日颁布《健康体检管理暂行规定》(卫医政发〔2009〕77号)，提出“健康体检是指通过医学手段和方法对受检者进行身体检查，了解受检者健康状况，早期发现疾病线索和健康隐患的诊疗行为”。

根据《中华人民共和国职业病防治法》和《职业健康监护管理办法》的规定，用人单位应当组织接触职业病危险源的劳动者进行上岗前职业健康检查，职业健康检查包括上岗前（即入职体检）、在岗期间、离岗时和发生职业病危害事故时的应急健康检查。

体检后发现了一些异常结果，有些是和职业有关的，体检机构会出具建议，用人单位应根据体检机构的建议按时进行复查并将复查结果交还体检机构，以确定体检者是否为职业禁忌症或疑似职业病人。如果和职业接触有害因素无关，用人单位也应当根据体检机构的提示及时告知体检者，让他们及时进行治疗。同时，体检机构和用人单位有义务保护体检者的隐私。

凡经健康检查确定为职业禁忌症的，用人单位应为劳动者调换岗位，以确保他们不再接触对他们来说是禁忌症的毒物；对于怀疑为职业病的，应到有职业病诊断资质的机构进行诊断。

第二章 合规性评价

一、合规性评价的作用

修订后的ISO 45001：2018《职业健康安全管理体系 要求》和GB/T 24001—2016/ISO 14001：2015《环境管理体系 要求及使用指南》在勘测设计单位遵守法律法规方面进行了强化，增加了合规性义务的术语，要求勘测设计单位严格履行与组织环境因素、危险源关联的合规性义务，是组织污染预防、环境污染治理、关注职工职业健康、安全生产的至关重要活动，也是义不容辞的责任。

合规性评价是组织通过法律法规要求和其他要求对照其活动、产品和服务的管理现状进行分析找出差距，从而规避法律法规风险，进行自我改进的一种管理措施，也是实施遵守法律法规和其他要求承诺的证据之一，因此勘测设计单位应充分利用好这一管理工具。同时，GB/T 24001—2016“9.3管理评审”要求勘测设计单位应将合规性义务履行的情况作为管理评审的输入，从而确保最高管理者意识到潜在的或现实存在的不符合、不合规带来的风险，并采取适当的措施以满足勘测设计单位的守法承诺。因此合规性评价的准确性是十分重要的。

二、合规性评价的要求和关注点

1. 合规性评价内容围绕以下的问题展开

（1）国家的法律法规；

（2）地方政府及下属部门颁布的地方法规；

（3）国际公约；

（4）国家各部委颁布的规章、标准、规程、规范及其他规定；

（5）其他要求，包括以下方面：

1）勘测设计单位和当地政府机构、主管部门签订的环境/职业健康安全公约、协议；

2）勘测设计单位的相关方环境/职业健康安全要求，顾客的环保协议；

3）非法规性指南；

4）自愿性原则或业务规范；

5）自愿性环保标志；

6）行业规则；

7）勘测设计单位或其上级主管部门对公众的承诺；

8）勘测设计单位的规定和要求等。

2. 关注程序规定的评价过程是否系统，是否适合

（1）考虑组织的运行规模，活动的类型、复杂程度、重要程度，以及环境风险等特点，判断评价的方式、方法、频次的适宜程度。

（2）以标准中4.3.1、4.3.2、4.5.1条款的结果为线索，判断评价过程策划的合理

性。证实评价程序、评价过程已实施，验证评价结果。

（3）收集证据，了解评价活动是否按程序规定有效实施。

（4）对已实施的评价活动的过程信息作出判断：

——评价活动的输入信息是否充分；

——验证评价结果的有效性，判断评价结果的可信程度；

——跟踪评价结果信息的处理。

（5）建立的合规性评价程序（文件化或非文件化程序，专项或结合的程序）可以是专项的评价过程，也可以结合其他评价过程进行。

（6）证实评价活动已按程序规定有效实施的相关信息：输入信息，评价过程信息，评价结果的记录，后续措施的信息。

三、合规性评价的方式

（1）合规性评价可针对多项或单项法律法规要求。

评价合规性的方法可通过下述过程进行：

1）专项审核或与内部审核结合进行；

2）通过对环境/职业健康安全运行文件和（或）记录评审；

3）对设施的检查与评价；

4）与相关人员面谈、询问、调查；

5）对特定项目或工作的评审；

6）定性、定量常规抽样分析或试验结果，验证取样或试验；

7）对环境/职业健康安全活动或设施巡视和（或）直接观察。

（2）方案中对方法和评价的频次取决于一些因素，如以往的合规性情况、所涉及的具体法律法规和其他要求等。

勘测设计单位开展定期的独立评审并将合规性评价方案纳入其他评价活动，如管理评审、内部审核、健康和安全评价或检查等。

四、合规性评价的实施

通过持续、完整地对合规性进行内部和外部评价和验证，可以及时发现问题，纠正偏离，提升公司的社会形象和诚信，为最高管理者的承诺及相关方信任提供证据。法律法规遵守（符合）情况的评审输入应考虑：

（1）合规性义务；

（2）组织目前的活动、产品/服务；

（3）监测测量的结果，体系审核结果；

（4）事故记录、违反法律法规的记录；

（5）与当地环保/安监部门有关的信息。

合规性评价见附录9，某单位职业健康安全管理体系适用的安全法律法规合规性评价表。

五、对合规性评价发现问题的处置措施

（1）分析不合规信息的细节和性质，尽早知晓存在不合规问题实质，必要时报告最高管理者。

(2) 出现不合规的紧急情况，执行勘测设计单位的综合应急预案、各专项应急预案及相关现场处置方案的规定，以尽可能将问题的环境影响/职业健康安全损失降到最低。

(3) 对不符合法规的问题，确定适当的响应范围与对策，力求将问题的负面影响降到可接受的程度。

(4) 确定利用目标、指标、管理方案控制不合规的问题。

(5) 实施针对不合规的纠正措施，消除或减少对环境带来的负面影响并验证有效性。

(6) 根据制度的要求向相关方（如上级主管部门、认证机构）通报合规性信息或对不符合法规的问题的处理情况。

勘测安全检查见附录 8“范例 1：勘测安全检查表（钻探工程部分）；范例 2：钻探劳务分包外业验收记录”。

合规性评价范例见附录 9：某单位职业健康安全管理体系适用的安全法律法规合规性评价表。

第三章 环境/职业健康安全管理体系的审核

对环境/职业健康安全管理体系的审核（包括内部审核、外部审核）及管理评审是整个管理体系持续改进的必要保证。

一、管理体系审核的分类

按审核方和受审核方的关系，审核可分为第一方审核、第二方审核、第三方审核。第一方审核是指一个勘测设计单位对自身的审核，也称为内审；第二方审核是指由相关方勘测设计单位的审核人员对受审核方进行审核；第三方审核是指由胜任的认证机构对受审核方所进行的审核，这种审核按照规定的程序进行，其结果是对受审核方的环境/职业健康安全管理体系是否符合规定的要求来做出结论并给予书面证明。

国内外目前对环境/职业健康安全管理体系进行的第三方审核一般借助环境管理体系认证、职业安全健康管理体系认证来进行。

二、环境/职业健康安全管理体系内审的目的

环境/职业健康安全管理体系内审的目的一般有以下几点：

（1）确定勘测设计单位所建立的环境/职业健康安全管理是否符合标准的要求。

（2）作为一种管理手段，及时发现健康、安全与环境中的问题，动用勘测设计单位力量加以纠正或预防，确保体系的正确实施与保持。

（3）确定体系的充分、适用性和有效性。

（4）在第二、第三方审核前，发现问题及时纠正，为顺利通过外部审核做准备。

（5）作为一种自我完善机制，使体系保持有效性，并能不断改进，不断完善。

三、环境/职业健康安全管理体系内审的依据

（1）GB/T 28001—2011《职业健康安全管理体系　要求》和 GB/T 24001—2016《环境管理体系　要求及使用指南》标准。标准提供了建立环境/职业健康安全管理体系的框架，提出了管理体系建立、实施、保持、改进的原则性要求。

（2）依据以上标准编写的组织的环境/职业健康安全管理手册、程序文件、作业文件等管理体系文件。体系文件对勘测设计单位内部管理体系的实施提供了强制性的指令和具体操作运行的指导，一旦经管理层批准、发布，体系文件就是勘测设计单位内部的管理法规，因此环境/职业健康安全管理体系文件是审核准则的组成部分。

（3）适用于勘测设计单位的有关法律、法规和其他要求。我国有较为健全的健康、安全与环境法律法规体系，ISO 45001：2018《职业健康安全管理体系　要求及使用指南》和 GB/T 24001—2016《环境管理体系　要求及使用指南》标准强调对健康、安全与环境相关的法律法规的遵守及遵守情况的评价，法律法规和其他要求在健康、安全与环境管理上占有十分重要的地位。

四、内部审核流程

根据审核方案，对每一次内部审核活动进行策划并组织实施。一般可分为准备、实施、总结、检查四个阶段。内审通常不进行文件审核工作，但可对受审部门的操作性文件进行评审，提出评审意见。内部审核流程图见图5-1。

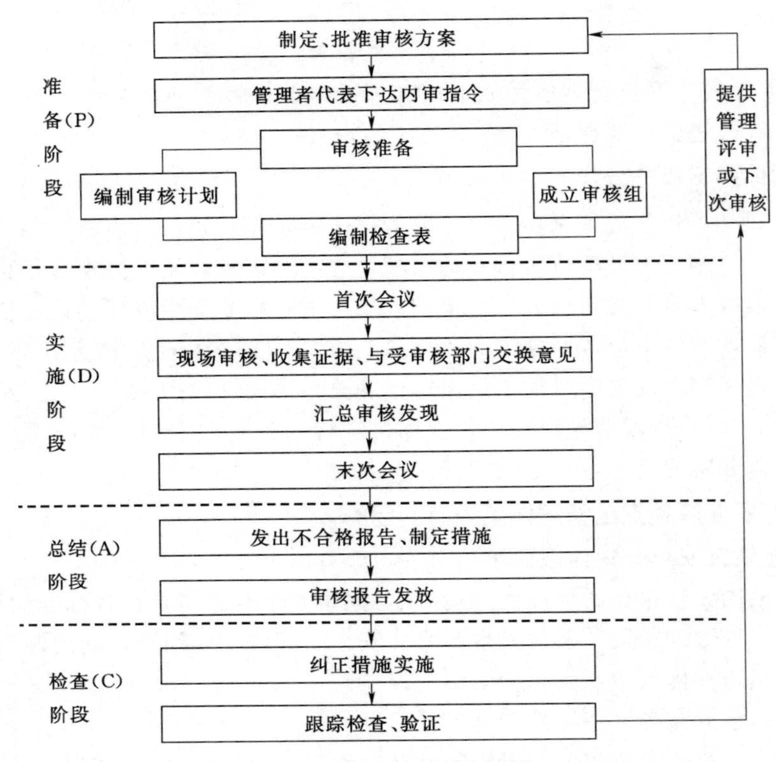

图5-1 内部审核流程图

五、组织内审的准备工作

有一个良好的开端是内审成功的必要条件。组织审核时应做好以下工作。

1. 领导重视是关键

内部审核牵涉到勘测设计单位的所有有关部门，需要由最高管理者支持、管理者代表/体系主管院领导协调，勘测设计单位只靠职业健康、安全及环境主管部门的努力，权威性不够。因此，高层管理者对内审的重视，并赋予内审权威性是十分重要的。依现行的法律法规规定，单位主要负责人对单位的职业健康、员工安全生产、环境管理全面负责，所以高层管理者本身就是一个重要的环境/职业健康安全管理岗位，他要做出承诺，制定方针，开展管理评审，并提供相关的资源，这就要求领导有很强的环境/职业健康安全管理意识。这种意识不仅体现在遵守法律和保证不出重大事故上，更重要的还在于要领导勘测设计单位全面建立和实施一个合乎标准要求的环境/职业健康安全管理体系，尤其重要的是充分运用内审这个重要的管理手段和改进机制，使体系得到保持和改进。

2. 具体工作需要一个职能部门来管理

为维持一个环境/职业健康安全管理体系并使之长期有效和持续改进，要求内审是一项长期的常规工作，这就需要有一个机构来组织实施。这些机构可能还有一些其他的管理工作，但内审等环境/职业健康安全管理工作应是此类部门的一项重要职能。

3. 组建一支合格的内审员队伍

要有一支合格的内审员队伍才能保证内审的质量，使其有效开展，因此培训内审员是一项重要的工作。作为内审员，要熟悉勘测设计单位业务，了解专业技术，具有安全、健康、环境管理知识，了解安全、健康、环境管理相关的法律法规、行业规章等相关要求，有一定的学历和工作经验，有交流表达能力，品格正直。

六、纠正措施及其跟踪的重要性

任何一次环境/职业健康安全管理体系审核都会发现一些不符合项，对这些不符合项，审核组应提出纠正措施要求，由受审部门制订纠正措施计划加以实施。在内审中纠正措施具有特别重要的意义，内审的重点在于发现体系的问题并加以纠正，使体系得到不断改进。审核组对纠正措施的实施情况进行追踪的重要性在于：

（1）使受审部门对已形成的不符合项进行清理和总结，彻底解决过去出现的问题，防止环境/职业健康安全管理体系运行受到影响。

（2）监控受审部门对现存的不符合项采取措施，防止其滋生、蔓延或进一步扩大，造成更大的不良后果。

（3）最重要的是督促受审部门认真分析原因，防止再发生，立足于改进环境/职业健康安全管理体系，为未来环境/职业健康安全管理体系的运行创造良好的条件。

七、发挥好内审员的作用

环境/职业健康安全管理体系内部审核员在一个勘测设计单位内对环境/职业健康安全管理体系的正常运行和改进起着重要的作用，这种作用表现在下列几个方面。

1. 对环境/职业健康安全管理体系的运行起监督作用

对环境/职业健康安全管理体系的运行需要持续地进行监控，才能发现问题及时解决。这种连续监控主要是通过内部审核进行的，而实施内部审核的正是这支内审员队伍。所以，从某种意义上来说，内审员对环境/职业健康安全管理体系的有效运行起着监督员的作用。

2. 对环境/职业健康安全管理体系的保持和改进起参谋作用

在内部审核时，内审员发现某些不符合项，要求受审核部门提出纠正措施，他必须向受审部门解释为什么这是一项不符合，不符合哪一个条款，这样对方才能针对不符合找出原因，采取纠正、纠正措施。在受审方考虑纠正、纠正措施时，内审员可以提出一些方向性意见供其选择。当受审部门提出纠正、纠正措施建议时，内审员通过验证决定是否加以认可，并说明认可或不认可的理由。在纠正措施计划实施时，内审员应跟踪纠正措施计划实施的进程，必要时应加以协助。如果在审核中发现某些潜在不符合，内审员应把它作为观察项主动向受审方提出，并提出调查潜在不符合原因的途径。这一切都说明内审员在内审工作中不仅仅是一个“消极”的“裁判员”，还应积极为保持和改进环境/职业健康安全管理体系想办法、出主意，成为一名优秀的参谋。

3. 在环境/职业健康安全管理方面成为沟通领导与员工之间的渠道和纽带

勘测设计行业的内审员大多由中层管理者、项目负责人等骨干技术、管理人员担任，在日常工作、审核中与各部门的员工有着广泛的交流和接触，他们既可以收集员工对环境/职业健康安全管理方面的意见、要求和建议，向勘测设计单位高层管理者反映；又可以把管理层关于环境/职业健康安全管理方面的方针、政策和意图向职工群众传达、解释和贯彻，起一种沟通和联络的作用。有时，内审员通过自己的工作，生动具体地宣传贯彻标准的要求，比参加标准宣贯课更为深刻，成为高层领导的好助手。

4. 在第三方审核中起内外接口的作用

当外部审核员来本单位进行审核时，内审员常担任联络人员、陪同人员或观察人员等职务，从中见证、了解对方的审核要求、审核方式和方法，确保外部审核员知道有关安全环保方面的要求，为审核组提供支持向管理层反映，同时也可向对方介绍本单位的实际情况，起内外接口的作用。

5. 在环境/职业健康安全管理体系的有效实施方面起带头作用

内审员一般在勘测设计单位的各部门都有自己的本职工作。在这些工作中，内审员带头认真执行和贯彻有关的健康、安全与环境标准、管理手册和涉及本人的程序文件和作业文件。在接受内审时要做到虚心诚恳、积极配合，在员工中起模范带头作用，成为贯彻实施环境/职业健康安全管理体系的积极分子。

八、内审员的成长

《职业健康安全管理体系　要求》和《环境管理体系　要求及使用指南》修订发布后，对内审员提出了更高的要求。

（一）内审员应该具备哪些能力

内审，是勘测设计单位自己给自己看病，内审员，就像是勘测设计单位的医生，除了良好的职业道德、善于沟通的能力、良好的文字表达能力、严谨细致的工作作风等，从内部审核业务来说，作为勘测设计单位的医生，既要懂得标准的真正含义，又要具备一定的管理素质，掌握勘测设计单位的运营模式，并且要具备出色的审核能力，这样的内审员，才是胜任内审工作的内审员。

1. 熟悉勘测设计单位的经营、管理，掌握标准精髓

作为内审员，既要熟悉勘测设计单位经营、生产管理及相关辅助活动的流程、关键点，又要掌握标准的精髓，才能在审核时结合单位的实际运营情况做出快速有效的判断。

比如在现场发现了文实不符的问题。文实不符的原因，可能是体系文件有问题，也可能是体系的执行有问题。这两个问题，从勘测设计单位管理改进的角度，一个偏重于体系的策划，一个偏重于体系的运行；审核员在追溯的方向上，是有区别的，这两方面发现的不符合项，对勘测设计单位的贡献点也是不一样的。

如果是体系文件有问题，是文件的编审程序有问题？是文件和勘测设计单位的实际情况不符？还是由于缺失文件而使勘测设计单位的运行失控？要验证勘测设计单位对文件管理的要求是什么？如果经过现场审核发现是文件规定和实际情况不符合，就需要去考虑文件编写人员的能力、加强文件评审等，这些都是标准对文件的要求，作为内审员，必须对标准的这些要求很熟悉，才能在审核时快速有效地判断。

另一方面也有可能是文件规定很完善、也符合勘测设计单位的实际情况、文件的评审也符合程序，是文件执行有问题的，内审员在审核时就要考虑，勘测设计单位有明确的规

定，为什么执行还会出问题？是员工不会干，是员工干起来不顺畅，是设备有问题，或者是单位的监督考核机制不健全，还是不知道干好了有什么好处（激励机制不完善），作为内审员在审核时，在现场要快速做出判断：针对目前的情况，能够重点追溯或是跟踪哪些线索呢？如果是在现场发现人不会干，就要考虑人员上岗的要求、单位的培训机制、员工的培养等方面的问题，这些都要求内审员要对单位的实际运营情况非常了解，这样才会快速找出所要追溯的重点。

2. 要掌握审核知识、审核技巧

从前面的例子可以看出，对于内审员来说，要想透过现象看本质，为勘测设计单位提供有价值的审核发现，必须要熟悉标准的精髓，熟悉勘测设计单位的运营及生产管理。

除此之外，作为合格的内审员，审核知识和审核技巧也是必不可少的，比如作为内审员，在现场审核时，常用的方法是查、看、问，问是很重要的一个审核手段。很多审核员在现场这样提问：你们部门是不是负责档案管理？受审核方答“是”，然后又问：你们的档案管理是不是有专人负责？内审员的这种提问方式称为封闭式提问，对方只能回答“是”或“不是”，这种问问题的方式会导致信息的缺失。并且如果部门还有其他重要的工作，由于没有给受审核方说话的机会，内审员不知道，就容易审核漏项。

但是如果内审员这样提问：你们部门负责哪些工作？你们部门的知识管理是怎么做的？这种提问的方式称为开放式提问，对方就会回答：我们部门负责体系管理、档案管理、经营管理、技术质量管理等，这样内审员就会顺着受审核方介绍的职能分别进行审核，就不会出现审核漏项的现象。这种现象的出现，关键是内审员在提问技巧方面的不足。有效的沟通是一个双向的过程，开放式的提问，能给受审核方充分参与的机会，会更有利于内审员获取信息。

另外，内审员在审核中，应积极听取他人的意见，调整自己的语速和语言，鼓励人员的参与、并营造和谐氛围，这是对审核和改进是非常重要的。

（二）标准修编后，内审员必须进行的、与时俱进的改变

审核员需要进行的改变，源于 GB/T 24001—2016/ISO 14001：2015《环境管理体系　要求及使用指南》、ISO 45001：2018《职业健康安全管理体系　要求及使用指南》两个标准变化的要求。

标准修订了，GB/T 24001—2004/ISO 14001：2004《环境管理体系　要求及使用指南》、GB/T 28001—2011《职业健康安全管理体系　要求》版标准的内审员也应相应升级到 GB/T 24001—2016/ISO 14001：2015《环境管理体系　要求及使用指南》、ISO 45001：2018《职业健康安全管理体系　要求及使用指南》标准的内审员。GB/T 24001—2016/ISO 14001：2015《环境管理体系　要求及使用指南》、ISO 45001：2018《职业健康安全管理体系　要求及使用指南》标准，架构上发生了很大的变化，内容上也增加了很多新的要求，比如增加了“理解组织及其所处环境”“理解相关方需求和期望”“应对风险和机遇”等内容，这是 GB/T 24001—2016/ISO 14001：2015《环境管理体系　要求及使用指南》、ISO 45001：2018《职业健康安全管理体系　要求及使用指南》非常重要的关键点，对内审员来说，需要改变的地方，与这些标准的修订是息息相关的。

需要内审员调整、改变的地方，主要有以下三个。

1. 对于标准的这些变化，内审员在审核时要及时调整审核视角，从“关注局部，到睁眼看世界”

以往内审员在审核时，能够关注部门的职责、程序、执行的有效性等，基本就是合格审核；现在的审核，内审员必须要熟悉勘测设计单位所处的实际情况，要把勘测设计单位放在当前勘测设计行业内、外部的大环环境中去审核，比如二胎政策全面放开、工程咨询资质取消、勘测设计行业体制改革、行业的业务模式发生变化等，这对很多勘测设计单位会有影响，在这些动荡的内外部环境中，勘测设计单位如何应对？需要内审员在审核时调整审核视角。

2. 内审员在审核中要关注相关方，而不仅仅是客户

在审核时，内审员不能仅想着甲方业主的要求是否被满足，作为勘测设计单位来说，甲方业主是非常重要的相关方之一，应是其关注的焦点。除了甲方业主之外，还会有上级主管部门、安全及环保的监管机构、外部供方、员工、施工方、监理方、认证机构等相关方，甚至还可能会有社区、保险公司、银行等相关方，这些相关方的要求是各种各样的，作为勘测设计单位，在策划过程时，要考虑勘测设计单位有哪些相关方，不同的相关方有哪些要求，勘测设计单位如何与这些相关方沟通，对不同相关方要求的满足程度怎么样等问题。

3. 要关注事前风险预警，而不仅仅是事后改进

比如内审审核一个新拓展的市场领域、省外的项目，以往内审员可能会关注这个项目在实施运行中出现问题的情况，审核时内审员经常会关注设计工作大纲、环境安全交底记录等，关注项目在实施中遇到的问题、整改的情况等，通过这样的审核，来验证勘测设计单位的改进。

在GB/T 24001—2016/ISO 14001：2015《环境管理体系　要求及使用指南》、ISO 45001：2018《职业健康安全管理体系　要求及使用指南》标准运用时，要求内审员在策划阶段就应考虑到潜在的情况，潜在的风险，有没有采用系统的方法去关注和管理风险，这都是引导勘测设计单位从事后的改进、转为事前的风险预警。对于这样的新领域的项目，内审员要关注：项目在立项、策划时，项目组和相关人员有没有识别省外项目的风险和机遇、有没有针对风险和机遇制定了应对措施；水利工程设计的管理存在条块分割、分段管理、政出多门等方面的特点，每个地方都有不同的设计惯例，这也是一个潜在的风险；内审员在审核中还要关注，在项目实施中项目组采取了什么措施，并审核这些措施的落实情况，从而确保合法并达到顾客满意、规避环境及职业健康安全风险。

总之，要想成为勘测设计单位的好医生，作为内审员要努力提升自己；作为体系主管部门的负责人，要努力构建一支优秀的内审员团队。

环境/职业健康安全管理违法违纪的责任追究

环境/职业健康安全管理法律法规体系是国家在职业安全生产、职业健康、环境保护领域的方针政策的集中体现。它以法律法规的形式规定了勘测设计单位及员工在生产管理过程中的责任行为准则，什么是非法的、违纪的，什么是合法的、守纪的。因此勘测设计单位及员工必须在党纪国法的范畴内治企、从业，反之，都要负法律责任，受到党纪国法的责任追究和处罚。

本篇介绍了环境/职业健康安全管理法律法规体系中涉及水利行业勘测设计单位环境/职业健康安全管理的相关条款。

第一节 《中华人民共和国刑法》相关条款

一、交通肇事罪、危险驾驶罪

第一百三十三条 违反交通运输管理法规，因而发生重大事故，致人重伤、死亡或者使公私财产遭受重大损失的，处三年以下有期徒刑或者拘役；交通运输肇事后逃逸或者有其他特别恶劣情节的，处三年以上七年以下有期徒刑；因逃逸致人死亡的，处七年以上有期徒刑。

第一百三十三条之一 在道路上驾驶机动车，有下列情形之一的，处拘役，并处罚金：

（一）追逐竞驶，情节恶劣的；

（二）醉酒驾驶机动车的；

（三）从事校车业务或者旅客运输，严重超过额定乘员载客，或者严重超过规定时速行驶的；

（四）违反危险化学品安全管理规定运输危险化学品，危及公共安全的。

机动车所有人、管理人对前款第三项、第四项行为负有直接责任的，依照前款的规定处罚。

有前两款行为，同时构成其他犯罪的，依照处罚较重的规定定罪处罚。

二、重大责任事故罪、强令违章冒险作业罪

第一百三十四条 在生产、作业中违反有关安全管理的规定，因而发生重大伤亡事故或者造成其他严重后果的，处三年以下有期徒刑或者拘役；情节特别恶劣的，处三年以上七年以下有期徒刑。

强令他人违章冒险作业，因而发生重大伤亡事故或者造成其他严重后果的，处五年以下有期徒刑或者拘役；情节特别恶劣的，处五年以上有期徒刑。

三、重大劳动安全事故罪、大型群众性活动重大安全事故罪

第一百三十五条 安全生产设施或者安全生产条件不符合国家规定，因而发生重大伤亡事故或者造成其他严重后果的，对直接负责的主管人员和其他直接责任人员，处三年以下有期徒刑或者拘役；情节特别恶劣的，处三年以上七年以下有期徒刑。

第一百三十五条之一 举办大型群众性活动违反安全管理规定，因而发生重大伤亡事故或者造成其他严重后果的，对直接负责的主管人员和其他直接责任人员，处三年以下有期徒刑或者拘役；情节特别恶劣的，处三年以上七年以下有期徒刑。

四、危险物品肇事罪

第一百三十六条 违反爆炸性、易燃性、放射性、毒害性、腐蚀性物品的管理规定，在生产、储存、运输、使用中发生重大事故，造成严重后果的，处三年以下有期徒刑或者拘役；后果特别严重的，处三年以上七年以下有期徒刑。

五、工程重大安全事故罪

第一百三十七条 建设单位、设计单位、施工单位、工程监理单位违反国家规定，降低工程质量标准，造成重大安全事故的，对直接责任人员，处五年以下有期徒刑或者拘役，并处罚金；后果特别严重的，处五年以上十年以下有期徒刑，并处罚金。

六、消防责任事故罪、不报谎报安全事故罪

第一百三十九条 违反消防管理法规，经消防监督机构通知采取改正措施而拒绝执行，造成严重后果的，对直接责任人员，处三年以下有期徒刑或者拘役；后果特别严重的，处三年以上七年以下有期徒刑。

在安全事故发生后，负有报告职责的人员不报或者谎报事故情况，贻误事故抢救，情节严重的，处三年以下有期徒刑或者拘役；情节特别严重的，处三年以上七年以下有期徒刑。

七、强迫劳动罪

第二百四十四条 以暴力、威胁或者限制人身自由的方法强迫他人劳动的，处三年以下有期徒刑或者拘役，并处罚金；情节严重的，处三年以上十年以下有期徒刑，并处罚金。

明知他人实施前款行为，为其招募、运送人员或者有其他协助强迫他人劳动行为的，依照前款的规定处罚。

单位犯前两款罪的，对单位判处罚金，并对其直接负责的主管人员和其他直接责任人员，依照第一款的规定处罚。

第二百四十四条之一 违反劳动管理法规，雇用未满十六周岁的未成年人从事超强度体力劳动的，或者从事高空、井下作业的，或者在爆炸性、易燃性、放射性、毒害性等危险环境下从事劳动，情节严重的，对直接责任人员，处三年以下有期徒刑或者拘役，并处罚金；情节特别严重的，处三年以上七年以下有期徒刑，并处罚金。

有前款行为，造成事故，又构成其他犯罪的，依照数罪并罚的规定处罚。

八、破坏环境资源保护罪

1. 污染环境罪

第三百三十八条 违反国家规定，排放、倾倒或者处置有放射性的废物、含传染病病原体的废物、有毒物质或者其他有害物质，严重污染环境的，处三年以下有期徒刑或者拘役，并处或者单处罚金；后果特别严重的，处三年以上七年以下有期徒刑，并处罚金。

2. 非法占用农用地罪

第三百四十二条 违反土地管理法规，非法占用耕地、林地等农用地，改变被占用土地用途，数量较大，造成耕地、林地等农用地大量毁坏的，处五年以下有期徒刑或者拘役，并处或者单处罚金。

3. 单位犯破坏环境资源罪的处罚规定

第三百四十六条 单位犯本节第三百三十八条至第三百四十五条规定之罪的，对单位判处罚金，并对其直接负责的主管人员和其他直接责任人员，依照本节各该条的规定处罚。

第二节 《中华人民共和国安全生产法》相关条款

一、安全评价机构

第八十九条 承担安全评价、认证、检测、检验工作的机构，出具虚假证明的，没收违法所得；违法所得在十万元以上的，并处违法所得二倍以上五倍以下的罚款；没有违法所得或者违法所得不足十万元的，单处或者并处十万元以上二十万元以下的罚款；对其直接负责的主管人员和其他直接责任人员处二万元以上五万元以下的罚款；给他人造成损害的，与生产经营单位承担连带赔偿责任；构成犯罪的，依照刑法有关规定追究刑事责任。

对有前款违法行为的机构，吊销其相应资质。

二、生产经营单位主要负责人相关

第九十条 生产经营单位的决策机构、主要负责人或者个人经营的投资人不依照本法规定保证安全生产所必需的资金投入，致使生产经营单位不具备安全生产条件的，责令限期改正，提供必需的资金；逾期未改正的，责令生产经营单位停产停业整顿。

有前款违法行为，导致发生生产安全事故的，对生产经营单位的主要负责人给予撤职处分，对个人经营的投资人处二万元以上二十万元以下的罚款；构成犯罪的，依照刑法有关规定追究刑事责任。

第九十一条 生产经营单位的主要负责人未履行本法规定的安全生产管理职责的，责令限期改正；逾期未改正的，处二万元以上五万元以下的罚款，责令生产经营单位停产停业整顿。

生产经营单位的主要负责人有前款违法行为，导致发生生产安全事故的，给予撤职处分；构成犯罪的，依照刑法有关规定追究刑事责任。

生产经营单位的主要负责人依照前款规定受刑事处罚或者撤职处分的，自刑罚执行完毕或者受处分之日起，五年内不得担任任何生产经营单位的主要负责人；对重大、特别重大生产安全事故负有责任的，终身不得担任本行业生产经营单位的主要负责人。

第九十二条 生产经营单位的主要负责人未履行本法规定的安全生产管理职责，导致发生生产安全事故的，由安全生产监督管理部门依照下列规定处以罚款：

（一）发生一般事故的，处上一年年收入百分之三十的罚款；

（二）发生较大事故的，处上一年年收入百分之四十的罚款；

（三）发生重大事故的，处上一年年收入百分之六十的罚款；

（四）发生特别重大事故的，处上一年年收入百分之八十的罚款。

第一百零六条 生产经营单位的主要负责人在本单位发生生产安全事故时，不立即组织抢救或者在事故调查处理期间擅离职守或者逃匿的，给予降级、撤职的处分，并由安全生产监督管理部门处上一年年收入百分之六十至百分之一百的罚款；对逃匿的处十五日以下拘留；构成犯罪的，依照刑法有关规定追究刑事责任。

生产经营单位的主要负责人对生产安全事故隐瞒不报、谎报或者迟报的，依照前款规定处罚。

三、生产经营单位的安全生产管理人员相关

第九十三条 生产经营单位的安全生产管理人员未履行本法规定的安全生产管理职责的，责令限期改正；导致发生生产安全事故的，暂停或者撤销其与安全生产有关的资格；构成犯罪的，依照刑法有关规定追究刑事责任。

四、生产经营单位相关

第九十四条（部分） 生产经营单位有下列行为之一的，责令限期改正，可以处五万元以下的罚款；逾期未改正的，责令停产停业整顿，并处五万元以上十万元以下的罚款，对其直接负责的主管人员和其他直接责任人员处一万元以上二万元以下的罚款：

（一）未按照规定设置安全生产管理机构或者配备安全生产管理人员的；

（二）危险物品的生产、经营、储存单位以及矿山、金属冶炼、建筑施工、道路运输单位的主要负责人和安全生产管理人员未按照规定经考核合格的；

（三）未按照规定对从业人员、被派遣劳动者、实习学生进行安全生产教育和培训，或者未按照规定如实告知有关的安全生产事项的；

（四）未如实记录安全生产教育和培训情况的；

（五）未将事故隐患排查治理情况如实记录或者未向从业人员通报的；

（六）未按照规定制定生产安全事故应急救援预案或者未定期组织演练的；

（七）特种作业人员未按照规定经专门的安全作业培训并取得相应资格，上岗作业的。

第九十六条（部分） 生产经营单位有下列行为之一的，责令限期改正，可以处五万元以下的罚款；逾期未改正的，处五万元以上二十万元以下的罚款，对其直接负责的主管人员和其他直接责任人员处一万元以上二万元以下的罚款；情节严重的，责令停产停业整顿；构成犯罪的，依照刑法有关规定追究刑事责任：

（一）未在有较大危险因素的生产经营场所和有关设施、设备上设置明显的安全警示标志的；

（四）未为从业人员提供符合国家标准或者行业标准的劳动防护用品的；

（六）使用应当淘汰的危及生产安全的工艺、设备的。

第九十九条 生产经营单位未采取措施消除事故隐患的，责令立即消除或者限期消除；生产经营单位拒不执行的，责令停产停业整顿，并处十万元以上五十万元以下的罚款，对其直接负责的主管人员和其他直接责任人员处二万元以上五万元以下的罚款。

第一百零二条（部分） 生产经营单位有下列行为之一的，责令限期改正，可以处五万元以下的罚款，对其直接负责的主管人员和其他直接责任人员可以处一万元以下的罚款；逾期未改正的，责令停产停业整顿；构成犯罪的，依照刑法有关规定追究刑事责任：

（二）生产经营场所和员工宿舍未设有符合紧急疏散需要、标志明显、保持畅通的出口，或者锁闭、封堵生产经营场所或者员工宿舍出口的。

第一百一十一条 生产经营单位发生生产安全事故造成人员伤亡、他人财产损失的，应当依法承担赔偿责任；拒不承担或者其负责人逃匿的，由人民法院依法强制执行。

生产安全事故的责任人未依法承担赔偿责任，经人民法院依法采取执行措施后，仍不能对受害人给予足额赔偿的，应当继续履行赔偿义务；受害人发现责任人有其他财产的，可以随时请求人民法院执行。

五、分包相关

第一百条 生产经营单位将生产经营项目、场所、设备发包或者出租给不具备安全生产条件或者相应资质的单位或者个人的，责令限期改正，没收违法所得；违法所得十万元以上的，并处违法所得二倍以上五倍以下的罚款；没有违法所得或者违法所得不足十万元的，单处或者并处十万元以上二十万元以下的罚款；对其直接负责的主管人员和其他直接责任人员处一万元以上二万元以下的罚款；导致发生生产安全事故给他人造成损害的，与承包方、承租方承担连带赔偿责任。

生产经营单位未与承包单位、承租单位签订专门的安全生产管理协议或者未在承包合同、租赁合同中明确各自的安全生产管理职责，或者未对承包单位、承租单位的安全生产统一协调、管理的，责令限期改正，可以处五万元以下的罚款，对其直接负责的主管人员和其他直接责任人员可以处一万元以下的罚款；逾期未改正的，责令停产停业整顿。

六、同一作业区域相关

第一百零一条 两个以上生产经营单位在同一作业区域内进行可能危及对方安全生产的生产经营活动，未签订安全生产管理协议或者未指定专职安全生产管理人员进行安全检查与协调的，责令限期改正，可以处五万元以下的罚款，对其直接负责的主管人员和其他直接责任人员可以处一万元以下的罚款；逾期未改正的，责令停产停业。

七、从业人员相关

第一百零三条 生产经营单位与从业人员订立协议，免除或者减轻其对从业人员因生产安全事故伤亡依法应承担的责任的，该协议无效；对生产经营单位的主要负责人、个人经营的投资人处二万元以上十万元以下的罚款。

第一百零四条 生产经营单位的从业人员不服从管理，违反安全生产规章制度或者操作规程的，由生产经营单位给予批评教育，依照有关规章制度给予处分；构成犯罪的，依照刑法有关规定追究刑事责任。

八、配合监督检查相关

第一百零五条 违反本法规定，生产经营单位拒绝、阻碍负有安全生产监督管理职责的部门依法实施监督检查的，责令改正；拒不改正的，处二万元以上二十万元以下的罚款；对其直接负责的主管人员和其他直接责任人员处一万元以上二万元以下的罚款；构成犯罪的，依照刑法有关规定追究刑事责任。

第三节 《中华人民共和国职业病防治法》相关条款

用人单位的违法行为应承担的法律责任

第七十一条（部分） 违反本法规定，有下列行为之一的，由安全生产监督管理部门给予警告，责令限期改正；逾期不改正的，处十万元以下的罚款：

（四）未按照规定组织劳动者进行职业卫生培训，或者未对劳动者个人职业病防护采取指导、督促措施的。

第七十二条（部分） 用人单位违反本法规定，有下列行为之一的，由安全生产监督管理部门给予警告，责令限期改正，逾期不改正的，处五万元以上二十万元以下的罚款；情节严重的，责令停止产生职业病危害的作业，或者提请有关人民政府按照国务院规定的权限责令关闭：

（二）未提供职业病防护设施和个人使用的职业病防护用品，或者提供的职业病防护设施和个人使用的职业病防护用品不符合国家职业卫生标准和卫生要求的；

（三）对职业病防护设备、应急救援设施和个人使用的职业病防护用品未按照规定进行维护、检修、检测，或者不能保持正常运行、使用状态的；

（八）未按照规定在产生严重职业病危害的作业岗位醒目位置设置警示标识和中文警示说明的。

第七十四条 用人单位和医疗卫生机构未按照规定报告职业病、疑似职业病的，由有关主管部门依据职责分工责令限期改正，给予警告，可以并处一万元以下的罚款；弄虚作假的，并处二万元以上五万元以下的罚款；对直接负责的主管人员和其他直接责任人员，可以依法给予降级或者撤职的处分。

第七十七条 用人单位违反本法规定，已经对劳动者生命健康造成严重损害的，由安全生产监督管理部门责令停止产生职业病危害的作业，或者提请有关人民政府按照国务院规定的权限责令关闭，并处十万元以上五十万元以下的罚款。

第四节 《中华人民共和国环境保护法》及环境相关的法律法规条款

第五十九条 企事业单位和其他生产经营者违法排放污染物，受到罚款处罚，被责令改正，拒不改正的，依法作出处罚决定的行政机关可以自责令改正之日的次日起，按照原处罚数额按日连续处罚。

前款规定的罚款处罚，依照有关法律法规按照防治污染设施的运行成本、违法行为造成的直接损失或者违法所得等因素确定的规定执行。

地方性法规可以根据环境保护的实际需要，增加第一款规定的按日连续处罚的违法行为的种类。

第六十三条 企事业单位和其他生产经营者有下列行为之一，尚不构成犯罪的，除依照有关法律法规规定予以处罚外，由县级以上人民政府环境保护主管部门或者其他有关部门将案件移送公安机关，对其直接负责的主管人员和其他直接责任人员，处十日以上十五日以下拘留；情节较轻的，处五日以上十日以下拘留：

建设项目未依法进行环境影响评价，被责令停止建设，拒不执行的。

第六十四条 因污染环境和破坏生态造成损害的，应当依照《中华人民共和国侵权责任法》的有关规定承担侵权责任。

第六十五条 环境影响评价机构、环境监测机构以及从事环境监测设备和防治污染设施维护、运营的机构，在有关环境服务活动中弄虚作假，对造成的环境污染和生态破坏负有责任的，除依照有关法律法规规定予以处罚外，还应当与造成环境污染和生态破坏的其他责任者承担连带责任。

第六十九条 违反本法规定，构成犯罪的，依法追究刑事责任。

第五节 《中华人民共和国消防法》相关条款

第五十八条 违反本法规定，有下列行为之一的，责令停止施工、停止使用或者停产停业，并处三万元以上三十万元以下罚款：

（一）依法应当经公安机关消防机构进行消防设计审核的建设工程，未经依法审核或者审核不合格，擅自施工的；

（二）消防设计经公安机关消防机构依法抽查不合格，不停止施工的；

（三）依法应当进行消防验收的建设工程，未经消防验收或者消防验收不合格，擅自投入使用的；

（四）建设工程投入使用后经公安机关消防机构依法抽查不合格，不停止使用的；

（五）公众聚集场所未经消防安全检查或者经检查不符合消防安全要求，擅自投入使用、营业的。

建设单位未依照本法规定将消防设计文件报公安机关消防机构备案，或者在竣工后未依照本法规定报公安机关消防机构备案的，责令限期改正，处五千元以下罚款。

第五十九条 违反本法规定，有下列行为之一的，责令改正或者停止施工，并处一万元以上十万元以下罚款：

（一）建设单位要求建筑设计单位或者建筑施工勘测设计单位降低消防技术标准设计、施工的；

（二）建筑设计单位不按照消防技术标准强制性要求进行消防设计的；

（三）建筑施工勘测设计单位不按照消防设计文件和消防技术标准施工，降低消防施工质量的；

（四）工程监理单位与建设单位或者建筑施工勘测设计单位串通，弄虚作假，降低消防施工质量的。

第六十条 单位违反本法规定，有下列行为之一的，责令改正，处五千元以上五万元以下罚款：

（一）消防设施、器材或者消防安全标志的配置、设置不符合国家标准、行业标准，或者未保持完好有效的；

（二）损坏、挪用或者擅自拆除、停用消防设施、器材的；

（三）占用、堵塞、封闭疏散通道、安全出口或者有其他妨碍安全疏散行为的；

（四）埋压、圈占、遮挡消火栓或者占用防火间距的；

（五）占用、堵塞、封闭消防车通道，妨碍消防车通行的；

（六）人员密集场所在门窗上设置影响逃生和灭火救援的障碍物的；

（七）对火灾隐患经公安机关消防机构通知后不及时采取措施消除的。

个人有前款第二项、第三项、第四项、第五项行为之一的，处警告或者五百元以下罚款。

有本条第一款第三项、第四项、第五项、第六项行为，经责令改正拒不改正的，强制执行，所需费用由违法行为人承担。

第六十一条 生产、储存、经营易燃易爆危险品的场所与居住场所设置在同一建筑物内，或者未与居住场所保持安全距离的，责令停产停业，并处五千元以上五万元以下罚款。生产、储存、经营其他物品的场所与居住场所设置在同一建筑物内，不符合消防技术标准的，依照前款规定处罚。

第六十二条 有下列行为之一的，依照《中华人民共和国治安管理处罚法》的规定处罚：

（一）违反有关消防技术标准和管理规定生产、储存、运输、销售、使用、销毁易燃易爆危险品的；

（二）非法携带易燃易爆危险品进入公共场所或者乘坐公共交通工具的；

（三）谎报火警的；

（四）阻碍消防车、消防艇执行任务的；

（五）阻碍公安机关消防机构的工作人员依法执行职务的。

第六十三条 违反本法规定，有下列行为之一的，处警告或者五百元以下罚款；情节严重的，处五日以下拘留：

（一）违反消防安全规定进入生产、储存易燃易爆危险品场所的；

（二）违反规定使用明火作业或者在具有火灾、爆炸危险的场所吸烟、使用明火的。

第六十四条 违反本法规定，有下列行为之一，尚不构成犯罪的，处十日以上十五日以下拘留，可以并处五百元以下罚款；情节较轻的，处警告或者五百元以下罚款：

（一）指使或者强令他人违反消防安全规定，冒险作业的；

（二）过失引起火灾的；

（三）在火灾发生后阻拦报警，或者负有报告职责的人员不及时报警的；

（四）扰乱火灾现场秩序，或者拒不执行火灾现场指挥员指挥，影响灭火救援的；

（五）故意破坏或者伪造火灾现场的；

（六）擅自拆封或者使用被公安机关消防机构查封的场所、部位的。

第六十五条 违反本法规定，生产、销售不合格的消防产品或者国家明令淘汰的消防产品的，由产品质量监督部门或者工商行政管理部门依照《中华人民共和国产品质量法》的规定从重处罚。

人员密集场所使用不合格的消防产品或者国家明令淘汰的消防产品的，责令限期改正；逾期不改正的，处五千元以上五万元以下罚款，并对其直接负责的主管人员和其他直接责任人员处五百元以上二千元以下罚款；情节严重的，责令停产停业。

公安机关消防机构对于本条第二款规定的情形，除依法对使用者予以处罚外，应当将发现不合格的消防产品和国家明令淘汰的消防产品的情况通报产品质量监督部门、工商行政管理部门。产品质量监督部门、工商行政管理部门应当对生产者、销售者依法及时查处。

第六十六条 电器产品、燃气用具的安装、使用及其线路、管路的设计、敷设、维护保养、检测不符合消防技术标准和管理规定的，责令限期改正；逾期不改正的，责令停止使用，可以并处一千元以上五千元以下罚款。

第六十七条 机关、团体、勘测设计单位、事业等单位违反本法第十六条、第十七条、第十八条、第二十一条第二款规定的，责令限期改正；逾期不改正的，对其直接负责的主管人员和其他直接责任人员依法给予处分或者给予警告处罚。

第六十八条 人员密集场所发生火灾，该场所的现场工作人员不履行组织、引导在场人员疏散的义务，情节严重，尚不构成犯罪的，处五日以上十日以下拘留。

第七十条 本法规定的行政处罚，除本法另有规定的外，由公安机关消防机构决定；其中拘留处罚由县级以上公安机关依照《中华人民共和国治安管理处罚法》的有关规定决定。

公安机关消防机构需要传唤消防安全违法行为人的，依照《中华人民共和国治安管理处罚法》的有关规定执行。

被责令停止施工、停止使用、停产停业的，应当在整改后向公安机关消防机构报告，经公安机关消防机构检查合格，方可恢复施工、使用、生产、经营。

当事人逾期不执行停产停业、停止使用、停止施工决定的，由作出决定的公安机关消防机构强制执行。

责令停产停业，对经济和社会生活影响较大的，由公安机关消防机构提出意见，并由公安机关报请本级人民政府依法决定。本级人民政府组织公安机关等部门实施。

第六节 《中华人民共和国道路交通安全法》相关条款

一、违反道路通行规定的人员应承担的法律责任

第八十九条 行人、乘车人、非机动车驾驶人违反道路交通安全法律、法规关于道路通行规定的，处警告或者五元以上五十元以下罚款；非机动车驾驶人拒绝接受罚款处罚的，可以扣留其非机动车。

第九十条 机动车驾驶人违反道路交通安全法律、法规关于道路通行规定的，处警告或者二十元以上二百元以下罚款。本法另有规定的，依照规定处罚。

二、饮酒、醉酒驾车的人员应承担的法律责任

第九十一条 饮酒后驾驶机动车的，处暂扣六个月机动车驾驶证，并处一千元以上二千元以下罚款。因饮酒后驾驶机动车被处罚，再次饮酒后驾驶机动车的，处十日以下拘留，并处一千元以上二千元以下罚款，吊销机动车驾驶证。

醉酒驾驶机动车的，由公安机关交通管理部门约束至酒醒，吊销机动车驾驶证，依法追究刑事责任；五年内不得重新取得机动车驾驶证。

饮酒后驾驶营运机动车的，处十五日拘留，并处五千元罚款，吊销机动车驾驶证，五年内不得重新取得机动车驾驶证。

醉酒驾驶营运机动车的，由公安机关交通管理部门约束至酒醒，吊销机动车驾驶证，依法追究刑事责任；十年内不得重新取得机动车驾驶证，重新取得机动车驾驶证后，不得驾驶营运机动车。

饮酒后或者醉酒驾驶机动车发生重大交通事故，构成犯罪的，依法追究刑事责任，并由公安机关交通管理部门吊销机动车驾驶证，终生不得重新取得机动车驾驶证。

三、违反道路交通安全停放车辆的人员应承担的法律责任

第九十三条 对违反道路交通安全法律、法规关于机动车停放、临时停车规定的，可以指出违法行为，并予以口头警告，令其立即驶离。

机动车驾驶人不在现场或者虽在现场但拒绝立即驶离，妨碍其他车辆、行人通行的，处二十元以上二百元以下罚款，并可以将该机动车拖移至不妨碍交通的地点或者公安机关交通管理部门指定的地点停放。公安机关交通管理部门拖车不得向当事人收取费用，并应当及时告知当事人停放地点。

因采取不正确的方法拖车造成机动车损坏的，应当依法承担补偿责任。

四、未按规定投保责任强制保险的罚责

第九十八条 机动车所有人、管理人未按照国家规定投保机动车第三者责任强制保险的，由公安机关交通管理部门扣留车辆至依照规定投保后，并处依照规定投保最低责任限额应缴纳的保险费的二倍罚款。

依照前款缴纳的罚款全部纳入道路交通事故社会救助基金。具体办法由国务院规定。

五、违反交通管制规定的人员应承担的法律责任

第九十九条 有下列行为之一的，由公安机关交通管理部门处200元以上2000元以下罚款：

（一）未取得机动车驾驶证、机动车驾驶证被吊销或者机动车驾驶证被暂扣期间驾驶机动车的；

（二）将机动车交由未取得机动车驾驶证或者机动车驾驶证被吊销、暂扣的人驾驶的；

（三）造成交通事故后逃逸，尚不构成犯罪的；

（四）机动车行驶超过规定时速50%的；

（五）强迫机动车驾驶人违反道路交通安全法律、法规和机动车安全驾驶要求驾驶机动车，造成交通事故，尚不构成犯罪的；

（六）违反交通管制的规定强行通行，不听劝阻的；

（七）故意损毁、移动、涂改交通设施，造成危害后果，尚不构成犯罪的；

（八）非法拦截、扣留机动车辆，不听劝阻，造成交通严重阻塞或者较大财产损失的。

行为人有前款第二项、第四项情形之一的，可以并处吊销机动车驾驶证；有第一项、第三项、第五项至第八项情形之一的，可以并处15日以下拘留。

六、影响道路交通安全应承担的法律责任

第一百零四条 未经批准，擅自挖掘道路、占用道路施工或者从事其他影响道路交通安全活动的，由道路主管部门责令停止违法行为，并恢复原状，可以依法给予罚款；致使通行的人员、车辆及其他财产遭受损失的，依法承担赔偿责任。

有前款行为，影响道路交通安全活动的，公安机关交通管理部门可以责令停止违法行为，迅速恢复交通。

第七节 《中华人民共和国建筑法》相关条款

第六十四条 违反本法规定，未取得施工许可证或者开工报告未经批准擅自施工的，责令改正，对不符合开工条件的责令停止施工，可以处以罚款。

第六十五条 发包单位将工程发包给不具有相应资质条件的承包单位的，或者违反本法规定将建筑工程肢解发包的，责令改正，处以罚款。

超越本单位资质等级承揽工程的，责令停止违法行为，处以罚款，可以责令停业整顿，降低资质等级；情节严重的，吊销资质证书；有违法所得的，予以没收。

未取得资质证书承揽工程的，予以取缔，并处罚款；有违法所得的，予以没收。

以欺骗手段取得资质证书的，吊销资质证书，处以罚款；构成犯罪的，依法追究刑事责任。

第六十六条 建筑施工勘测设计单位转让、出借资质证书或者以其他方式允许他人以本勘测设计单位的名义承揽工程的，责令改正，没收违法所得，并处罚款，可以责令停业整顿，降低资质等级；情节严重的，吊销资质证书。对因该项承揽工程不符合规定的质量标准造成的损失，建筑施工勘测设计单位与使用本勘测设计单位名义的单位或者个人承担连带赔偿责任。

第六十七条 承包单位将承包的工程转包的，或者违反本法规定进行分包的，责令改正，没收违法所得，并处罚款，可以责令停业整顿，降低资质等级；情节严重的，吊销资质证书。

承包单位有前款规定的违法行为的，对因转包工程或者违法分包的工程不符合规定的质量标准造成的损失，与接受转包或者分包的单位承担连带赔偿责任。

第六十八条 在工程发包与承包中索贿、受贿、行贿，构成犯罪的，依法追究刑事责任；不构成犯罪的，分别处以罚款。没收贿赂的财物，对直接负责的主管人员和其他直接责任人员给予处分。

对在工程承包中行贿的承包单位，除依照前款规定处罚外，可以责令停业整顿，降低资质等级或者吊销资质证书。

第七十条 违反本法规定，涉及建筑主体或者承重结构变动的装修工程擅自施工的，责令改正，处以罚款；造成损失的，承担赔偿责任；构成犯罪的，依法追究刑事责任。

第七十三条 建筑设计单位不按照建筑工程质量、安全标准进行设计的，责令改正，处以罚款；造成工程质量事故的，责令停业整顿，降低资质等级或者吊销资质证书，没收违法所得，并处罚款；造成损失的，承担赔偿责任；构成犯罪的，依法追究刑事责任。

第七十六条 本法规定的责令停业整顿、降低资质等级和吊销资质证书的行政处罚，由颁发资质证书的机关决定；其他行政处罚，由建设行政主管部门或者有关部门依照法律和国务院规定的职权范围决定。

依照本法规定被吊销资质证书的，由工商行政管理部门吊销其营业执照。

第七十七条 违反本法规定，对不具备相应资质等级条件的单位颁发该等级资质证书的，由其上级机关责令收回所发的资质证书，对直接负责的主管人员和其他直接负责人员给予行政处分；构成犯罪的，依法追究刑事责任。

第七十八条 政府及其所属部门的工作人员违反本法规定，限定发包单位将招标发包给指定的承包单位的，由上级机关责令改正；构成犯罪的，依法追究刑事责任。

第八节 《安全生产违法行为行政处罚办法》相关条款

第四十三条 生产经营单位的决策机构、主要负责人、个人经营的投资人（包括实际控制人，下同）未依法保证下列安全生产所必需的资金投入之一，致使生产经营单位不具备安全生产条件的，责令限期改正，提供必需的资金，可以对生产经营单位处 1 万元以上 3 万元以下罚款，对生产经营单位的主要负责人、个人经营的投资人处 5000 元以上 1 万元以下罚款；逾期未改正的，责令生产经营单位停产停业整顿：

（一）提取或者使用安全生产费用；

（二）用于配备劳动防护用品的经费；

（三）用于安全生产教育和培训的经费；

（四）国家规定的其他安全生产所必需的资金投入。

生产经营单位主要负责人、个人经营的投资人有前款违法行为，导致发生生产安全事故的，依照《生产安全事故罚款处罚规定（试行）》的规定给予处罚。

第四十四条 生产经营单位的主要负责人未依法履行安全生产管理职责，导致生产安全事故发生的，依照《生产安全事故报告和调查处理条例》的规定给予处罚。

第四十五条 生产经营单位及其主要负责人或者其他人员有下列行为之一的，给予警告，并可以对生产经营单位处 1 万元以上 3 万元以下罚款，对其主要负责人、其他有关人员处 1 千元以上 1 万元以下的罚款：

（一）违反操作规程或者安全管理规定作业的；

（二）违章指挥从业人员或者强令从业人员违章、冒险作业的；

（三）发现从业人员违章作业不加制止的；

（四）超过核定的生产能力、强度或者定员进行生产的；

（五）对被查封或者扣押的设施、设备、器材，擅自启封或者使用的；

（六）故意提供虚假情况或者隐瞒存在的事故隐患以及其他安全问题的；

（七）对事故预兆或者已发现的事故隐患不及时采取措施的；

（八）拒绝、阻碍安全生产行政执法人员监督检查的；

（九）拒绝、阻碍安全监管监察部门聘请的专家进行现场检查的；

（十）拒不执行安全监管监察部门及其行政执法人员的安全监管监察指令的。

第四十七条 生产经营单位与从业人员订立协议，免除或者减轻其对从业人员因生产安全事故伤亡依法应承担的责任的，该协议无效；对生产经营单位的主要负责人、个人经营的投资人按照下列规定处以罚款：

（一）在协议中减轻因生产安全事故伤亡对从业人员依法应承担的责任的，处 2 万元以上 5 万元以下的罚款；

（二）在协议中免除因生产安全事故伤亡对从业人员依法应承担的责任的，处 5 万元以上 10 万元以下的罚款。

第四十八条 生产经营单位不具备法律、行政法规和国家标准、行业标准规定的安全生产条件，经责令停产停业整顿仍不具备安全生产条件的，安全监管监察部门应当提请有管辖权的人民政府予以关闭；人民政府决定关闭的，安全监管监察部门应当依法吊销其有关许可证。

第九节 《安全生产领域违法违纪行为政纪处分暂行规定》相关条款

第十一条 国有勘测设计单位及其工作人员有下列行为之一的，对有关责任人员，给予警告、记过或者记大过处分；情节较重的，给予降级、撤职或者留用察看处分；情节严重的，给予开除处分：

（一）未取得安全生产行政许可及相关证照或者不具备安全生产条件从事生产经营活动的；

（二）弄虚作假，骗取安全生产相关证照的；

（三）出借、出租、转让或者冒用安全生产相关证照的；

（四）未按照有关规定保证安全生产所必需的资金投入，导致产生重大安全隐患的；

（五）新建、改建、扩建工程项目的安全设施，不与主体工程同时设计、同时施工、同时投入生产和使用，或者未按规定审批、验收，擅自组织施工和生产的；

（六）被依法责令停产停业整顿、吊销证照、关闭的生产经营单位，继续从事生产经营活动的。

第十二条 国有勘测设计单位及其工作人员有下列行为之一，导致生产安全事故发生的，对有关责任人员，给予警告、记过或者记大过处分；情节较重的，给予降级、撤职或者留用察看处分；情节严重的，给予开除处分：

（一）对存在的重大安全隐患，未采取有效措施的；

（二）违章指挥，强令工人违章冒险作业的；

（三）未按规定进行安全生产教育和培训并经考核合格，允许从业人员上岗，致使违章作业的；

（四）制造、销售、使用国家明令淘汰或者不符合国家标准的设施、设备、器材或者产品的；

（五）超能力、超强度、超定员组织生产经营，拒不执行有关部门整改指令的；

（六）拒绝执法人员进行现场检查或者在被检查时隐瞒事故隐患，不如实反映情况的；

（七）有其他不履行或者不正确履行安全生产管理职责的。

第十三条 国有勘测设计单位及其工作人员有下列行为之一的，对有关责任人员，给予记过或者记大过处分；情节较重的，给予降级、撤职或者留用察看处分；情节严重的，给予开除处分：

（一）对发生的生产安全事故瞒报、谎报或者拖延不报的；

（二）组织或者参与破坏事故现场、出具伪证或者隐匿、转移、篡改、毁灭有关证据，阻挠事故调查处理的；

（三）生产安全事故发生后，不及时组织抢救或者擅离职守的。

生产安全事故发生后逃匿的，给予开除处分。

第十四条 国有勘测设计单位及其工作人员不执行或者不正确执行对事故责任人员做

出的处理决定，或者擅自改变上级机关批复的对事故责任人员的处理意见的，对有关责任人员，给予警告、记过或者记大过处分；情节较重的，给予降级、撤职或者留用察看处分；情节严重的，给予开除处分。

第十五条 国有勘测设计单位负责人及其配偶、子女及其配偶违反规定在煤矿等勘测设计单位投资入股或者在安全生产领域经商办勘测设计单位的，对由国家行政机关任命的人员，给予警告、记过或者记大过处分；情节较重的，给予降级、撤职或者留用察看处分；情节严重的，给予开除处分。

第十六条 承担安全评价、培训、认证、资质验证、设计、检测、检验等工作的机构及其工作人员，出具虚假报告等与事实不符的文件、材料，造成安全生产隐患的，对有关责任人员，给予警告、记过或者记大过处分；情节较重的，给予降级、降职或者撤职处分；情节严重的，给予留用察看或者开除处分。

第十节 《环境保护违法违纪行为处分暂行规定》相关条款

第三条 有环境保护违法违纪行为的国家行政机关，对其直接负责的主管人员和其他直接责任人员，以及对有环境保护违法违纪行为的国家行政机关工作人员（以下统称直接责任人员），由任免机关或者监察机关按照管理权限，依法给予行政处分。

勘测设计单位有环境保护违法违纪行为的，对其直接负责的主管人员和其他直接责任人员中由国家行政机关任命的人员，由任免机关或者监察机关按照管理权限，依法给予纪律处分。

第十一条 勘测设计单位有下列行为之一的，对其直接负责的主管人员和其他直接责任人员中由国家行政机关任命的人员给予降级处分；情节较重的，给予撤职或者留用察看处分；情节严重的，给予开除处分：

（一）未依法履行环境影响评价文件审批程序，擅自开工建设，或者经责令停止建设、限期补办环境影响评价审批手续而逾期不办的；

（二）与建设项目配套建设的环境保护设施未与主体工程同时设计、同时施工、同时投产使用的；

（三）擅自拆除、闲置或者不正常使用环境污染治理设施，或者不正常排污的；

（四）违反环境保护法律、法规，造成环境污染事故，情节较重的；

（五）不按照国家有关规定制定突发事件应急预案，或者在突发事件发生时，不及时采取有效控制措施导致严重后果的；

（六）被依法责令停业、关闭后仍继续生产的；

（七）阻止、妨碍环境执法人员依法执行公务的；

（八）有其他违反环境保护法律、法规进行建设、生产或者经营行为的。

第十一节 《生产安全事故报告和调查处理条例》相关条款

一、对单位主要负责人事故责任的追究

第三十五条 事故发生单位主要负责人有下列行为之一的，处上一年年收入40%至

80%的罚款；属于国家工作人员的，并依法给予处分；构成犯罪的，依法追究刑事责任：

（一）不立即组织事故抢救的；

（二）迟报或者漏报事故的；

（三）在事故调查处理期间擅离职守的。

二、对相关事故责任人员的追究

第三十六条 事故发生单位及其有关人员有下列行为之一的，对事故发生单位处100万元以上500万元以下的罚款；对主要负责人、直接负责的主管人员和其他直接责任人员处上一年年收入60%至100%的罚款；属于国家工作人员的，并依法给予处分；构成违反治安管理行为的，由公安机关依法给予治安管理处罚；构成犯罪的，依法追究刑事责任：

（一）谎报或者瞒报事故的；

（二）伪造或者故意破坏事故现场的；

（三）转移、隐匿资金、财产，或者销毁有关证据、资料的；

（四）拒绝接受调查或者拒绝提供有关情况和资料的；

（五）在事故调查中作伪证或者指使他人作伪证的；

（六）事故发生后逃匿的。

三、对事故发生负有责任的单位的处罚规定

第三十七条 事故发生单位对事故发生负有责任的，依照下列规定处以罚款：

（一）发生一般事故的，处10万元以上20万元以下的罚款；

（二）发生较大事故的，处20万元以上50万元以下的罚款；

（三）发生重大事故的，处50万元以上200万元以下的罚款；

（四）发生特别重大事故的，处200万元以上500万元以下的罚款。

四、对单位主要负责人未履行安全生产管理职责的处罚规定

第三十八条 事故发生单位主要负责人未依法履行安全生产管理职责，导致事故发生的，依照下列规定处以罚款；属于国家工作人员的，并依法给予处分；构成犯罪的，依法追究刑事责任：

（一）发生一般事故的，处上一年年收入30%的罚款；

（二）发生较大事故的，处上一年年收入40%的罚款；

（三）发生重大事故的，处上一年年收入60%的罚款；

（四）发生特别重大事故的，处上一年年收入80%的罚款。

第四十条 事故发生单位对事故发生负有责任的，由有关部门依法暂扣或者吊销其有关证照；对事故发生单位负有事故责任的有关人员，依法暂停或者撤销其与安全生产有关的执业资格、岗位证书；事故发生单位主要负责人受到刑事处罚或者撤职处分的，自刑罚执行完毕或者受处分之日起，5年内不得担任任何生产经营单位的主要负责人。

为发生事故的单位提供虚假证明的中介机构，由有关部门依法暂扣或者吊销其有关证照及其相关人员的执业资格；构成犯罪的，依法追究刑事责任。

五、对相关事故责任人员的事故责任追究

第三十九条 有关地方人民政府、安全生产监督管理部门和负有安全生产监督管理职责的有关部门有下列行为之一的，对直接负责的主管人员和其他直接责任人员依法给予处分；构成犯罪的，依法追究刑事责任：

（一）不立即组织事故抢救的；

（二）迟报、漏报、谎报或者瞒报事故的；

（三）阻碍、干涉事故调查工作的；

（四）在事故调查中作伪证或者指使他人作伪证的。

第十二节 《中国共产党纪律处分条例》相关条款

《安全生产领域违纪行为适用〈中国共产党纪律处分条例〉若干问题的解释》

为加强安全生产工作，惩处安全生产领域违纪行为，促进安全生产法律法规的贯彻实施，保障人民群众生命财产和公共财产安全，现对安全生产领域违纪行为适用《中国共产党纪律处分条例》若干问题解释如下：

一、党和国家工作人员或者其他从事公务的人员在安全生产领域，有下列情形之一的，依照《中国共产党纪律处分条例》第一百二十七条规定处理：

（一）利用职权干预生产安全事故调查工作或者阻挠、干涉对事故责任人员进行责任追究的；

（二）不执行对事故责任人员的处理决定，或者擅自改变上级机关对事故责任人员的处理意见的；

（三）利用职权干预安全生产行政许可、审批或者安全生产监督执法的；

（四）利用职权干预安全生产中介活动的；

（五）利用职权干预安全生产装备、设备、设施采购或者招标投标等活动的；

（六）有其他利用职权干预生产经营活动危及安全生产行为的。

二、党组织负责人在安全生产领域有下列情形之一的，依照《中国共产党纪律处分条例》第一百二十八条规定处理：

（一）不执行党和国家安全生产方针政策和安全生产法律、法规、规章以及上级机关、主管部门有关安全生产的决定、命令、指示的；

（二）制定或者采取与党和国家安全生产方针政策以及安全生产法律、法规、规章相抵触的规定或措施，造成不良后果或者经上级机关、有关部门指出仍不改正的。

三、国家行政机关或者法律、法规授权的部门、单位的工作人员在安全生产领域，违反规定实施行政许可或者审批，有下列情形之一的，依照《中国共产党纪律处分条例》第一百二十九条规定处理：

（一）向不符合法定安全生产条件的生产经营单位或者经营者颁发有关证照的；

（二）对不具备法定条件机构、人员的安全生产资质、资格予以批准认定的；

（三）对经责令整改仍不具备安全生产条件的生产经营单位，不撤销原行政许可、审批或者不依法查处的；

（四）违法委托单位或者个人行使有关安全生产的行政许可权或者审批权的；

（五）有其他违反规定实施安全生产行政许可或者审批行为的。

四、国家行政机关或者法律、法规授权的部门、单位的工作人员在安全生产领域，有下列情形之一的，依照《中国共产党纪律处分条例》第一百二十九条规定处理：

（一）批准向合法的生产经营单位或者经营者超量提供剧毒品、火工品等危险物资，造成危害后果的；

（二）批准向非法的或者不具备安全生产条件的生产经营单位或者经营者，提供剧毒品、火工品等危险物资或者其他生产经营条件的。

五、国家行政机关或者法律、法规授权的部门、单位的工作人员，未按照有关规定对有关单位新建、改建、扩建工程项目的安全设施组织审查验收的，依照《中国共产党纪律处分条例》第一百三十一条规定处理。

六、国有勘测设计单位（公司）和集体所有制勘测设计单位（公司）的工作人员，违反安全生产作业方面的规定，有下列情形之一的，依照《中国共产党纪律处分条例》第一百三十三条规定处理：

（一）对存在的重大安全隐患，未采取有效措施的；

（二）违章指挥，强令工人冒险作业的；

（三）未按规定进行安全生产教育和培训并经考核合格，允许从业人员上岗，致使违章作业的；

（四）超能力、超强度、超定员组织生产经营，拒不执行有关部门整改指令的。

其他勘测设计单位（公司）的工作人员有前款规定情形的，依照前款的规定酌情处理。

七、国有勘测设计单位（公司）和集体所有制勘测设计单位（公司）的工作人员，违反有关安全生产行政许可的规定，有下列情形之一的，依照《中国共产党纪律处分条例》第一百三十三条规定处理：

（一）未取得安全生产行政许可及相关证照或者不具备安全生产条件从事生产经营活动的；

（二）弄虚作假，骗取安全生产相关证照的；

（三）出借、出租、转让或者冒用安全生产相关证照的；

（四）被依法责令停产停业整顿、吊销证照、关闭的生产经营单位，继续从事生产经营活动的。

其他勘测设计单位（公司）的工作人员有前款规定情形的，依照前款的规定酌情处理。

八、国有勘测设计单位（公司）和集体所有制勘测设计单位（公司）的工作人员，在安全生产、经营、管理等活动中有下列情形之一的，依照《中国共产党纪律处分条例》第一百三十三条规定处理：

（一）未按照有关规定保证安全生产所必需的资金投入，导致产生重大安全隐患的；

（二）制造、销售、使用国家明令淘汰或者不符合国家标准的设施、设备、器材或者产品的；

（三）拒绝执法人员进行现场检查或者在被检查时隐瞒事故隐患，不如实反映情况的。

其他勘测设计单位（公司）的工作人员有前款规定情形的，依照前款的规定酌情处理。

九、国家机关工作人员的配偶、子女及其配偶违反规定在煤矿等勘测设计单位投资入股或者在安全生产领域经商办勘测设计单位的，对该国家机关工作人员依照《中国共产党纪律处分条例》第七十七条规定处理。

国有勘测设计单位领导人员的配偶、子女及其配偶违反规定在煤矿等勘测设计单位投资入股或者在安全生产领域经商办勘测设计单位的，依照前款规定处理。

十、承担安全评价、培训、认证、资质验证、设计、检测、检验等工作的机构，出具虚假报告等与事实不符的文件材料的，依照《中国共产党纪律处分条例》第一百一条规定处理。

第十三节 《建设工程安全生产管理条例》相关条款

第五十六条 违反本条例的规定，勘测单位、设计单位有下列行为之一的，责令限期改正，处10万元以上30万元以下的罚款；情节严重的，责令停业整顿，降低资质等级，直至吊销资质证书；造成重大安全事故，构成犯罪的，对直接责任人员，依照刑法有关规定追究刑事责任；造成损失的，依法承担赔偿责任：

（一）未按照法律、法规和工程建设强制性标准进行勘测、设计的；

（二）采用新结构、新材料、新工艺的建设工程和特殊结构的建设工程，设计单位未在设计中提出保障施工作业人员安全和预防生产安全事故的措施建议的。

第十四节 《建设项目环境保护管理条例》相关条款

第二十一条 建设单位有下列行为之一的，依照《中华人民共和国环境影响评价法》的规定处罚：

（一）建设项目环境影响报告书、环境影响报告表未依法报批或者报请重新审核，擅自开工建设；

（二）建设项目环境影响报告书、环境影响报告表未经批准或者重新审核同意，擅自开工建设；

（三）建设项目环境影响登记表未依法备案。

第二十二条 违反本条例规定，建设单位编制建设项目初步设计未落实防治环境污染和生态破坏的措施以及环境保护设施投资概算，未将环境保护设施建设纳入施工合同，或者未依法开展环境影响后评价的，由建设项目所在地县级以上环境保护行政主管部门责令限期改正，处5万元以上20万元以下的罚款；逾期不改正的，处20万元以上100万元以下的罚款。

违反本条例规定，建设单位在项目建设过程中未同时组织实施环境影响报告书、环境影响报告表及其审批部门审批决定中提出的环境保护对策措施的，由建设项目所在地县级以上环境保护行政主管部门责令限期改正，处20万元以上100万元以下的罚款；逾期不改正的，责令停止建设。

第二十三条 违反本条例规定，需要配套建设的环境保护设施未建成、未经验收或者验收不合格，建设项目即投入生产或者使用，或者在环境保护设施验收中弄虚作假的，由县级以上环境保护行政主管部门责令限期改正，处 20 万元以上 100 万元以下的罚款；逾期不改正的，处 100 万元以上 200 万元以下的罚款；对直接负责的主管人员和其他责任人员，处 5 万元以上 20 万元以下的罚款；造成重大环境污染或者生态破坏的，责令停止生产或者使用，或者报经有批准权的人民政府批准，责令关闭。

违反本条例规定，建设单位未依法向社会公开环境保护设施验收报告的，由县级以上环境保护行政主管部门责令公开，处 5 万元以上 20 万元以下的罚款，并予以公告。

第十五节 《建设工程勘察设计管理条例》相关条款

第三十五条 违反本条例第八条规定的，责令停止违法行为，处合同约定的勘察费、设计费 1 倍以上 2 倍以下的罚款，有违法所得的，予以没收；可以责令停业整顿，降低资质等级；情节严重的，吊销资质证书。

未取得资质证书承揽工程的，予以取缔，依照前款规定处以罚款；有违法所得的，予以没收。

以欺骗手段取得资质证书承揽工程的，吊销资质证书，依照本条第一款规定处以罚款；有违法所得的，予以没收。

第三十六条 违反本条例规定，未经注册，擅自以注册建设工程勘察、设计人员的名义从事建设工程勘察、设计活动的，责令停止违法行为，没收违法所得，处违法所得 2 倍以上 5 倍以下罚款；给他人造成损失的，依法承担赔偿责任。

第三十七条 违反本条例规定，建设工程勘察、设计注册执业人员和其他专业技术人员未受聘于一个建设工程勘察、设计单位或者同时受聘于两个以上建设工程勘察、设计单位，从事建设工程勘察、设计活动的，责令停止违法行为，没收违法所得，处违法所得 2 倍以上 5 倍以下的罚款；情节严重的，可以责令停止执行业务或者吊销资格证书；给他人造成损失的，依法承担赔偿责任。

第三十八条 违反本条例规定，发包方将建设工程勘察、设计业务发包给不具有相应资质等级的建设工程勘察、设计单位的，责令改正，处 50 万元以上 100 万元以下的罚款。

第三十九条 违反本条例规定，建设工程勘察、设计单位将所承揽的建设工程勘察、设计转包的，责令改正，没收违法所得，处合同约定的勘察费、设计费 25%以上 50%以下的罚款，可以责令停业整顿，降低资质等级；情节严重的，吊销资质证书。

第四十条 违反本条例规定，勘察、设计单位未依据项目批准文件，城乡规划及专业规划，国家规定的建设工程勘察、设计深度要求编制建设工程勘察、设计文件的，责令限期改正；逾期不改正的，处 10 万元以上 30 万元以下的罚款；造成工程质量事故或者环境污染和生态破坏的，责令停业整顿，降低资质等级；情节严重的，吊销资质证书；造成损失的，依法承担赔偿责任。

第四十一条 违反本条例规定，有下列行为之一的，依照《建设工程质量管理条例》第六十三条的规定给予处罚：

（一）勘察单位未按照工程建设强制性标准进行勘察的；

（二）设计单位未根据勘察成果文件进行工程设计的；

（三）设计单位指定建筑材料、建筑构配件的生产厂、供应商的；

（四）设计单位未按照工程建设强制性标准进行设计的。

第四十二条 本条例规定的责令停业整顿、降低资质等级和吊销资质证书、资格证书的行政处罚，由颁发资质证书、资格证书的机关决定；其他行政处罚，由建设行政主管部门或者其他有关部门依据法定职权范围决定。

依照本条例规定被吊销资质证书的，由工商行政管理部门吊销其营业执照。

第四十三条 国家机关工作人员在建设工程勘察、设计活动的监督管理工作中玩忽职守、滥用职权、徇私舞弊，构成犯罪的，依法追究刑事责任；尚不构成犯罪的，依法给予行政处分。

环境/职业健康安全管理案例警示

"前车辙、后车鉴"事故及由此产生的教训，从某种意义上讲是一种财富。汲取教训、深刻剖析事故发生的内在原因、机理，从中把握事故发生的规律，对于保障勘测设计单位生产安全有序、持续发展具有前瞻性、现实意义。

一、勘测安全生产事故

案例1：2004年8月4日上午10时55分，北京市某开发区一施工现场，4名施工人员在操作钻机打井时，钻机塔架触到高压电线，4名工人遭电击当场死亡。据了解，该工程是北京某饮料有限公司立项施工，雇用河北省廊坊市某土木工程公司进行厂房建设前期勘测。

发生事故的原因是4名操作人员违反操作规程所致，4名工作人员的死亡原因是因为钻机塔架与工地内高压电线接触后遭到电击。

案例2：2011年8月16日，河南某公司，在信阳市某水库进行勘测时，因在施工中操作失误引发触电事故，造成该公司6名工人当场死亡，1人施救时被打入水塘受伤，后经救治无效死亡。事故原因是工人在转移钻机三脚架时，违反操作规程，触高压线发生触电事故。

案例3：2014年9月1日早上7时30分，常州市某桥梁进行改造，勘探队勘探时，勘探装置触碰到上方的高压线，2名工人当场被电死。

案例4：一家有勘探资质的公司承揽工程后，发包给无资质的包工头（将打桩机出租于包工头），包工头雇用死者和伤者施工，死者升起打桩机，不料与高压电线接触（或形成电弧）造成死者死亡同时击伤一人。死者35岁，家中有64岁老娘，11岁大女儿和5个月大小女儿。

案例5：2005年10月31日3时20分，某石油管理局钻探集团钻井一公司第二分公司30646钻井队在葡220-105井执行完井甩钻具作业时，钻杆打在谷某左胸部，送医院途中死亡。

案例6：河南某勘探队于1983—1994年先后两次发生钻具脱落砸人事故，造成1人死亡，1人轻伤的严重后果。

案例7：2005年某测绘单位的测量实习学生在测量一变压器时发生触电事故造成作业人员死亡。

事故原因为事故单位安全管理网络不健全，安全责任制不明确，安全教育培训不全面。项目施工前的安全准备工作不细致，项目开工前的安全检查不彻底，项目施工过程中的安全制度与安全措施的落实不力，安全投入不到位。

二、自然灾害

案例1：2005年5月13日，中石油某物探组织了8个小组共70多名物探人员进行野外作业。下午5时左右，该地区突然遭遇沙尘暴和暴风雨雪，气温骤然下降，作业区能见度极低。在狂风暴雨肆虐过的20多千米搜救线上，车辆无法前进，搜救队员在海拔3500m、−20℃的"极地"雪域，突破生理极限，物探队立即启动应急预案，由于作业面范围较大加之道路被雨水冲毁，物探队在组织雇工撤离时，无法及时找到全部的作业人员。15名物探人员死亡，13名物探人员不同程度受伤。

案例2：2016年夏天，某设计院的测绘队，一个测绘队员在一个雷电天气中，于空旷的野外测绘时，被雷电击中，当场死亡。

案例3：1960年5月4日，黑龙江某航测队在海南岛测绘时，3名测绘员被雷电击中死亡。

案例4：2012年6月14日、22日和28日，金沙江中游水电站及下游水电站施工区连发三起泥石流地质灾害，伤亡惨重。其中四川6月28日特大山洪泥石流致14人死亡，26人失踪。灾害背后有人为的疏忽：这是一场两条渠道的预警都未能挽救的悲剧——分别从当地县官方渠道、电站业主单位工程公司发出的预警信息，都没有传达给一线工人。

三、野外现场工作淹溺事故

案例1：1987年8月1日，某测绘队在桩西1461测线施工时，辅助工人朱某某独自涉水去检查排列，不慎滑入水下一深坑内淹溺死亡。

案例2：1998年2月4日晚上20时30分，某测绘队在滨州地区施工，大线穿越黄河，队上放线工陈某踏冰放线过河，不慎落入冰下，溺水死亡。

四、野外工作迷失

案例：2010年8月，江西省某设计院勘测员在抚州市某山头野外作业时突然失踪。事发后，尽管相关部门投入了大量人力物力，全力以赴开展搜救工作，但一直都没有发现失踪者的任何踪迹。11月25日一名挖掘机驾驶员在作业时发现了勘测员的工具包，在工具包附近还发现了一具骸骨、对讲机、手机等物，以及署名为失踪勘测员名字的工资条和工作证以及2000多元现金。其中，骸骨全部白骨化，部分骨头缺失（不排除为野兽所致）。在进行了DNA检验后，最终确证骸骨是勘测员的遗骸。

五、施工挖断军用电缆——过失损坏军事通信罪

案例：2015年，漳州市安然燃气管道的施工承包商相关负责人吴某在漳州市内路段进行现场勘查后，发现光缆标志却未修改图纸避开标志路段，也没有在现场监督施工人员作业，之后便安排郭某、刘某进行管道挖掘。郭某、刘某在该路段使用挖掘机进行燃气管道施工作业时，没有认真注意光缆警示标志，将地下的国防通信光缆线挖断，造成通信中断。

事故处理：三名施工人员未看标志挖断军用光缆，经当地人民检察院提起公诉，被告人郭某、刘某、吴某三人构成过失损坏军事通信罪，分别被判处10个月至1年不等的有期徒刑，并处缓刑。

六、环境污染、环境影响事故

案例1：2009年7月27日，武汉市某交会路口，某钻探机施工队在为地铁施工勘测时，一根直径500mm的地下主水管被钻探机钻破。自来水从水管破裂处涌上路面，对周边的居民生活造成影响。

事故原因：钻探机施工队手头有地下管线分布图。但施工中发现，该管线图与地下管线的实际分布有偏差，为此他们先用直径110mm的钻头试钻，未出现问题，便换用直径130mm的钻头扩大钻眼，不料将主水管边缘钻破。

案例2：2017年1月14日下午，南京市一人行道上，江苏省某公司在现场钻探作业时，不慎将地下一根380V的高压电缆钻断，造成附近加油站及数个居民区和商铺断电，

遭断电商铺随即报警。

事故原因及处理：经供电部门查勘，江苏省某公司工作人员在搞过江隧道工程施工时，并未查清地下管线分布；事发人行道边一侧，有明显的电力井字标志，但施工方并未注意，贸然施工钻探，将地下的一根高压电缆钻断。施工方赔偿因钻断电缆造成的所有损失。

案例 3：2017 年 7 月 18 日，一男子朱某在怀来县古长城遗址游玩过程中，踹、踢残城墙，并掰、踢掉两块墙砖。

据介绍，朱某故意损坏国家保护文物的行为触犯了《中华人民共和国治安管理处罚法》第 63 条之规定，被当地警方行政拘留 10 日，并处以 500 元罚款。

七、重大安全事故罪

案例 1：2014 年 10 月 7 日 19 时 01 分，乌海市某公司正在建设的回用水厂房二楼发生爆炸事故，造成 3 人死亡（其中 2 人当场死亡，1 人 3 日后因医治无效死亡），2 人重伤，4 人轻伤，回用水厂房及厂房内的部分设备被损毁，直接经济损失约 743.6 万元。

事故原因及责任追究：设计方中国××工程有限公司 BDO 项目设计人员张子武，对设计质量和设计进度负责，保证设计深度。违反了公司《设计人、校核人、审核人工作标准》（以下简称《工作标准》）中明确的认真贯彻执行现行标准、规范及工程技术统一规定的要求，在实施变更溢流管线走向设计时，未严格按照《石油化工勘测设计单位设计防火规范》相关规定在 6 根溢流管或溢流管汇集总管上设计水封等阻隔装置，也未进行危险有害因素辨识，对本起事故的发生负有直接责任，被法院判有期徒刑 3 年、缓刑 3 年，并处罚金 10 万元。

案例 2：2010 年 8 月 28 日，沈阳某商业广场售楼处一楼的沙盘模型，由于电器线路接触不良引起火灾，由于售楼处大厅内放置大量宣传用展板和条幅等易燃物品，致使火灾迅速蔓延，短时间将建筑两侧敞开式楼梯间封死，火势沿建筑幕墙与楼板之间的缝隙涌入二层南侧室内，二楼人员无法下到一楼逃生，最终造成 12 人遇难、23 人受伤。

事故原因及责任追究：在改建过程中，广场设计部负责人王某及工程部负责人夏某为赶工期，授意设计单位对已经形成的设计蓝图进行变更，取消了喷淋和烟感设计，并在未报消防部门备案的情况下，即将设计图纸交付施工单位作为施工的依据。被告人王某、夏某违反国家规定，降低工程质量标准，造成重大安全事故，后果特别严重，其行为均已构成工程重大安全事故罪。二被告人分别被判处有期徒刑 5 年，并处罚金人民币 5 万元。

八、违规提供设计文件吊销单位资质

案例：2015 年 8 月 12 日 22 时 52 分，位于天津市滨海新区天津港的天津××公司危险品仓库发生火灾爆炸事故，造成 165 人遇难、8 人失踪，798 人受伤住院治疗，304 幢建筑物、12428 辆商品汽车、7533 个集装箱受损。截至 2015 年 12 月 10 日，事故造成直接经济损失人民币 68.66 亿元。

事故原因及责任追究：天津市××设计院在××公司危险货物堆场改造项目设计中，违反天津市城市总体规划和滨海新区控制性详细规划，在××公司没有提供项目批准文件和规划许可文件的情况下，违规提供设计文件；在《安全设施设计专篇》和总平面图中，错误设计在重箱区露天堆放第五类氧化物质硝酸铵和第六类毒性物质氰化钠；火灾爆炸事故发生后，组织有关人员违规修改原设计图纸。违反了《建设工程勘察设计管理条例》第二十五条、《集装箱港口装卸作业安全规程》（GB 11602—2007）第4.4条、JT 397—2007《危险货物集装箱港口作业安全规程》第5.3.1条和《危险化学品安全管理条例》第二十四条的规定。依据《建设工程勘察设计管理条例》第四十条“违反本条例规定，勘察、设计单位未依据项目批准文件，城乡规划及专业规划，国家规定的建设工程勘察、设计深度要求编制建设工程勘察、设计文件的，责令限期改正；逾期不改正的，处10万元以上30万元以下的罚款；造成工程质量事故或者环境污染和生态破坏的，责令停业整顿，降低资质等级；情节严重的，吊销资质证书；造成损失的，依法承担赔偿责任”和《建设工程安全生产管理条例》第五十六条“违反本条例的规定，勘察单位、设计单位有下列行为之一的，责令限期改正，处10万元以上30万元以下的罚款；情节严重的，责令停业整顿，降低资质等级，直至吊销资质证书；造成损失的，依法承担赔偿责任：（一）未按照法律、法规和工程建设强制性标准进行勘察、设计的；（二）采用新结构、新材料、新工艺的建设工程和特殊结构的建设工程，设计单位未在设计中提出保障施工作业人员安全和预防生产安全事故的措施建议的”之规定，2016年7月13日中华人民共和国住房和城乡建设部决定给予该设计院吊销化工石化医药行业设计甲级资质的行政处罚。

九、高原反应

案例1：2016年1月31日，四川××公司派职工胡某等人前往康定县高海拔地区从事吊车校对工作，2月2日上午，胡某在工作现场出现严重不适，并出现大小便失禁等症状。次日，胡某和同事返回成都，并很快被送往成都市第二人民医院。2月9日，因抢救无效，医生宣告死亡。

案例2：2010年4月19日，玉树抗震救灾现场，一名记者因到灾区两天后患感冒，引发肺水肿，经抢救无效死亡。

十、机械伤害事故

案例：2008年2月26日上午8时10分左右，某制成车间维修焊工徐某某，独自对所负责范围内的9号水泥提升机进行巡检。9时40分发现，在37m高的9号水泥提升机顶部，徐某某被卷入正在运行的9号水泥提升机裸露的轴头上，人已经死亡。

事故原因：根据事故现场分析，一是徐某某违反了制成车间《岗位巡检安全操作规程》中第六条，即：“巡检过程中要躲闪开转动部位和部件，更不能用手去触摸运转中的设备”，冒险靠近正在运行的设备，被该提升机上部轴头绞住，是造成这起事故的直接原因；二是制成车间9号提升机两个裸露的旋转轴原配有安全防护的轴套，车间为方便检修给拿掉了，现场又没有安全警示牌，勘测设计单位和车间安全检查、危险辨识都忽视了旋转设备的危险因素，存在安全隐患是导致事故发生的主要原因。

十一、高空坠落事故

案例1：2009年11月18日，某水泥厂发生一起检修作业时，高空坠落造成一人死亡的事故。

案例 2：2009 年 11 月 18 日上午 9 时 30 分，制成车间维修工胡某某带领 3 人在水泥 2 号辊压机三层拆打散机锤盘时，胡某某站在锤盘左侧用撬棍撬锤盘时，由于撬棍支点不当，用力过大，导致撬棍打滑，身体失去重心，身体上部撞到侧面防护栏上，将护栏上部横梁撞掉，从 8m 高的三层平台坠落到二层平台，致脑部严重受伤死亡。

经现场勘测和对当事人的调查，一是死者本人拆重约 350kg 锤盘操作方法不正确，这是造成事故的直接原因；二是历史陈旧防护栏焊接点不牢固，焊接部位年久锈蚀，且防护栏高度只有 80cm，间隙 150cm 超大，未达到护栏标准高度 120cm 和间隙 30cm 的标准，高处防护栏存在安全隐患，是导致事故的主要原因。

附　　录

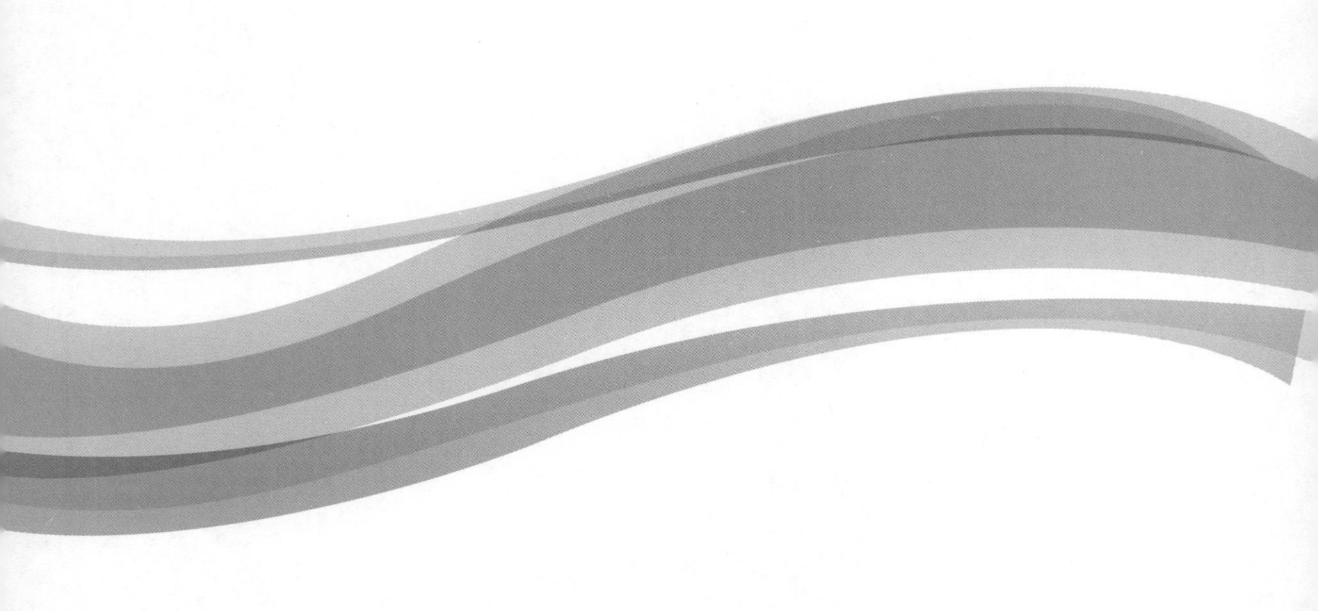

附录1　勘察设计单位职业健康安全管理与环境管理法律法规及要求

范例1：勘察设计单位职业健康安全管理与环境管理法律法规及要求清单

序号	法律法规及要求	发布部门及文号	实施/修订日期（年-月-日）	级别			备注
				法律	法规	规章	
1	《中华人民共和国宪法》	全国人民代表大会	2004-03-14	*			
2	《中共中央　国务院关于推进安全生产领域改革发展的意见》	党中央国务院	2016-12-18			*	
3	《中华人民共和国建筑法》	全国人民代表大会	2011-04-22	*			
4	《中华人民共和国安全生产法》	全国人民代表大会	2014-12-01	*			
5	《中华人民共和国职业病防治法》	全国人民代表大会	2016-07-02	*			
6	《中华人民共和国环境保护法》	全国人民代表大会	2015-01-01	*			
7	《中华人民共和国环境影响评价法》	全国人民代表大会	2016-07-02	*			
8	《中华人民共和国劳动法》	全国人民代表大会	1995-01-01	*			
9	《中华人民共和国劳动合同法》	全国人民代表大会	2013-07-01	*			
10	《中华人民共和国消防法》	全国人民代表大会	2009-05-01	*			
11	《中华人民共和国道路交通安全法》	全国人民代表大会	2011-05-01	*			
12	《中华人民共和国食品安全法》	全国人民代表大会	2015-10-01	*			
13	《中华人民共和国水土保持法》	全国人民代表大会	2011-03-01				
14	《中华人民共和国突发事件应对法》	全国人民代表大会	2007-11-01	*			
15	《中华人民共和国刑法》	全国人民代表大会	2015-11-01	*			
16	《中华人民共和国特种设备安全法》	全国人民代表大会	2014-01-01	*			
17	《中华人民共和国防沙治沙法》	全国人民代表大会	2002-01-01	*			
18	《中华人民共和国草原法》	全国人民代表大会	2013-06-29	*			
19	《中华人民共和国水法》	全国人民代表大会	2016-06-28	*			
20	《中华人民共和国防洪法》	全国人民代表大会	2016-07-02	*			
21	《中华人民共和国渔业法》	全国人民代表大会	2013-12-28	*			
22	《中华人民共和国文物保护法》	全国人民代表大会	2013-06-29	*			

续表

序号	法律法规及要求	发布部门及文号	实施/修订日期（年-月-日）	级别			备注
				法律	法规	规章	
23	《中华人民共和国土地管理法》	全国人民代表大会	2004-08-28	*			
24	《中华人民共和国海洋环境保护法》	全国人民代表大会	2016-11-07	*			
25	《中华人民共和国森林保护法》	全国人民代表大会	1998-04-29	*			
26	《中华人民共和国文物保护法》	全国人民代表大会	2017-11-14	*			
27	《中华人民共和国水污染防治法》	全国人民代表大会	2018-01-01	*			
28	《中华人民共和国大气污染防治法》	全国人民代表大会	2016-01-01	*			
29	《中华人民共和国环境噪声污染防治法》	全国人民代表大会	1997-03-01	*			
30	《中华人民共和国固体废弃物污染环境防治法》	全国人民代表大会	2016-11-07	*			
31	《中华人民共和国节约能源法》	全国人民代表大会	2016-07-02	*			
32	《中华人民共和国清洁生产促进法》	全国人民代表大会	2012-07-01	*			
33	《中华人民共和国野生动物保护法》	全国人民代表大会	2016-07-02	*			
34	《中华人民共和国农村土地承包法》	全国人民代表大会	2003-03-01	*			
35	《生产安全事故报告和调查处理条例》	国务院	2007-06-01		*		
36	《工伤保险条例》	国务院	2011-01-01		*		
37	《建设工程勘察设计管理条例》	国务院	2015-06-12		*		
38	《建设工程安全生产管理条例》	国务院	2004-02-01		*		
39	《建设项目环境保护管理条例》	国务院	2017-10-01		*		
40	《水库大坝安全管理条例》	国务院	2011-01-08		*		
41	《风景名胜区条例》	国务院令第474号	2006-12-01		*		
42	《中华人民共和国自然保护区条例》	国务院	2011-01-08		*		
43	《中华人民共和国河道管理条例》	国务院	2017-03-01		*		
44	《基本农田保护条例》	国务院令第257号	1999-01-01		*		
45	《饮用水水源保护区污染防治管理规定》	环管字第201号	2010-12-22			*	
46	《关于印发水电水利建设项目水环境与水生生态保护技术政策研讨会会纪要的函》	环办函〔2006〕11号	2006-01-09			*	
47	《关于有序开发小水电切实保护生态环境的通知》	环发〔2006〕93号	2006-06-18			*	
48	《中华人民共和国野生植物保护条例》	国务院204号令	1997-01-01		*		
49	《饮用水水源保护区污染防治管理规定》	环保部令第16号	2010-12-22			*	
50	《土地复垦规定》	国务院令第592号	2011-02-22		*		
51	《生产经营单位安全培训规定》	国家安全生产监督管理总局令第63号	2013-08-19			*	

续表

序号	法律法规及要求	发布部门及文号	实施/修订日期（年-月-日）	级别			备注
				法律	法规	规章	
52	《特种作业人员安全技术培训考核管理规定》	国家安全生产监督管理总局令总局第80号令	2015-07-01			*	
53	《特种设备作业人员监督管理办法》	质量监督检验检疫总局令第70号	2011-07-01			*	
54	《安全生产事故隐患排查治理暂行规定》	国家安全生产监督管理总局令第16号	2008-02-01			*	
55	《工作场所职业卫生监督管理规定》	国家安全生产监督管理总局令第47号	2012-06-01			*	
56	《生产安全事故应急预案管理办法》	国家安全生产监督管理总局令第88号	2016-07-01			*	
57	《国务院关于进一步加强勘测设计单位安全生产工作的通知》	国发〔2010〕23号	2010-07-19			*	
58	《水利工程建设安全生产管理规定》	水利部令第26号	2014-08-19			*	《水利部关于废止和修改部分规章的决定》修改
59	《关于完善水利行业生产安全事故统计快报和月报制度的通知》	水利部办公厅办安监〔2009〕112号	2009-04-02			*	
60	《水利工程建设重大质量与安全事故应急预案》	水利部水建管〔2006〕202号	2006-06-15			*	
61	《水利部安全生产领导小组工作规则》	水安〔2010〕1号	2010-07-26			*	
62	《水利工程建设安全生产监督检查导则》	水安监〔2011〕475号	2011-09-14			*	
63	《水利部生产安全事故应急预案（试行）》	水安监〔2016〕443号	2016-12-21			*	
64	《水利安全生产信息报告和处置规则》	水安监〔2016〕220号	2016-06-14			*	
65	《建筑工程勘察单位项目负责人质量安全责任七项规定》	住房和城乡建设部建市〔2015〕35号附件	2015-03-06			*	
66	《建筑工程设计单位项目负责人质量安全责任七项规定》	住房和城乡建设部建市〔2015〕35号附件	2015-03-06			*	
67	《企业安全生产标准化基本规范》	国家安全生产监督管理总局 GB/T 33000—2016	2017-04-01			*	
68	《安全生产违法行为行政处罚办法》	国家安全生产监督管理总局第77号	2015-05-01			*	

续表

序号	法律法规及要求	发布部门及文号	实施/修订日期（年-月-日）	级别			备注
				法律	法规	规章	
69	《安全生产领域违法违纪行为政纪处分暂行规定》	监察部、国家安监总局第11号令	2006-11-22			*	
70	《水工程规划设计生态指标体系与应用指导意见》	水总环移〔2010〕248号	2010			*	
71	《环境违法违纪行为处分暂行规定》	监察部2005年12月31日第14次部长办公会议、国家环境保护总局2005年10月27日第20次局务会议通过	2005-10-27			*	
72	《生产经营单位生产安全事故应急预案编制导则》	GB/T 29639—2013	2013-10-01				
73	《水利水电工程劳动安全与工业卫生设计规范》	GB 50706—2011	2012-06-01				
74	《水利水电工程环境保护设计规范》	SL 492—2011	2011-04-25				
75	《建设项目环境影响评价技术导则　总纲》	HJ 2.1—2016	2017-01-01				
76	《环境影响评价技术导则　地下水环境》	HJ 610—2016	2016-01-07				
77	《规划环境影响评价技术导则　总纲》	HJ 130—2014	2014-09-01				
78	《环境影响评价技术导则　生态影响》	HJ 19—2011	2011-09-01				
79	《江河流域规划环境影响评价规范》	SL 45—2006	2006-12-01				
80	《开发建设项目水土保持技术规范》	GB 50433—2008	2008-07-01				
81	《水利水电工程水土保持技术规范》	SL 575—2012	2013-01-08				
82	《水土保持治沟骨干工程技术规范》	SL 289—2003	2004-01-01				
83	《岩土工程勘察安全规范》	GB 50585—2010	2010-12-01				
84	《测绘作业人员安全规范》	CH 1016—2008	2008-03-01				
85	《水电工程水库淹没处理规划设计规范》	DL/T 5064—2007	2007-12-01				
86	《水利水电工程建设征地移民安置规划设计规范》	SL 290—2009	2009-10-31				
87	《工程场地地震安全性评价技术规范》	GB 17741—2005	2005-12-01				
88	《水利水电工程天然建筑材料勘察规程》	SL 251—2015	2015-06-05				
89	《灌溉与排水工程设计规范》	GB 50288—99	1999-08-01				
90	《农田水利规划导则》	SL 462—2012	2012-06-22				
91	《地面水环境质量标准》	GB 3838—2002	2002-06-01				
92	《安全色》	GB 2893—2008	2009-10-01				
93	《安全标志及其使用导则》	GB 2894—2008	2009-10-01				
94	《工作场所职业病危害警示标识》	GBZ 158—2003	2003-12-01				
95	《手提式灭火器通用技术条件》	GB 4351—1997	1997-12-01				
96	《水利水电工程节能设计规范》	GB/T 50649—2011	2011-12-01				

范例 2：勘测设计产品主要遵循的法律法规及要求清单

专业	活动项目	环境因素	主要环境影响	法律法规及要求
规划专业	工程规模	泄量	对生态影响、人为洪水灾害	（1）《中华人民共和国水法》，2016 年 6 月 28 日实施。 **第二十一条** 开发、利用水资源，应当首先满足城乡居民生活用水，并兼顾农业、工业、生态环境用水以及航运等需要。在干旱和半干旱地区开发、利用水资源，应当充分考虑生态环境用水需要。 **第二十七条** 国家鼓励开发、利用水运资源。在水生生物洄游通道、通航或者竹木流放的河流上修建永久性拦河闸坝，建设单位应当同时修建过鱼、过船、过木设施，或者经国务院授权的部门批准采取其他补救措施，并妥善安排施工和蓄水期间的水生生物保护、航运和竹木流放，所需费用由建设单位承担。在不通航的河流或者人工水道上修建闸坝后可以通航的，闸坝建设单位应当同时修建过船设施或者预留过船设施位置。 **第三十七条** 禁止在江河、湖泊、水库、运河、渠道内弃置、堆放阻碍行洪的物体和种植阻碍行洪的林木及高秆作物。禁止在河道管理范围内建设妨碍行洪的建筑物、构筑物以及从事影响河势稳定、危害河岸堤防安全和其他妨碍河道行洪的活动。 **第四十条** 禁止围湖造地。已经围垦的，应当按照国家规定的防洪标准有计划地退地还湖。禁止围垦河道。确需围垦的，应当经过科学论证，经省、自治区、直辖市人民政府水行政主管部门或者国务院水行政主管部门同意后，报本级人民政府批准。 （2）《中华人民共和国防洪法》，2016 年 7 月 2 日修正。 **第十七条** 在江河、湖泊上建设防洪工程和其他水工程、水电站等，应当符合防洪规划的要求；水库应当按照防洪规划的要求留足防洪库容。 前款规定的防洪工程和其他水工程、水电站未取得有关水行政主管部门签署的符合防洪规划要求的规划同意书的，建设单位不得开工建设。 **第二十七条** 建设跨河、穿河、穿堤、临河的桥梁、码头、道路、渡口、管道、缆线、取水、排水等工程设施，应当符合防洪标准、岸线规划、航运要求和其他技术要求，不得危害堤防安全、影响河势稳定、妨碍行洪畅通；其工程建设方案未经有关水行政主管部门根据前述防洪要求审查同意的，建设单位不得开工建设。 前款工程设施需要占用河道、湖泊管理范围内土地，跨越河道、湖泊空间或者穿越河床的，建设单位应当经有关水行政主管部门对该工程设施建设的位置和界限审查批准后，方可依法办理开工手续；安排施工时，应当按照水行政主管部门审查批准的位置和界限进行。 （3）《中华人民共和国渔业法》，2013 年 12 月 28 日修正。 **第三十二条** 在鱼、虾、蟹洄游通道建闸、筑坝，对渔业资源有严重影响的，建设单位应当建造过鱼设施或者采取其他补救措施。 **第三十三条** 用于渔业并兼有调蓄、灌溉等功能的水体，有关主管部门应当确定渔业生产所需的最低水位线。 **第三十五条** 进行水下爆破、勘探、施工作业，对渔业资源有严重影响的，作业单位应当事先同有关县级以上人民政府渔业行政主管部门协商，采取措施，防止或者减少对渔业资源的损害；造成渔业资源损失的，由有关县级以上人民政府责令赔偿。 （4）《中华人民共和国河道管理条例》，2017 年 3 月 1 日发布。 **第十条** 河道的整治与建设，应当服从流域综合规划，符合国家规定的防洪标准、通航标准和其他有关技术要求，维护堤防安全，保持河势稳定和行洪、航运通畅。 **第十一条** 修建开发水利、防治水害、整治河道的各类工程和跨河、穿河、穿堤、临河的桥梁、码头、道路、渡口、管道、缆线等建筑物及设施，建设单位必须按照河道管理权限，将工程建设方案报送河道主管机关审查同意。未经河道主管机关审查同意的，建设单位不得开工建设。 建设项目经批准后，建设单位应当将施工安排告知河道主管机关。 **第十二条** 修建桥梁、码头和其他设施，必须按照国家规定的防洪标准所确定的河宽进行，不得缩窄行洪通道。 桥梁和栈桥的梁底必须高于设计洪水位，并按照防洪和航运的要求，留有一定的超高。设计洪水位由河道主管机关根据防洪规划确定。 跨越河道的管道、线路的净空高度必须符合防洪和航运的要求。

续表

专业	活动项目	环境因素	主要环境影响	法律法规及要求
规划专业	水库淹没线	土地资源	淹没影响	(1)《中华人民共和国草原法》，2013年6月29日修订。 **第二十条** 草原保护、建设、利用规划应当与土地利用总体规划相衔接，与环境保护规划、水土保持规划、防沙治沙规划、水资源规划、林业长远规划、城市总体规划、村庄和集镇规划以及其他有关规划相协调。 **第三十八条** 进行矿藏开采和工程建设，应当不占或者少占草原；确需征用或者使用草原的，必须经省级以上人民政府草原行政主管部门审核同意后，依照有关土地管理的法律、行政法规办理建设用地审批手续。 (2)《中华人民共和国防沙治沙法》，2001年8月31日修订。 **第三条** 防沙治沙工作应当遵循以下原则： （一）统一规划，因地制宜，分步实施，坚持区域防治与重点防治相结合； （二）预防为主，防治结合，综合治理； （三）保护和恢复植被与合理利用自然资源相结合； （四）遵循生态规律，依靠科技进步； （五）改善生态环境与帮助农牧民脱贫致富相结合； （六）国家支持与地方自力更生相结合，政府组织与社会各界参与相结合，鼓励单位、个人承包防治； （七）保障防沙治沙者的合法权益。 **第十条** 防沙治沙实行统一规划。从事防沙治沙活动，以及在沙化土地范围内从事开发利用活动，必须遵循防沙治沙规划。 防沙治沙规划应当对遏制土地沙化扩展趋势，逐步减少沙化土地的时限、步骤、措施等作出明确规定，并将具体实施方案纳入国民经济和社会发展五年计划和年度计划。 (3)《中华人民共和国文物保护法》，2017年11月4日修订。 **第十一条** 文物是不可再生的文化资源。国家加强文物保护的宣传教育，增强全民文物保护的意识，鼓励文物保护的科学研究，提高文物保护的科学技术水平。 **第十二条** 有下列事迹的单位或者个人，由国家给予精神鼓励或者物质奖励： （一）认真执行文物保护法律、法规，保护文物成绩显著的； （二）为保护文物与违法犯罪行为作坚决斗争的； （三）将个人收藏的重要文物捐献给国家或者为文物保护事业作出捐赠的； （四）发现文物及时上报或者上交，使文物得到保护的； （五）在考古发掘工作中作出重大贡献的； （六）在文物保护科学技术方面有重要发明创造或者其他重要贡献的； （七）在文物面临破坏危险时，抢救文物有功的； （八）长期从事文物工作，作出显著成绩的。 **第十三条** 国务院文物行政部门在省级、市、县级文物保护单位中，选择具有重大历史、艺术、科学价值的确定为全国重点文物保护单位，或者直接确定为全国重点文物保护单位，报国务院核定公布。 省级文物保护单位，由省、自治区、直辖市人民政府核定公布，并报国务院备案。 市级和县级文物保护单位，分别由设区的市、自治州和县级人民政府核定公布，并报省、自治区、直辖市人民政府备案。 尚未核定公布为文物保护单位的不可移动文物，由县级人民政府文物行政部门予以登记并公布。 **第十八条** 根据保护文物的实际需要，经省、自治区、直辖市人民政府批准，可以在文物保护单位的周围划出一定的建设控制地带，并予以公布。 在文物保护单位的建设控制地带内进行建设工程，不得破坏文物保护单位的历史风貌；工程设计方案应当根据文物保护单位的级别，经相应的文物行政部门同意后，报城乡建设规划部门批准。 (4)《中华人民共和国土地管理法》，2004年8月28日通过。 **第十七条** 各级人民政府应当依据国民经济和社会发展规划、国土整治和资源环境保护的要求、土地供给能力以及各项建设对土地的需求，组织编制土地利用总体规划。

续表

专业	活动项目	环境因素	主要环境影响	法律法规及要求
规划专业	水库淹没线	土地资源	淹没影响	土地利用总体规划的规划期限由国务院规定。 **第十九条** 土地利用总体规划按照下列原则编制： （一）严格保护基本农田，控制非农业建设占用农用地； （二）提高土地利用率； （三）统筹安排各类、各区域用地； （四）保护和改善生态环境，保障土地的可持续利用； （五）占用耕地与开发复垦耕地相平衡。 **第二十三条** 江河、湖泊综合治理和开发利用规划，应当与土地利用总体规划相衔接。在江河、湖泊、水库的管理和保护范围以及蓄洪滞洪区内，土地利用应当符合江河、湖泊综合治理和开发利用规划，符合河道、湖泊行洪、蓄洪和输水的要求。 **第二十八条** 县级以上人民政府土地行政主管部门会同同级有关部门根据土地调查成果、规划土地用途和国家制定的统一标准，评定土地等级。 （5）《中华人民共和国海洋环境保护法》，2016 年 11 月 7 日起施行。 **第二条** 本法适用于中华人民共和国内水、领海、毗连区、专属经济区、大陆架以及中华人民共和国管辖的其他海域。 在中华人民共和国管辖海域内从事航行、勘探、开发、生产、旅游、科学研究及其他活动，或者在沿海陆域内从事影响海洋环境活动的任何单位和个人，都必须遵守本法。 在中华人民共和国管辖海域以外，造成中华人民共和国管辖海域污染的，也适用本法。 （6）《中华人民共和国森林保护法》，1998 年 4 月 29 日修订。 **第十八条** 进行勘查、开采矿藏和各项建设工程，应当不占或者少占林地；必须占用或者征用林地的，经县级以上人民政府林业主管部门审核同意后，依照有关土地管理的法律、行政法规办理建设用地审批手续，并由用地单位依照国务院有关规定缴纳森林植被恢复费。森林植被恢复费专款专用，由林业主管部门依照有关规定统一安排植树造林，恢复森林植被，植树造林面积不得少于因占用、征用林地而减少的森林植被面积。上级林业主管部门应当定期督促、检查下级林业主管部门组织植树造林、恢复森林植被的情况。 任何单位和个人不得挪用森林植被恢复费。县级以上人民政府审计机关应当加强对森林植被恢复费使用情况的监督。 **第二十三条** 禁止毁林开垦和毁林采石、采砂、采土以及其他毁林行为。 禁止在幼林地和特种用途林内砍柴、放牧。 进入森林和森林边缘地区的人员，不得擅自移动或者损坏为林业服务的标志。 （7）《中华人民共和国河道管理条例》，2017 年 3 月 1 日发布。 **第十条、第十一条、第十二条** 见本节“工程规模”部分。 **第十六条** 城镇建设和发展不得占用河道滩地。城镇规划的临河界限，由河道主管机关会同城镇规划等有关部门确定。沿河城镇在编制和审查城镇规划时，应当事先征求河道主管机关的意见。 **第十七条** 河道岸线的利用和建设，应当服从河道整治规划和航道整治规划。计划部门在审批利用河道岸线的建设项目时，应当事先征求河道主管机关的意见。 河道岸线的界限，由河道主管机关会同交通等有关部门报县级以上地方人民政府划定。 **第十八条** 河道清淤和加固堤防取土以及按照防洪规划进行河道整治需要占用的土地，由当地人民政府调剂解决。 因修建水库、整治河道所增加的可利用土地，属于国家所有，可以由县级以上人民政府用于移民安置和河道整治工程。 **第十九条** 省、自治区、直辖市以河道为边界的，在河道两岸外侧各十公里之内，以及跨省、自治区、直辖市的河道，未经有关各方达成协议或者国务院水利行政主管部门批准，禁止单方面修建排水、阻水、引水、蓄水工程以及河道整治工程。

续表

专业	活动项目	环境因素	主要环境影响	法律法规及要求
规划专业	水库淹没线	土地资源	淹没影响	**第二十条** 有堤防的河道，其管理范围为两岸堤防之间的水域、沙洲、滩地（包括可耕地）、行洪区，两岸堤防及护堤地。 无堤防的河道，其管理范围根据历史最高洪水位或者设计洪水位确定。 河道的具体管理范围，由县级以上地方人民政府负责划定。 **第二十一条** 在河道管理范围内，水域和土地的利用应当符合江河行洪、输水和航运的要求；滩地的利用，应当由河道主管机关会同土地管理等有关部门制定规划，报县级以上地方人民政府批准后实施。 (8)《基本农田保护条例》，1999年1月1日起施行。 **第十五条** 基本农田保护区经依法划定后，任何单位和个人不得改变或者占用。国家能源、交通、水利、军事设施等重点建设项目选址确实无法避开基本农田保护区，需要占用基本农田，涉及农用地转用或者征收土地的，必须经国务院批准。 **第十六条** 经国务院批准占用基本农田的，当地人民政府应当按照国务院的批准文件修改土地利用总体规划，并补充划入数量和质量相当的基本农田。占用单位应当按照占多少、垦多少的原则，负责开垦与所占基本农田的数量与质量相当的耕地；没有条件开垦或者开垦的耕地不符合要求的，应当按照省、自治区、直辖市的规定缴纳耕地开垦费，专款用于开垦新的耕地。 占用基本农田的单位应当按照县级以上地方人民政府的要求，将所占用基本农田耕作层的土壤用于新开垦耕地、劣质地或者其他耕地的土壤改良。 **第十七条** 禁止任何单位和个人在基本农田保护区内建窑、建房、建坟、挖砂、采石、采矿、取土、堆放固体废弃物或者进行其他破坏基本农田的活动。 禁止任何单位和个人占用基本农田发展林果业和挖塘养鱼。 **第十八条** 禁止任何单位和个人闲置、荒芜基本农田。经国务院批准的重点建设项目占用基本农田的，满1年不使用而又可以耕种并收获的，应当由原耕种该幅基本农田的集体或者个人恢复耕种，也可以由用地单位组织耕种；1年以上未动工建设的，应当按照省、自治区、直辖市的规定缴纳闲置费；连续2年未使用的，经国务院批准，由县级以上人民政府无偿收回用地单位的土地使用权；该幅土地原为农民集体所有的，应当交由原农村集体经济组织恢复耕种，重新划入基本农田保护区。 承包经营基本农田的单位或者个人连续2年弃耕抛荒的，原发包单位应当终止承包合同，收回发包的基本农田。 (9)《中华人民共和国自然保护区条例》，2011年1月8日起施行。 **第十八条** 自然保护区可以分为核心区、缓冲区和实验区。 自然保护区内保存完好的天然状态的生态系统以及珍稀、濒危动植物的集中分布地，应当划为核心区，禁止任何单位和个人进入；除依照本条例第二十七条的规定经批准外，也不允许进入从事科学研究活动。 核心区外围可以划定一定面积的缓冲区，只准进入从事科学研究观测活动。 缓冲区外围划为实验区，可以进入从事科学试验、教学实习、参观考察、旅游以及驯化、繁殖珍稀、濒危野生动植物等活动。 原批准建立自然保护区的人民政府认为必要时，可以在自然保护区的外围划定一定面积的外围保护地带。 **第二十六条** 禁止在自然保护区内进行砍伐、放牧、狩猎、捕捞、采药、开垦、烧荒、开矿、采石、挖沙等活动；但是，法律、行政法规另有规定的除外。 **第二十七条** 禁止任何人进入自然保护区的核心区。因科学研究的需要，必须进入核心区从事科学研究观测、调查活动的，应当事先向自然保护区管理机构提交申请和活动计划，并经自然保护区管理机构批准；其中，进入国家级自然保护区核心区的，应当经省、自治区、直辖市人民政府有关自然保护区行政主管部门批准。 自然保护区核心区内原有居民确有必要迁出的，由自然保护区所在地的地方人民政府予以妥善安置。 **第二十八条** 禁止在自然保护区的缓冲区开展旅游和生产经营活动。因教学科研的目的，需要进入自然保护区的缓冲区从事非破坏性的科学研究、教学实习和标本采集活动的，应当事先向自然保护区管理机构提交申请和活动计划，经自然保护区管理机构批准。

续表

专业	活动项目	环境因素	主要环境影响	法律法规及要求
规划专业	水库淹没线	土地资源	淹没影响	从事前款活动的单位和个人，应当将其活动成果的副本提交自然保护区管理机构。 **第二十九条** 在国家级自然保护区的实验区内开展参观、旅游活动的，由自然保护区管理机构编制方案，方案应当符合自然保护区管理目标。 在自然保护区组织参观、旅游活动的，必须按照批准的方案进行，并加强管理；进入自然保护区参观、旅游的单位和个人，应当服从自然保护区管理机构的管理。 严禁开设与自然保护区保护方向不一致的参观、旅游项目。 **第三十二条** 在自然保护区的核心区和缓冲区内，不得建设任何生产设施。在自然保护区的实验区内，不得建设污染环境、破坏资源或者景观的生产设施；建设其他项目，其污染物排放不得超过国家和地方规定的污染物排放标准。在自然保护区的实验区内已经建成的设施，其污染物排放超过国家和地方规定的排放标准的，应当限期治理；造成损害的，必须采取补救措施。 在自然保护区的外围保护地带建设的项目，不得损害自然保护区内的环境质量；已造成损害的，应当限期治理。 限期治理决定由法律、法规规定的机关作出，被限期治理的企事业单位必须按期完成治理任务。
	调度管理	下游水位	对供水、航运灌溉等影响	(1)《中华人民共和国防洪法》，2016年7月2日修正。 **第十七条** 见本表“工程规模”部分。 **第十八条** 防治江河洪水，应当蓄泄兼施，充分发挥河道行洪能力和水库、洼淀、湖泊调蓄洪水的功能，加强河道防护，因地制宜地采取定期清淤疏浚等措施，保持行洪畅通。 防治江河洪水，应当保护、扩大流域林草植被，涵养水源，加强流域水土保持综合治理。 **第十九条** 整治河道和修建控制引导河水流向、保护堤岸等工程，应当兼顾上下游、左右岸的关系，按照规划治导线实施，不得任意改变河水流向。 国家确定的重要江河的规划治导线由流域管理机构拟定，报国务院水行政主管部门批准。 其他江河、河段的规划治导线由县级以上地方人民政府水行政主管部门拟定，报本级人民政府批准；跨省、自治区、直辖市的江河、河段和省、自治区、直辖市之间的省界河道的规划治导线由有关流域管理机构组织江河、河段所在地的省、自治区、直辖市人民政府水行政主管部门拟定，经有关省、自治区、直辖市人民政府审查提出意见后，报国务院水行政主管部门批准。 **第二十七条** 见本表“工程规模”部分。 (2)《关于印发水电水利建设项目水环境与水生生态保护技术政策研讨会会纪要的函》。 (3)《关于有序开发小水电切实保护生态环境的通知》。
水工专业	工程等别	安全	对城镇、农田及工矿勘测设计单位的安全影响	(1)《中华人民共和国防洪法》，2009年8月27日修正。 第十七条～二十条、第二十七条规定，见本表“调度管理”部分。 (2)《中华人民共和国河道管理条例》，1988年6月10日发布。 第十～十二条、第十六～二十一条规定，见本表“水库淹没线”部分。
	工程选址	周边的水、气、声、生态环境	对敏感区（点）的影响	(1)《中华人民共和国水污染防治法》，2018年1月1日起施行。 **第十三条** 国务院环境保护主管部门根据国家水环境质量标准和国家经济、技术条件，制定国家水污染物排放标准。 省、自治区、直辖市人民政府对国家水污染物排放标准中未作规定的项目，可以制定地方水污染物排放标准；对国家水污染物排放标准中已作规定的项目，可以制定严于国家水污染物排放标准的地方水污染物排放标准。地方水污染物排放标准须报国务院环境保护主管部门备案。 向已有地方水污染物排放标准的水体排放污染物的，应当执行地方水污染物排放标准。 **第二十条** 国家实行排污许可制度。

续表

专业	活动项目	环境因素	主要环境影响	法律法规及要求
水工专业	工程选址	周边的水、气、声、生态环境	对敏感区（点）的影响	直接或者间接向水体排放工业废水和医疗污水以及其他按照规定应当取得排污许可证方可排放的废水、污水的企业事业单位，应当取得排污许可证；城镇污水集中处理设施的运营单位，也应当取得排污许可证。排污许可的具体办法和实施步骤由国务院规定。 禁止企业事业单位无排污许可证或者违反排污许可证的规定向水体排放前款规定的废水、污水。 **第二十七条** 环境保护主管部门和其他依照本法规定行使监督管理权的部门，有权对管辖范围内的排污单位进行现场检查，被检查的单位应当如实反映情况，提供必要的资料。检查机关有义务为被检查的单位保守在检查中获取的商业秘密。 **第二十八条** 跨行政区域的水污染纠纷，由有关地方人民政府协商解决，或者由其共同的上级人民政府协调解决。 **第二十九条** 禁止向水体排放油类、酸液、碱液或者剧毒废液。 禁止在水体清洗装贮过油类或者有毒污染物的车辆和容器。 **第三十条** 禁止向水体排放、倾倒放射性固体废物或者含有高放射性和中放射性物质的废水。 向水体排放含低放射性物质的废水，应当符合国家有关放射性污染防治的规定和标准。 **第三十一条** 向水体排放含热废水，应当采取措施，保证水体的水温符合水环境质量标准。 **第三十二条** 含病原体的污水应当经过消毒处理；符合国家有关标准后，方可排放。 **第三十三条** 禁止向水体排放、倾倒工业废渣、城镇垃圾和其他废弃物。 禁止将含有汞、镉、砷、铬、铅、氰化物、黄磷等的可溶性剧毒废渣向水体排放、倾倒或者直接埋入地下。 存放可溶性剧毒废渣的场所，应当采取防水、防渗漏、防流失的措施。 **第三十四条** 禁止在江河、湖泊、运河、渠道、水库最高水位线以下的滩地和岸坡堆放、存贮固体废弃物和其他污染物。 **第三十五条** 禁止利用渗井、渗坑、裂隙和溶洞排放、倾倒含有毒污染物的废水、含病原体的污水和其他废弃物。 **第三十六条** 禁止利用无防渗漏措施的沟渠、坑塘等输送或者存贮含有毒污染物的废水、含病原体的污水和其他废弃物。 **第三十七条** 多层地下水的含水层水质差异大的，应当分层开采；对已受污染的潜水和承压水，不得混合开采。 **第三十八条** 兴建地下工程设施或者进行地下勘探、采矿等活动，应当采取防护性措施，防止地下水污染。 **第三十九条** 人工回灌补给地下水，不得恶化地下水质。 **第四十条** 国务院有关部门和县级以上地方人民政府应当合理规划工业布局，要求造成水污染的企业进行技术改造，采取综合防治措施，提高水的重复利用率，减少废水和污染物排放量。 （2）《中华人民共和国海洋环境保护法》，2016 年 11 月 7 日起施行。 **第二条** 规定见本节“工程规模”部分。 （3）《中华人民共和国水土保持法》，2011 年 3 月 1 日起施行。 **第十八条** 修建铁路、公路和水工程，应当尽量减少破坏植被；废弃的砂、石、土必须运至规定的专门存放地堆放，不得向江河、湖泊、水库和专门存放地以外的沟渠倾倒；在铁路、公路两侧地界以内的山坡地，必须修建护坡或者采取其他土地整治措施；工程竣工后，取土场、开挖面和废弃的砂、石、土存放地的裸露土地，必须植树种草，防止水土流失。 开办矿山企业、电力企业和其他大中型工业企业，排弃的剥离表土、矸石、尾矿、废渣等必须堆放在规定的专门存放地，不得向江河、湖泊、水库和专门存放地以外的沟渠倾倒；因采矿和建设使植被受到破坏的，必须采取措施恢复表土层和植被，防止水土流失。

续表

<table>
<tr><th>专业</th><th>活动项目</th><th>环境因素</th><th>主要环境影响</th><th>法律法规及要求</th></tr>
<tr><td>水工专业</td><td>工程选址</td><td>周边的水、气、声、生态环境</td><td>对敏感区（点）的影响</td><td>第十九条　在山区、丘陵区、风沙区修建铁路、公路、水工程，开办矿山企业、电力企业和其他大中型工业企业，在建设项目环境影响报告书中，必须有水行政主管部门同意的水土保持方案。水土保持方案应当按照本法第十八条的规定制定。
在山区、丘陵区、风沙区依照矿产资源法的规定开办乡镇集体矿山企业和个体申请采矿，必须持有县级以上地方人民政府水行政主管部门同意的水土保持方案，方可申请办理采矿批准手续。
建设项目中的水土保持设施，必须与主体工程同时设计、同时施工、同时投产使用。建设工程竣工验收时，应当同时验收水土保持设施，并有水行政主管部门参加。
（4）《中华人民共和国大气污染防治法》，2016年1月1日起施行。
第三十三条　国家推行煤炭洗选加工，降低煤炭的硫分和灰分，限制高硫分、高灰分煤炭的开采。新建煤矿应当同步建设配套的煤炭洗选设施，使煤炭的硫分、灰分含量达到规定标准；已建成的煤矿除所采煤炭属于低硫分、低灰分或者根据已达标排放的燃煤电厂要求不需要洗选的以外，应当限期建成配套的煤炭洗选设施。
禁止开采含放射性和砷等有毒有害物质超过规定标准的煤炭。
第三十四条　国家采取有利于煤炭清洁高效利用的经济、技术政策和措施，鼓励和支持洁净煤技术的开发和推广。
国家鼓励煤矿企业等采用合理、可行的技术措施，对煤层气进行开采利用，对煤矸石进行综合利用。从事煤层气开采利用的，煤层气排放应当符合有关标准规范。
第三十五条　国家禁止进口、销售和燃用不符合质量标准的煤炭，鼓励燃用优质煤炭。
单位存放煤炭、煤矸石、煤渣、煤灰等物料，应当采取防燃措施，防止大气污染。
第三十八条　城市人民政府可以划定并公布高污染燃料禁燃区，并根据大气环境质量改善要求，逐步扩大高污染燃料禁燃区范围。高污染燃料的目录由国务院环境保护主管部门确定。
在禁燃区内，禁止销售、燃用高污染燃料；禁止新建、扩建燃用高污染燃料的设施，已建成的，应当在城市人民政府规定的期限内改用天然气、页岩气、液化石油气、电或者其他清洁能源。
第三十九条　城市建设应当统筹规划，在燃煤供热地区，推进热电联产和集中供热。在集中供热管网覆盖地区，禁止新建、扩建分散燃煤供热锅炉；已建成的不能达标排放的燃煤供热锅炉，应当在城市人民政府规定的期限内拆除。
第八十二条　禁止在人口集中地区和其他依法需要特殊保护的区域内焚烧沥青、油毡、橡胶、塑料、皮革、垃圾以及其他产生有毒有害烟尘和恶臭气体的物质。
禁止生产、销售和燃放不符合质量标准的烟花爆竹。任何单位和个人不得在城市人民政府禁止的时段和区域内燃放烟花爆竹。
（5）《中华人民共和国环境噪声污染防治法》，1997年3月1日起施行。
第二十三条　在城市范围内向周围生活环境排放工业噪声的，应当符合国家规定的工业勘测设计单位厂界环境噪声排放标准。
第二十五条　产生环境噪声污染的工业勘测设计单位，应当采取有效措施，减轻噪声对周围生活环境的影响。
第二十八条　在城市市区范围内向周围生活环境排放建筑施工噪声的，应当符合国家规定的建筑施工场界环境噪声排放标准。
第二十九条　在城市市区范围内，建筑施工过程中使用机械设备，可能产生环境噪声污染的，施工单位必须在工程开工十五日以前向工程所在地县级以上地方人民政府环境保护行政主管部门申报该工程的项目名称、施工场所和期限、可能产生的环境噪声值以及所采取的环境噪声污染防治措施的情况。
第三十六条　建设经过已有的噪声敏感建筑物集中区域的高速公路和城市高架、轻轨道路，有可能造成环境噪声污染的，应当设置声屏障或者采取其他有效的控制环境噪声污染的措施。
第三十七条　在已有的城市交通干线的两侧建设噪声敏感建筑物的，建设单位应当按照国家规定间隔一定距离，并采取减轻、避免交通噪声影响的措施。</td></tr>
</table>

续表

专业	活动项目	环境因素	主要环境影响	法律法规及要求
水工专业	工程选址	周边的水、气、声、生态环境	对敏感区（点）的影响	**第三十九条** 穿越城市居民区、文教区的铁路，因铁路机车运行造成环境噪声污染的，当地城市人民政府应当组织铁路部门和其他有关部门，制定减轻环境噪声污染的规划。铁路部门和其他有关部门应当按照规划的要求，采取有效措施，减轻环境噪声污染。 **第四十条** 除起飞、降落或者依法规定的情形以外，民用航空器不得飞越城市市区上空。城市人民政府应当在航空器起飞、降落的净空周围划定限制建设噪声敏感建筑物的区域；在该区域内建设噪声敏感建筑物的，建设单位应当采取减轻、避免航空器运行时产生的噪声影响的措施。民航部门应当采取有效措施，减轻环境噪声污染。 (6)《中华人民共和国自然保护区条例》，2011年1月8日起施行。 第十八条、第二十六～二十九条、第三十二条规定，见本节“水库淹没线”部分。 (7)《饮用水水源保护区污染防治管理规定》，2011年1月8日起施行。 **第十八条** 饮用水地下水源各级保护区及准保护区内均必须遵守下列规定： 一、禁止利用渗坑、渗井、裂隙、溶洞等排放污水和其他有害废弃物。 二、禁止利用透水层孔隙、裂隙、溶洞及废弃矿坑储存石油、天然气、放射性物质、有毒有害化工原料、农药等。 三、实行人工回灌地下水时不得污染当地地下水源。 **第十九条** 饮用水地下水源各级保护区及准保护区内必须遵守下列规定： 一、一级保护区内 禁止建设与取水设施无关的建筑物； 禁止从事农牧业活动； 禁止倾倒、堆放工业废渣及城市垃圾、粪便和其他有害废弃物； 禁止输送污水的渠道、管道及输油管道通过本区； 禁止建设油库； 禁止建立墓地。 二、二级保护区内 (一) 对于潜水含水层地下水水源地 禁止建设化工、电镀、皮革、造纸、制浆、冶炼、放射性、印染、染料、炼焦、炼油及其他有严重污染的勘测设计单位，已建成的要限期治理，转产或搬迁； 禁止设置城市垃圾、粪便和易溶、有毒有害废弃物堆放场和转运站，已有的上述场站要限期搬迁； 禁止利用未经净化的污水灌溉农田，已有的污灌农田要限期改用清水灌溉； 化工原料、矿物油类及有毒有害矿产品的堆放场所必须有防雨、防渗措施。 (二) 对于承压含水层地下水水源地 禁止承压水和潜水的混合开采，作好潜水的止水措施。 三、准保护区内 禁止建设城市垃圾、粪便和易溶、有毒有害废弃物的堆放场站，因特殊需要设立转运站的，必须经有关部门批准，并采取防渗漏措施； 当补给源为地表水体时，该地表水体水质不应低于GB 3838—2002《地表水环境质量标准》Ⅲ类标准； 不得使用不符合GB 5084—2005《农田灌溉水质标准》的污水进行灌溉，合理使用化肥； 保护水源林，禁止毁林开荒，禁止非更新砍伐水源林。 (8)《中华人民共和国固体废弃物污染环境防治法》，2016年11月7日起施行。 **第二十一条** 对收集、贮存、运输、处置固体废物的设施、设备和场所，应当加强管理和维护，保证其正常运行和使用。 **第二十二条** 在国务院和国务院有关主管部门及省、自治区、直辖市人民政府划定的自然保护区、风景名胜区、饮用水水源保护区、基本农田保护区和其他需要特别保护的区域内，禁止建设工业固体废物集中贮存、处置的设施、场所和生活垃圾填埋场。

续表

专业	活动项目	环境因素	主要环境影响	法律法规及要求
水工专业	工程选址	周边的水、气、声、生态环境	对敏感区（点）的影响	**第三十三条** 企业事业单位应当根据经济、技术条件对其产生的工业固体废物加以利用；对暂时不利用或者不能利用的，必须按照国务院环境保护行政主管部门的规定建设贮存设施、场所，安全分类存放，或者采取无害化处置措施。 建设工业固体废物贮存、处置的设施、场所，必须符合国家环境保护标准。 **第三十四条** 禁止擅自关闭、闲置或者拆除工业固体废物污染环境防治设施、场所；确有必要关闭、闲置或者拆除的，必须经所在地县级以上地方人民政府环境保护行政主管部门核准，并采取措施，防止污染环境。 **第三十五条** 产生工业固体废物的单位需要终止的，应当事先对工业固体废物的贮存、处置的设施、场所采取污染防治措施，并对未处置的工业固体废物作出妥善处置，防止污染环境。 产生工业固体废物的单位发生变更的，变更后的单位应当按照国家有关环境保护的规定对未处置的工业固体废物及其贮存、处置的设施、场所进行安全处置或者采取措施保证该设施、场所安全运行。变更前当事人对工业固体废物及其贮存、处置的设施、场所的污染防治责任另有约定的，从其约定；但是，不得免除当事人的污染防治义务。 对本法施行前已经终止的单位未处置的工业固体废物及其贮存、处置的设施、场所进行安全处置的费用，由有关人民政府承担；但是，该单位享有的土地使用权依法转让的，应当由土地使用权受让人承担处置费用。当事人另有约定的，从其约定；但是，不得免除当事人的污染防治义务。 **第四十四条** 建设生活垃圾处置的设施、场所，必须符合国务院环境保护行政主管部门和国务院建设行政主管部门规定的环境保护和环境卫生标准。 禁止擅自关闭、闲置或者拆除生活垃圾处置的设施、场所；确有必要关闭、闲置或者拆除的，必须经所在地的市、县级人民政府环境卫生行政主管部门商所在地环境保护行政主管部门同意后核准，并采取措施，防止污染环境。 （9）《风景名胜区条例》，2006年12月1日起施行。 **第二十六条** 在风景名胜区内禁止进行下列活动： （一）开山、采石、开矿、开荒、修坟立碑等破坏景观、植被和地形地貌的活动； （二）修建储存爆炸性、易燃性、放射性、毒害性、腐蚀性物品的设施； （三）在景物或者设施上刻划、涂污； （四）乱扔垃圾。 **第二十七条** 禁止违反风景名胜区规划，在风景名胜区内设立各类开发区和在核心景区内建设宾馆、招待所、培训中心、疗养院以及与风景名胜资源保护无关的其他建筑物；已经建设的，应当按照风景名胜区规划，逐步迁出。 **第二十八条** 在风景名胜区内从事本条例第二十六条、第二十七条禁止范围以外的建设活动，应当经风景名胜区管理机构审核后，依照有关法律、法规的规定办理审批手续。 在国家级风景名胜区内修建缆车、索道等重大建设工程，项目的选址方案应当报国务院建设主管部门核准。 **第二十九条** 在风景名胜区内进行下列活动，应当经风景名胜区管理机构审核后，依照有关法律、法规的规定报有关主管部门批准： （一）设置、张贴商业广告； （二）举办大型游乐等活动； （三）改变水资源、水环境自然状态的活动； （四）其他影响生态和景观的活动。
	建筑物设计	生态环境	土地资源	尽量减少占地等。

续表

专业	活动项目	环境因素	主要环境影响	法律法规及要求
水工专业	建筑物型式	资源能源	节能降耗	《中华人民共和国节约能源法》，2016 年 7 月 2 日起施行。 **第十二条** 县级以上人民政府管理节能工作的部门和有关部门应当在各自的职责范围内，加强对节能法律、法规和节能标准执行情况的监督检查，依法查处违法用能行为。 履行节能监督管理职责不得向监督管理对象收取费用。 **第十三条** 国务院标准化主管部门和国务院有关部门依法组织制定并适时修订有关节能的国家标准、行业标准，建立健全节能标准体系。 国务院标准化主管部门会同国务院管理节能工作的部门和国务院有关部门制定强制性的用能产品、设备能源效率标准和生产过程中耗能高的产品的单位产品能耗限额标准。 国家鼓励企业制定严于国家标准、行业标准的企业节能标准。省、自治区、直辖市制定严于强制性国家标准、行业标准的地方节能标准，由省、自治区、直辖市人民政府报经国务院批准；本法另有规定的除外。
施工专业	料场选择	料场开采	造成周边生态环境的破坏和声环境的污染	(1)《中华人民共和国水土保持法》，2011 年 3 月 1 日起施行。 第十八条～十九条规定，见本表“水工专业　工程选址”部分。 (2)《风景名胜区条例》，2006 年 12 月 1 日起施行。 第二十六～二十九条规定，见本表“水工专业　工程选址”部分。 (3)《中华人民共和国草原法》，2013 年 6 月 29 日修订。 第二十条、第三十八条规定，见本表“水库淹没线”部分。
	渣场选择	弃渣	造成周边生态环境的污染	(1)《中华人民共和国河道管理条例》，2017 年 3 月 1 日发布。 第十～十二条、第十六～二十一条规定，见本表“水库淹没线”部分。 (2)《中华人民共和国固体废弃物污染环境防治法》，2005 年 4 月 4 日起施行。 第二十一条、第二十二条、第三十三～三十五条、第四十四条规定，见本表“水工专业　工程选址”部分。 (3)《中华人民共和国水土保持法》，2011 年 3 月 1 日起施行。 第十八条～十九条规定，见本表“水工专业　工程选址”部分。 (4)《中华人民共和国自然保护区条例》，2011 年 1 月 8 日起施行。 第十八条、第二十六～二十九条、第三十二条规定，见本表“水库淹没线”部分。 (5)《中华人民共和国水污染防治法》，2018 年 1 月 1 日起施行。 第十三条、第二十条、第二十七～四十条规定，见本表“水工专业　工程选址”部分。 (6)《风景名胜区条例》，2006 年 12 月 1 日起施行。 第二十六～二十九条规定，见本表“水工专业　工程选址”部分。
	施工设备	设备选型	噪声、大气污染、环境污染	(1) HJ/T 2.1—2016《环境影响评价技术导则　总纲》。 (2) HJ/T 2.4—2009《环境影响评价技术导则　声环境》。 (3) HJ/T 2.2—2008《大气环境影响评价技术导则》。 (4) GB 12523—2011《建筑施工场界环境噪声排放标准》。 (5) GB 12348—2008《工业勘测设计单位厂界环境噪声排放标准》。
	生产工艺	节能降耗	施工方式、进度安排	(1)《中华人民共和国节约能源法》，2016 年 7 月 2 日起施行。 第十二条～十三条规定，见本表“建筑物型式”部分。 (2)《中华人民共和国清洁生产促进法》，2012 年 7 月 1 日起施行。 **第十二条** 国家对浪费资源和严重污染环境的落后生产技术、工艺、设备和产品实行限期淘汰制度。国务院有关部门按照职责分工，制定并发布限期淘汰的生产技术、工艺、设备以及产品的名录。 **第十八条** 新建、改建和扩建项目应当进行环境影响评价，对原料使用、资源消耗、资源综合利用以及污染物产生与处置等进行分析论证，优先采用资源利用率高以及污染物产生量少的清洁生产技术、工艺和设备。 **第十九条** 勘测设计单位在进行技术改造过程中，应当采取以下清洁生产措施： （一）采用无毒、无害或者低毒、低害的原料，替代毒性大、危害严重的原料；

续表

专业	活动项目	环境因素	主要环境影响	法律法规及要求
施工专业	生产工艺	节能降耗	施工方式、进度安排	（二）采用资源利用率高、污染物产生量少的工艺和设备，替代资源利用率低、污染物产生量多的工艺和设备； （三）对生产过程中产生的废物、废水和余热等进行综合利用或者循环使用； （四）采用能够达到国家或者地方规定的污染物排放标准和污染物排放总量控制指标的污染防治技术。 **第二十四条** 建筑工程应当采用节能、节水等有利于环境与资源保护的建筑设计方案、建筑和装修材料、建筑构配件及设备。 建筑和装修材料必须符合国家标准。禁止生产、销售和使用有毒、有害物质超过国家标准的建筑和装修材料。
	施工总布置	占地及周边的水、气、声、生态环境	占用土地资源，造成水土流失和文物古迹、饮用水源的破坏	(1)《中华人民共和国水污染防治法》，2018年1月1日起施行。 第十三条、第二十条、第二十七～四十条规定，见本表“水工专业 工程选址”部分。 (2)《中华人民共和国文物保护法》，2017年11月4日修订。 第十一条～十三条、第十八条规定，见本表“水库淹没线”部分。 (3)《中华人民共和国自然保护区条例》，2011年1月8日起施行。 第十八条、第二十六～二十九条、第三十二条规定，见本表“水库淹没线”部分。 (4)《中华人民共和国森林保护法》，1998年4月29日修订。 第十八条、第二十三条规定，见本表“水库淹没线”部分。 (5)《中华人民共和国草原法》，2013年6月29日修订。 第二十条、第三十八条规定，见本表“水库淹没线”部分。 (6)《中华人民共和国野生动物保护法》，2004年8月28日起施行。 **第十二条** 建设项目对国家或者地方重点保护野生动物的生存环境产生不利影响的，建设单位应当提交环境影响报告书；环境保护部门在审批时，应当征求同级野生动物行政主管部门的意见。 (7)《基本农田保护条例》，1999年1月1日起施行。 第十四条～十八条规定，见本表“水库淹没线”部分。 (8)《风景名胜区条例》，2006年12月1日起施行。 第二十六条～二十九条规定，见本表“工程选址”部分。
		场地布置	对周边环境敏感点造成的水、声、气的影响	(1) GB 12523—2011《建筑施工场界环境噪声排放标准》。 (2) GB 12348—2008《工业勘测设计单位厂界环境噪声排放标准》。 (3)《中华人民共和国森林保护法》，1998年4月29日修订。 第十八条、第二十三条规定，见本表“水库淹没线”部分。 (4)《中华人民共和国野生动物保护法》，2016年7月2日起施行。 第十二条规定，见本表“占用土地资源，造成水土流失和文物古迹、饮用水源的破坏”部分。
机电专业	设备选型	环境	对水、气、声环境造成的污染	(1)《中华人民共和国清洁生产促进法》，2012年7月1日起施行。 第十二、第十八、第十九、第二十四条规定，见本表“生产工艺”部分。 (2) GB 12523—2011《建筑施工场界环境噪声排放标准》。 (3) GB 12348—2008《工业勘测设计单位厂界环境噪声排放标准》。 (4) GB 3838—2002《地表水环境质量标准》。 (5)《饮用水水源保护区污染防治管理规定》，2010年12月22日起施行。 第十八条、第十九条规定，见本表“水工专业 工程选址”部分。
	能耗	资源能源	资源能源消耗	《中华人民共和国节约能源法》，2016年7月2日起施行。 第十二条～十三条规定，见本表“建筑物型式”部分。
建筑专业	选择材料	不合格建筑材料	污染环境、通风、采光	《中华人民共和国清洁生产促进法》，2012年7月1日起施行。 第十二、第十八、第十九、第二十四条规定，见本表“生产工艺”部分。

续表

专业	活动项目	环境因素	主要环境影响	法律法规及要求
水土保持	水土保持设计	占地、弃渣及周边生态环境场地布置等	水土流失	(1)《中华人民共和国水土保持法》，2011年3月1日起施行。 第十八条～十九条规定，见本表“水工专业　工程选址”部分。 (2) SL 204—98《开发建设项目水土保持技术规范》。 (3)《中华人民共和国自然保护区条例》，2011年1月8日起施行。 第十八条、第二十六～二十九条、第三十二条规定，见本表“水库淹没线”部分。 (4)《中华人民共和国防沙治沙法》，2001年8月31日修订。 第三条、第十条规定，见本表“水库淹没线”部分。 (5)《中华人民共和国草原法》，2013年6月29日修订。 第二十条、第三十八规定，见本表“水库淹没线”部分。 (6)《基本农田保护条例》，1999年1月1日起施行。 第十四条～十八条规定，见本表“水库淹没线”部分。 (7)《中华人民共和国森林保护法》，1998年4月29日修订。 第十八条、二十三条规定，见本表“水库淹没线”部分。
移民征地	库岸防护	填高地、减少占地	对社会经济、生活水平造成影响	(1)《中华人民共和国水法》，2016年6月28日起施行。 第二十一条、第二十七条、第三十七条、第四十条规定，见本表“工程规模”部分。 (2) DL/T 5064—2007《水电工程水库淹没处理规划设计规范》。
	移民安置点	移民安置	地质条件、环境容量、文化传统、生产方式	(1)《中华人民共和国水法》，2016年6月28日起施行。 第二十一条、第二十七条、第三十七条、第四十条规定，见本表“工程规模”部分。 (2) SL 290—2009《水利水电工程建设征地移民安置规划设计规范》。 (3) DL/T 5064—2007《水电工程水库淹没处理规划设计规范》。 (4)《土地复垦规定》，2011年2月22日起施行。 **第四条**　生产建设活动应当节约集约利用土地，不占或者少占耕地；对依法占用的土地应当采取有效措施，减少土地损毁面积，降低土地损毁程度。 土地复垦应当坚持科学规划、因地制宜、综合治理、经济可行、合理利用的原则。复垦的土地应当优先用于农业。 **第五条**　国务院国土资源主管部门负责全国土地复垦的监督管理工作。县级以上地方人民政府国土资源主管部门负责本行政区域土地复垦的监督管理工作。 县级以上人民政府其他有关部门依照本条例的规定和各自的职责做好土地复垦有关工作。 **第六条**　编制土地复垦方案、实施土地复垦工程、进行土地复垦验收等活动，应当遵守土地复垦国家标准；没有国家标准的，应当遵守土地复垦行业标准。 制定土地复垦国家标准和行业标准，应当根据土地损毁的类型、程度、自然地理条件和复垦的可行性等因素，分类确定不同类型损毁土地的复垦方式、目标和要求等。 **第七条**　县级以上地方人民政府国土资源主管部门应当建立土地复垦监测制度，及时掌握本行政区域土地资源损毁和土地复垦效果等情况。 国务院国土资源主管部门和省、自治区、直辖市人民政府国土资源主管部门应当建立健全土地复垦信息管理系统，收集、汇总和发布土地复垦数据信息。 **第八条**　县级以上人民政府国土资源主管部门应当依据职责加强对土地复垦情况的监督检查。被检查的单位或者个人应当如实反映情况，提供必要的资料。 任何单位和个人不得扰乱、阻挠土地复垦工作，破坏土地复垦工程、设施和设备。 **第九条**　国家鼓励和支持土地复垦科学研究和技术创新，推广先进的土地复垦技术。 对在土地复垦工作中作出突出贡献的单位和个人，由县级以上人民政府给予表彰。 **第十条**　下列损毁土地由土地复垦义务人负责复垦： （一）露天采矿、烧制砖瓦、挖沙取土等地表挖掘所损毁的土地；

续表

专业	活动项目	环境因素	主要环境影响	法律法规及要求
移民征地	移民安置点	移民安置	地质条件、环境容量、文化传统、生产方式	（二）地下采矿等造成地表塌陷的土地； （三）堆放采矿剥离物、废石、矿渣、粉煤灰等固体废弃物压占的土地； （四）能源、交通、水利等基础设施建设和其他生产建设活动临时占用所损毁的土地。 **第十一条** 土地复垦义务人应当按照土地复垦标准和国务院国土资源主管部门的规定编制土地复垦方案。 **第十二条** 土地复垦方案应当包括下列内容： （一）项目概况和项目区土地利用状况； （二）损毁土地的分析预测和土地复垦的可行性评价； （三）土地复垦的目标任务； （四）土地复垦应当达到的质量要求和采取的措施； （五）土地复垦工程和投资估（概）算； （六）土地复垦费用的安排； （七）土地复垦工作计划与进度安排； （八）国务院国土资源主管部门规定的其他内容。 **第十三条** 土地复垦义务人应当在办理建设用地申请或者采矿权申请手续时，随有关报批材料报送土地复垦方案。 土地复垦义务人未编制土地复垦方案或者土地复垦方案不符合要求的，有批准权的人民政府不得批准建设用地，有批准权的国土资源主管部门不得颁发采矿许可证。 本条例施行前已经办理建设用地手续或者领取采矿许可证，本条例施行后继续从事生产建设活动造成土地损毁的，土地复垦义务人应当按照国务院国土资源主管部门的规定补充编制土地复垦方案。
	征地	占地	占用土地资源，造成水土流失和文物古迹及其他敏感区的破坏和影响	(1)《中华人民共和国水法》，2016年6月28日起施行。 第二十一条、第二十七条、第三十七条、第四十条规定，见本表“工程规模”部分。 (2)《中华人民共和国文物保护法》，2017年11月4日修订。 第十一条、第十二条、第十三条、第十八条规定，见本表“水库淹没线”部分。 (3)《中华人民共和国自然保护区条例》，2011年1月8日起施行。 第十八条、第二十六～二十九条、第三十二条规定，见本表“水库淹没线”部分。 (4)《中华人民共和国森林保护法》，1998年4月29日修订。 第十八条、二十三条规定，见本表“水库淹没线”部分。 (5)《中华人民共和国农村土地承包法》，2003年3月1日起施行。 **第七条** 农村土地承包应当坚持公开、公平、公正的原则，正确处理国家、集体、个人三者的利益关系。 **第八条** 农村土地承包应当遵守法律、法规，保护土地资源的合理开发和可持续利用。未经依法批准不得将承包地用于非农建设。 国家鼓励农民和农村集体经济组织增加对土地的投入，培肥地力，提高农业生产能力。 **第九条** 国家保护集体土地所有者的合法权益，保护承包方的土地承包经营权，任何组织和个人不得侵犯。 **第十条** 国家保护承包方依法、自愿、有偿地进行土地承包经营权流转。 **第十一条** 国务院农业、林业行政主管部门分别依照国务院规定的职责负责全国农村土地承包及承包合同管理的指导。县级以上地方人民政府农业、林业等行政主管部门分别依照各自职责，负责本行政区域内农村土地承包及承包合同管理。乡（镇）人民政府负责本行政区域内农村土地承包及承包合同管理。 (6)《中华人民共和国草原法》，2013年6月29日修订。 第二十条、第三十八规定，见本表“水库淹没线”部分。 (7)《中华人民共和国野生动物保护法》，2016年7月2日起施行。 第十二条规定，见本表“占用土地资源，造成水土流失和文物古迹、饮用水源的破坏”部分。 (8)《基本农田保护条例》，1999年1月1日起施行。 第十四条～十八条规定，见本表“水库淹没线”部分。

续表

专业	活动项目	环境因素	主要环境影响	法律法规及要求
地质专业	水库勘察	文物古迹	水库覆盖、破坏	《中华人民共和国文物保护法》，2017年11月4日修订。 第十一条、十二条、十三条、十八条规定，见本表"水库淹没线"部分。 征求文物部门意见，做出评价。
		矿产	水库覆盖、破坏	征求地矿部门意见，做出评价。
		滑坡、泥石流、地陷等	地质灾害	(1) GB 50487—2008《水利水电工程地质勘察规范》。 (2) DL/T 5208—2005《抽水蓄能电站设计导则》。 (3) JTG C20—2016《公路工程地质勘察规范》。 专题勘察评价，提出处理建议。
		水库诱发地震	地质灾害	GB 17741—1999《工程场地地震安全性评价技术规范》 专题勘察评价，提出处理建议。
		浸没	生态环境破坏	(1)《中华人民共和国森林保护法》，1998年4月29日修订。 第十八条、二十三条规定，见本表"水库淹没线"部分。 (2)《中华人民共和国野生植物保护条例》，1997年1月1日起施行。 第九条、第十三条规定，见本表"占用土地资源，造成水土流失和文物古迹、饮用水源的破坏" 专题勘察评价，提出处理建议。
	地面工程勘察	地面开挖	生态环境破坏	(1)《中华人民共和国森林保护法》，1998年4月29日修订。 第十八条、二十三条规定，见本表"水库淹没线"部分。 (2)《中华人民共和国野生植物保护条例》，1997年1月1日起施行。 第九条、第十三条规定，见本表"占用土地资源，造成水土流失和文物古迹、饮用水源的破坏" 做好防护措施，提出处理建议。
		地基基础	地质缺陷	专题勘察评价，提出处理建议。
	地下工程勘察	围岩放射性	辐射	(1) SL 251—2015《水利水电工程天然建筑材料勘察规程》。 (2)《中华人民共和国放射性污染防治法》，2003年10月1日起施行。 **第十二条** 核设施营运单位、核技术利用单位、铀（钍）矿和伴生放射性矿开发利用单位，负责本单位放射性污染的防治，接受环境保护行政主管部门和其他有关部门的监督管理，并依法对其造成的放射性污染承担责任。 **第十三条** 核设施营运单位、核技术利用单位、铀（钍）矿和伴生放射性矿开发利用单位，必须采取安全与防护措施，预防发生可能导致放射性污染的各类事故，避免放射性污染危害。 核设施营运单位、核技术利用单位、铀（钍）矿和伴生放射性矿开发利用单位，应当对其工作人员进行放射性安全教育、培训，采取有效的防护安全措施。 **第十四条** 国家对从事放射性污染防治的专业人员实行资格管理制度；对从事放射性污染监测工作的机构实行资质管理制度。 **第十五条** 运输放射性物质和含放射源的射线装置，应当采取有效措施，防止放射性污染。具体办法由国务院规定。 **第十六条** 放射性物质和射线装置应当设置明显的放射性标识和中文警示说明。生产、销售、使用、贮存、处置放射性物质和射线装置的场所，以及运输放射性物质和含放射源的射线装置的工具，应当设置明显的放射性标志。 **第十七条** 含有放射性物质的产品，应当符合国家放射性污染防治标准；不符合国家放射性污染防治标准的，不得出厂和销售。 使用伴生放射性矿渣和含有天然放射性物质的石材做建筑和装修材料，应当符合国家建筑材料放射性核素控制标准。

续表

专业	活动项目	环境因素	主要环境影响	法律法规及要求
地质专业	地下工程勘察	沼气	大气污染	专题勘察评价，提出处理建议。
		涌水、地下水疏干	生态环境破坏	预测、预报、提出处理建议。
	水文地质勘察	渗漏	次生灾害、工程效益	专题勘察评价，提出处理建议。
		渗透变形	工程事故	专题勘察评价，提出处理建议。
	建筑材料勘察	料场选择	生态环境和景观破坏、资源耗损	(1)《中华人民共和国水土保持法》，2011年3月1日起施行。 第十八条～十九条规定，见本表“水工专业　工程选址”部分。 (2)《中华人民共和国矿产资源法》，1996年8月29日修正。 第二十九～三十四条规定，见本表“料场选择”部分。 (3)《风景名胜区条例》，2006年12月1日起施行。 第二十六～二十九条规定，见本表“水工专业　工程选址”部分。 (4)《中华人民共和国草原法》，2013年6月29日修订。 第二十条、第三十八规定，见本表“水库淹没线”部分。

附录2 危险源识别、评价及控制措施表

范例1：勘测操作活动的危险源识别、评价及控制措施表

序号	危险源	危险源分类	可能导致的事故/伤害	风险评价		控制措施
				可接受	不可接受	
1	操作人员心情烦躁/紧张/情绪低落	生理、心理性危险源	人体伤害		√	进行心理疏导，尽量休息
2	未进行现场勘测安全交底	行为性危险源	人体伤害		√	按照《安全生产法》要求，落实安全交底制度
3	未佩戴防护用品	行为性危险源	人体伤害		√	进场前，检查防护用品发放、佩戴情况；加强外业作业过程安全监控
4	未佩戴应急药品	行为性危险源	疾病		√	根据识别的、作业时可能的紧急情况准备应急药品；进场前，检查常用药品配备情况
5	误食有毒、有害或霉变食品	生物性危险源	中毒	√		进行健康安全意识教育
6	勘测场区嬉闹	行为性危险源	意外伤害	√		落实作业前交底，加强外业作业现场监控
7	出差酗酒	行为性危险源	中毒、意外伤害	√		进行安全意识教育，落实作业前交底
8	勘测设备、升降装置缺陷	物理性危险源	机械伤害	√		加强设备日常检查，发现异常及时处置
9	勘测设备保养不当，设备失灵	物理性危险源	机械伤害	√		加强设备维护，发现异常及时处置
10	勘测设备搬运、装拆、操作不当	物理性危险源	物体打击	√		加强员工安全意识教育
11	勘测设备运行噪声超标	物理性危险源	噪声伤害	√		加强设备日常检查，发现异常及时处置，配备个人防护用品
12	现场配电箱安装防护不当	物理性危险源	机械伤害	√		加强设备维护，消除安全隐患
13	现场配电箱隔离设备不符合要求	物理性危险源	触电	√		加强设备维护，消除安全隐患
14	现场临时用电线架设不符合要求	物理性危险源	触电	√		加强设备维护，消除安全隐患

续表

序号	危险源	危险源分类	可能导致的事故/伤害	风险评价		控制措施
				可接受	不可接受	
15	现场用电标识、警示不明	物理性危险源	触电	√		设置用电安全警示标识
16	现场配电箱设备缺陷	物理性危险源	触电	√		加强设备维护，消除安全隐患
17	现场发电机装置缺陷	物理性危险源	机械伤害	√		加强设备维护，消除安全隐患
18	现场发电机防护不当	物理性危险源	触电	√		加强设备维护，消除安全隐患
19	现场发电机运行噪声	物理性危险源	噪声伤害	√		加强设备日常检查，发现异常及时处置，配备个人防护用品
20	钻探/坑探爆破违章作业	行为性危险源	爆炸/火灾		√	进行爆破安全意识和技能培训，制定爆炸/火灾预案并演练
21	雷管、炸药储存数量超过规定	物理性危险源	爆炸/火灾		√	进行安全意识教育，制定爆炸/火灾预案并演练
22	物探使用放射性检测防护不当	物理性危险源	人体伤害		√	《放射性同位素与射线装置放射防护条例》使用、防护
23	物探使用放射性物质泄漏	物理性危险源	人体伤害		√	依据《放射性同位素与射线装置放射防护条例》防止泄漏
24	勘测设备与高压线安全距离不符合要求	物理性危险源	伤亡	√		进行安全意识教育，遵守安全操作规定，加强现场监管
25	异常气候（高低温）	物理性危险源	中暑、冻伤	√		发放防暑降温用品，配备防寒用具
26	雷电、暴雨、汛期勘测作业	物理性危险源	伤亡		√	制订应急预案，必要时进行演练
27	坍塌、滑坡、泥石流等自然灾害	物理性危险源	伤亡		√	制订应急预案，必要时进行演练
28	高处勘测作业	物理性危险源	高处坠落	√		进行安全意识教育，配备安全绳、安全帽，加强作业防护
29	水上、海上、井下勘测作业	物理性危险源	淹溺	√		进行安全意识教育，并配备水上救生器材
30	洞内勘测作业	物理性危险源	窒息、中毒、坍塌	√		进行安全意识教育，并配备救生器材
31	走路跌倒	行为性危险源	人体伤害	√		进行安全意识教育
32	致害动物、植物、传染病侵害	生物性危险源	人体伤害	√		进行安全意识教育
33	在地方病疫区进行勘测作业	生物性危险源	人体伤害	√		配备相应的药品，进行安全意识教育
34	道路湿滑	物理性危险源	摔倒、翻倒	√		进行安全意识教育

续表

序号	危　险　源	危险源分类	可能导致的事故/伤害	风险评价		控制措施
				可接受	不可接受	
35	现场使用火炉	行为性危险源	火灾		√	按照钻探规范正确使用火炉，制定并演练火灾应急预案
36	火炉炉灰未倒在指定地点	行为性危险源	火灾	√		进行安全意识教育，指定倾倒位置
37	草原、林区勘测携带火种	行为性危险源	火灾	√		进行安全意识教育，加强监管
38	草原、林区钻探未开防火道	物理性危险源	火灾	√		进行安全意识教育
39	无汛期防洪措施	物理性危险源	伤亡		√	制定并演练防洪预案
40	无消防措施/制度或设施	物理性危险源	火灾		√	按照《消防法》制定实施消防工作管理制度，配备消防器材
41	入住宾馆消防、安保设施不全	物理性危险源	人体伤害	√		选择有保障措施的、规范的宾馆入住
42	晚上单独外出	行为性危险源	人体伤害	√		进行安全意识教育，加强监管
43	靠近施工中的机械/机动车辆	物理性危险源	机械伤害	√		加强安全意识教育，注意安全防护
44	接近施工现场临时用电	物理性危险源	触电	√		加强安全意识教育，张贴警告标志
45	靠近未支护的基坑、边坡	物理性危险源	坠落/坍塌	√		加强安全意识教育，拉警戒线、临边防护
46	沿边行走	物理性危险源	高处坠落	√		加强安全意识教育、临边防护
47	水上活动	物理性危险源	淹溺	√		加强安全意识教育、穿救生衣，备救生绳
48	洞内巡视	物理性危险源	窒息、中毒、坍塌	√		加强安全意识教育，配应急器材

注　现场勘测活动中危险源由现场勘测和交通活动中危险源构成。

范例2：试验室各项活动中的危险源识别、评价及控制措施表

序号	危　险　源	危险源分类	可能导致的事故/伤害	风险评价		控制措施
				可接受	不可接受	
1	试验员未持证上岗	行为性危险源	人体伤害		√	建立实施试验员管理制度，确保试验员持证上岗
2	不按试验规程操作	行为性危险源	人体伤害		√	加强试验员操作技能培训，提高其安全意识
3	化学试剂使用/保管不符合要求	化学性危险源	中毒	√		加强安全意识教育

续表

序号	危险源	危险源分类	可能导致的事故/伤害	风险评价		控制措施
				可接受	不可接受	
4	未保存化学试剂 MSDS	行为性危险源	人体伤害		√	采购试验试剂时，向销售商索要 MSDS，并进行培训学习
5	三氯乙烯	化学性危险源	人体伤害	√		佩戴防护用具
6	废溶液	化学性危险源	人体伤害	√		集中收集、统一处理
7	存在缺陷的试验设备	物理性危险源	机械伤害	√		按规定对试验仪器设备鉴定、维护
8	核子仪保管不当	化学性危险源	辐射		√	设置具有防火、防水、防盗、防腐蚀功能的专门保管室
9	核子密度仪使用、防护不当	化学性危险源	辐射		√	依据《放射性同位素与射线装置放射防护条例》使用、防护
10	X射线探伤机使用	化学性危险源	辐射		√	依据《放射性同位素与射线装置放射防护条例》使用
11	锚具锚固张拉机噪声排放	物理性危险源	噪声伤害	√		加强日常设备维护，配备降噪设施和必要防护用品
12	万能试验机/振动台噪声排放	物理性危险源	噪声伤害	√		加强日常设备维护，配备降噪设施和必要防护用品
13	钢绞线试验机噪声排放	物理性危险源	噪声伤害	√		加强日常设备维护，配备降噪设施和必要防护用品
14	电动高压油泵噪声排放	物理性危险源	噪声伤害	√		加强日常设备维护，配备降噪设施和必要防护用品
15	未佩戴防护用品	行为性危险源	人体伤害		√	加强安全意识教育，配备防护用品

范例3：办公区危险源识别、评价与控制措施表

序号	危险源	危险源分类	可能导致的事故/伤害	风险评价		控制措施
				可接受	不可接受	
1	电脑辐射	物理性危险源	辐射	√		配备防辐射服、防辐射屏、防辐射窗帘、防辐射玻璃；逐渐更换通过3C认证的电脑
2	显示器模糊	物理性危险源	影响视力	√		制定管理制度，及时更换通过3C认证的显示屏
3	各类电器插座/插头/开关老化	物理性危险源	触电	√		注意日常检查，及时更换电器插座/插头/开关

续表

序号	危险源	危险源分类	可能导致的事故/伤害	风险评价		控制措施
				可接受	不可接受	
4	电源、网络线路老化	物理性危险源	火灾		√	制定管理制度，加强日常检查并制定火灾预案
5	空调氟利昂泄漏	物理性危险源	中毒	√		加强日常检查、维修
6	空调噪声排放	物理性危险源	噪声伤害	√		加强日常检查、维修
7	空调维修清洗液排放	化学性危险源	中毒	√		加强日常检查、维修
8	开水炉的使用	物理性危险源	灼伤	√		加装安全警指标识
9	开水炉没有安装漏电保护器	物理性危险源	触电	√		安装漏电保护器，并加强日常检查
10	电梯未按规定检定/维护	物理性危险源	机械伤害/高处坠落		√	按照《特种设备管理条例》制定实施电梯管理制度
11	消防器材配置不合理	行为性危险源	火灾		√	按照《消防法》制定实施消防工作管理制度
12	消防器材未定期检查	行为性危险源	火灾		√	按照《消防法》制定实施消防工作管理制度
13	消防器材过期/失效	物理性危险源	火灾		√	按照《消防法》制定实施消防工作管理制度
14	消防标志不规范	物理性危险源	火灾		√	按照《消防法》制定实施消防工作管理制度
15	消防通道不畅通	物理性危险源	火灾		√	按照《消防法》制定实施消防工作管理制度
16	应急灯不亮/未安装应急灯	物理性危险源	火灾		√	按照《消防法》制定实施消防工作管理制度
17	应急疏散标志不规范	物理性危险源	火灾		√	按照《消防法》制定实施消防工作管理制度
18	消防应急预案未制定和演练	行为性危险源	火灾		√	按照《消防法》制定实施消防工作管理制度
19	办公室吸烟乱丢烟蒂	行为性危险源	火灾	√		加强吸烟有害教育，设置吸烟区
20	办公场所吸烟产生的烟雾	行为性危险源	头晕、头痛、目眩、乏力、心情焦躁、恶心、呕吐、食欲不振、眼睛发红、喉头干燥、皮肤过敏、血液系统和神经系统疾病的症状	√		加强吸烟有害教育，设置吸烟区

续表

序号	危 险 源	危险源分类	可能导致的事故/伤害	风险评价		控 制 措 施
				可接受	不可接受	
21	复印机、打印机、传真机、录像机、电脑产生的碳氢化合物、臭氧	物理性危险源	椎动脉压迫综合征	√		加强通风，使用环保复印纸
22	办公室内装修材料散发的多氯联二苯	物理性危险源		√		加强通风
23	空调过滤器滋生的细菌、病毒	生物性危险源		√		加强空调清洗，减少细菌、病毒滋生
24	办公室久坐工作	心理、生理性危险源			√	建立实施工间操制度
25	疾病交叉感染	生物性危险源	传染病		√	建立实施定期身体健康体检制度
26	职业病防治措施不力	行为性危险源	职业病		√	建立实施定期身体健康体检制度
27	建筑物防雷设施不合格	物理性危险源	火灾		√	按照建筑物防雷规范进行检测
28	办公场所未设限速标志	物理性危险源	机械伤害	√		设置场内限速 20km/h 标志
29	上下班乘车/驾驶汽车	行为性危险源	机械伤害	√		加强员工交通安全意识教育
30	水灾	物理性危险源	自然灾害		√	制定防洪应急预案，并进行演练
31	地震	物理性危险源	自然灾害		√	制定紧急疏散预案，并进行演练
32	租赁车辆：违章行驶（疲劳、酒后、超速、无证等）；车辆装置存在缺陷车辆未按规定保养、年检；未配备消防器材或配备不规范	物理性危害因素	人体伤害	√		与出租方签订协租赁协议，协议中界定双方责权利，对出租方的车况、司机提出要求，要求出租方配备灭火器、三角板及购买意外伤害险等

范例 4：办公楼装饰、装修、修缮等工程承包中的危险源识别、评价及控制措施表

序号	危 险 源	危险源分类	可能导致的事故/伤害	风险评价		控 制 措 施
				可接受	不可接受	
1	吊顶板安装不牢固掉落	设施缺陷	坠落物伤人		√	安全责任落实，加强对施工过程的监管和验收
2	室内装修使用不环保物料	有毒品	中毒或健康损害		√	合同对装修使用材料提出环保要求，加强对施工过程的监管和验收

续表

序号	危险源	危险源分类	可能导致的事故/伤害	风险评价		控制措施
				可接受	不可接受	
3	灯管无防护罩	无防护	坠落伤人	√		加强对施工过程的监管和验收
4	未做安全交底	管理缺陷	人员伤害		√	合同中对安全交底提出要求，加强监管
5	施工方及施工人员无相应资质	管理缺陷	管理缺陷		√	对施工评价时将单位及人员资质作为评价条件；签订合同时要求施工方提供施工及相关人员的资质证书复印件；加强对施工现场的监管

范例5：现场设代活动中的危险源识别、评价及控制措施表

序号	危险源	危险源分类	可能导致的事故/伤害	风险评价		控制措施
				可接受	不可接受	
1	未进行现场勘测安全交底	行为性危险源	人体伤害		√	按照《安全生产法》要求，落实安全交底制度
2	未配备常用药品	行为性危险源	疾病		√	进场前，检查常用药品配备情况
3	未佩戴防护用品	行为性危险源	人体伤害		√	进场前，检查防护用品佩戴情况
4	误食有毒、有害或霉变食品	生物性危险源	中毒	√		进行安全意识教育
5	嬉闹	行为性危险源	噪声伤害	√		进行安全意识教育
6	酗酒	行为性危险源	中毒	√		进行安全意识教育
7	办公室、宿舍乱接电线	行为性危险源	触电/火灾	√		进行安全意识教育
8	办公室、宿舍电炉取暖	行为性危险源	火灾	√		进行安全意识教育
9	办公室、宿舍煤炉取暖	行为性危险源	中毒	√		进行安全意识教育
10	显示器模糊	物理性危险源	影响视力	√		制定管理制度，及时更换通过3C认证的显示屏
11	计算机CRT屏使用对人体的损害	物理性危险源	辐射	√		注意日常检查，及时更换电器插座/插头/开关
12	各类电器插座/插头/开关老化	物理性危险源	触电	√		注意日常检查，及时更换电器插座/插头/开关
13	电源、网络线路老化	物理性危险源	火灾		√	制定管理制度，加强日常检查并制定火灾预案
14	开水炉的使用	物理性危险源	灼伤	√		加装安全警示标志

续表

序号	危险源	危险源分类	可能导致的事故/伤害	风险评价		控制措施
				可接受	不可接受	
15	开水炉没有安装漏电保护器	物理性危险源	触电	√		安装漏电保护器，并加强日常检查
16	消防器材配置不合理	行为性危险源	火灾		√	按照《消防法》制定实施消防工作管理制度
17	消防器材未定期检查	行为性危险源	火灾		√	按照《消防法》制定实施消防工作管理制度
18	消防器材过期/失效	物理性危险源	火灾		√	按照《消防法》制定实施消防工作管理制度

范例 6：机动车辆交通行驶危险源辨识、评价及控制措施表

序号	作业活动内容	危险因素	危险源分类	可能导致事故	风险评价		控制措施
					可接受	不可接受	
1	驾驶车辆	酒后驾车，精神恍惚，车辆失控	行为性危险源	车辆受损、人员伤害		√	1. 驾驶员应严格遵守道路交通安全法；2. 做到本人不喝酒；3. 乘车人不劝酒
2		私自出车，心理反应紧张，超速行驶	行为性危险源	车辆受损、人员伤害	√		1. 遵守公司交通安全管理制度；2. 驾驶员不私自出车；3. 加强车辆管理
3		无证驾驶车辆	行为性危险源	车辆受损、人员伤害		√	1. 无驾驶证（含内部驾证）人员不得驾驶公车；2. 驾驶员不得将车辆交无证人驾驶
4		开带病车和未检验车	物理性危险源	车辆受损、人员伤害	√		1. 督促驾驶员坚持出车前、行车中、收车后的“三检”制度；2. 认真检查车辆和各部件；3. 保持车辆技术状况良好
5		超过规定速度行车	行为性危险源	车辆受损、人员伤害	√		1. 驾驶员应自觉将车速控制在限制范围内；2. 乘车人员对驾驶员安全行车进行监督；3. 不得催促赶路；4. 不得强迫驾驶员超速行驶
6		过度疲劳驾车	行为性危险源	车辆受损、人员伤害		√	1. 坚持劳逸结合，驾车外出时要注意休息，保证足够的睡眠；2. 娱乐要适可而止，原则夜间不超过 23 时；3. 无特殊情况调度员及用车人不得派驾驶员出车
7		驾车吸烟、饮食、打手机等违章行为	行为性危险源	车辆受损、人员伤害	√		1. 驾驶员要杜绝不良行为；2. 做到驾车时不吸烟、饮食和接听、拨打手机，查看信息

续表

序号	作业活动内容	危险因素	危险源分类	可能导致事故	风险评价		控制措施
					可接受	不可接受	
8	通过道口行车	通过有交通信号或标示控制的交通路口	行为性危险源	车辆受损、人员伤害	√		1. 应在距离到路口100～30m的地方减速慢行；2. 转弯时必须开转向灯，遇有停车信号时，须停在停车线以外
9	通过道口行车	通过无交通信号或交通标示控制的交叉路口	行为性危险源	车辆受损、人员伤害	√		1. 不许争道抢行，支路车让干路车先行；2. 进入环形路口的车辆让路口内的车辆先行
10	通过道口行车	通过铁路道口	行为性危险源	车辆受损、人员伤害	√		1. 通过铁道路口时不应滑行和变换挡位，应提前挂入低速挡；2. 通过无人看守的公铁交叉路口，要做到“一停二看三通过”；3. 道口红灯亮时不准通行
11	在城镇、街道、村庄路面行车	行人、牲畜、摩托车、自行车的突然横穿公路	行为性危险源	车辆受损、人员伤害	√		1. 应限速行驶，严禁超速；2. 注意行人、儿童、自行车、摩托车和牲畜突然横穿；3. 随时观察前后车发出的停车和转弯信号
12	车辆转弯、掉头	车辆转弯时易与其他行驶的车辆和行人相撞	行为性危险源	车辆受损、人员伤害		√	1. 车辆转弯时必须减速、鸣号，靠右行驶；2. 遇到急转弯路段时，速度不得超过20km/h
13	车辆转弯、掉头	掉头时忽视后面的车辆和行人	行为性危险源	车辆受损、人员伤害	√		1. 掉头时，应开启左转向灯，选择适当时机和开阔地点，注意观察前后来车和障碍物；2. 不得在铁道路口、交叉路口、弯路、陡坡、隧道等地段掉头
14	倒车、超车、会车、停车	超车碰撞和侧滑	行为性危险源	车辆受损、人员伤害		√	1. 超车时应开左转向灯并鸣号，夜间要用近远光灯示意，待前车让道后在超越；2. 在超车过程中与被超越车横向间距小，有挤撞的可能时要慎用紧急制动，防止侧滑发生碰撞
15	倒车、超车、会车、停车	会车时忽略视线盲区	行为性危险源	车辆受损、人员伤害		√	1. 坚持“礼让三先”、靠右行驶的原则；2. 会车时注意对方来车外，应随时做好停车准备，防止来车后视线盲区有行人或自行车突然跑出
16	倒车、超车、会车、停车	倒车发生碰撞	行为性危险源	车辆受损、人员伤害		√	倒车时应发出倒车信号，观察周围环境，必要时下车察看
17	倒车、超车、会车、停车	乱停放车辆	行为性危险源	车辆受损、人员伤害	√		1. 车辆停放时，须按指定地点停放；2. 上下坡停车离人，应垫好三角木，挂入前进或倒挡；3. 在夜间或风雨、雪、雾天，车辆发生故障及交通事故临时停车时，须开示宽灯和尾灯及在来车方向按规定距离支三脚架

续表

序号	作业活动内容	危险因素	危险源分类	可能导致事故	风险评价		控制措施
					可接受	不可接受	
18	机动车辆行驶中临时停车检修	临时停车检修车辆时发生碰撞侧滑	行为性危险源	车辆受损、人员伤害	√		1. 因故障不能行驶，应将车辆转移至安全地点，在车前和车后放置警示牌和开启警示灯；2. 在更换轮胎使用千斤顶时，须垂直地放置，并垫以硬木板，以免发生歪斜和滑动
19	高速公路行驶	严重超速行驶或其他违规行为	行为性危险源	车辆受损、人员伤害		√	1. 驾驶员和乘车人须系好安全带；2. 小型客车最高速度不准超过120km/h，其他车不得超过100km/h；3. 不得倒车、逆行、掉头、转弯骑压超车道、穿越中央分隔带；4. 配备故障车警告标志
20	驾驶车辆的心理状态	自信心理	心理性危险源	车辆受损、人员伤害	√		1. 开展安全教育，培养良好的心理素质；2. 要求驾驶员正确看待自己的业务技术水平，不高估自己的技能，低估客观困难，克服盲目乐观，胆大心粗的缺点
21		麻痹心理	心理性危险源	车辆受损、人员伤害	√		克服自以为技术精、行车经验多、从未发生过事故的麻痹思想，提高对安全行车的警惕
22		逞强心理	心理性危险源	车辆受损、人员伤害	√		1. 做好安全思想教育；2. 严防部分驾驶员争强好胜追求面子和虚荣，失去自控而违章肇事
23		急躁心理	心理性危险源	车辆受损、人员伤害	√		在任务重、时间紧或完成任务快到家、约会等情况下，易产生急躁情绪，不顾行车环境，违章蛮干；乘车人员要及时提醒与制止
24		逆反心理	心理性危险源	车辆受损、人员伤害		√	教育驾驶员按章行车，正确对待批评，不要因对领导或交警的批评、处罚，对乘车人不满产生逆反心理故障违章肇事
25	冬季冰雪路面行车	在冰雪路面行车发生侧滑失控	行为性危险源	车辆受损、人员伤害		√	1. 在严格控制车速，适当地增加行车的横向间距和采用预见性制动的方法；2. 配备必要的防滑链条和工具；3. 转弯时不能急转方向，避免紧急制动；4. 要减速慢行，礼让行车；5. 出车前应检查气压制动系统排污装置，并进行排污，防止在行车中因制动系统中的水结冰，造成刹车失灵

续表

序号	作业活动内容	危险因素	危险源分类	可能导致事故	风险评价		控制措施
					可接受	不可接受	
26	夜间、雨天、雾天、大风天气行车	夜间行车照明不良	行为性危险源	车辆受损、人员伤害	√		1. 夜间行驶，应保证灯光、信号良好，降低行驶速度；2. 驾驶人员应保持旺盛的精力，严禁疲劳驾驶；3. 夜间掉头、倒车时要注意车辆和行人，确认周围安全后再进行
27		雨天、雾天行车路滑，视线不清	行为性危险源	车辆受损、人员伤害		√	1. 雨天雾天行驶要提高警惕，注意前方情况，靠右侧行驶，严禁盲目超车；2. 要严格控制车速，泥泞道路要避免紧急制动，防止滑溜；3. 要保持雨刮器正常工作；4. 涉水后应轻踩制动踏板，检查车辆的制动效应；5. 适当增加车距，打开防雾灯和示宽灯，鸣喇叭，提示车辆和行人；6. 雨天在山区行车要注意山体滑坡和路基塌陷
28		大风行驶，车辆不稳	行为性危险源	车辆受损、人员伤害		√	1. 大风大雨天要尽量停驶；2. 大风天行车要控制车速，加强瞭望，特别注意行人突然横穿马路
29	机动车辆进行检修	车辆在检修及行驶中发生燃料溢漏，电器和线路短路等发生火灾	行为性危险源	车辆受损、人员伤害		√	1. 禁止使用直接供油的方式发动车辆和行驶；2. 禁止使用汽油擦车和清洗发动机；3. 机动车内应配备有效的防火设备；4. 驾驶员应经常检查燃料系统的密封情况，如发生泄漏应立即处理；5. 运输易燃易爆等危险品时，乘车人员严禁吸烟和使用明火，并设专人负责车辆的安全；6. 停车时，安全负责人不准离开车辆；7. 乘车人在车内吸烟，不准向车外和车厢内扔烟头和火种；8. 驾驶员应保证车辆电路的完好，不准用短路的方式检查电路的通断，电瓶及裸露的电器接头附近不准放置金属工具和其他物品；9. 停车后驾驶员应检查油、电路是否可靠，关闭电源开关，长时间停放车辆应切断总电源开关，并放出多余的燃料；10. 不许使用明火察看燃油的容量
30	车辆轮胎	车辆轮胎不符合技术要求发生爆胎、漏气，引起车辆失控造成事故	行为性危险源	车辆受损、人员伤害		√	1. 根据车型选用高一个速度等级代码、无内胎、纵向花纹一致的子午线轮胎，定期进行平衡测试和配重校验；2. 上公路前，检查全部车轮气压是否符合本车型标准，轮胎有无破损；3. 夏季高温气候下行车，要按时停车休息，给轮胎降温，避免长时间高速行车；4. 车轮爆裂，驾驶员不得惊慌，全力控制方向盘，保持车身正直向前，迅速抢挂低速挡，利用发动机牵阻车辆速度；5. 当发动机牵阻作用尚未控制车速时，千万不能使用脚制动，可再次挂入低一级挡位，或缓位手制动

范例7：配电房的危险源识别、评价及控制措施表

序号	危险源名称	可能导致的危害	危险源分类	风险评价		控制措施
				可接受	不可接受	
1	配电室漏雨	触电	作业环境不良		√	定期检查、并维修
2	变电室门窗不严，无防鼠措施	咬断电缆漏电	防护缺陷	√		确保门窗严密，采取防鼠板等措施
3	管线架设不符合要求	触电	行为性缺陷	√		按要求架设管线
4	线路老化	火灾或触电	设施缺陷		√	定期检查、更换老化的管线
5	有易燃易爆品存放	引发火灾	化学性危害	√		与易燃易爆品存放保持安全距离
6	电磁辐射	损害健康	辐射	√		按要求进行个人安全防护
7	隔离防护不符合要求	触电	防护距离不够		√	工作中要戴安全帽，穿长袖衣服，戴绝缘手套，使用有绝缘柄的工具，并站在干燥的绝缘物上进行工作。相邻的带电部分应用绝缘板料隔开。严禁使用锉刀、金属尺和带有金属物的毛刷、毛掸等工具
8	标识、警示不明	触电	标志不规范		√	规范对标志、警示的要求
9	配电柜接地电阻过大	外壳引起触电	设备缺陷		√	按规定的要求接地，工作中着安全防护装备
10	雷电	火灾	其他电伤害	√	√	配电室设计安装时按规定的技术要求定期防雷检测、安装避雷设施
11	开闸检修	触电	违章操作		√	应形成开闸检修的工作制度。 低压回路停电检修时应断开电源，取下熔断器。并在刀闸操作手柄上挂“禁止合闸，有人工作”的标示牌。 在带电设备附近工作时，必须设专人监护。带电设备只能在工作人员的前面或一侧，否则应停电进行。 在一经合闸即可送电到工作地点开关的刀闸把手都应悬挂“有人工作，禁止合闸”的标示牌。工作地点两旁和对面的带电设备遮栏上和禁止通行的过道悬挂“止步，高压危险”的标示牌

续表

序号	危险源名称	可能导致的危害	危险源分类	风险评价		控制措施
				可接受	不可接受	
12	变压器超负荷	火灾	其他电伤害		√	目标方案
13	线路遭鼠咬破损	触电、火灾	带电部位裸露		√	定期检查，采取防鼠措施
14	环境温度高，烧毁线路	火灾	作业环境不良		√	配空调，确保温度适宜　定期检查
15	检查配电盘螺丝刀误接触	触电	行为性缺陷	√		配绝缘手套，穿绝缘鞋、长袖工作服

范例8：食堂的危险源识别、评价及控制措施表

序号	危险源	危险源分类	可能导致的事故/伤害	风险评价		控制措施
				可接受	不可接受	
1	剩饭菜	物理性危害因素	中毒	√		做好预算计划，提前统计入食堂吃饭的人员；不吃剩饭菜
2	有毒变质食材	物理性危害因素	中毒		√	做好预算计划，提前统计入食堂吃饭的人员；不吃剩饭菜
3	食堂卫生不好	物理性危害因素	中毒		√	切菜案板分为生熟两用；案板及时清洗、消毒；及时清理厨房内的垃圾
4	食堂工作人员没有定期办理健康证	生物性危害因素	传染病		√	对食堂工作人员每年定期查体、办理健康证
5	食堂内蚊蝇、老鼠等	生物性危害因素	疾病	√		对食堂定期消毒，及时清理垃圾
6	食堂内电线裸露	物理性危害因素	触电	√		按规定进行维护、更换电线，定期检查
7	消防通道被上锁	其他	其他		√	定期检查，保持消防通道畅通
8	消防栓被堵住	其他	其他		√	定期检查，不在消防栓处放置物品
9	食堂天花板有脱落	物理性危害因素	物体打击		√	定期检查，加强维护
10	冲卡处轮盘无防护罩	物理性危害因素	机械伤害	√		定期检查，安装防护罩

续表

序号	危险源	危险源分类	可能导致的事故/伤害	风险评价		控制措施
				可接受	不可接受	
11	燃气泄漏	物理性危害因素	中毒、爆炸		√	定期检查，制订应急预案
12	外出采购	物理性危害因素	交通事故		√	遵守交通规则
13	无防蝇防鼠装置	生物性危害因素	传播疾病	√		安装防蝇防鼠装置，定期检查
14	绞肉机使用	物理性危害因素	机械伤害		√	定期检查电路问题，加强培训，规范操作
15	刀具使用	物理性危害因素	机械伤害	√		加强安全教育，定期检查
16	电饭锅、消毒柜、电冰箱、保温箱等电器使用	物理性危害因素	触电			定期检查，及时更换旧电器

范例 9：办公设施、设备采购过程危险源识别、评价及控制措施表

序号	活动/过程	危险源	危险源分类	危害影响	风险评价		控制措施
					可接受	不可接受	
1	供方评价	选择不合格供方	行为性危险源	带来财产损失和（或）人员伤害		√	严格执行单位供方评价的规定对供方实施评价
2	采购计划的制订	计划中未明确产品标准及有关安全信息	行为性危险源	易发生质量安全事故，造成财产损失和（或）人员伤亡	√		对采购计划实施审批，计划中明确相关信息
3		计划未经授权人批准	行为性危险源	易采购不合格产品，造成财产损失和人员伤害	√		采购计划经授权人审批
4		采购的设施、设备、劳保用品等不合格	行为性危险源	易发生质量安全事故，造成财产损失和（或）人员伤亡		√	加强对供方的评价；对采购的原材料和劳保用品实施验收
5	合同签订	合同中未明确产品标准和有关安全要求	行为性危险源	易出现质量、安全事故，造成财产损失和人员伤害	√		合同中明确产品标准和有关安全要求
6		合同中未明确期限、运输方法和包装要求	行为性危险源	易造成运输事故，财产损失和人员伤害	√		合同中明确送货期限、运输方法和包装要求

续表

序号	活动/过程	危险源	危险源分类	危害影响	风险评价		控制措施
					可接受	不可接受	
7	钻杆等钻探配件、设施设备的运输	运输车辆选择不当	行为性危险源	易造成运输事故，财产损失和人员伤害		√	选择适宜的运输车辆
8		运输分包方选择不利	行为性危险源	易造成运输事故，财产损失和人员伤害	√		选择适宜的运输分包方
9		驾驶员无证驾驶	行为性危险源	易造成交通事故，财产损失和人员伤害	√		在采购合同、运输合同中明确驾驶员的资格

附录3　勘测设计产品、活动和服务中典型环境因素

范例1：与勘测产品有关的环境因素

<table>
<tr><th rowspan="2">专业</th><th rowspan="2">序号</th><th rowspan="2">环境因素</th><th rowspan="2">可能造成的主要有害环境影响</th><th colspan="2">重要环境因素</th></tr>
<tr><th>是</th><th>否</th></tr>
<tr><td rowspan="9">勘测</td><td>1</td><td>不满足相关设计阶段深度要求的勘测工作内容和工作量</td><td rowspan="2">河流水沙时空改变、水环境恶化、局地气候异常、地质灾害、洪涝灾害、水土流失、水土理化性质变异、陆生和水生生物群落减少、资源能源浪费、噪声污染、大气污染、固体废物污染、人群健康受损、景观与文物破坏等</td><td>√</td><td></td></tr>
<tr><td>2</td><td>不满足规范要求的勘测原始记录</td><td>√</td><td></td></tr>
<tr><td>3</td><td>未阐述工程所在区域构造稳定性与地震动参数和结论</td><td>地质灾害</td><td>√</td><td></td></tr>
<tr><td>4</td><td>未充分阐述与工程场地和工程安全有关的断层、规模和活动性</td><td>地质灾害</td><td>√</td><td></td></tr>
<tr><td>5</td><td>未评价工程渗漏对环境的影响</td><td>水环境恶化</td><td>√</td><td></td></tr>
<tr><td>6</td><td>未提出地下水临界埋深等参数</td><td>水环境恶化</td><td>√</td><td></td></tr>
<tr><td>7</td><td>未提出工程方案、坝线、坝型比选的地质意见</td><td rowspan="2">河流水沙时空改变、水环境恶化、局地气候异常、地质灾害、洪涝灾害、水土流失、水土理化性质变异、陆生和水生生物群落减少、资源能源浪费、噪声污染、大气污染、固体废物污染、人群健康受损、景观与文物破坏等</td><td>√</td><td></td></tr>
<tr><td>8</td><td>未评价地基变形、渗透稳定等工程地质问题及处理措施建议</td><td>√</td><td></td></tr>
<tr><td>9</td><td>未提出水文地质条件变化情况和引起土壤次生盐碱（渍）化、沼泽化的范围和严重程度及防治措施建议</td><td>水土理化性质变异</td><td>√</td><td></td></tr>
<tr><td rowspan="2">测量</td><td>1</td><td>比例尺、高程系统或点之记有误的测量成果</td><td rowspan="2">河流水沙时空改变、水环境恶化、局地气候异常、地质灾害、洪涝灾害、水土流失、水土理化性质变异、陆生和水生生物群落减少、资源能源浪费、噪声污染、大气污染、固体废物污染、人群健康受损、景观与文物破坏等</td><td>√</td><td></td></tr>
<tr><td>2</td><td>测量成果不满足相关设计阶段深度要求</td><td>√</td><td></td></tr>
</table>

范例 2：与规划产品有关的环境因素

专业	序号	环境因素	可能造成的主要有害环境影响	重要环境因素	
				是	否
水文	1	有误的水文原始资料、特征值和分析计算成果	河流水沙时空改变	√	
	2	不合理的设计径流、设计洪水、流量历时曲线和水位流量关系曲线成果	河流水沙时空改变	√	
	3	过高的正常蓄水位	地质灾害、局地气候异常、水土流失、陆生和水生生物群落减少、人群健康受损、景观文物破坏	√	
	4	过低的设计洪水位	下游洪涝灾害	√	
	5	预留过大或过小的防洪库容	过大枯水期下游供水不足，过小下游洪涝灾害	√	
	6	不合理的防洪标准	洪涝灾害	√	
	7	未充分考虑下游生态用水的最小下泄流量	下游水环境恶化，水土理化性质变异、陆生和水生生物群落减少	√	
	8	不充分的洪水调度方案	洪涝灾害	√	
	9	未进行工程水文地质溃坝洪水计算	洪涝灾害	√	
	10	缺失超标准洪水运行措施与对策	下游洪涝灾害	√	
泥沙	11	有误泥沙悬推移质输沙特征值、颗粒级配成果	上游洪涝灾害、下游水土理化性质变异	√	
水资源	12	有误水资源供需平衡分析	河流水沙时空改变，水环境恶化	√	
	13	有误跨流域水资源调度运行原则	河流水沙时空改变，水环境恶化	√	
	14	不合理灌区排灌布置	水土理化性质变异，如土壤盐碱化、沼泽化	√	
	15	分析不充分的地下水储量、空间分布、水质状况及可开采量	地下水环境恶化；地质灾害（如超采集，引发地面塌陷）	√	
	16	有误灌区地表水、地下水联合调度运用方案	水环境恶化（如形成地下漏斗）；地质灾害（如超采集，引发地面塌陷）	√	
	17	不达标灌溉水源水质	水环境恶化（如污染地下水）；水土理化性质变异（如污染土壤）	√	
	18	供水水源无保护措施	水环境恶化，人群健康受损	√	
经济评价	19	经济效益分析无环境效益分析	环境保护和污染预防目标无法实现	√	

续表

专业	序号	环境因素	可能造成的主要有害环境影响	重要环境因素	
				是	否
其他	20	未充分考虑环保、生态影响的的总体、专项规划或工程任务和规模论证	河流水沙时空改变、水环境恶化、局地气候异常、地质灾害、洪涝灾害、水土流失、水土理化性质变异、陆生和水生生物群落减少、人群健康受损、景观与文物破坏	√	
	21	未充分考虑环保、生态因素的工程布置及主要建筑物的比选	河流水沙时空改变、水环境恶化、局地气候异常、地质灾害、洪涝灾害、水土流失、水土理化性质变异、陆生和水生生物群落减少、人群健康受损、景观与文物破坏	√	
	22	水能梯级开发不合理调度方式	水环境恶化、水土理化性质变异、陆生和水生生物群落减少	√	
	23	采沙河道治理未确定采沙范围、控制线和尺度	河流水沙时空改变，如河势变化；地质灾害，如崩岸	√	
	24	过小或过大电站装机容量	过小水资源利用率较低；过大利用小时较低，造成资源及原材料利用率降低	√	
	25	缺少水质影响措施的流域综合治理方案	水环境恶化	√	
	26	未拟定水利灭螺方案	人群健康受损	√	

范例3：与环境、移民产品有关的环境因素

专业	序号	环境因素	可能造成的主要有害环境影响	重要环境因素	
				是	否
环境保护	1	缺少环境影响评价的流域规划	河流水沙时空改变、水环境恶化、局地气候异常、地质灾害、洪涝灾害、水土流失、水土理化性质变异、陆生和水生生物群落减少、人群健康受损、景观与文物破坏等	√	
	2	未与无规划状态或拟定的规划环境目标对比的流域规划方案	河流水沙时空改变、水环境恶化、局地气候异常、地质灾害、洪涝灾害、水土流失、水土理化性质变异、陆生和水生生物群落减少、人群健康受损、景观与文物破坏等	√	
	3	比选不充分的规划方案	河流水沙时空改变、水环境恶化、局地气候异常、地质灾害、洪涝灾害、水土流失、水土理化性质变异、陆生和水生生物群落减少、人群健康受损、景观与文物破坏等	√	
	4	比选不充分的环境影响评价方案	河流水沙时空改变、水环境恶化、局地气候异常、地质灾害、洪涝灾害、水土流失、水土理化性质变异、陆生和水生生物群落减少、资源能源浪费、噪声污染、大气污染、固体废物污染、人群健康受损、景观与文物破坏	√	

续表

专业	序号	环境因素	可能造成的主要有害环境影响	重要环境因素	
				是	否
环境保护	5	缺少或不充分的生态补偿方案	陆生和水生生物群落减少	√	
	6	缺少或不明确的水源地保护措施	人群健康受损	√	
	7	缺少人群健康保护措施	人群健康受损	√	
	8	缺少或不充分的水环境保护措施	河流水沙时空改变、水环境恶化、局地气候异常	√	
	9	缺少或不充分的噪声控制措施	噪声污染	√	
	10	缺少或不充分的固体废物处理处置措施	固体废物污染	√	
	11	缺少或不充分的大气环境保护措施	大气污染	√	
	12	缺少或不充分的土壤环境保护措施	水土理化性质变异、水土流失、地质灾害	√	
	13	缺少或不充分的景观与文物保护措施	景观与文物破坏	√	
	14	缺少或不适宜的环境监测计划	河流水沙时空改变、水环境恶化、局地气候异常、地质灾害、洪涝灾害、水土流失、水土理化性质变异、陆生和水生生物群落减少、资源能源浪费、噪声污染、大气污染、固体废物污染、人群健康受损、景观与文物破坏	√	
水土保持	15	缺少或不充分的水土保持方案	水土流失	√	
	16	缺少水土流失重点防护区、重点监督区和重点治理区专项规划	水土流失、陆生和水生生物群落减少	√	
征地移民	17	不合理的移民安置、城镇迁建和专项复建方案	土地资源减少、人群健康受损	√	
	18	不合理的水库淹没范围	人群健康受损	√	
	19	不合理的移民居民点选址、布设	人群健康受损	√	
	20	不明确的防护工程等级标准	人群健康受损、景观与文物破坏、水土理化性质变异（如淹没大片耕地）	√	
	21	缺少或不适宜的库区建筑物拆除与清理措施	库区水环境恶化、人群健康受损	√	
	22	不符合要求的库区卫生清理	库区水环境恶化、人群健康受损	√	
	23	不符合要求的库区林木砍伐与迹地清理	库区水环境恶化	√	

续表

专业	序号	环境因素	可能造成的主要有害环境影响	重要环境因素	
				是	否
节能设计	24	未进行节能论证的规划、设计方案	资源能源浪费	√	
	25	未明确能源消耗种类和数量	资源能源浪费	√	
	26	过高的能耗指标	资源能源浪费	√	
	27	设计中使用列入禁止使用目录的高耗能的技术、工艺、材料和设备	资源能源浪费	√	
	28	未明确的节能措施	资源能源浪费	√	

范例4：与水工产品有关的环境因素

专业	序号	环境因素	可能造成的主要有害环境影响	重要环境因素	
				是	否
通用	1	论证不充分的工程规模	河流水沙时空改变、水环境恶化、局地气候异常、地质灾害、洪涝灾害、水土流失、水土理化性质变异、陆生和水生生物群落减少、资源能源浪费、噪声污染、大气污染、固体废物污染、人群健康受损、景观与文物破坏	√	
	2	确定有误的工程等别、主要建筑物级别	河流水沙时空改变、水环境恶化、局地气候异常、地质灾害、洪涝灾害、水土流失、水土理化性质变异、陆生和水生生物群落减少、资源能源浪费、噪声污染、大气污染、固体废物污染、人群健康受损、景观与文物破坏	√	
	3	不合理的防洪标准	洪涝灾害、水土流失、水土理化性质变异、陆生和水生生物群落减少、人群健康受损、景观与文物破坏	√	
	4	未充分考虑泥沙、水流流态及是否设置过鱼等建筑物的工程总体布置	洪涝灾害、水土流失、陆生和水生生物群落减少	√	
	5	比选不充分的水工建筑物及其他建筑物轴线	河流水沙时空改变、水环境恶化、局地气候异常、地质灾害、洪涝灾害、水土流失、水土理化性质变异、陆生和水生生物群落减少、资源能源浪费、噪声污染、大气污染、固体废物污染、人群健康受损、景观与文物破坏	√	

续表

<table>
<tr><th rowspan="2">专业</th><th rowspan="2">序号</th><th rowspan="2">环境因素</th><th rowspan="2">可能造成的主要有害环境影响</th><th colspan="2">重要环境因素</th></tr>
<tr><th>是</th><th>否</th></tr>
<tr><td rowspan="6">闸坝</td><td>6</td><td>论证不充分的坝型、水闸型式</td><td>河流水沙时空改变、资源能源浪费</td><td>√</td><td></td></tr>
<tr><td>7</td><td>不完整的闸、坝工程安全、结构、稳定计算书</td><td>洪涝灾害</td><td>√</td><td></td></tr>
<tr><td>8</td><td>未充分考虑工程泄水排沙、对下游冲淤及其影响的泄水建筑物设计</td><td>河流水沙时空改变、洪涝灾害、水土流失、水土理化性质变异</td><td>√</td><td></td></tr>
<tr><td>9</td><td>未确定河口挡洪（潮）闸防淤调度运用方式和运用方案</td><td>河流水沙时空改变</td><td>√</td><td></td></tr>
<tr><td>10</td><td>未充分考虑流态、冲淤影响的通航方案和航道设计</td><td>河流水沙时空改变</td><td>√</td><td></td></tr>
<tr><td>11</td><td>未充分考虑过鱼鱼种、洄游路线、习性、季节特点的鱼道布置</td><td>陆生和水生生物群落减少</td><td>√</td><td></td></tr>
<tr><td rowspan="11">堤防与防洪</td><td>12</td><td>不合理的洪水组合</td><td>洪涝灾害、水土流失、水土理化性质变异、陆生和水生生物群落减少、人群健康受损、景观与文物破坏</td><td>√</td><td></td></tr>
<tr><td>13</td><td>不完整的防洪工程体系</td><td>洪涝灾害、水土流失、水土理化性质变异、陆生和水生生物群落减少、人群健康受损、景观与文物破坏</td><td>√</td><td></td></tr>
<tr><td>14</td><td>论证不充分的洪水调度方案</td><td>洪涝灾害、水土流失、水土理化性质变异、陆生和水生生物群落减少、人群健康受损、景观与文物破坏</td><td>√</td><td></td></tr>
<tr><td>15</td><td>论证不充分的蓄、滞洪区工程规模</td><td>洪涝灾害、水土流失、水土理化性质变异、陆生和水生生物群落减少、人群健康受损、景观与文物破坏</td><td>√</td><td></td></tr>
<tr><td>16</td><td>不合理的治涝原则、治涝标准、治涝范围</td><td>洪涝灾害</td><td>√</td><td></td></tr>
<tr><td>17</td><td>不合理的洪涝水调度原则</td><td>洪涝灾害</td><td>√</td><td></td></tr>
<tr><td>18</td><td>未充分论证的治涝工程规模</td><td>洪涝灾害</td><td>√</td><td></td></tr>
<tr><td>19</td><td>论证不充分的堤型或河道建筑物型式</td><td>河流水沙时空改变、资源能源浪费</td><td>√</td><td></td></tr>
<tr><td>20</td><td>论证不充分的河道整治措施</td><td>洪涝灾害</td><td>√</td><td></td></tr>
<tr><td>21</td><td>不完整的堤防工程安全、结构、稳定计算书</td><td>洪涝灾害</td><td>√</td><td></td></tr>
<tr><td>22</td><td>未充分论证河道、河口整治工程规模</td><td>洪涝灾害</td><td>√</td><td></td></tr>
</table>

续表

专业	序号	环境因素	可能造成的主要有害环境影响	重要环境因素	
				是	否
引水与供水	23	未充分考虑环保、生态要求的用水需求	水环境恶化	√	
	24	未复核受水区环保、生态缺水量、需供水量	水环境恶化	√	
	25	未充分考虑输水工程泥沙影响	水环境恶化、泥沙淤积	√	
	26	未考虑应急供水措施、供水量或最低供水位	水环境恶化	√	
	27	多泥沙河流引水未充分论证并确定泥沙处理工程的规模和主要参数	水环境恶化、泥沙淤积	√	
	28	跨区域、跨流域调水工程，未说明水量调出区河道生态环境及调出后对生态环境造成的影响	水环境恶化	√	
	29	未说明水源现状水质和用水情况，也未提出水源保护与监测要求	水环境恶化	√	
	30	未充分论证、比选的输水方式及主要输水建筑物型式	资源能源浪费、水土理化性质变异、陆生和水生生物群落减少、人群健康受损	√	
	31	不完整的引供水工程安全、结构、稳定计算书	洪涝灾害	√	
	32	未充分确定供水工程运行原则	水环境恶化	√	
水电站与泵站	33	论证不充分的水电站、泵站型式	河流水沙时空改变、资源能源浪费	√	
	34	未充分考虑河道用水或水库淹没影响的发电特征水位、设计流量	水环境恶化	√	
	35	设计中未考虑电站引水和调峰发电对下游河道内、外用水和生态与环境的影响的补偿措施	水环境恶化	√	
	36	未分析发电用水与河道生态环境用水的关系	水环境恶化、水土理化性质变异、陆生和水生生物群落减少	√	
	37	不完整的水电站、泵站工程安全、结构、稳定计算书	洪涝灾害	√	

续表

专业	序号	环境因素	可能造成的主要有害环境影响	重要环境因素	
				是	否
灌溉与排水	38	不合理的灌溉制度和灌溉方式	水土理化性质变异，水资源浪费	√	
	39	不合理的灌区农业灌溉定额，灌溉水利用系数	水土理化性质变异，水资源浪费	√	
	40	未充分论证水源工程规模	水土理化性质变异，水资源浪费	√	
	41	未充分论证灌溉渠道工程规模	水土理化性质变异，水资源浪费	√	
	42	未说明改良和预防盐渍化措施	水土理化性质变异	√	
	43	未提出防止土壤盐碱（渍）化的灌溉节水措施	水资源浪费	√	
	44	不完整的灌排工程安全、结构、稳定计算书	洪涝灾害	√	

范例5：与勘测活动和服务有关的环境因素

序号	环境因素	可能造成的有害环境影响	环境影响评价		控制措施
			重大	一般	
1	车辆/设备使用	资源消耗		√	正确使用，及时维修保养，降低损耗
2	车辆/设备漏油	污染土地		√	加强日常设备检修保养
3	车辆/设备水、电、燃油等消耗	能源消耗		√	节约原则、控制使用
4	车辆/设备尾气排放	污染大气		√	排放达标
5	勘测过程中废水排放	污染水体、污染土地		√	达标排放
6	勘测过程中废弃物丢弃	污染土地、污染水体		√	集中收集、统一处置
7	地震勘测	污染大气、噪声排放		√	采用毒性和污染小的炸药、合理计算药量、避免夜间作业
8	城区、居民区勘测作业噪声排放	影响居民生活		√	制定管理制度
9	自然保护区勘测作业	污染土地、污染水体、陆生和水生生物群落减少	√		依据《自然保护区条例》制定措施
10	风景名胜区勘测作业	景观与文物破坏	√		依据《风景名胜区保护区条例》制定措施
11	树木砍伐	生态破坏	√		尽可能避免植被破坏
12	勘测外业占用土地	水土流失	√		制定表土保留、恢复农耕措施

续表

序号	环境因素	可能造成的有害环境影响	环境影响评价		控制措施
			重大	一般	
13	钻场使用火炉引发火灾	污染大气、资源损失	√		制定管理制度
14	火炉炉灰未倒在指定地点引发火灾	污染大气、资源损失	√		炉灰倒在指定地点
15	草原、林区钻探未开防火道引发火灾	污染大气、资源损失	√		钻场周围开出3～5m的防火道
16	钻场未配备充足的灭火器材引发火灾	污染大气	√		配备充足的灭火器材
17	堤防钻孔未封孔	洪涝灾害	√		落实相关规范要求

范例6：办公室（含现场查勘、设代、日常交通）活动有关的环境因素

序号	环境因素	可能造成的有害环境影响	环境影响评价		控制措施
			重大	一般	
1	空调氟利昂泄漏	破坏臭氧层		√	采用优质空调，降低氟利昂泄漏
2	空调水的排放	污染土地		√	收集，排入污水管道
3	复印机、打印机、传真机墨盒废弃	污染土地	√		集中收集存放、处理
4	色带、硒鼓、墨盒的废弃	污染土地	√		集中收集存放、由供应商回收后统一处理
5	旧日光灯的废弃	污染土地	√		集中收集存放、处理
6	旧电池的废弃	污染土地	√		集中收集存放、处理
7	旧计算器的废弃	污染土地	√		集中收集存放、处理
8	旧计算机与网络等设备、配件废弃	污染土地	√		集中收集存放、处理
9	纸张消耗	资源消耗		√	双面使用，电子文档
10	水的消耗	能源消耗		√	安装节水龙头，宣传教育
11	计算机、网络设备使用、照明等电的消耗	能源消耗		√	节约原则，控制使用
12	生活污水排放	污染水体		√	集中排入污水管道
13	办公、生活垃圾排放	污染土地		√	集中回收，分类处理

续表

序号	环境因素	可能造成的有害环境影响	环境影响评价		控制措施
			重大	一般	
14	废弃消防器材	污染大气	√		统一回收
15	车辆耗油	能源消耗		√	制定管理制度
16	车辆尾气的排放	污染大气		√	尾气排放达标
17	火灾	污染大气	√		配备消防设施

范例 7：食堂各项活动中的环境因素

序号	环境因素	可能造成的有害环境影响	环境影响评价		控制措施
			重大	一般	
1	食堂水的消耗	资源消耗		√	安装节水龙头，宣传教育
2	食堂电的消耗	能源消耗		√	使用节电装置，节约原则，控制使用
3	食堂油烟的排放	污染大气		√	安装油烟过滤装置
4	食堂污水排放	污染水体		√	设置隔油池
5	生活垃圾的排放	污染土地		√	统一收集，集中处理
6	生活垃圾运输遗撒	污染路面		√	封闭式运输
7	食堂液化气导致火灾、爆炸	污染大气	√		配备消防设施，正确使用
8	废弃消防器材	污染大气	√		统一回收
9	无灭鼠、蟑螂、苍蝇等设施	危害人群健康	√		设置灭鼠、蟑螂、苍蝇等设施

范例 8：配电室相关的环境因素

序号	环境因素	可能造成的有害环境影响	环境影响评价		控制措施
			重大	一般	
1	变压器渗油	污染土地	√		设隔油盘、定期检查
2	变压器接头老化、发热导致火灾、爆炸	污染大气	√		定期检查、及时更换
3	变压器防爆破膜破损导致火灾、爆炸	污染大气	√		定期检查、及时更换
4	变压器接地线中断导致火灾、爆炸	污染大气	√		定期检查、及时更换

续表

序号	环境因素	可能造成的有害环境影响	环境影响评价		控制措施
			重大	一般	
5	配电屏、控制屏重复接线与保护零线未作电气连接导致火灾	污染大气	√		定期检查、及时维修
6	配电室无防止动物进入措施导致短路、火灾	污染大气	√		增设相应设施
7	耐火等级低于 3 级配电室建筑物、构筑物导致火灾	污染大气	√		配备扑救电气类火灾灭火器、砂箱
8	未装设短路、过负荷保护装置和漏电保护器的配电屏（盘）导致火灾	污染大气	√		装设短路、过负荷保护装置和漏电保护器
9	接地电阻过大导致电气火灾	污染大气	√		按规定装设接地电阻
10	废弃消防器材	污染大气	√		统一回收
11	配电室存放易燃易爆物品引起爆炸、火灾	污染大气	√		制定管理制度

范例 9：试验室各项活动相关的环境因素

序号	环境因素	可能造成的有害环境影响	环境影响评价		控制措施
			重大	一般	
1	水的消耗	资源消耗		√	安装节水龙头，宣传教育
2	电的消耗	能源消耗		√	使用节电装置，节约原则，控制使用
3	纸张消耗	资源消耗		√	双面使用，电子文档
4	试验试剂泄漏	污染土地、污染水体		√	设置防倾倒装置
5	试验废水排放	污染水体		√	集中收集，统一处理
6	空调氟利昂泄漏	破坏臭氧层		√	采用优质空调，降低氟利昂泄漏
7	火灾	污染大气	√		配备消防设施，正确使用
8	化学试剂废液排放	污染水体、污染土地	√		集中收集，统一处理
9	土等材料试块贮存	污染土地		√	贮存在隔离池或器皿中
10	试验材料试样开样、试验、废弃	污染土地		√	集中收集，统一处理
11	试验仪器设备油泄漏	污染土地		√	加装隔油盘
12	现场试验粉尘排放	污染大气		√	采取必要降尘措施

续表

序号	环 境 因 素	可能造成的有害环境影响	环境影响评价		控 制 措 施
			重大	一般	
13	现场试验废液排放	污染土地	√		集中收集，统一处理
14	现场试验设备噪声排放	噪声污染		√	采取必要降噪措施
15	现场试验设备废油排放	污染水体、污染土地		√	集中收集，统一处理
16	现场试验试样废弃	污染土地		√	集中收集，统一处理

范例10：与钻探劳务分包有关的环境因素

序号	环 境 因 素	可能造成的有害环境影响	环境影响评价		施加影响的措施
			重大	一般	
1	自然保护区勘测作业	污染土地、污染水体、陆生和水生生物群落减少	√		分包前对外部供方进行环保要求告知，并对引发后果的责任进行界定
2	地下管道、电缆、人防工程或其他地下设施区域内勘察	地下管道、电缆、人防工程或其他地下设施的破坏	√		分包前向业主索取相关的图纸，向业主了解情况，并把图纸及区域的情况、环保要求告知外部供方，并对引发后果的责任进行界定
3	风景名胜区勘测作业	景观与文物破坏	√		分包前对外部供方进行环保要求告知，并对引发后果的责任进行界定
4	堤防钻孔未封孔	洪涝灾害	√		分包合同中明确堤防应按规范对钻孔进行封孔的要求，对引发后果的责任进行界定，并对钻探分包方的封孔情况进行验收
5	在场区清洗车辆、车辆漏油、场内鸣笛、扬尘飞撒	污染环境		√	分包合同中对此提出要求
6	大量占用场区耕植地	污染环境	√		分包合同中对占用耕植地提出要求，并对引发后果的责任进行界定
7	钻探中排放大量废水	污染环境	√		分包合同中应要求分包方挖沉淀池、排水沟，并对引发后果的责任进行界定

附录 4　风险、机遇及应对措施

价值活动		风险	对风险的说明	机　遇	措　　施
基本活动	市场开发	国际化经营风险	军事、政治、民族、宗教、文化、不同国家的法律法规、人文等方面研究不足，汇率管理欠缺、国际商务能力不足等方面	获得资源（如市场份额、渠道、研发技术等） 利润提升 避免过度竞争 获得国家政策支持 形成规模效应	1. 项目策划阶段识别军事、政治、民族、宗教、文化、不同国家的法律法规、人文等风险，并制定切实可行的应对措施； 2. 与中字头总包方合作； 3. 逐步打造国际化项目管理团队； 4. 及时应对经济局势的变化
		异地经营风险			1. 项目策划阶段识别军事、政治、民族、宗教、文化、不同国家的法律法规、人文等风险，并制定切实可行的应对措施； 2. 了解项目所在地域、流域的设计惯例； 3. 了解当地的特定要求； 4. 了解有无类似设计项目； 5. 当地合作方的陪同、指引
		市场营销风险	价格不当引起恶性竞争，长期低报价导致勘测设计单位经营难度增加；偶尔高报价使顾客与勘测设计单位合作的积极性受到打击	表面看，低报价可帮助勘测设计单位拿到更多的项目；偶尔高报价为勘测设计单位赢取短期利益	遵守报价规则
			勘测设计单位决策者对经营活动决策失误的风险	决策快而灵活，能较快地抓住机会	1. 对风险大的项目、活动等实施集体决策； 2. 经营等职能部门进行市场、项目分析，对风险实施预评估
			经营人员不了解市场规则、规范或法规引起的风险		加强对相关法律法规、规章、市场规则的学习
			勘测设计单位缺乏处理市场营销风险的经验和知识引发的风险		做好知识管理（收集、分享、传承、更新等）
			市场一体化程度加深；项目管理机制落后、管理不规范的单位会逐步失去市场	先行改企的设计单位跨区域经营有更成熟的项目管理经验	1. 规范单位的管理，去掉原事业设计单位的行政痕迹，定位为服务型单位； 2. 设计科学的激励机制，扩大设计单位的产能； 3. 倡导学习型的勘测设计单位氛围
			中小型设计单位普遍规模小，技术实力、资金不足，在市场竞争中处于弱势地位	灵活	1. 中小型设计单位抱团取暖、抱团发展； 2. 打造设计单位的特色核心竞争力； 3. 制定并实施有利于“留技术骨干”的管理办法

续表

价值活动		风险	对风险的说明	机遇	措施
基本活动	市场开发	工程投标风险	以联合体形式投标：增加了管理难度；分工复杂、责任不明确、内部组织复杂；临时组织，工作默契程度不够，增加了内部的业务协调难度和工作量	填补勘测设计单位资源和技术缺口；提高勘测设计单位竞争力；分散、降低勘测设计单位经营风险；适应当前市场环境；能够提高中标人的履约能力	签订共同投标协议
			未对招标文件的实质性要求和条件作出响应		1. 加强对招标文件的了解，弄清业主的意图； 2. 加强投标文件的评审，确保响应招标文件
			合同不规范，《建设工程设计合同》的内容不详细具体；建设工程设计文件包括图纸的著作权的归属未进行约定		1. 对合同进行法务审查； 2. 合同中对图纸的著作权等进行约定
		合同管理风险	主要表现为效益风险和法律、诉讼管理风险，传统的设计公司缺乏市博弈意识，过程文件建立、保管不善、缺乏诉讼经验，在诉讼中往往处于被动的局面		1. 形成合同管理制度，规范合同管理的内容； 2. 指定专人对合同实施动态管理，对合同实施中的异常情况如合同暂停等做好备注并及时汇报相关领导采取相应的措施
		法律法规风险	未满足《安全生产法》《环境保护法》《合同法》《劳动法》等法律法规引发的风险等，如外包方管理引发的连带责任风险，包括违法外包、外包方没有资格、对外包活动监管不到位；单位的法律意识淡薄等情况		1. 加强相关人员对相关法律法规的学习； 2. 对易引起法律法规风险的活动，在法律法规的框架下，结合单位的实际情况，形成管理制度、管理办法； 3. 加强监管、审查、审批、审计等控制
	生产管理	项目管理风险	项目负责人不熟悉对现场情况，现场钻探作业条件不满足	二次经营，由于项目负责人提供的优良的专业和服务水平，使业主成为忠诚的顾客群，成为再次合作的基础	策划阶段项目负责人应主动向业主联系人了解场地的情况，对外业调查并尽求调查充分
			未对野外作业及生活合理安排，各外业工序不衔接		1. 安排项目管理经验丰富的项目负责人； 2. 策划应充分，对各关键工序协调安排； 3. 加强《地质勘察大纲》的审批； 4. 加强对项目负责人的项目管理能力相关的培训

续表

价值活动		风险	对风险的说明	机遇	措施
基本活动	生产管理	项目管理风险	未正确处理与当地老百姓的利益矛盾问题	二次经营，由于项目负责人提供的优良的专业和服务水平，使业主成为忠诚的顾客群，成为再次合作的基础	1. 提前了解当地的民风、民俗、特定的要求； 2. 加强与当地老百姓沟通协调； 3. 作业活动占用耕植地、废水排放、废油排放、噪声排放等尽量遵守法律法规与标准规范的要求
			未对现场进行验收，未有效勘测设计单位撤场		撤场前必须进行验收，尤其是堤顶封孔情况、分包方的工作量、工作质量等方面的验收
			分包人不服从项目负责人指挥		1. 分包合同中约定双方的责权利； 2. 做好分包前的供方评价； 3. 必要时更换分包方
		产品质量风险	业务经验不足、人力资源紧张，生产管理能力欠缺		1. 加强对技术人员业务能力的培训； 2. 项目组成员安排时尽求新老搭配； 3. 做好单位的项目管理经验和教训积累，并对相关的技术人员分享
			所采用的标准规范不适用、违反强制性条款		1. 项目策划时识别项目应遵循的强条规定； 2. 加强《设计工作大纲》《勘察大纲》审批； 3. 对成果校核、审查时应关注标准规范的适用性及遵守强条的情况； 4. 必要时单位技术委员会、总工办组织对成果进行出院前的内部确认
		设计变更风险	不规范的设计变更的风险		1. 依据行业规定及单位的实际情况，形成《设计变更管理办法》； 2. 重大设计变更前，必须经过单位技术负责人的批准； 3. 规避建设单位、施工单位引发设计变更的风险，必须要求其提供书面的工程联系单或其他可行的书面方式； 4. 设代人员在施工现场的设计变更，必须执行单位关于设计变更的规定，考虑本专业的变更对其他专业带来的风险，避免随意变更

续表

价值活动		风险	对风险的说明	机　遇	措　　施
基本活动	生产管理	安全生产风险	主要涉及地质钻探、质量检测、交通出差、设代服务等较高风险岗位失控导致的安全生产风险（如野外施工时钻塔触高压线；遭遇暴雨雷电山洪暴发等；特殊地质条件施时出现的钻机陷落倾倒难以处理的埋钻卡钻事故；地下水涌出；水上施工时遭遇风暴、洪峰、钻探平台倾覆等；在外业作业期间发生违反法律法规和当地民俗的事件；未佩戴安全防护用品；交通路施工未采取安全措施等）		1. 单位应建立《安全生产管理制度》； 2. 落实地质钻探、司机等安全高风险岗位的安全责任制度； 3. 明确地质钻探、设代服务等外业现场的安全员或安全管理人员； 4. 作业前识别作业现场的危险源，明确相关的控制措施，并由项目负责人或项目负责人授权专人对作业人员进行安全技术交底； 5. 根据实际情况配备安全防护用品、应急药品等应急物资； 6. 明确专人对作业现场进行安全作业监管； 7. 必要时封闭施工、现场张贴标志； 8. 应当按照法律、法规和工程建设强制性标准进行设计，防止因设计不合理导致生产安全事故的发生； 9. 应当考虑施工安全操作和防护的需要，对涉及施工安全的重点部位和环节在设计文件中注明，并对防范生产安全事故提出指导意见； 10. 采用新结构、新材料、新工艺的建设工程和特殊结构的建设工程，设计单位应当在设计中提出保障施工作业人员安全和预防生产安全事故的措施建议
		环境风险	滑坡、泥石流、崩塌、地震等不可抗力引起的灾害，对项目实施的影响；地质条件较复杂地区对工程的影响；不良气象条件对工程的影响；各种地下管线、市政设施及周边建筑物调查不清对工程的影响等		1. 项目策划时了解项目所在地的自然地理条件； 2. 主动与业主沟通，索取场区地下管线、市政设施等方面的资料； 3. 外业作业前了解天气等气象条件； 4. 外业作业前项目负责人对作业人员进行环境交底； 5. 确保遵守环境保护的法律法规及要求，在勘测设计中采取减少工程对生态环境的影响
		业务协作效应风险	规划设计、勘察、测量、检测等专业缺乏有效的协同和管理机制引发的风险		1. 策划时对专业接口进行安排； 2. 易产生纠纷、造成质量风险的接口（如提交中间成果）应保留专业互提资料单

续表

价值活动		风险	对风险的说明	机　遇	措　　施
基本活动	生产管理	人力资源风险	人才竞争越来越激烈，人才短缺、人员流失、人才断层等；存在激励约束风险，如收入分配制度不完善、分配方式不合理等导致的无法有效调动和激发员工的积极性和创造性		1. 高薪聚集人才； 2. 雇用猎头，专猎高手； 3. 兼并收购，并获取整个被兼并收购单位的人才； 4. 设立实地基地，跟踪高校人才成长情况，并通过实习等加强对人才的了解和吸引； 5. 完善激励机制，提升职工的薪酬满意度；必要时对骨干人员采取股权激励； 6. 完善职工的职业发展体系
		信息安全风险	网络及信息化平台的应用带来的风险，比如病毒袭击、手机信息及邮箱信息安全等；软硬件的损坏带来的信息损失	及时、高效快捷、环保	1. 搭建与项目管理运行环境相似的测试环境，慎重对待版本更新； 2. 配备经验丰富的数据库管理人员； 3. 采用有效的备份策略
		资质管理改革风险		避免行业垄断；避免资质挂靠；减少管理成本；勘测设计单位的发展逐渐分化	1. 勘测设计单位应根据业务发展需要，提前做好资质布局； 2. 中小型的勘测设计单位可加强与外部合作，抱团发展； 3. 加强技术标准化建设和知识管理，加强单位的业绩管理和品牌建设，打造核心竞争力，提升无形资产价值和品牌影响力，以应对弱化单位资质的市场竞争； 4. 加强人才培养，采用好的激励与个人职业发展机制，吸引、留住优秀人才； 5. 可考虑合伙人机制、股权激励
辅助活动		战略制定与管理风险	比如设计公司大多缺乏专业的管理人员，缺乏对宏观环境的研究和判断，在计划经济体制下，该设计公司以大多采用上级主管部门安排任务的方式进行生产运营，并且很多设计公司几乎没有深入地探索过勘测设计单位的发展方向，战略规划的制定也多是满足上级主管部门的要求，缺乏可操作性，对如何发挥设计公司的技术和知识优势，尚缺乏系统和深入的思考等方面导致的战略风险	为勘测设计单位的可持续发展明确方向	1. 制定战略时，勘测设计单位应进行内外部环境分析，并调研利益相关方的要求和期望； 2. 优化勘测设计单位的发展环境； 3. 完善勘测设计单位的战略资源； 4. 提升高层管理者的领导能力、决策能力，科学决策，重大事项集体决策

续表

价值活动	风险	对风险的说明	机　遇	措　　施
辅助活动	财务风险	财务结构不合理、融资不当等	为勘测设计单位的可持续发展提供支持	1. 加强财务管理，建立适应内外部环境的财务管理系统； 2. 加强对财务人员财务风险的教育，强化审计监督，提高财务决策的科学化水平； 3. 树立风险意识，加强成本控制，发挥资源的最大价值； 4. 合作前对客户的资信进行评估，加强合同额的回收
	勘测设计单位文化风险	如跨国经营，不同国家文化的差异导致了单位内部的误会和摩擦；如员工队伍多元化、勘测设计单位文化变革等引发的文化差异对勘测设计单位经营的影响	跨国经营文化优势	1. 树立正确的勘测设计单位文化风险观，重视文化风险的存在及其对单位的国际化经营的重大影响； 2. 制定文化风险管理战略； 3. 选择适当的风险控制工具； 4. 开展跨国文化经营的培训，加强对不同文化环境的反应和适应能力，防止和解决文化冲突； 5. 实行本土化经营

附录5　临时用工管理相关模板

范例1：临时用工劳务协议

甲　方：

乙　方：____________　身份证号码：____________　电话号码：

根据《中华人民共和国劳动合同法》《安全生产法》《建设工程安全生产管理条例》《劳务派遣暂行规定》等有关法律、法规和政策的规定，经双方平等协商，订立本用工合同。

一、协议期限

协议期限自年月日时起至　　　年　　月　　日时止。

二、工作内容

乙方的工作任务或职责：______________________________

三、甲、乙双方责权

1. 甲方

(1) 甲方为乙方提供生产所需的劳动防护用品。

(2) 依据《安全生产法》《建设工程安全生产管理条例》《岩土工程勘察安全规范》等规定，作业前对临时用工进行安全技术交底。

(3) 勘测现场的项目负责人、安全管理人员应对劳务人员的作业进行监管。

(4) 勘测项目组在使用临时工时须与其签订临时工协议并报人力资源部门备案。

(5) 甲乙双方为非劳动双方关系，甲方不承担乙方的社会保险责任。

2. 乙方

(1) 乙方服从甲方的生产安排，完成生产任务，保证产品质量。

(2) 乙方应遵守甲方依法制定的相关管理制度、安全操作规程，按规定配备劳动防护用品。

(3) 爱护甲方财产，保管好甲方提供的工具，发生丢失/损坏照价赔偿。

(4) 未经甲方允许，不得携带甲方任何物品离开工作区域。

(5) 乙方（工作协议期内）因自身健康生病（含重、慢、传等疾病）所发生的医疗费用和赔偿责任，由乙方全部承担。

(6) 乙方在办理用工手续时需提供本人身份证复印件。

四、临时工待遇

1. 甲方为乙方购买意外伤害保险，如乙方在工作时间内因工发生人身伤害费用由甲方垫付，保险理赔款打入甲方账户。

2. 工作报酬

甲方支付乙方工资为____元/天，甲方按照乙方的出勤天数计算薪资，薪资与每月____日以现金/转账的形式支付给乙方。

五、特别约定

因乙方的特殊身份，乙方在甲方提供劳务期间受到伤害的，不属于工伤，按照民事纠纷处理，双方根据责任大小确定承担损失的比例；因乙方违规行为造成自身、甲方或第三方损害的，损害赔偿责任由个人承担。

乙方在提供劳务合同期间患病或其他个人原因不能提供劳务的，本协议自动终止，甲方除应结清乙方劳务费用外，不承担其他责任。

六、协议变更、终止、解除的条件

如有违反甲方工作纪律的，甲方有权解除本协议；乙方对甲方的工作安排、工资待遇或其他种种原因如有不满，同样有权解除合同，但需提前3天通知甲方。乙方由于健康原因不能履行本协议义务的，本协议终止。

七、本合同一式三份，甲方用人单位、人力资源部各一份，乙方一份，经双方签字盖章后生效。

甲方（盖章）：　　　　　　　　　　　　乙方（签字）：

年　　月　　日　　　　　　　　　　　　年　　月　　日

范例2：技术质量、安全、环保交底记录表（适用钻探临时用工的交底）

年　　月　　日

工程名称		工程编号	
勘察阶段		项目负责人	
交底人		交底地点	
被交底人			
技术质量安全交底内容	1. 技术质量要求，执行《勘察大纲》《勘察任务书》及行业标准规范的规定。 2. 安全操作要求 执行现行的法律法规、规章及《岩土工程勘察安全规范》《地质勘探安全规程》等相关的标准规范的规定，执行院安全生产管理相关的制度规定。具体如下（请根据项目实际情况进行选择）： （1）煤气泄漏、易燃物品危险存放。控制措施：建立野外食堂安全管理制度，严加防范用煤、气的安全，易燃物品做到安全存放。 （2）柴油机噪声大。控制措施：柴油机安装消声器，勘探过程使用小油门供油。 （3）泥水污染马路面和堵塞下水道。控制措施：通过三通、输水管、泥浆桶组成内循环系统，孔与孔泥浆进行循环使用，最终泥浆挖坑掩埋。		

续表

技术质量安全交底内容	(4) 泥水污染水域。控制措施：通过三通、输水管、泥浆桶组成内循环系统，孔与孔泥浆进行循环使用，最终泥浆挖坑掩埋。 (5) 机油、柴油污染水域。控制措施：漏油处采用收集装置，并将废油带回集中处理。 (6) 岩石爆破产生粉尘、烟气过多。控制措施：装配抽风、大排气扇等设施，以控制洞内粉尘、烟气浓度。 (7) 砍伐树木、破坏植被。控制措施：策划最优工作方案，减少砍伐树木和植被破坏，破坏的植被要尽量予以恢复。 (8) 野外生火。控制措施：严禁带火种进山。 (9) 钻机自装自卸。控制措施：采用葫芦、环链、滑轮组合装卸。 (10) 高压线下作业。控制措施：在安全距离下作业，施钻过程中安排兼职人员监视钻探作业安全施工，必要时按规定配备劳护用品。 (11) 风景名胜区、文物保护区、自然保护区作业。控制措施：执行法律法规规定。 (12) 高温、严寒等不良气候作业。控制措施：安排适当的工作人员，配备防暑药、防寒用品。 (13) 雷电、暴雨、台风等不良气候作业。控制措施：了解工作区的地形、地貌、气候、地质水文等条件，大致掌握雨季易发生的自然灾害，掌握一定的应急能力；关注天气预报，尽量错开；外业作业中遇雷电、暴雨、台风等不良气候时，应有应急措施严禁强行涉水及在不安全的坡坎下避雨。做好作业人员和勘察设备的安全防护工作；钻探平台和钻架搭建后应检测雷电、暴雨、防雷装置的安全性，安全无保障严禁施钻，同时在施钻过程中，按一定频次检查以确保安全。 (14) 交通路边作业。控制措施：作业区域拉警戒线，封闭施工，作业人员穿反光服等防护用品，钻场上沿道路两端30～50m范围设置警示标志物，且施钻过程中安排兼职人员监视交通安全。 (15) 涉水作业、水流太急。控制措施：多加地锚固定，风险仍未消除立即停止作业，并且施钻过程中由专职人员监视水上作业安全。配备必要的救生设备方可从事水上钻探，并且施钻过程中安排兼职人员监视水上作业安全。 (16) 蚊虫、毒蛇、野兽、马蜂窝。控制措施：佩戴适宜的劳保用品，配备适宜的防护药品。 (17) 泥石流、洪水、滑坡。控制措施：针对场地条件做好应急准备，编制详细的现场应急预案，并安排专职人员监视现场安全。 (18) 洞内存在大量废气、烟、灰尘，缺氧。控制措施：a) 严禁使用柴油机作动力；b) 抽风、装排气扇；c) 洞内放炮后，必须将烟气排干净后才能进去；d) 进洞时要戴眼镜及多层口罩。 (19) 探头石掉下。控制措施：a) 认真清除探头石；b) 戴安全帽；c) 机台上方设防护网。 (20) 拉设电线不规范，没有配备相应的防护装置（如装漏电开关等）。控制措施：a) 由专业电工布设电线；b) 配备符合要求的防护装置；c) 安排专业电工负责场地用电安全。 (21) 设备与人员混装。控制措施：拉运钻探设备的后车箱严禁人员混装搭乘，并安排兼职人员监视行车安全。 (22) 地下管线、通信电缆、军用电缆区域作业、控制措施：制定周密的钻探方案及管线的保护方案，了解地下管线的分布情况，实施对地下管线的探测，明确对地下管线的管径、埋深及走向；制定地下管线被破坏后的应急措施。 (23) 钢丝绳断脱。控制措施：施钻前和施钻中安排兼职人员按一定频次检查钢丝绳磨损和连接强度，确保钢丝绳安全。 (24) 吊锤杆与钻杆脱扣。控制措施：锤击前拧紧丝扣，锤击过程不断紧丝，并安排兼职人员监视锤击过程的安全。 (25) 操作工升降钻杆过快。控制措施：操作工慢速升降钻杆，把守井口人员注意力要高度集中，兼职人员监视井口操作安全。 (26) 用手摸钢丝绳。控制措施：严禁用手摸钢丝绳，施钻过程中安排兼职人员监视钢丝绳安全。 (27) 其他。

范例3：技术质量、安全、环保交底记录表（适用测量临时用工的交底）

<table>
<tr><td>工程名称</td><td></td><td>工程编号</td><td></td></tr>
<tr><td>项目负责人/交底人</td><td></td><td>交底时间及地点</td><td></td></tr>
<tr><td>被交底人</td><td colspan="3"></td></tr>
<tr><td>技术质量及安全交底内容</td><td colspan="3">1. 技术质量要求，执行《测量技术设计书》的规定。
2. 测量外业安全，执行现行的法律法规、规章及《测量作业人员安全规范》等相关的规定，执行公司《安全生产制度》规定。具体如下（请根据项目实际情况进行选择）：
（1）高压输电线路、电网等区域作业。控制措施：测量人员应采取安全防护措施，优先选用绝缘性能好的标尺等辅助测量设备，避免人员和标尺、测杆等测量设备靠近高压线路，防止触电。
（2）交通出差路上。控制措施：明确行车计划，对车辆进行安全检查，检查各部件是否灵敏，油、水是否足够，轮胎充气是否适度，特别检查传动系统、制动系统、方向系统，灯光照明等主要部件是否完好，发现故障应进行检修，禁止勉强出车；严禁疲劳驾驶；外业车辆应配备应要的检修工具和通信设备。
（3）交通路边作业。控制措施：作业区域拉警戒线，封闭施工，作业人员穿反光服等防护用品，安排人员监视行车安全。
（4）水上作业。控制措施：作业人员应穿救生衣，避免单人上船作业。应选用租用配有救生圈等救援物资的设备；租用的船应具有营业许可证；船工应熟悉水性；大风浪时段不能强行作业；海边作业应注意涨落潮时间。
（5）高温、严寒等不良气候作业。控制措施：安排适当的工作人员，配备防暑药、防寒用品。
（6）雷电、暴雨、台风、浓雾、冰雹等不良气候作业。控制措施：了解工作区的地形、地貌、气候、地质水文等条件，大致掌握雨季易发生的自然灾害，掌握一定的应急能力；关注天气预报，尽量错开；外业作业中遇雷电、暴雨、台风等不良气候时，应有应急措施严禁强行涉水及在不安全的坡坎下避雨。做好作业人员和测量设备的安全防护工作。
（7）军事要地、边境、少数民族地区、林区、风景名胜区、文物保护区、自然保护区作业。控制措施：应事先征得有关部门同意，了解当地民情和社会治安等情况，遵守所在地的风俗习惯及有关安全、环保规定。
（8）进入单位、居民宅院进行测量。控制措施：先出示相关证件，说明情况再进行作业。
（9）蚊虫、毒蛇、野兽、马蜂窝、微生物、流行传染病种等。控制措施：佩戴适宜的劳保用品，配备适宜的防护药品；组织作业人员学习防疫、防污染知识，对发生高致病的疫区，禁止作业人员进入。
（10）进入海岛、高山、沼泽地等人烟稀少地区或原始森林地区作业。控制措施：作业前须认真了解当地的情况，并及时记入工作手册；配备必要的通信器材，以保持个人与项目组的联系；应配备必要的判定方位的工具，必要时请熟悉当地情况的向导带路；禁止单独作业。
（11）车辆穿越河流。控制措施：要慎重选择渡口，了解河床地质、水深、流速等情况，采取防范措施安全渡河。
（12）泥石流、洪水、滑坡。控制措施：针对场地条件做好应急准备，编制详细的现场应急预案，并安排专职人员监视现场安全。
（13）比例尺、高程系统或点之记有误的测量成果，测量成果不满足相关设计阶段深度要求。控制措施：通过自查、互查、过程检查、最终检查等环节实施控制。
（14）其他环境因素和危险源在项目实施过程中按相关文件要求给予控制。
（15）其他。</td></tr>
</table>

附录6 专项预案范例

范例1：火灾应急预案

根据《中华人民共和国消防法》《中华人民共和国突发事件应对法》《生产安全事故报告和调查处理条例》、GB/T 29639—2013《生产经营单位生产安全事故应急预案编制导则》等法律法规规定，结合单位实际情况，为保证员工的生命安全及单位的财产安全，特制定本预案。

1 引发事故的原因

可能引发事故的原因，主要有以下几点：

(1) 电源及网络线路老化，乱拉乱接临时短路造成火灾。

(2) 违章使用电器造成。

(3) 建筑物防雷措施欠缺。

(4) 乱扔烟蒂等造成。

2 应急处置基本原则

火灾事故应当遵循的基本原则：首先组织营救受害人员，组织撤离或者采取其他措施保护危险危害区域的其他人员；迅速控制事态，并对事故造成的危险进行消除；消除危害后果，做好现场恢复。

3 组织机构及职责

勘测设计单位安全委员会主任/主要负责人为单位安全的第一责任人，对本单位消防安全工作全面负责。

成立急救援领导小组如下：

领导小组组长：单位安全生产委员会主任，由单位主要负责人担任；

副　　组　　长：单位安全生产委员会副主任，由分管负责人担任；

成　　　　　员：单位安全生产委员会各委员，由各部门负责人担任。

4 应急响应程序

人　员	职　　责
发现第一人	1. 呼叫失火（或用口哨等其他方式报警）； 2. 要辨别起火地点； 3. 如果有可能，使用灭火器或其他方法灭火
野外项目负责人/现场负责人	1. 呼喊现场和周围的每一个人； 2. 关断电源； 3. 快速有秩序地撤到紧急集合点； 4. 在保证安全的情况下，组织灭火； 5. 负责向部门领导报告，如在野外现场，同时向甲方报告

续表

人员	职责
甲方/部门领导	1. 清点人数，负责拨打求救电话：火警 119； 2. 负责向单位安全委员会汇报
单位安全委员会/单位主要负责人	1. 决定启动应急预案和应急响应级别； 2. 制定灭火方案； 3. 组织人员疏散、隔离、灭火、清理和救护； 4. 向上级报告； 5. 向当地政府报告； 6. 组织应急资源去往现场，必要时甲方参与； 7. 在现场联合指挥下实施抢险、警戒、疏散危险区居民

5 火灾的应急处置（现场处置方案）

步骤	处置	负责人
发现起火或有烟雾	呼叫失火（或用口哨等其他方式）	第一发现人
切断电源	关闭楼层电源、总电源	现场人员、单位电源管理责任人
确认起火大小	初起起火立即利用灭火器进行扑救	第一发现人
人员集合	撤离安全地带（既定的紧急集合点）	现场负责人/野外项目负责人
报告、记录资料	现场负责人/野外项目负责人向部门领导报告（野外项目负责人向甲方报告）；部门领导向单位安全委员会报告；单位主要负责人向上级、当地政府报告	现场负责人/野外项目负责人、部门领导、单位主要负责人
判定火情	确定响应级别及需要的灭火器材种类	安全委员会/单位主要负责人
报警及求助（如需要）	拨打火警电话、与定点医院联系	部门领导
制定灭火方案	详细考虑着火性质、火势、灭火能力情况等	安全委员会/单位主要负责人
警戒	建立相应警戒区，设立警戒线，负责警戒区内非应急人员疏散，禁止无关人员进入警戒区	部门领导等安全委员会成员/安全员
组织扑救	集中消防器材	安全委员会/单位主要负责人
	组织应急人员进行分工	
	按灭火方案进行扑救	
报告联系及记录资料	部门负责人/野外项目负责人向单位安全委员会报告；单位主要负责人向上级、当地政府报告	野外项目负责人、部门领导、安全委员会及单位主要负责人
组织清理	清理余火等现场隐患	安全委员会/单位主要负责人

应急处置关键环节控制：

（1）组织人员疏散。

1）组织人员有序撤离，避免出现推、挤现象。不可乘坐电梯，要选择从楼梯撤离。烟雾较浓，可用淋湿的衣物、毛巾遮捂口鼻，低姿撤离，尽量避免吸入有毒烟雾。

2）注意疏散路线选择。首选路线向一楼撤离，撤离到楼外安全区域。若向下的楼梯被阻断，无法通过，则向天台撤离，在天台上等待营救。

3）人员疏散完毕后，经清点人数，发现遗漏立即安全委员会报告，组织搜寻救援。

（2）扑救初期火灾。

1）火灾发生后，火灾发现人/部门领导应立即切断现场电源，在保证自身安全的前提下，利用办公室配备的灭火器扑救初期火灾，防止火势蔓延。

2）如发现有人员被火势围困时，应先救人后救火。如发现附近有易燃易爆品受到火势威胁时，应迅速将其转移到安全地点。

3）若现场火势较大，扑救难度大，危险性高，应在安全地点做好准备，等待消防部门到达后，听从专业消防人员指挥，协助灭火。

（3）应急恢复。

1）火灾被彻底覆灭，确认不会复燃，安委会终止应急状态。

2）清点人员伤亡情况，估算财产损失，清理现场尽快回复生产。

3）分析事故原因，向单位全体员工通报事故情况，总结经验教训。

6 报火警程序

办公室内人员发现办公楼发生火灾应及时向安全委员会报告，起火地点附近人员迅速采取措施对初期火灾进行扑救。若火势较大应立即拨打“119”报警。报警时要沉着冷静，说明以下内容：

（1）火灾发生的准确位置及具体起火部位。

（2）失火的情况，火势大小、有无被困人员、危险物品、重要物资，等等。

（3）报警人姓名、电话。

7 火灾事故报告

（1）报告程序。

事故发生后，事故现场有关人员应当立即向单位主要负责人/安全委员会报告；单位负责人接到报告后，应当于1小时内向上级、事故发生地县级以上人民政府安全生产监督管理部门和负有安全生产监督管理职责的有关部门报告。

情况紧急时，事故现场有关人员可以直接向事故发生地县级以上人民政府安全生产监督管理部门和负有安全生产监督管理职责的有关部门报告。

（2）报告内容。

报告事故应当包括下列内容：

1）事故发生单位概况；

2）事故发生的时间、地点以及事故现场情况；

3）事故的简要经过；

4）事故已经造成或者可能造成的伤亡人数（包括下落不明的人数）和初步估计的直接经济损失；

5）已经采取的措施；

6）其他应当报告的情况。

（3）事故补报。

事故报告后出现新情况的，应当及时补报。

火灾事故自发生之日起7日内，事故造成的伤亡人数发生变化的，应当及时补报。

8 应急物资与装备保障

（1）现场备用医用急救箱考虑有外伤等外用药物，保证医药器材的完整性，用完物品及时补充；保证药品的使用日期，过期药品不能使用。

（2）消防器材、疏散图、消防安全标志、安全疏散出口等。

（3）重要应急电话：事故所在地急救电话“110”“120”及就近医院电话，由项目负责人进驻现场后获得并写在项目相关的预案中；甲方负责项目部门的电话：由项目负责人进入现场后及时获得并写在项目相关的预案中；单位有关领导和部门电话。

9 预案管理

（1）预案培训。

安全委员会协同安全主管部门负责安排对应急人员、应急指挥人员、相关员工的应急能力进行培训，使其了解并掌握应急预案总体要求和与员工相关的详细要求内容。

（2）预案演练。

公司应根据实际情况，组织应急预案演练。仓储安全部负责组织应急预案演练。演练可以采用桌面、实战等形式进行。

（3）预案修订。

安全委员会负责应急预案的修订。无特殊原因，每年度对专项应急预案进行一次修订。如有以下原因应及时对应急预案进行修订：

1）新的相关法律法规颁布实施或相关法律法规修订实施；

2）通过应急预案演练或经突发事件检验，发现应急预案存在的缺陷或漏洞；

3）应急预案中组织机构发生变化或其他原因。

10 工作区火灾自救方案

（1）火势尚不大，可身披湿毛毯等冲出去；

（2）从屋顶逃生，床单结绳或顺下水管等下滑；

（3）关闭门窗，并往上洒水（防火、防烟）；

（4）发出求救信号，如向外打手电、抛软小物品、敲打锅碗瓢盆；

（5）不要仓促跳楼、扔沙发垫、床垫（低层建筑物）等，拉住窗台下滑；

（6）最好使用逃生绳；

（7）保持冷静切不可头脑发热；

（8）不可为穿衣、找钱浪费宝贵的逃生时间；

（9）不可坐电梯；

（10）不要急于返回火场清理财物；

（11）特别要注意防烟。

范例2：触电事故专项应急预案

根据《中华人民共和国突发事件应对法》《生产安全事故报告和调查处理条例》、GB/T 29639—2013《生产经营单位生产安全事故应急预案编制导则》等法律法规规定，结合单位实际情况，为保证员工的生命安全及单位的财产安全，特制定本预案。

1 事故类型和危害程度分析

野外勘测作业现场配电箱隔离设备不符合要求、现场临时用电线架设不符合要求、现场用电标识、警示不明、现场配电箱设备缺陷、现场发电机防护不当、办公区各类电器插座/插头/开关老化、办公室乱接电线、接近野外作业现场临时用电等易引发触电伤害事故。

触电事故分为电击和电伤事故。电流通过人体内部，能使肌肉产生突然收缩效应，产生针刺感、压迫感、打击感、痉挛、疼痛、血压升高、昏迷、心律不齐、心室颤动等症状。数十毫安的电流通过人体可使呼吸停止，数十微安的电流直接流过心脏会导致心室纤维性颤动。室颤电流约为50mA，发生心室纤维性颤动后，如得不到及时救治，数分钟甚至数秒即可导致生物性死亡。

2 应急处置基本原则

坚持“安全第一、预防为主”的应急处置工作方针，树立“以人为本”的理念，认真落实各项应急救援措施，确保受伤人员得到及时救治，确保应急救援人员安全施救；应急救援行动实行统一指挥、分级管理、协同作战、以单位自救为主，同时和社会救援相结合的应急处置工作原则。

3 组织机构及职责

勘测设计单位安全委员会主任/主要负责人为单位安全的第一责任人，对本单位消防安全工作全面负责。

成立急救援领导小组如下：

领导小组组长：单位安全生产委员会主任，由单位主要负责人担任；

副　组　长：单位安全生产委员会副主任，由分管负责人担任；

成　　员：单位安全生产委员会各委员，由各部门负责人担任。

4 应急响应程序

人　员	职　责
发现第一人	1. 立即切断触电者所触及的导体或设备的电源； 2. 想方设法使伤者脱离电源，摆脱险境； 3. 向野外项目负责人/部门领导报告
野外项目负责人/部门领导	1. 拨打“120”急救电话，进行初步急救； 2. 向安全委员会、单位主要负责人报告； 3. 根据组织现场医疗资源赶往伤者现场，提出救助方案； 4. 组织现场救助力量（人员、车辆、器材、药品）救助，必要时向当地医院护送
单位安全委员会	1. 赶往伤者现场或医院； 2. 判定伤者的情况，确定下步救助方案； 3. 向上级、甲方和当地政府报告

5 应急处置（现场处置方案）

步　骤	处　置	负责人
脱离电源	首先要立即切断电源，使触电人员脱离电源：一是立即切断触电者所触及的导体或设备的电源；二是设法使触电者脱离带电部分	发现第一人、野外项目负责人/部门领导、安全委员会及主要单位负责人

续表

步　骤	处　置	负责人
脱离电源	低压触电时，可采取以下脱离电源的措施： (1) 如果电源开关或插销在触电地点附近，应立即拉开开关或拔开插头。 (2) 如果触电地点远离电源开关，可使用有绝缘柄的电工钳或有干燥木柄的斧子等工具切断电源。 (3) 如果导线打落在触电者身上，或触电人的身体压住导线，可用干燥的衣服、手套、绳索、木板等绝缘物作工具，拉开触电者或移开导线。 (4) 如果触电者的衣服是干燥的，又没有紧缠在身上，则可拉着他的衣服后襟将其脱离带电部分，此时救护人不得用衣服蒙住触电者，不得直接拉触电者的脚和躯体以及触碰周围的金属物品。 (5) 如果救护人手中握有绝缘好的工具，也可拉着触电者的双脚将其脱离带电部分	发现第一人、野外项目负责人/部门领导、安全委员会及主要单位负责人
	高压触电时，可采取以下脱离电源的措施： (1) 立即拉电闸或通知变配电室停电。 (2) 戴上绝缘手套，穿好绝缘鞋，使用相应电压等级的绝缘工具按顺序拉开电源开关。 (3) 使用绝缘工具切断导线	
抢救伤员	触电人员脱离电源后，发现心跳呼吸停止应立即进行心肺复苏	野外项目负责人/部门领导、安全委员会及主要单位负责人
	拨打“120”急救电话	
	做人工呼吸：在等待医护人员到达之前，应坚持不懈地做下去，直到医生到达	
	对已恢复心跳的伤员，千万不要随意搬动，以防心室颤动再次发生而导致心脏停搏，应该等医生到达或等伤员完全清醒后再搬动	
应急照明	触电事故导致现场停电时，应急救援现场应设置应急照明灯	野外项目负责人/部门领导、安全委员会及主要单位负责人
应急疏散	高压触电事故发生后，事故现场人员应迅速逃离触电事故现场；无法逃离时应尽可能采取相应的应急避险措施，如到可靠的不带电空间躲避、使用绝缘防护用品等避险措施，待应急救援人员赶到后及时呼救请求救援	
	设立警示标志：触电事故现场区域应有明显警戒标志	
清理	触电事故现场得以控制，触电人员得到有效救治，环境符合有关标准，导致次生、衍生事故隐患消除后，经事故现场应急指挥机构批准后，现场应急结束	
报告联系及记录资料	部门负责人/野外项目负责人向单位安全委员会报告；单位主要负责人向上级、当地政府报告	

注意事项：切断电源时，如果触电人员在高处，应采取防止高空坠落的措施，预防断电时，触电人员发生高空坠落事故。

6　报警程序

办公室内人员发现办公楼/野外勘测现场发生触电事故时，应及时向安委会报告，事故地点附近人员迅速采取措施对初期事故采取扑救措施。若事故较大应立即拨打 119 报警。报警时要沉着冷静，说明以下内容：

（1）事故发生的准确位置及引发事故的原因。

（2）事故的情况，事故大小、有无被困人员、危险物品、重要物资，等等。

（3）报警人姓名、电话。

7　事故报告

（1）报告程序。

事故发生后，事故现场有关人员应当立即向单位主要负责人/安全委员会报告；单位负责人接到报告后，应当于 1 小时内向上级主管部门、事故发生地县级以上人民政府安全生产监督管理部门和负有安全生产监督管理职责的有关部门报告。

情况紧急时，事故现场有关人员可以直接向事故发生地县级以上人民政府安全生产监督管理部门和负有安全生产监督管理职责的有关部门报告。

（2）报告内容。

报告事故应当包括下列内容：

1）事故发生单位概况；

2）事故发生的时间、地点以及事故现场情况；

3）事故的简要经过；

4）事故已经造成或者可能造成的伤亡人数（包括下落不明的人数）和初步估计的直接经济损失；

5）已经采取的措施；

6）其他应当报告的情况。

（3）事故补报。

事故报告后出现新情况的，应当及时补报。

触电事故自发生之日起 30 日内，事故造成的伤亡人数发生变化的，应当及时补报。

8　应急物资与装备保障

（1）现场备用医用急救箱考虑有外伤等外用药物，保证医药器材的完整性，用完物品及时补充；保证药品的使用日期，过期药品不能使用。

（2）消防器材、疏散图、消防安全标志、安全疏散出口、应急照明灯、维修工具、绝缘工具等；主要防护用品包括：防护头盔、防护手套、安全带、防护眼镜、防毒口罩等。

（3）重要应急电话：事故所在地急救电话 110、120 及就近医院电话，由项目负责人进驻现场后获得并写在项目相关的预案中；甲方负责项目部门的电话：由项目负责人进入现场后及时获得并写在项目相关的预案中；单位有关领导和部门电话。

9　预案管理

（1）预案培训。

安全委员会协同安全主管部门负责安排对应急人员、应急指挥人员、相关员工的应急能力进行培训，使其了解并掌握应急预案总体要求和与员工相关的详细要求内容。

（2）预案演练。

公司应根据实际情况，组织应急预案演练。仓储安全部负责组织应急预案演练。演练可以采用桌面、实战等形式进行。

（3）预案修订。

安全委员会负责应急预案的修订。无特殊原因，每年度对专项应急预案进行一次修订。如有以下原因应及时对应急预案进行修订：

1）新的相关法律法规颁布实施或相关法律法规修订实施；

2）通过应急预案演练或经突发事件检验，发现应急预案存在的缺陷或漏洞；

3）应急预案中组织机构发生变化或其他原因。

范例3：食物中毒事故专项应急预案

根据《中华人民共和国突发事件应对法》《生产安全事故报告和调查处理条例》《中华人民共和国食品卫生法》《突发公共卫生事件应急条例》《食物中毒事故处理办法》、GB/T 29639—2013《生产经营单位生产安全事故应急预案编制导则》等有关法律、法规、规章、规定等法律法规规定，结合单位实际情况，为有效预防、及时控制食物中毒事件及其危害，高效、有序地做好食物中毒事件的应急处理工作，减少食物中毒造成的危害，保障公众的身体健康和生命安全，特制定本预案。

1 事故类型和危害程度分析

误食有毒、有害或霉变食品、酗酒等易引发食物中毒。

2 应急处置基本原则

坚持“安全第一、预防为主”的应急处置工作方针，树立“以人为本”的理念，认真落实各项应急救援措施，确保受伤人员得到及时救治，确保应急救援人员安全施救；应急救援行动实行统一指挥、分级管理、协同作战、以单位自救为主，同时和社会救援相结合的应急处置工作原则。

3 组织机构及职责

勘测设计单位安全委员会主任/主要负责人为单位安全的第一责任人，对本单位消防安全工作全面负责。

成立急救援领导小组如下：

领导小组组长：单位安全生产委员会主任，由单位主要负责人担任；

副　组　长：单位安全生产委员会副主任，由分管负责人担任；

成　　　员：单位安全生产委员会各委员，由各部门负责人担任。

4 应急响应程序

人　员	职　　责
发现第一人	1. 初步判定患者症状； 2. 了解所吃食物； 3. 报告野外项目负责人/部门领导

续表

人员	职责
野外项目负责人/部门领导	1. 统计患者数量、了解患者状况； 2. 必要时拨打急救电话； 3. 向安全委员会报告； 4. 稳定员工情绪，组织自救，采用催吐的方法降低伤害
单位安全委员会	1. 组织现场医疗资源赶往患者现场； 2. 初步判定患者严重程度，组织车辆把患者送往医院或配合救护车把患者送到医院； 3. 对全体职工情况进行调查； 4. 赶往医院，询问患者严重性，确定下步救助方案； 5. 向上级、甲方、当地政府汇报患者情况

5 应急处置（现场处置方案）

步骤	处置	负责人
发现人员中毒	了解症状、了解所吃食物	发现第一人
	采取催吐等自救措施	
	报告野外项目负责人/部门领导	
	有条件护送患者靠近医疗资源	
判定患者情况	了解症状、患者分布、严重程度	野外项目负责人/部门领导、安全委员会及主要单位负责人
	观察、监控患者反应情况	
	了解所吃食物，判定发生原因	
	制订救治方案，选择最佳救护路线	
现场救治	集合现场急救人员、器材、救护车辆	发现第一人、野外项目负责人/部门领导、安全委员会及主要单位负责人
	对患者进行初步处置	
	拨打急救电话或护送患者到当地医院	
报告联系及记录资料	部门负责人/野外项目负责人向单位安全委员会报告；单位主要负责人向上级、当地政府报告	
清理	中毒事故现场得以控制，触电人员得到有效救治，环境符合有关标准，导致次生、衍生事故隐患消除后，经事故现场应急指挥机构批准后，现场应急结束	

6 报急救程序

（1）呼救者必须说清病人的症状或伤情，便于准确派车，讲清现场地点，等车地点，以便尽快找到病人；留下自己的姓名和电话号码及病人的姓名、性别、年龄，以便联系。

（2）等车地点应选择在路口、公交车站，大的建筑物等有明显标志处。

（3）等救护车时不要把病人提前搀扶或抬出来，以免影响病人的救治。应尽量提前接救护车，见到救护车时主动挥手示意接应。

7　事故报告

（1）报告程序。

事故发生后，事故现场有关人员应当立即向单位主要负责人/安全委员会报告；单位负责人接到报告后，应当于1小时内向上级主管部门、事故发生地县级以上人民政府安全生产监督管理部门和负有安全生产监督管理职责的有关部门报告。

情况紧急时，事故现场有关人员可以直接向事故发生地县级以上人民政府安全生产监督管理部门和负有安全生产监督管理职责的有关部门报告。

（2）报告内容。

报告事故应当包括下列内容：

1）事故发生单位概况；

2）事故发生的时间、地点以及事故现场情况；

3）事故的简要经过；

4）事故已经造成或者可能造成的伤亡人数（包括下落不明的人数）和初步估计的直接经济损失；

5）已经采取的措施；

6）其他应当报告的情况。

（3）事故补报。

事故报告后出现新情况的，应当及时补报。

食物中毒事故自发生之日起30日内，事故造成的伤亡人数发生变化的，应当及时补报。

8　应急物资与装备保障

（1）现场备用医用急救箱考虑有外伤等外用药物，保证医药器材的完整性，用完物品及时补充；保证药品的使用日期，过期药品不能使用。

（2）重要应急电话：事故所在地急救电话“110”“120”及就近医院电话，由项目负责人进驻现场后获得并写在项目相关的预案中；甲方负责项目部门的电话：由项目负责人进入现场后及时获得并写在项目相关的预案中；单位有关领导和部门电话。

9　预案管理

（1）预案培训。

安全委员会协同安全主管部门负责安排对应急人员、应急指挥人员、相关员工的应急能力进行培训，使其了解并掌握应急预案总体要求和与员工相关的详细要求内容。

（2）预案演练。

公司应根据实际情况，组织应急预案演练。仓储安全部负责组织应急预案演练。演练可以采用桌面、实战等形式进行。

（3）预案修订。

安全委员会负责应急预案的修订。无特殊原因，每年度对专项应急预案进行一次修订。如有以下原因应及时对应急预案进行修订：

1）新的相关法律法规颁布实施或相关法律法规修订实施；

2）通过应急预案演练或经突发事件检验，发现应急预案存在的缺陷或漏洞；

3）应急预案中组织机构发生变化或其他原因。

范例4：野外钻探施工机组人身伤害应急预案

根据《中华人民共和国消防法》《中华人民共和国突发事件应对法》《生产安全事故报告和调查处理条例》《中华人民共和国职业病防治法》、GB 50585—2010《岩土工程勘测安全规范》、GB/T 29639—2013《生产经营单位生产安全事故应急预案编制导则》等法律、法规、规范规定，结合单位实际情况，为保证勘测野外作业员工的生命安全及单位的财产安全，特制定有关施工现场野外钻探机组伤害的应急预案。

1 可能引发事故的原因

在野外钻探生产施工过程中，作业环境较为恶劣，影响其安全生产的因素复杂多变，不论是何种性质的钻探施工所使用的机械设备和器具都基本差不多，只是规格型号的差别。其主要包括钻机、泥浆泵、钻塔、柴油机、电动机、附属设备及工、器具等。

对现场施工人员的伤害事故比较多。主要的伤害有物体打击、机具伤害、高空坠落、触电等。事故原因比较复杂，既有机械设备及器具方面的原因，又有作业环境方面的因素，还有人的不安全行为等方面的因素，主要有以下几点：

（1）操作人员心情烦躁/紧张/情绪低落、未进行现场勘测安全交底、未佩戴防护用品、物探使用放射性检测防护不当、物探使用放射性物质泄漏、走路跌倒、致害动物、植物、传染病侵害、在地方病疫区进行勘测作业、道路湿滑、勘测设备搬运、装拆、操作不当、未配带常备药品、雷电、暴雨、汛期勘测作业、坍塌、滑坡、泥石流等自然灾害、高处勘测作业、洞内勘测作业等而造成人体伤害。

（2）勘测设备、升降装置缺陷、勘测设备保养不当，设备失灵、现场配电箱安装防护不当、现场发电机装置缺陷等而造成机械伤害。

（3）勘测设备与高压线安全距离不符合要求、现场配电箱隔离设备不符合要求、现场临时用电线架设不符合要求、现场用电标识、警示不明、现场配电箱设备缺陷、现场发电机防护不当而造成触电伤害。

（4）勘测设备运行噪声超标、现场发电机运行噪声等而造成的噪声伤害。

（5）水上、海上、井下勘测作业、私自游泳、无汛期防洪措施等而造成的淹溺。

（6）异常气候（高低温）而造成的中暑、冻伤。

（7）误食有毒、有害或霉变食品、酗酒等而造成的中毒。

（8）钻场使用火炉、火炉炉灰未倒在指定地点、草原、林区勘测携带火种、草原、林区钻探未开防火道、无消防措施/制度或设施等而造成的火灾。

（9）雷管、炸药储存数量超过规定、钻探/坑探爆破违章作业而造成的爆炸/火灾等。

2 应急处置基本原则

（1）立即抢救受害人员，组织撤离，或采取其他措施保护危害区域内的其他人员。

（2）控制危险源，对事故造成的危害进行监测、检查，测定施工危险区域，危害性质及危害程度，防止事故继续扩展。

（3）消除危险后果，做好现场恢复。

（4）查清事故原因，评估危险程度。

3　组织机构及职责

勘测设计单位安全委员会主任/主要负责人为单位安全的第一责任人，对本单位消防安全工作全面负责。

成立急救援领导小组如下：

领导小组组长：单位安全生产委员会主任，由单位主要负责人担任；

副　组　长：单位安全生产委员会副主任，由分管负责人担任；

成　　　员：单位安全生产委员会各委员，由各部门负责人担任。

4　应急响应程序

人　员	职　　责
发现第一人	1. 初步判定伤者情况、处境； 2. 初步判定伤者受伤性质、程度，利用急救箱实施自救、互救，采取消毒、止血、包扎、人工呼吸等救护措施，必要时拨打“120”急救电话； 3. 报告野外项目负责人/部门领导
野外项目负责人/部门领导	1. 组织车辆把伤者向救护车靠近； 2. 向安全委员会/主要负责人汇报伤害的基本情况； 3. 根据组织现场医疗资源赶往伤者现场，提出救助方案； 4. 组织现场救助力量（人员、车辆、器材、药品）救助，必要时向当地医院护送； 5. 许可后，对伤害现场进行清理，消除隐患
单位安全委员会	1. 赶往伤者现场或医院； 2. 判定伤者的情况，确定下步救助方案； 3. 向上级、甲方和当地政府报告

5　人身伤害的应急处置（现场处置方案）

步　骤	处　　置	负责人
发现人员伤害	使伤者摆脱险境	第一发现人
	报告野外项目负责人/部门领导	
	进行止血、包扎、人工呼吸等急救	
	必要时拨打“120”急救电话	
判定伤者情况	检查受伤部位、伤害性质及程度	第一发现人/野外项目负责人/部门领导
	观察伤者反应情况	野外项目负责人/部门领导/单位主要负责人
	对伤势情况进行监督	
	制定救治方案，选择最佳救护路线	
现场救治	集合现场急救人员、器材等	野外项目负责人/部门领导/单位主要负责人
	对伤者进行初步处置	
	护送或配合救护车送伤者至最近的医院	
报告联系及记录资料	部门负责人/野外项目负责人向单位安全委员会报告；单位主要负责人向上级、当地政府报告	野外项目负责人/部门领导、安全委员会及单位主要负责人
清理	对伤者现场经许可后进行清理，消除隐患	野外项目负责人/部门领导

6 报急救程序

（1）呼救者必须说清病人的症状或伤情，便于准确派车，讲清现场地点，等车地点，以便尽快找到病人；留下自己的姓名和电话号码及病人的姓名、性别、年龄，以便联系。

（2）等车地点应选择在路口、公交车站，大的建筑物等有明显标志处。

（3）等救护车时不要把病人提前搀扶或抬出来，以免影响病人的救治。应尽量提前接救护车，见到救护车时主动挥手示意接应。

7 事故报告

（1）报告程序。

事故发生后，事故现场有关人员应当立即向单位主要负责人/安全委员会报告；单位负责人接到报告后，应当于1小时内向上级主管部门、事故发生地县级以上人民政府安全生产监督管理部门和负有安全生产监督管理职责的有关部门报告。

情况紧急时，事故现场有关人员可以直接向事故发生地县级以上人民政府安全生产监督管理部门和负有安全生产监督管理职责的有关部门报告。

（2）报告内容。

报告事故应当包括下列内容：

1）事故发生单位概况；

2）事故发生的时间、地点以及事故现场情况；

3）事故的简要经过；

4）事故已经造成或者可能造成的伤亡人数（包括下落不明的人数）和初步估计的直接经济损失；

5）已经采取的措施；

6）其他应当报告的情况。

（3）事故补报。

事故报告后出现新情况的，应当及时补报。

事故自发生之日起30日内，事故造成的伤亡人数发生变化的，应当及时补报。

8 救援装备及通信联络方式

（1）现场备用医用急救箱考虑有外伤等外用药物，保证医药器材的完整性，用完物品及时补充；保证药品的使用日期，过期药品不能使用。

（2）消防器材等，车上应随时携带。

（3）重要应急电话：事故所在地急救电话“110”“120”及就近医院电话，由项目负责人进驻现场后获得并写在项目相关的预案中；甲方负责项目部门的电话：由项目负责人进入现场后及时获得并写在项目相关的预案中；单位有关领导和部门电话。

9 预案管理

（1）预案培训。

安全委员会协同安全主管部门负责安排对应急人员、应急指挥人员、相关员工的应急能力进行培训，使其了解并掌握应急预案总体要求和与员工相关的详细要求内容。

（2）预案演练。

公司应根据实际情况，组织应急预案演练。通过演练可以验证事故应急预案的合理性，发现与实际不符合的情况，及时进行修订和完善。安全委员会或安全主管部门应组织开展急预案演练。演练可以采用计算机模拟、实战等形式进行。应注意以下事项：

1）在演练过程中，应让熟悉机械设施的现场人员、有关的安全管理人员一起参与；

2）一旦事故应急预案编制完成以后，应向所有职工以及外部应急服务机构公布；

3）施工机组以外人员，如安全委员会成员、安全员等也可作为观察员监督整个演练过程；

4）每一次演练后，应核对伤害事故应急预案规定的内容是否都被检查，找出不足项、整改项和改进项。检查主要包括下列内容：在事故期间通信系统是否运作；人员是否安全撤离；应急服务机构能否及时参与事故抢救；能否有效控制事故进一步扩大。

（3）预案修订。

安全委员会负责应急预案的修订。无特殊原因，每年度对专项应急预案进行一次修订。如有以下原因应及时对应急预案进行修订：

1）新的相关法律法规颁布实施或相关法律法规修订实施；

2）通过应急预案演练或经突发事件检验，发现应急预案存在缺陷或漏洞；

3）应急预案中组织机构发生变化或其他原因。

范例5：交通事故应急预案

根据《中华人民共和国道路交通安全法》《中华人民共和国突发事件应对法》《生产安全事故报告和调查处理条例》、GB/T 29639—2013《生产经营单位生产安全事故应急预案编制导则》等法律法规规定，结合单位实际情况，为保证员工的生命安全及单位的财产安全，特制定本预案。

1 可能引发事故的原因，主要有以下几点

违章行驶（疲劳、酒后、超速、无证等）、雨雪天气，湿滑路面行车、行车前未进行车辆检查、车辆装置存在缺陷、车辆未按规定保养、年检，车辆刹车失灵，雷电、暴雨、洪水、坍塌、滑坡、泥石流等自然灾害，车辆电路老化、行驶路线复杂（村落、山区）等而造成交通事故。

交通事故主要造成人员伤害和车辆损失以及车上装载的勘测设备的损害，严重者甚至致人死亡、车辆和设备报废。

2 应急处置基本原则

事故应当遵循的基本原则：首先组织营救受害人员，组织撤离或者采取其他措施保护危险危害区域的其他人员；迅速控制事态，并对事故造成的危险进行消除；消除危害后果，做好现场恢复。

3 组织机构及职责

勘测设计单位安全委员会主任/主要负责人为单位安全的第一责任人，对本单位消防安全工作全面负责。

成立急救援领导小组如下：

领导小组组长：单位安全生产委员会主任，由单位主要负责人担任；

副　组　长：单位安全生产委员会副主任，由分管负责人担任；

成　　　员：单位安全生产委员会各委员，由各部门负责人担任。

4 应急响应程序

人　员	职　　责
发现第一人	1. 设立警戒区，保护现场； 2. 判定有无伤者及受伤情况、处境； 3. 实施自救、互救； 4. 拨打“122”报警电话、报告野外项目负责人/部门领导事故的基本信息
野外项目负责人/部门领导	1. 赶赴现场，在不破坏现场的情况下进行救助； 2. 初步判定事故原因、严重程度； 3. 必要时拨打“120”或当地医院电话，请求现场救助； 4. 向单位安全委员会报告
单位安全委员会	1. 组织现场救助资源赶往事故现场； 2. 提出人员救助方案； 3. 组织现场救助力量配合交警部门救助，必要时将伤员送往当地医院，必要时地方医院派救护车赶往现场； 4. 向甲方、上级部门报告

5 交通事故的应急处置（现场处置方案）

步　骤	处　　置	负 责 人
发现事故	设立警戒线、保护现场	第一发现人
	使伤者摆脱险境、报告野外项目负责人/部门领导	
	进行初步急救	
	拨打“122”报警电话	
事故情况调查	调查事故原因、严重程度、伤害情况	野外项目负责人/部门领导/安全委员会单位负责人
	观察伤者反应情况	
	对伤势情况进行监控	
	制定救治方案，选择最佳救护路线	
现场救助	集合现场救助人员、器材、救护车、国内车辆	第一发现人、野外项目负责人/部门领导/安全委员会单位负责人
	配合交警进行现场处理	
	对伤者进行初步处置	
	护送伤者或配合救护车辆送伤者到当地医院	
报告联系及记录资料	部门负责人/野外项目负责人向单位安全委员会报告；单位主要负责人向上级、当地政府报告	野外项目负责人/部门领导、安全委员会及单位主要负责人
清理	得到交警部门许可后对事故现场进行清理	野外项目负责人、部门领导

应急处置关键环节控制：

当发生应急事件时，现场的人员均有责任和义务按照以下步骤采取应急措施：

（1）发生交通事故后，拨打“122”报警电话，现场人员应迅速采取有效措施抢救人员。

（2）拨打“120”紧急呼救或“110”报警，或就近把受伤人员送往医院抢救。

（3）保护好事故现场，未经事故处理交警同意之前，不要挪动车辆位置，不要改动现场痕迹，方便交警部门对事故进行处理。

(4) 如在高速公路发生事故，为了避免再次受到伤害，发生交通事故后，要在高速公路150m外设立警示标志，国道、省道要在50m外设立警示标志；同时在高速公路上要将没有受到伤害的乘车人员迅速撤离高速，国道、省道上要撤离到路边，远离现场，避免再次受到伤害。

(5) 车辆涉水过河，过凹地突遇洪水等险情时，人员可弃车逃生。

(6) 项目负责人应尽快亲自或授权他人向本部门领导汇报，本部门领导应及时向分管领导或安委会汇报。

(7) 遇较大事故后，迅速制定抢救方案，并组织实施。

6 报急救程序

(1) 呼救者必须说清病人的症状或伤情，便于准确派车，讲清现场地点，等车地点，以便尽快找到病人；留下自己的姓名和电话号码及病人的姓名、性别、年龄，以便联系。

(2) 等车地点应选择在路口、公交车站，大的建筑物等有明显标志处。

(3) 等救护车时不要把病人提前搀扶或抬出来，以免影响病人的救治。应尽量提前接救护车，见到救护车时主动挥手示意接应。

7 火灾事故报告

(1) 报告程序。

事故发生后，事故现场有关人员应当立即向单位主要负责人/安全委员会报告；单位负责人接到报告后，应当于1小时内向上级主管部门、事故发生地县级以上人民政府安全生产监督管理部门和负有安全生产监督管理职责的有关部门报告。

情况紧急时，事故现场有关人员可以直接向事故发生地县级以上人民政府安全生产监督管理部门和负有安全生产监督管理职责的有关部门报告。

(2) 报告内容。

报告事故应当包括下列内容：

1) 事故发生单位概况；

2) 事故发生的时间、地点以及事故现场情况；

3) 事故的简要经过；

4) 事故已经造成或者可能造成的伤亡人数（包括下落不明的人数）和初步估计的直接经济损失；

5) 已经采取的措施；

6) 其他应当报告的情况。

(3) 事故补报。

事故报告后出现新情况的，应当及时补报。

交通事故自发生之日起7日内，事故造成的伤亡人数发生变化的，应当及时补报。

8 应急物资与装备保障

(1) 现场备用医用急救箱考虑有外伤等外用药物，保证医药器材的完整性，用完物品及时补充；保证药品的使用日期，过期药品不能使用。

(2) 三角警示标志、消防器材等，车上应随时携带。

（3）重要应急电话：事故所在地急救电话 110、120 及就近医院电话，由项目负责人进驻现场后获得并写在项目相关的预案中；甲方负责项目部门的电话：由项目负责人进入现场后及时获得并写在项目相关的预案中；单位有关领导和部门电话。

9　预案管理

（1）预案培训。

安全委员会协同安全主管部门负责安排对应急人员、应急指挥人员、相关员工的应急能力进行培训，使其了解并掌握应急预案总体要求和与员工相关的详细要求内容。

（2）预案演练。

公司应根据实际情况，组织应急预案演练。仓储安全部负责组织应急预案演练。演练可以采用桌面、实战等形式进行。

（3）预案修订。

安全委员会负责应急预案的修订。无特殊原因，每年度对专项应急预案进行一次修订。如有以下原因应及时对应急预案进行修订：

1）新的相关法律法规颁布实施或相关法律法规修订实施；

2）通过应急预案演练或经突发事件检验，发现应急预案存在缺陷或漏洞；

3）应急预案中组织机构发生变化或其他原因。

10　预防与预警

（1）驾驶员应严格遵守《中华人民共和国道路交通法》，在道路上驾驶应做到谨慎驾驶，不超速行车，不疲劳驾驶。

（2）在乡间公路、穿越村庄时，应注意路宽、坑凹、路基松软、行人、农机、牲畜、空中悬挂物，低速行驶。

（3）山区等崎岖道路行车时，应注意刹车的状况，路基狭窄、坡道、弯道应在确保安全时方能通过。

（4）恶劣（雨、雪、雾）天气行车时应集中精力，低速行车、不得超车，不越线行车。

（5）车辆涉水过河时，驾驶员应探时水下路基情况、水深、流速，不得冒险过河。

（6）非本单位专职司机禁止驾车。

范例 6：勘测外业人员溺水应急预案

根据《中华人民共和国突发事件应对法》《生产安全事故报告和调查处理条例》、GB/T 29639—2013《生产经营单位生产安全事故应急预案编制导则》等有关法律、法规、规章、规定等法律法规规定，结合单位实际情况，为高效、有序地处理溺水伤亡突发事件，避免或最大限度地减轻溺水人身伤亡造成的损失，保障员工生命和勘测设计单位财产安全，维护社会稳定。

1　事故类型和危害程度分析

水库库区测量作业或水上测量、水上钻探作业跌入水中；线路工程跨河时勘测人员及临工徒步涉水过河；沿海、傍河勘测作业；雨季洪水淹没地带勘测作业等，因自然或人为原因致使人员溺水导致伤亡的事件。

溺水伤亡事故分为溺水伤害和溺水死亡两种。

可能造成的危害：人员溺水后可导致呼吸道及肺部进水，造成人体呼吸受阻、窒息；如心跳停止，重则可造成人员死亡。

2　应急处置基本原则

坚持“安全第一、预防为主”的应急处置工作方针，树立“以人为本”的理念，认真落实各项应急救援措施，确保受伤人员得到及时救治，确保应急救援人员安全施救；应急救援行动实行统一指挥、分级管理、协同作战，以单位自救为主，同时和社会救援相结合的应急处置工作原则。

3　组织机构及职责

勘测设计单位安全委员会主任/主要负责人为单位安全的第一责任人，对本单位消防安全工作全面负责。

成立急救援领导小组如下：

领导小组组长：单位安全生产委员会主任，由单位主要负责人担任；

副　组　长：单位安全生产委员会副主任，由分管负责人担任；

成　　　员：单位安全生产委员会各委员，由各部门负责人担任。

4　应急响应程序

人　员	职　　责
发现第一人	1. 及时救溺水者出水； 2. 报告野外项目负责人/部门领导； 3. 实施现场救治、必要时拨打急救电话
野外项目负责人/部门领导	1. 统计溺水者数量、了解溺水者状况； 2. 向安全委员会报告； 3. 稳定员工情绪，组织自救，及时帮溺水者心肺复苏、人工呼吸等降低伤害
单位安全委员会	1. 组织现场医疗资源赶往现场； 2. 初步判定溺水者严重程度，组织车辆把患者送往医院或配合救护车把患者送到医院； 3. 赶往医院，询问患者严重性，确定下步救助方案； 4. 向上级、甲方、当地政府汇报患者情况

5　应急处置（现场处置方案）

步　骤		处　　置	负 责 人
现场救治	及时救溺水者出水	在确保安全的前提下，积极组织打捞溺水者	发现第一人/野外项目负责人/部门领导
		岸上救生：如果溺水者离岸不远并且有能力挣扎，应立即抛给他救生圈。 注意：能在岸上救援就不要下水。若现场没有救水圈，浮板、木块、长竿、绳索都可利用	
		涉水救生：如果溺水者已经没有自救能力而且离岸较近，则需涉水靠近溺水者拉其上岸。 注意：如果必须涉入水中施救，施救者涉水前先观察地形找水浅地方下水施救	

续表

步骤		处置	负责人
现场救治	及时救溺水者出水	船艇救生：如果溺水者在深水区则应开船艇靠近，抛给他救生圈带给溺水者更严重的伤害	发现第一人/野外项目负责人/部门领导
		游泳救生：如果溺水者在深水区，失去了自救的能力，则需下水游泳救生。救生者应从溺者的身后接近以防被溺水者慌乱中缠住而失去游泳能力。靠近溺水者后设法使其仰躺水面，头后仰拖其脱离险境。 注意：游泳救生是最危险的方法，上述三种施救法都不可行时，才采用此法。倘若自己能力不行则需另寻他法，或另找他人否则可能造成双重的不幸	
	及时帮助溺水者心肺复苏	清理溺水者口中污物（救生圈最好用绳索绑住，牵住绳索一头便于溺水者上船）等救生工具。 注意：施救船艇靠近溺水者时要放慢速度，必要时将溺水者舌头用手巾、纱布包裹拉出	
		使溺水者后仰，松解其衣领、纽扣、内衣、腰带、背带等，托起患者后颈部使其后仰使气道开放，保持呼吸道通畅。 注意：如溺水者失去知觉用手按压其人中、涌泉等穴	
		心肺复苏抢救：如溺水者呼吸、心跳已停止，施救者必须立即对溺水者进行心肺复苏术进行急救同时请人拨打 120 或 999 急救电话求救。如果你不会急救应该寻求周围会此术的人	
		人工呼吸：使患者保持仰头、抬颊，救生者捏住患者鼻孔，用嘴唇紧密对着患者的嘴全力吹气，间隔 1.5s 救生者深呼吸一次，继续口对口吹气，直至专业抢救人员的到来	
		制定救治方案，选择最佳救护路线	
	正确“倒水”	通常采用简便倒水法，救护者单腿屈膝，将溺水者俯卧于救护者的大腿上，借体位使溺水者体内水由气管口腔中排出。 注意：倒水只能在不延误人工呼吸和心脏按压的前提下进行适当的体位引流，最后一定将溺水者送往医院	
	应急救援	集合现场急救人员、器材、救护车辆	发现第一人/野外项目负责人/部门领导、安全委员会及主要单位负责人
		对患者进行初步处置	
		拨打急救电或护送患者到当地医院	
后续治疗		经过抢救，如患者清醒，要平稳地躺着休息，喝些温开水，并注意保暖。然后送医单位检查及后续治疗	
报告联系及记录资料		部门负责人/野外项目负责人向单位安全委员会报告；单位主要负责人向上级、当地政府报告	
清理		中毒事故现场得以控制，触电人员得到有效救治，环境符合有关标准，导致次生、衍生事故隐患消除后，经事故现场应急指挥机构批准后，现场应急结束	

应急处置注意事项：

（1）胸外心脏按压8大操作步骤：

1）施救者跪在溺水者肩旁；

2）将一只手的中指放在溺水者心窝处并将食指合并在胸骨下端定位；

3）另一只手掌根置于定位食指旁的胸骨上（即胸骨的下半段），紧贴胸骨；

4）将定位的手抽出，重叠在置于胸骨的手上，两手手指避免触及肋骨；

5）以每分钟80次的速率，施行15次的胸外按压；

6）下压与放松时间应相等施压时口里数着“一下、二下、三下……十三、十四、十五”，注意念第一个字时下压，念第二个字时放松；

7）15次胸外按压后施行2次人工呼吸，然后继续按压；循环进行；

8）每4～5min检查患者脉搏与呼吸一次。

（2）胸外按压11项注意：

1）胸外按压不可压于剑突处；

2）溺水者需平躺在地板或硬板上；

3）不宜对胃部施以持续性的压力以免造成呕吐；

4）胸外按压时手指不可压于肋骨上；

5）按压时需用力平稳、规则不中断不宜猛然加压；

6）施救者应手肘伸直手掌垂直下压于胸骨上；

7）心肺复苏术开始后不可中断7s以上（上下楼等特殊状况除外）；

8）紧贴胸骨的手掌根不可移开溺水者胸部或变位置以免失去手的正确位置；

9）只要有可能出现生命体征，就要持续进行人工呼吸；

10）若现场只有一人懂急救，应先为溺水者施行1min有效的心肺复苏后再寻求其他帮助；

11）为溺水者施救时最好别为其包上毛毯，保持其凉爽（但也不要太凉，应尽量使其避免感冒），以防因新陈代谢过快造成的缺氧。

6　预防与预警

（1）平时应由勘测工程部和队组经常开展安全培训和教育，提高安全防范意识。

（2）勘测人员在水上作业应先了解作业区域水深，当水深超过1.4m时必须穿救生衣。

（3）在库区岸边、沿海、傍河及雨季洪水可能淹没地带作业时，勘测现场应配备救生衣等设施。

（4）水上或岸边作业应同时有两人以上在场。

（5）线路工程跨河时勘测人员及临工过河，应尽可能借助船只，如必须徒步涉水，要先了解水深和流速，在无淹没和冲没可能的情况下，可涉水过河，涉水过程中人员必须穿救生衣，且现场有两人以上。

7　报急救程序

（1）呼救者必须说清病人的症状或伤情，便于准确派车，讲清现场地点，等车地点，以便尽快找到病人；留下自己的姓名和电话号码及病人的姓名、性别、年龄，以便联系。

（2）等车地点应选择在路口、公交车站，大的建筑物等有明显标志处。

（3）等救护车时不要把病人提前搀扶或抬出来，以免影响病人的救治。应尽量提前接救护车，见到救护车时主动挥手示意接应。

8　事故报告

（1）报告程序。

事故发生后，事故现场有关人员应当立即向单位主要负责人/安全委员会报告；单位负责人接到报告后，应当于1小时内向事故发生地县级以上人民政府安全生产监督管理部门和负有安全生产监督管理职责的有关部门报告。

情况紧急时，事故现场有关人员可以直接向事故发生地县级以上人民政府安全生产监督管理部门和负有安全生产监督管理职责的有关部门报告。

（2）报告内容。

报告事故应当包括下列内容：

1）事故发生单位概况；

2）事故发生的时间、地点以及事故现场情况；

3）事故的简要经过；

4）事故已经造成或者可能造成的伤亡人数（包括下落不明的人数）和初步估计的直接经济损失；

5）已经采取的措施；

6）其他应当报告的情况。

（3）事故补报。

事故报告后出现新情况的，应当及时补报。

溺水事故自发生之日起30日内，事故造成的伤亡人数发生变化的，应当及时补报。

9　应急物资与装备保障

（1）现场备用医用急救箱考虑有外伤等外用药物，保证医药器材的完整性，用完物品及时补充；保证药品的使用日期，过期药品不能使用。

（2）重要应急电话：事故所在地急救电话“110”“120”及就近医院电话，由项目负责人进驻现场后获得并写在项目相关的预案中；甲方负责项目部门的电话：由项目负责人进入现场后及时获得并写在项目相关的预案中；单位有关领导和部门电话。

10　预案管理

（1）预案培训。

安全委员会协同安全主管部门负责安排对应急人员、应急指挥人员、相关员工的应急能力进行培训，使其了解并掌握应急预案总体要求和与员工相关的详细要求内容。

（2）预案演练。

公司应根据实际情况，组织应急预案演练。仓储安全部负责组织应急预案演练。演练可以采用桌面、实战等形式进行。

（3）预案修订。

安全委员会负责应急预案的修订。无特殊原因，每年度对专项应急预案进行一次修订。如有以下原因应及时对应急预案进行修订：

1）新的相关法律法规颁布实施或相关法律法规修订实施；

2）通过应急预案演练或经突发事件检验，发现应急预案存在缺陷或漏洞；

3）应急预案中组织机构发生变化或其他原因。

附录7　安全生产管理协议

范例：钻探劳务分包安全生产管理协议

甲方：

乙方：

为了确保野外钻探施工现场的正常生产，预防安全事故，保障钻探人员、地质人员、生产设施在生产过程中的安全，经甲乙双方平等、协商一致签订本协议，本协议作为钻勘劳务分包合同的附件。

一、乙方项目负责人为现场安全生产第一责任人。

二、乙方应建全安全生产责任制，落实各钻探机组机长、司钻等人员的安全生产责任，设置安全生产专（兼）职人员。

三、乙方应组织相关人员进行相关法律、法规、行业标准和安全操作技能、安全防护知识的学习，并做好记录，掌握安全生产技能，对生产过程中的一切安全问题负责。

四、乙方必须建立相应的安全管理制度和相应工种的安全操作规程，负责钻探施工过程中安全防范工作及安全生产检查，发现安全隐患及时纠正、整改，并做好安全工作日志。

五、各钻探机组机长、司钻等，必须按国家有关规定，经专门的安全生产作业培训，经考试合格取得上岗证书后方可上岗作业。

六、乙方应严格遵守《中华人民共和国安全生产法》《岩土工程勘察安全规范》的规定，做好以下工作：

（1）乙方应根据项目的实际情况配备必要的安全防护用品、应急物资及应急药品。

（2）乙方必须做好防洪防汛工作。雨季常见的灾害有崩落和滑坡、山洪暴发、泥石流等，这些事故的发生常常给来人身伤害，毁坏设施设备等，针对场地条件做好应急准备，编制详细的现场应急预案，合理地设计和安排钻探施工，并安排专职人员监视现场安全。

（3）外业作业中遇雷电、暴雨等不良气候时，应雨季来临之前，必须挖好排水沟和防洪堤坝，注意收听天气预报，检查道路和钻探场地状况，制定应急措施严禁强行涉水及在不安全的坡坎下避雨，做好作业人员和勘察设备的安全防护工作。

（4）做好防雷工作，钻探平台和钻架搭建后应检测雷电、暴雨、防雷装置的安全性，安全无保障严禁施钻，同时在施钻过程中，按一定频次检查以确保安全。

（5）遇高温、严寒等不良气候作业，安排适当的工作人员，高血压、心脏病等病人及体弱人员不能安排去工地现场，乙方应配备防暑药、防寒用品。

（6）乙方如在交通道路路边施工。作业区域应拉警戒线，封闭施工，作业人员穿反光服等防护用品，应沿道路两端 30～50m 范围设置警示标志物，且施钻过程中安排兼职人员监视交通安全。

(7) 乙方如进行涉水作业，应形成水上作业安全钻探规定，配备必要的救生设备方可从事水上钻探，施钻过程中由专职人员监视水上作业安全。

(8) 洞内作业，针对洞内存在的大量废气、烟、灰尘，缺氧的情况，乙方应严禁使用柴油机作动力；使用必要的抽风、装排气扇，洞内放炮后，必须将烟气排干净后才能进去；进洞时要戴眼镜及多层口罩。

(9) 地下管线、通信电缆、军用电缆区域作业，乙方应制定周密的钻探方案及管线的保护方案，了解地下管线的分布情况，实施对地下管线的探测，明确对地下管线的管径、埋深及走向；制定地下管线被破坏后的应急措施。

(10) 高压线下作业，乙方应确保在安全距离下作业，施钻过程中安排兼职人员监视钻探作业安全施工，避免竖立搬迁三脚架。

(11) 乙方在风景名胜区、文物保护区、自然保护区作业，执行法律法规规定。

(12) 乙方在钻探现场拉设电线，应由专业电工布设电线规范操作，安排专业电工负责场地用电安全，配备相应的防护装置（如装漏电开关等）。

(13) 乙方在林区、耕植区钻探施工时，应策划最优工作方案，减少砍伐树木和植被破坏，破坏的植被要尽量予以恢复。

(14) 乙方对钻探现场排放的污水，应通过三通、输水管、泥浆桶组成内循环系统，孔与孔泥浆进行循环使用，最终泥浆挖坑掩埋；应避免钻探过程机油、柴油污染水域，若设备漏油，应采用收集装置，并将废油带回集中处理。

(15) 乙方施工用车辆及驾乘人应严格按《中华人民共和国道路交通安全法》执行，严禁人和设备混装；定期组织驾驶员学习道路交通安全法，随时检查、保养好车辆，车况不好严禁出车等。

七、乙方要加强人员管理，协调好与当地政府、群众的关系，避免打架斗殴现象的发生，同时做好财物的保管维护工作，避免国家、集体和个人的财产损失。

八、乙方项目负责人在钻探施工作业前对作业人员应做好安全技术交底工作，钻探作业中，督促作业人员严格按照《岩土工程勘察安全规范》及单位安全生产规定作业，做好安全生产、文明施工，作业人员必须正确佩戴和使用符合规定的劳动防护用品；加强对施工环境的保护工作，加强对施工环境的保护工作，严禁生活垃圾乱丢、乱扔钻机漏油等，污染环境。

九、乙方应服从甲方的统一协调和安全生产管理，不得违章指挥和冒险作业，发现事故隐患或不安全因素及时解决。

十、施工过程中发生任何事故（特别是人身伤亡和财产损失，包括由于乙方的违规行为造成的对甲方的人员伤亡和财产损失等）产生的一切费用及责任由乙方负责，甲方不负任何责责任。若发生事故，乙方应积极组织救援，尽可能减少人员伤亡和财产损失。

十一、乙方进场前，甲方应对乙方的设备状态、钻杆等配件配备的充分性进行验收，验收合格后，乙方方能进场。如乙方钻杆等配件不充分等给甲方造成工期延期，由乙方负责。

十二、甲方有权对乙方进行安全检查和责令乙方整改人员的不安全行为和处于不安全状态和机械及管理上的缺陷，甲方有权对乙方违反安全规定的行为进行纠正，并根据情况的严重程度做出相应处罚。

十三、甲方应对乙方进行告知钻探现场地下管线、通信电缆、军用电缆区域等情况。

十四、本协议自勘探施工项目承包合同签订之日起生效，如有人事变动，由接任者继续履行职责。

十五、本协议未尽事宜由甲乙双方共同协商解决或提交甲方所在地人民法院解决。

十六、本协议书一式三份，甲乙双方各执一份，经营部门备案一份。

十七、本协议自签订勘探施工项目承包合同之日生效，有效期与勘探施工项目承包合同一致。

甲方签章：　　　　　　　　　　　　乙方签章：

年　月　日　　　　　　　　　　　　年　月　日

附录8 勘测安全检查、验收表

范例1：勘测安全检查表（钻探工程部分）

序号	检 查 内 容	现场检查情况
机场地基	1. 机场地基应平整、坚固、稳定，钻塔底座的填方不得超过塔基面积的1/4，松散地基应有混凝土座	
	2. 山坡修筑机场地基，当岩石坚固稳定时，坡度应小于80°；地层松散不稳定时，坡度应小于45°	
	3. 在山谷、河沟、地势低洼地带或雨季施工时，应修筑拦水坝或修建防洪设施	
钻塔安装拆卸	4. 安装、拆卸前，应对钻塔构件、工具、绳索、挑杆和起落架等进行检查 5. 安装、拆卸钻塔应在安装队长、机长统一指挥下进行，严格按操作规程作业，塔上塔下不得同时作业 6. 起吊塔件使用的设施、工具应有足够的强度。拆卸钻塔应从上而下逐层拆卸 7. 禁止穿带钉子或者硬底鞋上塔作业 8. 安装、拆卸钻塔应铺设工作台板，台板规格应符合安全要求 9. 夜间或5级以上大风、雷雨、雾、雪等天气禁止进行安装、拆卸钻塔作业	
钻机安装	10. 各种机械安装应稳固、周正水平。传动轮应纵向成线、横向平行，传动轴和传动轮应保持水平 11. 安装钻机时，钻机立轴、天车中心与钻孔应三点成一条直线 12. 各种防护设施、安全装置应当齐全完好，外露的转动部位应设置可靠的防护罩或者防护栏杆 13. 电器设备应安装在干燥、清洁、通风良好的地方	
设备搬运	14. 用机动车搬运设备时，应有专人指挥 15. 人工装卸时，应有足够强度的跳板，多人抬动设备时，应有专人指挥 16. 用吊车或葫芦起吊时，钢丝绳、绳卡、挂钩及吊架腿应牢固 17. 轻型钻机整体迁移时，应在平坦短距离地面上进行，应采取防倾斜措施	
	18. 禁止在高压电线下和坡度超过15°坡上或凹凸不平和松软地面整体迁移钻机 19. 起重机械起吊钻机设备时，应遵守《起重机械安全规程》	
升降钻具	20. 升降机的制动装置、离合装置、提引器、游动滑车、拧管机和拧卸工具等应灵活可靠 21. 使用的钢丝绳安全系数应大于7 22. 提引器处于孔口时，升降机卷圈钢丝绳圈数不少于3圈 23. 钢丝绳固定连接绳卡，应不少于3个，绳卡距绳头应大于钢丝绳直径的6倍	

续表

序号	检　查　内　容	现场检查情况
升降钻具	24. 钢丝绳有下列情况之一时，应更换： 1）钢丝绳一个捻距内的断丝数与钢丝总数之比达 5%； 2）钢丟绳受损拉长 0.5%或直径缩小 10%； 3）表层钢丝磨损腐蚀达 30%	
	25. 操作升降机要平稳，严禁升降过程用手触摸钢丝绳	
	26. 提落钻具或钻杆时，提引器切口应朝下，孔口操作人员应避开钻具等升降物的起落范围	
	27. 严禁用手探摸悬吊钻具内钻头底端和岩心或探视管内岩心	
	28. 提引器、提引钩应有安全闭锁装置，操作人员摘挂提引器时，不得用手扶提引器底部；抽插垫叉时，不准将手握在垫叉底部	
	29. 发生跑钻时，严禁抢插垫叉或强行抓握钻杆	
	30. 操作拧管机和插垫叉应由一人操作，严禁两人操作，不准用脚蹬操作离合器手把，上下垫叉要插牢到位。上垫叉要有安全装置，拧管机未停止转动前，不得升降钻具	
	31. 用搬叉拧卸过紧的钻具时，应切断拧管机动力，作业人员应避开搬叉回转范围	
钻进	32. 开孔钻进前应对设备、安全防护措施、设施进行检查验收	
	33. 机械转动时，严禁将手、脚、头伸入机械行程内；严禁跨越传动皮带、传动部位或从其上方传递物件；严禁戴手套挂皮带；严禁用铁器拨卸挂传动中的皮带	
	34. 钻进时主动钻杆应挂接提引器，操作人员不得将刹把完全松开 35. 钻进时不得直接用手扶持水龙头及高压胶管。修配水龙头或高压胶管应停车 36. 调整回转器、转盘时应停机检查，并将变速手把放在空挡位置 37. 转盘钻机钻进时，严禁转盘上站人 38. 扩孔、扫脱落岩心、扫孔或遇溶洞、松散复杂地层钻进时，应由机班长或熟练技工操作	
孔内事故处理	39. 处理前，应全面检查钻塔（钻架）构件、天车、游动滑车、钢丝绳、绳卡、提引器、吊钩、地脚螺丝等。打吊锤时，应检查吊锤、打箍、冲击把手、拉绳等 40. 应由机班长或熟练技工操作升降机，设专人指挥 41. 除直接操作人员外，其他人员应撤离危险区 42. 严禁同时使用升降机和千斤顶起拔孔内事故钻具。严禁同时使用升降机和吊锤起拔孔内事故钻具 43. 严禁超负荷强行起拔孔内事故钻具	

续表

序号	检 查 内 容	现场检查情况
机场安全防护	44. 钻塔座式天车应设安全挡板，吊式天车应装保险绳 45. 提引器或提引钩应设安全闭锁（防脱）装置 46. 钻机水龙头高压胶管应设防缠绕，防坠安全装置和导向绳 47. 钻塔工作台应安装防护栏杆，防护栏高度应大于 1.2m，塔板厚度应大于 60mm 48. 塔梯应坚固、可靠，梯阶间距应小于 400mm，坡度小于 75° 49. 机场地板铺设应平整、紧密、牢固，地板厚度应大于 40mm 50. 活动工作台安装有灵活可靠的制动、防坠、防窜、行程限制、安全挂钩、手动定位器等安全装置 51. 工作台底盘、立柱、栏杆应成整体 52. 工作台应配置 ϕ30mm 以上麻绳作手拉绳 53. 工作台使用提引绳、重锤导向绳应采用 ϕ9mm 以上的钢丝绳	
	54. 工作台平衡重锤与地面之间的距离不得小于 2.5m 55. 活动工作台每次只准一人乘坐，严禁使用升降机提拉活动工作台 56. 钻塔绷绳应采用 ϕ12.5mm 以上的钢丝绳 57. 塔高 18m 以下应设置 4 根绷绳，塔高 18m 以上应分两层设置 8 根绷绳 58. 绷绳安装应牢固、对称，绷绳与水平面的夹角应小于 45°，设置地锚深度应大于 1m 59. 雷雨季节和落雷区钻塔应安装避雷针或其他防雷措施	
	60. 避雷针与钻塔应采用高压瓷瓶和木质材料连接 ——接闪器应高出塔顶 1.5m 以上 ——引下线与钻塔绷绳距离应大于 1m ——入地点距离操作台应大于 10m ——接地极与电机接地、孔口管及绷绳地锚距离应大于 3m ——接地电阻应小于 15Ω	
机场用电	61. 机场应有安全用电制度 62. 动力配电箱与照明配电箱应分别设置 63. 每台钻机应设置独立开关箱，实行“一机一闸一漏保” 64. 移动式配电箱、开关箱应安装在固定支架上 65. 配电箱、开关箱导线的进出线口应设在箱体底面 66. 机场用电与外电线路同用一个供电系统时，电器设备应根据供电系统的要求作保护接零或保护接地 67. 电气设备应有良好的接地，接地电阻应小于 4Ω 68. 机场照明应使用防水灯头，照明灯泡应离开塔布表面 300mm 以上。使用活动灯应有绝缘手柄和行灯罩，电压应小于 36V	
	69. 修理电气设备时，应切断电源，并且挂上“禁止合闸”警示牌或有专人监护	

续表

序号	检 查 内 容	现场检查情况
机场防风防洪	70．当获得大风警报后应： 1）卸下塔衣、场房帐篷； 2）将钻杆立根下入孔内，并卡上冲击把手； 3）检查钻塔绷绳及地锚牢固程度； 4）切断电源，关闭并盖好机电设备； 5）封盖好孔口	
	71．大风过后，应检查钻塔、绷绳、机电设备、供电线路等安全状况，确认安全后方能施工	
	72．在河滩山沟、凹谷等低洼地区施工时，在暴雨和洪水季节，应加高地基，并使地基的纵向与水流一致，修筑防洪设施，提前做好防洪准备工作	
	73．不得在易滑坡、崩塌和泥石流易发生地方施工	

范例 2：钻探劳务分包外业验收记录

<table>
<tr><td>工程名称</td><td></td><td>勘察阶段</td><td></td></tr>
<tr><td>验收人及时间</td><td></td><td>项目负责人</td><td></td></tr>
<tr><td>验收内容</td><td colspan="3">工作量□　进度□　安全□</td></tr>
<tr><td colspan="4">验收结论：
符合要求准予结算□
不符合要求，整改验证合格后准予结算□
若不符合要求，存在的问题是：</td></tr>
<tr><td colspan="4">封孔情况（适用堤防钻孔）：
所有勘探孔（包括静探孔）均已回填封孔，分包方已提供回填记录□
回填材料、回填方法是否符合要求□
回填人员、机组长、随机地质人员均已签署齐全□等
若存在问题，问题是：
____。</td></tr>
<tr><td colspan="4">劳务外包方的处理意见：</td></tr>
<tr><td colspan="4">发包方对整改情况的验证：
验证人及日期：</td></tr>
</table>

附录9 合规性评价

范例：某单位职业健康安全管理体系适用的安全法律法规合规性评价表

法律法规及其他要求	主要适用条款摘要	目前公司执行情况	岗位	危险有害因素	现状符合性评价	不符合整改措施
中华人民共和国安全生产法	第四条　生产经营单位必须遵守本法和其他有关安全生产的法律、法规，加强安全生产管理，建立、健全安全生产责任制度，完善安全生产条件，确保安全生产。	公司健全了安全生产责任制度	所有岗位	所有危险有害因素	符合	
	第五条　生产经营单位的主要负责人对本单位的安全生产工作全面负责。	公司法人是安全生产的第一责任人，分管生产的领导主管公司的安全生产工作		所有危险有害因素	符合	
	第六条　生产经营单位的从业人员有依法获得安全生产保障的权利，并应当依法履行安全生产方面的义务。	公司依法使从业人员获得安全生产保障，个别从业人员未按照要求正确佩戴和使用劳动防护用品	所有岗位	所有危险有害因素	基本符合	加强安全教育，要求员工正确佩戴和使用劳动防护用品，运用温馨提示卡，对于屡教不改的人员严格进行考核
	第七条　工会依法组织职工参加本单位安全生产工作的民主管理和民主监督，维护职工在安全生产方面的合法权益。	工会参加了公司安全生产工作的民主管理和民主监督工作，尽力维护职工在安全生产方面的合法权益	所有岗位	所有危险有害因素	符合	
	第十六条　生产经营单位应当具备本法和有关法律、行政法规和国家标准或者行业标准规定的安全生产条件；不具备安全生产条件的，不得从事生产经营活动。	公司的安全生产条件基本上满足法律法规的要求，有些方面还需改进	所有岗位	所有危险有害因素	基本符合	不断改进，使不合规方面尽量符合法律法规要求，合理利用各项安全投入，使安全生产条件满足要求

续表

法律法规及其他要求	主要适用条款摘要	目前公司执行情况	岗位	危险有害因素	现状符合性评价	不符合整改措施
中华人民共和国安全生产法	第十七条　生产经营单位的主要负责人对本单位安全生产工作负有下列职责：（一）建立、健全本单位安全生产责任制；（二）组织制定本单位安全生产规章制度和操作规程；（三）保证本单位安全生产投入的有效实施；（四）督促、检查本单位的安全生产工作，及时消除生产安全事故隐患；（五）组织制定并实施本单位的生产安全事故应急救援预案；（六）及时、如实报告生产安全事故。	公司总经理做到六条职责		所有危险有害因素	符合	
	第十八条　生产经营单位应当具备的安全生产条件所必需的资金投入，由生产经营单位的决策机构、主要负责人或者个人经营的投资人予以保证，并对由于安全生产所必需的资金投入不足导致的后果承担责任。	公司具备安全生产条件所必需的资金投入	所有岗位	所有危险有害因素	符合	
	第二十一条　生产经营单位应当对从业人员进行安全生产教育和培训，保证从业人员具备必要的安全生产知识，熟悉有关的安全生产规章制度和安全操作规程，掌握本岗位的安全操作技能。未经安全生产教育和培训合格的从业人员，不得上岗作业。	公司对新入厂员工进行“三级”培训，定期或按规定对各类人员进行必要的安全生产教育和培训	所有岗位	所有危险有害因素	符合	
	第二十二条　生产经营单位采用新工艺、新技术、新材料或者使用新设备，必须了解、掌握其安全技术特性，采取有效的安全防护措施，并对从业人员进行专门的安全生产教育和培训。	公司采用新工艺、新技术、新材料或者新设备时对从业人员进行专门的安全教育和培训	所有岗位	所有危险有害因素	符合	

续表

法律法规及其他要求	主要适用条款摘要	目前公司执行情况	岗位	危险有害因素	现状符合性评价	不符合整改措施
中华人民共和国安全生产法	第三十七条　生产经营单位必须为从业人员提供符合国家标准或者行业标准的劳动防护用品，并监督、教育从业人员按照使用规则佩戴、使用。	公司为从业人员提供了符合标准的劳动防护用品，并监督、教育从业人员按照规则佩戴、使用	所有岗位	所有危险有害因素	符合	
	第三十九条　生产经营单位应当安排用于配备劳动防护用品、进行安全生产培训的经费。	公司有专门用于劳动防护用品和安全生产培训的经费	所有岗位	所有危险有害因素	符合	
中华人民共和国职业病防治法	第二十条　用人单位必须采用有效的职业病防护设施，并为劳动者提供个人使用的职业病防护用品。 用人单位为劳动者个人提供的职业病防护用品必须符合防治职业病的要求；不符合要求的，不得使用。	公司为用人单位提供了符合防治职业病的防护用品	勘测外业人员、档案员、试验员	野外意外伤害、尘肺病等	符合	
	第二十四条　用人单位应当实施由专人负责的职业病危险源日常监测，并确保监测系统处于正常运行状态。 用人单位应当按照国务院卫生行政部门的规定，定期对工作场所进行职业病危险源检测、评价。检测、评价结果存入用人单位职业卫生档案，定期向所在地卫生行政部门报告并向劳动者公布。	公司针对具体的职业病危险源进行检测、评价，并在各部门对检测、评价结果进行了公布			符合	
工伤保险条例	第三十条　职工因工作遭受事故伤害或者患职业病进行治疗，享受工伤医疗待遇。	职工因工作遭受事故伤害或者患职业病，能够按照《工伤保险条例》的规定获得医疗救治和经济补偿	所有岗位	职业病	符合	

续表

法律法规及其他要求	主要适用条款摘要	目前公司执行情况	岗位	危险有害因素	现状符合性评价	不符合整改措施
中华人民共和国道路交通安全法	第四十八条　机动车载物应当符合核定的载重量，严禁超载；载物的长、宽、高不得违反装载要求，不得遗洒、飘散载运物。	公司运输货物的车辆有时会超载	转件车	车辆伤害	不符合	鉴于公司有时运输物件的重量超过公司现有车辆最大载重量，公司应评价大吨位车辆的购买
职业健康监护管理办法	第二条　本办法所称职业健康监护主要包括职业健康检查、职业健康监护档案管理等内容。 职业健康检查包括上岗前、在岗期间、离岗时和应急的健康检查。	公司为每名员工进行每年一次的职业健康检查，并且视同出勤	所有岗位	所有危险有害因素	符合	
	第四条　用人单位应当组织从事接触职业病危害作业的劳动者进行职业健康检查。 劳动者接受职业健康检查应当视同正常出勤。					
劳动防护用品监督管理规定	第十五条　生产经营单位应当安排用于配备劳动防护用品的专项经费。 生产经营单位不得以货币或者其他物品替代应当按规定配备的劳动防护用品。	公司为员工配有合格的劳动防护用品，建立有劳动防护用品管理规定，包含有防护用品的采购、验收、发放、使用等规定	所有岗位	所有危险有害因素	符合	
	第十六条　生产经营单位为从业人员提供的劳动防护用品，必须符合国家标准或者行业标准，不得超过使用期限。 生产经营单位应当督促、教育从业人员正确佩戴和使用劳动防护用品。					
	第十九条　从业人员在作业过程中，必须按照安全生产规章制度和劳动防护用品使用规则，正确佩戴和使用劳动防护用品；未按规定佩戴和使用劳动防护用品的，不得上岗作业。	公司员工基本上能够按照规定佩戴和使用劳动防护用品，但有个别员工还是不能够按照规定佩戴和使用	所有岗位	所有危险有害因素	基本符合	各员工应做好劳动防护用品的佩戴和使用情况，采用温馨提示卡的方式，若第三次仍然不按规定正确佩戴和使用劳动防护用品，则按照相关管理制度进行考核

续表

法律法规及其他要求	主要适用条款摘要	目前公司执行情况	岗位	危险有害因素	现状符合性评价	不符合整改措施
劳动防护用品配备标准（试行）	用人单位应建立和健全劳动防护用品的采购、验收、保管、发放、使用、更换、报废等管理制度。安技部门应对购进的劳动防护用品进行验收。	公司建立有劳动防护用品管理规定，包含有防护用品的采购、验收、发放、使用等规定	所有岗位	所有危险有害因素	符合	
生产经营单位安全培训规定	第三条　生产经营单位负责本单位从业人员安全培训工作。 生产经营单位应当按照安全生产法和有关法律、行政法规和本规定，建立健全安全培训工作制度。	公司按照安全生产法和有关法律、行政法规和本规定，建立健全安全培训工作制度。进行安全培训的人员包括主要负责人、安全生产管理人员、特种作业人员和其他从业人员。要求安全生产培训不合格的从业人员，不得上岗作业。公司将安全培训工作纳入本单位年度工作计划。保证公司安全培训工作所需资金	所有岗位	所有危险有害因素	符合	
	第四条　生产经营单位应当进行安全培训的从业人员包括主要负责人、安全生产管理人员、特种作业人员和其他从业人员。 生产经营单位从业人员应当接受安全培训，熟悉有关安全生产规章制度和安全操作规程，具备必要的安全生产知识，掌握本岗位的安全操作技能，增强预防事故、控制职业危害和应急处理的能力。 安全生产培训不合格的从业人员，不得上岗作业。				符合	
	第二十三条　生产经营单位应当将安全培训工作纳入本单位年度工作计划。保证本单位安全培训工作所需资金。				符合	
建筑灭火器配置设计规范	5.1.1　灭火器应设置在位置明显和便于取用的地点，且不得影响安全疏散。 6.1.1　一个计算单元内配置的灭火器数量不得小于2具。 6.1.2　每个设置点的灭火器数量不宜多于5具。	灭火器的位置设置明显，便于取用；一个计算单元内配置的灭火器数量大于等于2具且小于5具	所有岗位	火灾	符合	

参 考 文 献

[1] 国际标准化组织. 职业健康安全管理体系　要求及使用指南：ISO 45001：2018 [S].

[2] 质量监督检验检疫总局、中国国家标准化管理委员会. 环境管理体系　要求及使用指南：GB/T 24001—2016/ISO 14001：2015 [S/OL].

[3] 中国地质调查局. 野外地质调查安全手册 [M]. 北京：地质出版社，2004.

[4] 《全国注册安全工程师执业资格考试辅导红宝书》编委会. 安全生产管理知识 [M]. 北京：气象出版社，2012.

[5] 沈青. 国外企业健康、安全、环境（HSE）管理的发展与实践初探 [J]. 科技管理研究，2005（4）.

[6] 曹子俊. 浅谈境外工程项目营地安全管理 [J]. 建筑安全，2014（1）.